Schriften zur Medienproduktion

Herausgegeben von
H. Krömker, Ilmenau, Deutschland
P. Klimsa, Ilmenau, Deutschland

Diese Schriftenreihe betrachtet die „Medienproduktion" als wissenschaftlichen Gegenstand. Unter Medienproduktion wird dabei das facettenreiche Zusammenspiel von Technik, Content und Organisation verstanden, das in den verschiedenen Medienbranchen völlig unterschiedliche Ausprägungen findet.

Im Fokus der Reihe steht das Finden von wissenschaftlich fundierten Antworten auf praxisrelevante Fragestellungen der Medienproduktion. Umfangreiches Erfahrungswissen soll hier systematisch aufbereitet und in generalisierbare, so weit wie möglich theoriegeleitete Erkenntnisse überführt werden. Da im Bereich Medien der Rezipient eine besondere Rolle spielt, räumt die Schriftenreihe der Mensch-Maschine-Kommunikation einen hohen Stellenwert ein.

Herausgegeben von
Prof. Dr. Heidi Krömker, Prof. Dr. Paul Klimsa,
Fachgebiet Medienproduktion, Fachgebiet Kommunikations-
TU Ilmenau wissenschaft, TU Ilmenau

Oliver Klosa

Online-Sehen

Qualität und Akzeptanz von Web-TV

Mit einem Geleitwort von Prof. Dr. Paul Klimsa
und Prof. Dr. Heidi Krömker

Oliver Klosa
Nürnberg, Deutschland

Dissertation Technische Universität Ilmenau, Deutschland, 2016

Schriften zur Medienproduktion
ISBN 978-3-658-15181-2   ISBN 978-3-658-15182-9   (eBook)
DOI 10.1007/978-3-658-15182-9

Die Deutsche Nationalbibliothek verzeichnet diese Publikation in der Deutschen Nationalbibliografie; detaillierte bibliografische Daten sind im Internet über http://dnb.d-nb.de abrufbar.

Springer Vieweg
© Springer Fachmedien Wiesbaden 2016
Das Werk einschließlich aller seiner Teile ist urheberrechtlich geschützt. Jede Verwertung, die nicht ausdrücklich vom Urheberrechtsgesetz zugelassen ist, bedarf der vorherigen Zustimmung des Verlags. Das gilt insbesondere für Vervielfältigungen, Bearbeitungen, Übersetzungen, Mikroverfilmungen und die Einspeicherung und Verarbeitung in elektronischen Systemen.
Die Wiedergabe von Gebrauchsnamen, Handelsnamen, Warenbezeichnungen usw. in diesem Werk berechtigt auch ohne besondere Kennzeichnung nicht zu der Annahme, dass solche Namen im Sinne der Warenzeichen- und Markenschutz-Gesetzgebung als frei zu betrachten wären und daher von jedermann benutzt werden dürften.
Der Verlag, die Autoren und die Herausgeber gehen davon aus, dass die Angaben und Informationen in diesem Werk zum Zeitpunkt der Veröffentlichung vollständig und korrekt sind. Weder der Verlag noch die Autoren oder die Herausgeber übernehmen, ausdrücklich oder implizit, Gewähr für den Inhalt des Werkes, etwaige Fehler oder Äußerungen.

Gedruckt auf säurefreiem und chlorfrei gebleichtem Papier

Springer Vieweg ist Teil von Springer Nature
Die eingetragene Gesellschaft ist Springer Fachmedien Wiesbaden GmbH
Die Anschrift der Gesellschaft ist: Abraham-Lincoln-Str. 46, 65189 Wiesbaden, Germany

Geleitwort

Die Forschungsperspektive auf Medienproduktion erfasst neue technische Entwicklungen, die auf der inzwischen allgegenwärtigen Digitalisierung der Medien basiert. Neue Entwicklungen ziehen Veränderungen nach sich, die sich sowohl auf innovative Anwendungen als auch auf neue Formen ihrer Nutzung auswirken. Web-TV ist ein sehr gutes Beispiel für diese Tendenz. Spätestens seit es YouTube und zuvor Streaming-Verfahren gibt, zog in den wissenschaftlichen Diskurs auch die Reflexion über zahlreiche neue internetbasierte, digitale Video-Medienprodukte ein.

Medienproduktion als ein wissenschaftliches Modell fokussiert die Elemente Content, Technik und Organisation, die sich durch ihre Verzahnung gegenseitig beeinflussen und neue Medienprodukte im Medienproduktionsprozess hervorbringen. Oliver Klosa wählt für seine Publikation nicht die Medien-Engineering-Perspektive, sondern den Medienprodukt-Forschungszugang und fragt: „Inwiefern haben Qualitätsfaktoren Einfluss auf die Akzeptanz bei Web-TV-Produkten? Dieser Frage wird mit einem Methodenmix nachgegangen, wobei sich die Akzeptanz auf aktive Nutzerinnen und Nutzer (User) bezieht und nicht auf passive Zuschauerinnen und Zuschauer. Die leitende Erkenntnisfrage wird präzise aufgestellt und um weitere spezielle Fragen erweitert, sodass der Autor am Ende zu spannenden Ergebnissen kommt, die sehr gut Auskunft über relevante Aspekte des Medienproduktes „Web-TV" geben. Der dynamisch-transaktionale Ansatz und die genutzten Methoden – z. B. Triangulation – erwiesen sich als besonders hilfreich und erkenntnisfördernd.

In der vorliegenden Publikation finden die Leserinnen und Leser zum einen eine historische (seit 2005!) zum anderen eine aktuelle Sicht auf Web-TV-Entwicklung sowie auf die Fragen der Akzeptanz und der Qualität von digitalen Medienprodukten. Dadurch wird uns eine fundierte Vorgehensweise geliefert, die nachvollziehbar und vor allem reproduzierbar ist. Die Ergebnisse zeigen ein erkenntnisreiches Bild der Entwicklung von Medienprodukten und vor allem eine bedeutsame Betrachtung des Status quo digitaler Medien: des Web-TV im Speziellen sowie schlussfolgernd der gesamten Situation der im Umbruch stehenden TV- und Web-TV-Branchen. Wir wünschen Ihnen, liebe Leserin und lieber Leser, eine anregende Lektüre, in der Sie einen Einblick in die Praxis und in die Theorie der Medienproduktion erhalten, den Sie bereits in anderen Publikationen dieser Buchreihe finden können.

Ilmenau, den 18.04.2016

Paul Klimsa/Heidi Krömker

Vorwort

Seit einigen Jahren befasse ich mich nun mit Web-TV und es ist nach wie vor faszinierend, wie sich dieses Medium entwickelt hat. Mir war damals schon bewusst, dass Web-TV ein zukunftsträchtiges Thema sein wird, da ich selbst seit dieser Zeit ein begeisterter Nutzer war und bin. Und die Entwicklung ist bei weitem noch nicht abgeschlossen. Verschiedene Formen des Online-Sehens haben sich in den vergangenen Jahren herausgebildet. Die Videoplattform YouTube ist dabei zu einem Global Player geworden, nahezu alle klassischen TV-Sender des öffentlich-rechtlichen und privaten Rundfunks sind im Web mit Mediatheken vertreten und der kostenpflichtige Video-on-Demand-Dienst Netflix ist mit seinem Content auf dem deutschen Markt erschienen. Aber auch kleinere Online-Anbieter wie Störsender.tv und Fernsehkritik-TV können ihre Inhalte vertreiben, die im klassischen Fernsehen wohl eher nicht zu sehen wären. Für Nutzer bedeutet das, dass sie eine ungeahnte Vielfalt an neuen Rezeptionssituationen sowie neuartigen Inhalten durch Web-TV erhalten haben. Web-TV hat die bisherige Medienlandschaft enorm bereichert und wird diese auch künftig weiter prägen.

Umso erfreuter war ich, als ich Prof. Dr. Paul Klimsa das Thema vorschlug, Web-TV in Verbindung mit Qualität und dessen Akzeptanz in dem Spannungsverhältnis Anbieter, Nutzer und Angebot als Forschungsgegenstand meiner Arbeit zu machen und es auch von seiner Seite her Anklang fand. Deshalb möchte ich mich an dieser Stelle bei ihm und ebenso bei Prof. Dr. Jürgen Lohr für die Betreuung der Arbeit und den entsprechenden thematischen Austausch bedanken.

Zudem danke ich den Studierenden meiner Seminargruppen für die wertvolle Mithilfe und den Kolleginnen und Kollegen des Instituts für Medien und Kommunikationswissenschaft sowie des Fachgebiets Kommunikationswissenschaft für den zusätzlichen gedanklichen Input, der über die zahlreichen Gespräche zustande kam. Davon hat die Umsetzung der Forschungsarbeit profitiert.

Ein besonderer Dank gilt Bianka Palsbröker für ihre unendliche Geduld und ihre Bereitschaft, die Arbeit Korrektur gelesen zu haben. Sie hat mir die Kraft und den Rückhalt zum Durchhalten gegeben, sodass ich die Arbeit vollenden konnte. Ihre Hinweise waren von unschätzbarem Wert für mich. Auch unseren Meerschweinen muss ich danken, die immer für eine willkommene Ablenkung gesorgt haben. So konnte ich meine Gedanken neu sortieren, wenn mich eine Schreibblockade ereilte oder ich in meinen Überlegungen nicht vorankam.

Zum Abschluss danke ich noch meinen Freunden, die immer ein offenes Ohr hatten und für Gespräche bereitstanden, und meiner Familie, allen voran meinen Eltern, für ihre unermessliche Unterstützung.

Oliver Klosa

Zusammenfassung

Die vorliegende Studie befasst sich mit dem Forschungsgegenstand Web-TV im Hinblick auf Qualität und Akzeptanz. Mittels eines triangulatorischen Methodenansatzes wird Web-TV aus den Perspektiven der Anbieter, der Nutzer und anhand exemplarischer Angebote analysiert. Dazu wurde ein Qualitätsmodell als theoretische Grundlage und erkenntnisleitendes Instrument auf Basis des dynamisch-transaktionalen Ansatzes nach Früh und Schönbach adaptiert. Dabei wurden ebenso bisherige Akzeptanzmodelle betrachtet.

Untersucht wurde, welche Qualitätsebenen bei Web-TV-Angeboten bestehen und welches die entscheidenden Qualitätskriterien aus Sicht der Anbieter und Nutzer sind, um Web-TV-Angebote als Distributionskanal für Bewegtbilder im Web zu akzeptieren. Die Qualität ließ sich in inhaltliche, technische, formal-funktionale und ökonomischrechtliche Ebenen einteilen.

Der erste Teil der Arbeit bestand in einer Strukturanalyse ausgewählter Angebote. Zur Bestandsaufnahme gehörten MyVideo, ZDFmediathek, Mercedes-Benz TV, SPIEGEL.TV, FCB.tv, Fernsehkritik-TV und Zattoo, die jeweils auf Basis der Start- und einer Videoseite untersucht wurden. Der zweite Teil betrachtete die Perspektive der Web-TV-Anbieter, die anhand von elf Experteninterviews erhoben wurde. Die Experten repräsentierten die verschiedenen Formen des Web-TV-Marktes. Der dritte Teil befasste sich mit der Nutzersicht hinsichtlich Qualität und Akzeptanz, die mittels einer Onlinebefragung (Stichprobe: n=249) erhoben wurde.

Übergreifend wurde festgestellt, dass auf der inhaltlichen Ebene Professionalisierung und Exklusivität die wesentlichen Faktoren sind. Im technischen Bereich sind die generellen Steuerungsfunktionen und optionalen Einstellungsmöglichkeiten für eine individuelle Nutzung von Relevanz. Zudem sind das flexible und störungsfreie Abrufen des Videocontents wichtig. Auf formal-funktionaler Ebene sind Einfachheit und Ästhetik der Plattformen von Bedeutung. Dazu kommen angebotene Interaktionsoptionen, wobei das Kommentieren von Videos auf Nutzerseite nicht so sehr ins Gewicht fällt. Auf ökonomischer Ebene zeigte sich eine Diskrepanz zwischen Anbietern und Nutzern. Anbieter sind auf ein Refinanzierungsmodell angewiesen. Dennoch sehen Nutzer weder Werbeunterbrechungen noch Abonnements als positiv an.

Das am Qualitätsmodell orientierte Vorgehen brachte eine breite Datenbasis hervor und kann als Grundlage für weitergehende Forschungsarbeiten auf dem Gebiet des Web-TV gesehen werden.

Abstract

This research work is about web TV with focus on quality and acceptance. Web TV is analyzed from three different perspectives: from the point of view of web TV providers, users and by using different web TV offerings as examples. As a theoretical basis and as a guiding cognitive instrument a quality model was developed, which bases on the dynamic transactional approach of Früh and Schönbach. Hereby, acceptance models were considered.

The central questions of this analysis are: To what extend do quality levels exist in web TV? What are the decisive quality and acceptance criteria from the point of view of web TV providers and users? In which way is web TV accepted as an additional video distribution channel? Quality was subdivided into levels in terms of content, technology, form and function as well as economy and law.

The first part of this research paper consists of a structure analysis of selected web TV programs, i. e. MyVideo, ZDFmediathek, Mercedes-Benz TV, SPIEGEL.TV, FCB.tv, Fernsehkritik-TV and Zattoo. In this analysis each homepage and one random video page of each above named web TV programs was examined. The second part shows the perspective of the web TV providers by means of eleven interviews with experts, who represent the different forms of the web TV market. The third part spotlights quality and acceptance from the point of view of the users by carrying out an online survey (sample: n=249).

At large, it turned out that the decisive factors in terms of content are professionalization and exclusivity. In the technical field, general control functions and configuration options are most relevant for an individual use. Furthermore a flexible and interference-free video on demand service is important. As far as form and function are concerned, it is simplicity and aesthetics of video platforms that are in particular relevant. Options to interact are attractive as well. However, users are not really interested in, for example, commenting on videos. On the level of economy and law, there is a gap between providers and users. While providers have to refinance their offerings, users still do not like advertising breaks and subscriptions.

This research work was orientated towards the quality model, which produced a wide data base. Thus it can be seen as a basis for further research on the field of web TV.

Inhaltsverzeichnis

Geleitwort V
Vorwort VII
Zusammenfassung IX
Abstract XI
Inhaltsverzeichnis XIII
Abbildungsverzeichnis XVII
Tabellenverzeichnis XIX
Abkürzungsverzeichnis XXI
1 Einleitung 1
2 Forschungsvorhaben 3
   2.1 Forschungsfragen 3
   2.2 Forschungsziele 5
   2.3 Aufbau der Arbeit 6
3 Was ist Web-TV? 9
   3.1 Web-TV – eine Einordnung des Begriffs 9
      3.1.1 Technische Ebene 10
         3.1.1.1 On-Demand-Streaming 10
         3.1.1.2 Livestreaming 11
         3.1.1.3 Flash- und HTTP-basiertes Streaming 12
         3.1.1.4 Browser und eigenständige Applikation 12
      3.1.2 Inhaltliche Ebene 13
         3.1.2.1 Professioneller Content 13
         3.1.2.2 Nutzergenerierter Content 14
         3.1.2.3 Periodizität 15
      3.1.3 Ökonomische Ebene 16
   3.2 Externe Faktoren 17
      3.2.1 Medienpolitische Regulation 17
      3.2.2 Web-TV im Kontext weiterer Entwicklungen 19
   3.3 Web-TV als Gegenstand bisheriger Forschung 21
   3.4 Der Web-TV-Markt – eine Übersicht 26
      3.4.1 Videoportale 26
      3.4.2 Web-TV-Angebote konventioneller Rundfunksender 27
      3.4.3 Corporate Web-TV 28
         3.4.3.1 Unternehmen 29
         3.4.3.2 Verlage 30

3.4.3.3 Non-Profit-Organisationen 30
3.4.4 Web-only-Sender 31
3.4.5 Web-TV-Portale 32
4 Der dynamisch-transaktionale Ansatz als forschungsleitendes Konzept 33
4.1 Das Grundmuster des DTA 34
4.2 Das Grundmodell des DTA 36
4.3 Kritik am DTA 38
4.4 Eine Adaption des DTA nach Rössler und Legrand 41
4.5 Exkurs: 2+6 Strategie- und Integrationsmodell 42
4.6 Zusammenfassung 44
5 Qualitätsforschung 45
5.1 Der Qualitätsbegriff 45
5.1.1 Produktqualität 46
5.1.2 Medienqualität 48
5.2 Der Qualitätsbegriff im Printmedium 52
5.3 Der Qualitätsbegriff im Rundfunk 55
5.3.1 Radio 55
5.3.2 Fernsehen 57
5.3.2.1 Studien zur Publikumsperspektive 60
5.3.2.2 Studien zur Produktionsperspektive 61
5.3.2.3 Zusätzliche Perspektiven 62
5.4 Der Qualitätsbegriff im World Wide Web 62
5.5 Abgeleitete Qualitätsdimensionen für das Web-TV 68
5.5.1 Inhaltliche Dimension 69
5.5.2 Technische Dimension 70
5.5.3 Formal-funktionale Dimension 70
5.5.4 Ökonomisch-rechtliche Dimension 71
6 Akzeptanzforschung 73
6.1 Der Akzeptanzbegriff 73
6.2 Diffusions- und Adoptionstheorie 75
6.3 Akzeptanzmodelle 78
6.3.1 Akzeptanzmodell nach Degenhardt 78
6.3.2 Akzeptanzmodell nach Kollmann 79
6.3.3 Technology-to-Performance Chain nach Goodhue und Thompson 80
6.3.4 Technologie-Akzeptanzmodell nach Davis 82
6.3.5 Rückkopplungsmodell nach Reichwald 83

6.4 Akzeptanzfaktoren und -prozess 84
6.5 Akzeptanz und Web-TV 87
7 Am DTA orientiertes Qualitätsmodell 89
8 Forschungsdesign 91
   8.1 Umfeldanalyse ausgewählter Web-TV-Angebote 93
      8.1.1 Problemfeld – Umfeld-/Strukturanalyse 94
      8.1.2 Die Vorgehensweise bei der Umfeldanalyse 97
      8.1.3 Das Codebuch 101
      8.1.4 Bestandsaufnahme der ausgewählten Web-TV-Angebote 106
         8.1.4.1 MyVideo 106
         8.1.4.2 ZDFmediathek 110
         8.1.4.3 Mercedes-Benz TV 115
         8.1.4.4 SPIEGEL.TV 119
         8.1.4.5 FCB.tv – Web-TV-Angebot des FC Bayern München 124
         8.1.4.6 Fernsehkritik-TV 129
         8.1.4.7 Zattoo 134
      8.1.5 Zusammenfassung 137
   8.2 Experteninterviews mit Web-TV-Anbietern 140
      8.2.1 Erhebungsmethode: Experteninterview 141
         8.2.1.1 Stichprobenbeschreibung und -auswahl 142
         8.2.1.2 Aufbau des Interview-Leitfadens 144
      8.2.2 Auswertungsmethode: qualitative Inhaltsanalyse nach Mayring 148
         8.2.2.1 Transkription 148
         8.2.2.2 Zur analytischen Vorgehensweise der Experteninterviews 150
      8.2.3 Ergebnisse der Experteninterviews 156
         8.2.3.1 Die Situation von Web-TV aus Expertensicht 156
         8.2.3.2 Inhaltliche Qualität 159
         8.2.3.3 Technische Qualität 163
         8.2.3.4 Formal-funktionale Qualität 167
         8.2.3.5 Ökonomisch-rechtliche Qualität 172
         8.2.3.6 Web-TV im organisationalen Kontext 177
      8.2.4 Zusammenfassung 179
      8.2.5 Gütekriterien 182
   8.3 Online-Befragung 185
      8.3.1 Hypothesen 185
      8.3.2 Fragebogenkonstruktion 188

8.3.3 Pretest 193
8.3.4 Stichprobe 194
8.3.5 Ergebnisse der Online-Befragung 195
    8.3.5.1 Stichprobenbeschreibung 196
    8.3.5.2 Medienkonsum 198
    8.3.5.3 Web-TV-Anbieter, Formate und Content 200
    8.3.5.4 Technische Merkmale 202
    8.3.5.5 Zahlungsbereitschaft und tatsächliche Ausgaben 203
    8.3.5.6 Das Werbe-Dilemma 206
    8.3.5.7 Die Rolle rechtlicher Faktoren 208
    8.3.5.8 Kommunikationstools bei Web-TV 208
    8.3.5.9 Endgeräte 209
    8.3.5.10 Zufriedenheit 209
    8.3.5.11 Einschätzung der Usability und des Nutzungserlebens 210
    8.3.5.12 Reliabilitätsanalyse 212
    8.3.5.13 Hypothesenauswertung 214
    8.3.5.14 Regressionsanalyse 222
8.3.6 Zusammenfassung 225
9 Übergreifende Betrachtung der Ergebnisse 227
10 Potenziale des Web-TV 231
11 Fazit und wissenschaftlicher Beitrag der Studie 235
Literaturverzeichnis 239
Stichwortverzeichnis 263
Anhang 271

Abbildungsverzeichnis

Abbildung 1: Grundmuster des DTA 34
Abbildung 2: Das dynamisch-transaktionale Grundmodell 36
Abbildung 3: Mikroebene des Rezipienten 37
Abbildung 4: Das adaptierte dynamisch-transaktionale Modell nach Rössler und Legrand 42
Abbildung 5: Das 2+6 Strategie- und Integrationsmodell für Bewegtbild 43
Abbildung 6: Einordnung des Qualitätsbegriffs 48
Abbildung 7: Kreismodell zu den Einflussfaktoren des Systems Journalismus 50
Abbildung 8: TCP-Modell nach Goodhue 81
Abbildung 9: TAM nach Davis 82
Abbildung 10: Rückkopplungsmodell nach Reichwald 84
Abbildung 11: Qualitätsdimensionen im Rahmen des Produktions-, Akzeptanz- und Feedbackprozesses 89
Abbildung 12: Forschungsvorgang im Zuge des Mehrmethodenansatzes 92
Abbildung 13: MyVideo – Startseite 107
Abbildung 14: MyVideo – Videoplayer- und Empfehlungsfunktionen 108
Abbildung 15: ZDFmediathek – Steuerungs- und Einstellungsfunktionen 111
Abbildung 16: ZDFmediathek – Startseite 112
Abbildung 17: ZDFmediathek – Merkliste und Suchfeld 114
Abbildung 18: Mercedes-Benz TV – Header 116
Abbildung 19: Mercedes-Benz TV – Auszug zur Startseite in der Magazin-Ansicht 117
Abbildung 20: Mercedes-Benz TV – Empfehlungsfunktionen 118
Abbildung 21: SPIEGEL.TV – Kanalauswahl 119
Abbildung 22: SPIEGEL.TV – Menüstruktur 121
Abbildung 23: SPIEGEL.TV – Videosteuerung 122
Abbildung 24: SPIEGEL.TV – Themenübersicht und -auswahl 123
Abbildung 25: Spiegel.TV – Obere Menüstruktur 123
Abbildung 26: FCB.tv – Steuerungsoptionen 125
Abbildung 27: FCB.tv – Obere Menüstruktur und Videoplayer 126
Abbildung 28: FCB.tv – Thumbnail- und Seitennavigation 127
Abbildung 29: Fernsehkritik-TV – TV-Magazin-Seite 131
Abbildung 30: Fernsehkritik-TV – Videostartseite 132
Abbildung 31: Fernsehkritik-TV – Steuerungsoptionen 133
Abbildung 32: Zattoo – Startseite 135
Abbildung 33: Zattoo – Steuerungsoptionen 136

Abbildung 34: Zahlungsbereitschaft für Web-TV-Inhalte 203
Abbildung 35: Monatliche Ausgaben für Web-TV 204
Abbildung 36: Nutzung kostenpflichtiger Web-TV-Angebote 204
Abbildung 37: Nutzung von Social Payment 205
Abbildung 38: Wertigkeit kostenpflichtiger Angebote 206
Abbildung 39: Befürwortung von Werbung zur Senkung der Nutzungskosten 206
Abbildung 40: Störende Werbeunterbrechungen 207

Tabellenverzeichnis

Tabelle 1: Übersicht zur Fernsehklassifizierung 21
Tabelle 2: Qualitäts- und Teilmerkmale von Software 67
Tabelle 3: Qualitätskriterien für Onlineangebote von Zeitungen 68
Tabelle 4: Produktbezogene Qualitätsdimensionen und -kriterien 71
Tabelle 5: Abonnementstruktur 139
Tabelle 6: Dimensionale Struktur des Leitfadens 147
Tabelle 7: Bewertung technischer Merkmale 202
Tabelle 8: Zufriedenheit mit Web-TV-Angeboten 210
Tabelle 9: Einschätzung der Usability 211
Tabelle 10: Motive der Web-TV-Nutzung 211
Tabelle 11: Korrelationen von Formaten im TV und Web-TV 217
Tabelle 12: Mittelwertvergleich genutzter Web-TV-Angebote 219
Tabelle 13: Korrelationen von genutzten Gerätetypen und Zufriedenheit 219
Tabelle 14: Korrelationen von genutzten Gerätetypen und technischen Kriterien, individuellen Funktionen, Navigation/Übersichtlichkeit und Verbreitung .. 220
Tabelle 15: Regressionsmodell – abhängige Variable „Technische Kriterien" 223
Tabelle 16: Regressionsmodell – abhängige Variable „Nutzungserleben" 224
Tabelle 17: Regressionsmodell – abhängige Variable „Individuelle Funktionen" 224

Abkürzungsverzeichnis

24/7	vierundzwanzig Stunden sieben Tage die Woche
A.	Akzeptanz
Abb.	Abbildung
AV	abhängige Variable
bspw.	beispielsweise
bzw.	beziehungsweise
d.h.	das heißt
DIN EN ISO	Deutsches Institut für Normung, Europäische Norm, Internationale Organisation für Normung
DMAX	privater deutscher Fernsehsender
DSL	Digitial Subscriber Line
DTA	dynamisch-transaktionaler Ansatz
d. Verf.	(Änderungen) des Verfassers
ebd.	ebenda
et al.	et alia/und andere
etc.	et cetera
e. V.	eingetragener Verein
f.	folgende Seite
ff.	folgende Seiten
FSK	Freiwillige Selbstkontrolle
H.264-Codec	Standard zur Videokompression
HD	High Definition
HTML5	Hypertext Markup Language Version 5
IGC	interessenbezogener Content
IP	Internet Protocol
ISDN	Integrated Services Digital Network
ISO 8402	Qualitätsmanagementnorm
i.S.v.	im Sinne von
IPTV	Internet-Protocol-Television
KBit	Kilobit
KBit/s	Kilobits pro Sekunde
kogn.	kognitiv(e)
MBit	Megabits
MBit/s	Megabits pro Sekunde
Min.	Minute

MPEG	Motion Picture Experts Group
NGC	Nutzergenerierter Content
NPO	Non-Profit-Organisation
o. S.	ohne Seitenangabe
PC	Personal Computer
PI	Page Impressions
Q.	Qualität
.rm	Dateisuffix Real Media File
sav-Datei	Datensatz für die Statistiksoftware SPSS
s.	siehe
S.	Seite
SD	Standard Definition
SPSS	Statistical Package of the Social Sciences
Standardabw.	Standardabweichung
Std.	Stunde
techn.	technisch(e)
TPC	Technology-to-Performance-Chain
TV 2.0	Television 2.0
u. a.	und andere
u. U.	unter Umständen
UGC	User-generated Content
UV	unabhängige Variable
VoD	Video-on-Demand
vgl.	vergleiche
WASP	Web Standards Project
z. B.	zum Beispiel
zit.	zitiert

1 Einleitung

Seit dem Start von YouTube im Jahr 2005 hat Web-TV bzw. haben Onlinevideos einen regelrechten Boom ausgelöst. Mittlerweile werden allein über diese Plattform jeden Tag mehr als vier Milliarden Videos aufgerufen und pro Minute 72 Stunden Videomaterial hochgeladen (vgl. YouTube 2013). Aber auch weitere Web-TV-Produkte wie Mediatheken, Unternehmens- und Verlags-TV existieren seit jeher und haben den Zenit hinsichtlich ihres Entwicklungspotenzials noch nicht erreicht. Verfolgt man beispielsweise die Statistiken der ARD/ZDF-Onlinestudie, so lässt sich dort ebenfalls eine Zunahme der Onlinevideonutzung verzeichnen. So stieg von 2007 bis 2012 der gesamte Videoabruf im Web von 45 auf 70 Prozent (vgl. ARD/ZDF-Onlinestudie 2012c). Schnell wurde im Aufkommen der Onlinevideos von einer Gefahr für das konventionelle Fernsehen gesprochen, die die bisherigen Strukturen des Fernsehens bedrohen und dies zum Aussterben des Fernsehens führen könne (vgl. Kaumanns et al. 2008: 8; Halberschmidt 2015). Obwohl solch vorschnelle Prognosen veröffentlicht bzw. Aussagen getätigt wurden, hat die parallele Entwicklung dem konventionellen Fernsehen bislang nicht geschadet. Kannibalisierungseffekte sind nicht eingetreten, weder bei journalistischen Inhalten noch bei Unterhaltungsformaten. Die Nutzer sehen Web-TV eher als Ergänzung oder Erweiterung ihrer Mediennutzung (vgl. Stipp 2009: 229). Vor allem der Umstand Inhalte nach Belieben – zeit- und ortsunabhängig – sehen zu können, gehört zu den besonderen Eigenschaften des Web-TV. Hinzu kommt die Interaktivität, die durch die bidirektionale Kommunikation über das Internet möglich wird. Der Abruf interaktiver Zusatzinformationen und die Verknüpfung zu ergänzenden Videoinhalten verschaffen dem Web-TV einen Vorsprung gegenüber dem klassischen Rezeptionsverhalten des linearen Fernsehens.

Dennoch hat die Sehdauer beim Fernsehen in den vergangenen fünf Jahren kaum darunter gelitten. Im Jahr 2012 wurde im Durchschnitt sogar noch weitaus mehr ferngesehen (242 Minuten/Tag) als in den Jahren zuvor. 2010 wurde zudem ein bisheriger Höchstwert (244 Minuten/Tag) erreicht (vgl. ARD/ZDF-Onlinestudie 2012b). Mit derlei Werten kann Web-TV momentan nicht mithalten geschweige denn sich vergleichen lassen. Dennoch nimmt die Bedeutung der Rezeption von Web-TV-Angeboten zu. Aber nicht nur Videoportale profitieren vom Boom im Netz, sondern auch branchenentfernte Unternehmen oder speziell ausgerichtete Videocontent-Anbieter setzen Web-TV gezielt ein. Dadurch bekommt der Nutzer eine Vielfalt geboten, die das Fernsehen in dieser Form nicht zu leisten vermag. Neben Mainstream-Angeboten sind im Web-TV vor allem auch Nischenangebote, die sich an spezielle Zielgruppen richten, verfügbar, die im klassischen Fernsehen keine Berücksichtigung fänden. So können zum Beispiel auch Nutzer selbst zu Contentanbietern werden. Letztendlich ist der Anstieg dieser Angebote auch dem Ausbau der Netzinfrastruktur zu verdanken, sodass sich die Bandbreiten für den Datentransfer stetig erhöhten. Dadurch konnte sich u. a. die Distribution von briefmarkengroßen Videos bis hin zu HD-Videos entwickeln, wobei letztere im Web-TV immer weiter zunehmen. Aufgrund der Vielzahl an Inhalten, unterschiedlichen technischen Voraussetzungen und veränderter Rezeptionsmöglichkeiten steht die Frage nach der Akzeptanz und den Qualitätsfaktoren von Web-TV-Angeboten im Vordergrund. Bislang waren diese Bereiche in der wissenschaftlichen Forschung kaum berücksichtigt. In den folgenden Kapiteln wird das Forschungsvorhaben und der Aufbau der Studie im Detail erörtert. Dabei spielen die Präferenzen der Nutzer genauso wie die Sichtweisen der Anbieter und die Web-TV-Angebote selbst eine zentrale Rolle.

2 Forschungsvorhaben

Das Forschungsvorhaben dieser Arbeit ist vor allem auf die Herausarbeitung von Qualitätsfaktoren und der Nutzerakzeptanz bei Web-TV-Angeboten. Auf theoretischer Basis liegt dieser Arbeit der (erweiterte) dynamisch-transaktionale Ansatz (DTA) nach Früh und Schönbach (1991) zugrunde. Dieser wird entsprechend auf Grundlage des eigenen Forschungsvorhabens adaptiert und erkenntnisleitend verwendet. Zunächst wird eine Vorabbetrachtung von Web-TV-Angeboten durchgeführt, um homogene Qualitätskriterien, die auf möglichst alle Web-TV-Produkte zutreffen können, herauszuarbeiten und festzulegen. Diese bilden die Grundlage und die Richtlinie für die anschließenden methodischen Vorgehensweisen.

So wird danach eine Umfeldanalyse des aktuellen Marktes vorgenommen (s. Kapitel 8.1). Durch dieses Benchmarking werden die unterschiedlichen Formen des Web-TV systematisch anhand von Fallbeispielen aufgearbeitet und dargestellt. Orientiert an einer Methodentriangulation finden weitere sowohl qualitative als auch quantitative Verfahren Anwendung. Diese beruhen in der Datenerhebung auf zwei Perspektiven, die es im Rahmen des Web-TV näher zu beleuchten gilt. Die erste Perspektive stellt die Seite der Produzenten bzw. Anbieter in den Vordergrund. Die Aussagen und Sichtweisen werden mittels Experteninterviews erhoben (s. Kapitel 8.2). Die zweite Perspektive betrachtet die Seite der Nutzer, deren Angaben anhand eines Online-Fragebogens zusammengetragen werden (s. Kapitel 8.3).

Auf Grundlage der gesammelten und ausgewerteten Daten sollen anschließend die Potenziale von Web-TV formuliert werden, die für die Angebote Erfolg versprechend sind.

Die ausführliche Beschreibung des Forschungsdesigns und der methodischen Vorgehensweise werden im achten Kapitel vorgestellt.

2.1 Forschungsfragen

Web-TV im Allgemeinen ist im wissenschaftlichen Fokus bislang weitestgehend unberücksichtigt geblieben. Zwar gibt es bereits generelle Nutzungs- und Fallstudien (vgl. Rössler/Legrand 2012: 350-370; Gindl/Grether 2009: 57-71), jedoch liegt der bisherige Forschungsschwerpunkt auf der technischen Ebene. Diese ist vorrangig darauf bedacht, Datenkapazitäten für hohe Bildauflösungen über Komprimierungstechnologien zu reduzieren und dabei den Verlust der Bildqualität zu minimieren. Auch verbesserte Messverfahren zur Bewertung der Bild- bzw. Videoqualität und zum Testen digitaler Videosignale spielen in diesem Zusammenhang eine wichtige Rolle (vgl. Oliver 2007: 42ff.). Aufgrund dessen lassen sich noch zahlreiche Forschungsfragen zum Untersuchungsgegenstand Web-TV generieren, die verschiedenste Forschungsfelder tangieren. Diese Felder sind beispielsweise die Rezeptions- und Medienwirkungsforschung, die den Nutzer zum einen in der Funktion als passiven Rezipienten in den Mittelpunkt stellen. Zum anderen erscheinen aber auch Fragen nach einer aktiven Rolle im Hinblick auf nutzergenerierten Content notwendig und sinnvoll. Was treibt Nutzer an selbst Web-TV zu realisieren? Entstehen dadurch neue Nutzertypologien, die sich bestimmten Milieus zuordnen lassen? In einigen Studien sind bereits erste Ansätzen zu finden (vgl. ARD/ZDF-Onlinestudie 2012a), aber inwieweit sind noch weitere Differenzierungen möglich? Abgesehen davon sind ökonomische Studien denkbar, die vornehmlich die Entwicklung von Geschäfts- bzw. Erlösmodellen in den Vordergrund rücken. Dieser Bereich wurde ebenfalls kaum im Forschungskontext von Web-TV behandelt. Wie bereits zu Beginn beschrieben, liegt der Kern dieser Arbeit in der Betrachtung der Qualitätsaspekte sowie der Akzeptanz. Zwar ist die Qualitätsdebatte an sich nichts Neues, da sie bereits in zahlreichen anderen Zusammenhängen diskutiert wurde und noch wird – einen Überblick hinsichtlich des Forschungsstands gibt es in Kapitel 5 –, aber der Bezug zu Web-TV blieb bislang außen vor. Nicht zuletzt ist diese Forschungslücke auch im Rahmen der Akzeptanzforschung zu sehen. Dieser Umstand leitet demzufolge zur anknüpfenden Forschungsfrage:

Inwiefern haben Qualitätsfaktoren Einfluss auf die Akzeptanz bei Web-TV-Produkten?

Um sich dieser Frage zu nähern, werden im Verlauf der Arbeit die möglichen auftretenden Qualitätsdimensionen sowie der Akzeptanzprozess, der beim Nutzer entsteht, herausgearbeitet. Aufgrund dieser Ausgangslage ergeben sich zusätzliche Fragen, die es während des Forschungsablaufs zu beantworten gilt. Diese lassen sich in drei Perspektiven unterteilen:

1. Auf Basis der Web-TV-Angebote:
   - Welche Formen von Web-TV gibt es? Wie lässt sich der Markt differenzieren?
   - Welche Qualitätsfaktoren sind beim Web-TV vorhanden? In welche Dimensionen lassen sich diese gliedern?
2. Aus der Perspektive der Anbieter:
   - Wie beschreiben Anbieter die Qualität ihrer Angebote? Was sind die Qualitätsfaktoren aus ihrer Sicht?
   - Welche Potenziale lassen sich für Web-TV-Produkte ableiten?

3. Aus der Perspektive der Nutzer:
- Welche Qualitätskriterien spielen für Nutzer bei Web-TV eine Rolle? Welche Kriterien sind für sie besonders wichtig?
- Welche soziodemografischen Faktoren (Geschlecht, Bildung, Beruf, Einkommen und Alter) spielen bei den Qualitätsvorstellungen eine Rolle?
- Haben Nutzer verschiedener Web-TV-Angebote (Mediatheken, Videoplattformen, Plattformen von Verlagen und Vereinen, reine Web-TV-Sender, Videoblogs und -podcasts sowie Livestreaming-Plattformen) unterschiedliche Qualitätsvorstellungen?
- Von welchen Kriterien hängen die Qualitätsvorstellungen ab?
- Welche Rolle spielt die Mediennutzung (Fernsehen, Internet und Web-TV) hinsichtlich der Qualitätsvorstellungen?
- Welche Formate (Filme, Serien, Sport etc.) werden von Nutzern bei Web-TV bevorzugt?

Diese Fragen sind die Basis für die Beantwortung der Forschungsfrage und für das Ableiten von Handlungsempfehlungen und künftigen Potenzialen zum Aufbau von Web-TV-Angeboten.

2.2 Forschungsziele

Aufgrund der im vorherigen Kapitel genannten Forschungsfragen bilden sich mehrere Forschungsziele heraus. Zum einen werden die wesentlichen Qualitätsfaktoren für das internetbasierte Fernsehen herausgearbeitet. Zum anderen wird offengelegt, inwieweit Internetnutzer Web-TV als weiteren Rezeptionskanal einsetzen und ob sich Web-TV in diesem Zusammenhang bereits etabliert hat. Da es zahlreiche, unterschiedliche Angebote in diesem Markt gibt, stellt dies eine besondere Herausforderung dar. Deshalb werden die bisherigen Erfahrungen der Web-TV-Anbieter sowie die Vorlieben und Wünsche der Nutzer erschlossen, um eventuell bestehende Diskrepanzen zwischen Anbietern und Nutzern darlegen zu können. Daraus sollen letztendlich inhaltliche, technische und formale Faktoren bestimmt werden, die als Erfolgspotenziale von Web-TV-Produkten gelten können.

Darüber hinaus ist es das Ziel, Web-TV als Markt mit seinen verschiedenen Segmenten zu erfassen und in seiner Vielfalt zu untergliedern und zu systematisieren, um ergänzende Definitionsansätze zu liefern.

Zu guter Letzt soll das der Studie zugrunde liegende konzipierte und adaptierte Modell zum DTA als handlungsorientiertes und erkenntnisleitendes Modell für den wissenschaftlichen Diskurs platziert werden. Somit kann diese Arbeit einen umfassenden

Beitrag zum Web-TV leisten und die bisherigen Forschungsfelder der Qualitäts- und Akzeptanzforschung können durch den Untersuchungsgegenstand Web-TV bereichert werden.

2.3 Aufbau der Arbeit

Nachdem in den ersten beiden Abschnitten die Forschungsintention sowie die Relevanz und Motivation beschrieben wurden, wird an dieser Stelle die inhaltliche Ausrichtung der kommenden Kapitel im weiteren Forschungsablauf geschildert.

Im dritten Kapitel steht demnach der Begriff Web-TV im Vordergrund. Dazu wird dieser sowohl aus wissenschaftlicher als auch aus marktwirtschaftlicher Sicht erörtert, um daraus eine eigene Arbeitsdefinition zu entwickeln. Zusätzlich werden in Exkursen medienpolitische Restriktionen, die Abgrenzung zum IPTV, die Konvergenz im Kontext von Smart-TVs und Tablet-PCs aufgegriffen, um den Begriff Web-TV zu vervollständigen.

Das vierte Kapitel stellt die theoretische Grundlage der Arbeit dar, die auf den (erweiterten) dynamisch-transaktionalen Ansatz (DTA) nach Wirth und Schönbach (1991) beruht. Hierbei wird das dem Ansatz zugrunde liegende Modell in seinen Grundzügen erläutert und im Hinblick auf die vorgesehene Adaption vorbereitet, um nachfolgend die Qualitäts- und Akzeptanzkriterien einzuordnen.

Im Zuge dessen befasst sich das fünfte Kapitel mit dem Qualitätsbegriff und der Qualitätsdebatte, die bereits seit Jahrzehnten in verschiedenen Forschungsfeldern geführt wird. In dieser Hinsicht wird der Begriff Qualität aus verschiedenen Perspektiven – aufgrund der unterschiedlichen Forschungsdisziplinen – betrachtet, um diesen für die eigene Arbeit zu systematisieren. Des Weiteren werden die Kriterien der bisherigen Qualitätsforschung herausgearbeitet und berücksichtigt, die für die anknüpfende Studie von Bedeutung sind. Diese Kriterien beziehen sich auf die Medien Print, Fernsehen, Radio und Internet.

Im Mittelpunkt des sechsten Kapitels steht die Akzeptanzforschung. Dort wird zunächst der Begriff Akzeptanz aus verschiedenen Perspektiven dargelegt, um eine Grundlage für die Forschungsarbeit zu schaffen. Im Anschluss daran werden relevante Akzeptanzmodelle vorgestellt, die in Beziehung mit dem DTA und dem weiteren Verlauf der Studie gesetzt werden.

Im siebten Kapitel sollen die gesammelten Erkenntnisse in ein adaptiertes Modell, welches an den DTA angelehnt ist, münden.

Das achte Kapitel widmet sich dem Forschungsdesign. Dort wird der gesamte Forschungsprozess veranschaulicht. Dieser besteht zunächst aus einer Umfeldanalyse (Benchmarking), die einen Überblick über die aktuelle Marktsituation des Web-TV

2.3 Aufbau der Arbeit

gibt. Es werden anhand von Best-Practice-Beispielen die verschiedenen Formen des Web-TV aufgezeigt und erläutert. Die weitere methodische Vorgehensweise schließt einerseits das Experteninterview als qualitative Methode zur Erhebung der Aussagen von Experten und andererseits die Befragung von Nutzern als quantitative Methode zur Datenerhebung ein. Darauf aufbauend wird ein Auswertungsschema entsprechend der Datenerhebungsmethoden festgelegt.

Anschließend werden im neunten Kapitel die erhobenen Daten der einzelnen Methoden übergreifend betrachtet und im Zusammenhang mit den Forschungsfragen interpretiert.

Das zehnte Kapitel umfasst geeignete Empfehlungen für die Gestaltung und Strukturierung von Web-TV-Produkten und beschreibt deren Potenziale, die sich aus den ausgewerteten Daten ergeben.

Den Abschluss bilden das Fazit und der wissenschaftliche Beitrag dieser Arbeit. Rückblickend wird sich dabei zum einen kritisch mit den theoretischen und methodischen Aspekten auseinandergesetzt. Zum anderen gibt es einen Ausblick auf weitere Forschungsmöglichkeiten, die sich auf Grundlage dieser Studie ergeben können. Im zweiten Teil wird die Arbeit dahingehend betrachtet, welchen wissenschaftlichen Beitrag diese geleistet und auf welchen Ebenen sie die Forschungsfelder vorangebracht hat.

3 Was ist Web-TV?

Web-TV wird heutzutage oftmals mit Synonymen wie Internetfernsehen, IPTV, Online-TV, TV 2.0, Video-on-Demand (VoD) gleichgesetzt. Anhand dieser vielfachen Bezeichnungen lässt sich mittlerweile die Breite des Begriffs erkennen, zugleich aber auch dessen Unschärfe und Unklarheit (vgl. van Eimeren/Frees 2008: 351; vgl. Goldhammer/Zerdick 2000: 17ff.). Deshalb soll Web-TV, orientiert an bisher veröffentlichten marktwirtschaftlichen Studien sowie wissenschaftlichen Fachartikeln zu dem Thema, definiert und eingeordnet werden. Die für diese Arbeit entwickelte Definition wird dabei mehrere Ebenen in den Fokus rücken, umso eine ganzheitliche Betrachtungsweise zu schaffen und Web-TV von den verwandten Begriffen abzugrenzen.

3.1 Web-TV – eine Einordnung des Begriffs

Der Begriff Web-TV entstand im Jahr 1996 im Zusammenhang mit der vom Unternehmen Microsoft der Öffentlichkeit vorgestellten Set-Top-Box „WebTV". Hierbei wurde erstmals versucht das Web mit dem TV-Gerät zu kombinieren. Dadurch sollte den Zuschauern der Nutzen von Onlinediensten wie das Surfen mittels eines Browsers auf dem Fernseher ermöglicht werden (vgl. Lyng/von Rothkirch/Klein 2004: 454f.). Aufgrund des mäßigen Erfolgs benannte Microsoft das Produkt nach einem Relaunch der Hardware in MSN TV um. Allerdings scheiterte auch das umstrukturierte Produkt und wird mittlerweile auch nicht mehr vertrieben (MSN TV 2009). Ungeachtet dessen gab es zuvor schon Entwicklungen, die als Vorreiter des Web-TV aufzuführen sind, obwohl diese so noch nicht bezeichnet wurden. In einer kurzen Übersicht werden nun einige Meilensteine genannt, um so die geschichtliche Entwicklung und auch die wesentlichen Entwicklungsmomente aufzuzeigen.

Den wohl ersten Versuch Bilder zu streamen gab es 1991 an der University of Cambridge. Aus einem Computerlabor wurden Bilder mittels einer Webcam, die auf eine Kaffeemaschine ausgerichtet war, im lokalen Netzwerk der Universität an die hiesigen Mitarbeiter verbreitet. Mit der Einführung des Mosaic Browsers, der nicht nur Text darstellen, sondern u. a. auch Bilder einbetten konnte, wurden die Bilder der Kaffeemaschine nun nicht mehr nur im lokalen Netz, sondern weltweit über das Web gestreamt (vgl. Stafford-Frasier 2001; Seidler/Büchner 2001). Diese Entwicklung war der erste Schritt des Streamingverfahrens.

Eine ebenso wichtige Rolle spielte 1994 die Gründung des Unternehmens RealNetworks. Dieses Unternehmen spezialisierte sich vor allem auf Software, die zunächst Audio und später auch Video streamte. 1995 übertrug es als erstes ein Live-Event über das Internet, ein Baseballspiel zwischen Seattle und New York (vgl. Grant 2003: 281).

RealNetworks war somit das erste Unternehmen, dass das Streaming in einem kommerziellen Rahmen einsetzte. Erst danach folgten beispielsweise Apple und Microsoft mit ihren Lösungen.

1996 entwickelte Microsoft die bereits erwähnte Set-Top-Box namens WebTV, die als Zusatzgerät erstmals eine Verbindung zwischen dem Internet und dem Fernsehgerät herstellte (vgl. Lyng et al. 2004: 455).

1999 gehörte dann das NetAid Konzert, welches zeitgleich in den Städten New York, London und Genf stattfand, zu dem bis dahin größten Streaming-Ereignis. Die Website des Konzerts sollte bis zu 124.000 Streams simultan bewältigen können (vgl. Weil 1999). Jedoch waren die technischen Rahmenbedingungen noch nicht so ausgereift, dass die Streams den technischen Anforderungen gerecht wurden und sie einwandfrei übertragen werden konnten (vgl. Persson 1999).

Als sich die Börse nach dem Platzen der Dotcom-Blase am Anfang dieses Jahrhunderts wieder erholte (vgl. von Frentz 2003), begann mit der Gründung von YouTube 2005 eine neue Ära des Streamings und verschaffte vor allem dem Video-on-Demand den Durchbruch. Damit nahm die massentaugliche Videonutzung im Web ihren Lauf und hält bis heute an.

Nachdem wir durch die Eckpfeiler der Streaming-Entwicklung einen Überblick haben, soll nun eine differenzierte Betrachtungsweise bezüglich des Begriffs Web-TV vorgenommen werden, um ihn dadurch eindeutiger und trennschärfer definieren zu können. In dieser Hinsicht wird Web-TV auf technischer, inhaltlicher und ökonomischer Ebene beleuchtet.

3.1.1 Technische Ebene

Oftmals wird der Begriff Web-TV zur Beschreibung von Fernsehen über das Internet oder genauer gesagt über das Internetprotokoll (IP) verwendet (vgl. Wippersberg/Scolik 2009: 8; Lohr 2009: 13; Künkel 2001: 18; Goldhammer/Zerdick 2000: 19). Jedoch anstelle von Fernsehen über das Internet zu sprechen, wird in dieser Arbeit die Rede von Fernsehen über das Web sein, da der Contentzugriff bei Web-TV vornehmlich über einen Webbrowser stattfindet. Demnach kommt der Begriff dem hier präsentierten Ansatz näher. Die weiteren Elemente, die für die technische Ebene relevant sind, sind die beiden Streaming-Methoden, die es zu unterscheiden gilt.

3.1.1.1 On-Demand-Streaming

Wie der Begriff bereits kennzeichnet, werden beim On-Demand-Streaming dem Nutzer (Client) Videos von einem Server zum Abruf bereitgestellt. Künkel bringt dies folgendermaßen auf den Punkt:

3.1 Web-TV – eine Einordnung des Begriffs

„Hierbei sendet der Nutzer zuerst eine Anforderung an Server, z.B. indem er auf einer Website einen Link auf OnDemand-Clips anklickt. Der Server nimmt diese Anforderung entgegen und beginnt die angeforderte Datei an den Player zu übertragen. Vorproduzierte Inhalte werden so zu jedem Zeitpunkt für den Nutzer verfügbar" (2001: 13).

Dieser Aspekt führt u. a. dazu, dass Nutzer nicht mehr der Linearität eines Senders bzw. eines Programms ausgesetzt sind. Der Nutzer kann dadurch sein Programm frei nach seinen Wünschen und seiner Zeit zusammenzustellen, das er sich aus seinen favorisierten Videos bilden kann. Das zeitversetzte Sehen bringt dem Nutzer eine weitaus größere Flexibilität, als es das klassische Fernsehen jemals könnte. Durch diese Unabhängigkeit und Freiheit fungiert der Nutzer nun als eigener Programmdirektor (vgl. Kloppenburg et al. 2009: 5). Zwar gibt es durch Aufzeichnungsgeräte wie den Videorekorder schon länger die Möglichkeit Content zeitversetzt zu sehen (vgl. van Eimeren/Frees 2008: 350), aber für den Nutzer wird diese Rezeptionsform durch Mediatheken und Videoportale immer einfacher. Des Weiteren ist er bei dieser Streaming-Lösung auch in der Lage Videos zwischenzeitlich anzuhalten bzw. innerhalb dieser hin- und herzuspringen. Auf dieser geringen Interaktionsebene kann er also in das Abspielen der Videos eingreifen.

3.1.1.2 Livestreaming

Beim Livestreaming hingegen handelt es sich um einen sogenannten Echtzeitstream. Hierbei werden die Daten nicht auf Abruf bereitgestellt, sondern ein zeitabhängiger Datenstrom wird vom Server übertragen.

„Generiert wird dieser Datenstrom von einem Encoder, der in Echtzeit Audio- und Videosignale digitalisiert, encodiert und an den Server sendet. Der Server nimmt diese Datenpakete vom Encoder entgegen und leitet sie an jedem Client weiter, der die hierfür vereinbarten Adresse aufruft. Im Gegensatz zu OnDemand-Streams werden jedem User zu bestimmten Zeitpunkten dieselben Daten ausgeliefert" (Künkel 2001: 14).

Das Livestreaming ist demzufolge mit dem herkömmlichen Fernsehen vergleichbar, denn auch dort kann sich der Zuschauer das Programm bzw. die Sendung nur zum vorgegebenen Zeitpunkt ansehen. Er ist folglich wiederum der Linearität des Programms ausgesetzt und dadurch weniger flexibel. Ebenso wenig besteht dort die Möglichkeit des Eingreifens seitens des Nutzers, d. h., er kann den Stream nicht pausieren. Beim Einsatz von mobilen Endgeräten kann der Nutzer jedoch unabhängig vom Ort Livestreams verfolgen, sofern er über eine Datenverbindung verfügt.

3.1.1.3 Flash- und HTTP-basiertes Streaming

Ferner lässt sich das Streaming noch in die Verfahren HTTP-basiertes Streaming und Flash-Streaming unterteilen, die an dieser Stelle der Vollständigkeit halber angerissen werden. Kraetzer und Schüür (2010) haben diese beiden Verfahren gegenübergestellt und die Vorteile des HTTP-basierten Streamings aufgezeigt. So halten sie fest, dass „Endgeräte in privaten Netzwerken hinter Firewalls" (Kraetzer/Schüür 2010: 144) einfacher zu erreichen sind. Des Weiteren können beim HTTP-basiertem Streaming Cache-Server verwendet werden, die den Stream zwischenspeichern und damit die genutzte Bandbreite reduzieren (vgl. Kraetzer/Schüür 2010: 144). Die Bedeutung von Flash-Streaming hat vor allem im mobilen Bereich in den vergangenen Jahren an Bedeutung verloren, seit Adobe die Entwicklung 2011 an einer mobilen Version einstellte. In Zuge dessen konnte sich der Webstandard HTML5 als plattformunabhängige und offene Alternative durchsetzen, sodass auch u. a. Videoplattformen wie YouTube diesen Standard einsetzen.

3.1.1.4 Browser und eigenständige Applikation

Eine weitere Unterscheidung ist in der Bereitstellung der Streams vorzunehmen. Wippersberg und Scolik sehen beispielsweise in Web-TV „bewegte Bilder aller Art im Internet, die [...] speziell für die Nutzung am Computer konzipiert wurden" (2009: 8). Mit dem vermehrten Aufkommen von Smartphones, Tablet-PCs und Smart-TVs lässt sich Web-TV nicht mehr nur auf die Nutzung am PC beschränken bzw. kann der Begriff in diesem Kontext nicht verwendet werden. Die Entwicklung dieser technischen Geräte führte vor allem dazu, dass die Anbieter bei ihrem Videocontent inzwischen neben einer Integration über eine Website auch verstärkt auf eigenständige Applikationen setzen, die für die unterschiedlichen Geräte und deren Interface portiert werden. Aufgrund dessen ist die Nutzung am PC mittlerweile nur eine von mehreren Möglichkeiten Streams online zu rezipieren. Deshalb bezieht sich in dieser Arbeit der Begriff Web-TV auch ausschließlich auf Video-Streaming-Angebote, die über einen Web-Browser abgerufen werden.

Dennoch ist abzuwägen, wo die Vor- bzw. Nachteile bei browser- und applikationsbasierten Angeboten liegen. Die Verwendung eines Browsers hat den Vorteil, dass dieser plattformunabhängig funktioniert. Man muss in der Regel keine zusätzliche Software installieren und kann theoretisch von jedem PC oder jedem anderen Gerät (das über einen Browser verfügt) aus auf das Angebot zugreifen. Zudem liegt dem Nutzer dabei eine gewohnte Website vor. Dieser Vorteil entfällt bei applikationsbasierten Angeboten, da dort für jedes Endgerät eine eigenständige, native Software programmiert werden muss. Das führt dazu, dass nicht zwangsläufig jedes Video-Streaming-Angebot auf jedem Endgerät zur Verfügung steht. Auf Anbieterseite entstehen zudem erweiterte Kosten, weil eine Applikation für jedes Betriebssystem entwickelt werden muss. Bei Touchscreens oder bei Fernsehmenüs ist eine andere Umgebung vorgegeben, an die die Software angepasst werden muss, sodass der Nutzer diese auch optimal nutzen kann. Ein weiterer Nachteil ist die Möglichkeit, dass die Anbieter z. B. aus lizenzrechtlichen Gründen inhaltlich eingeschränkt werden und ihre Angebote nicht immer im Gesamten über die Applikationen bereitstellen können bzw. dürfen.

3.1.2 Inhaltliche Ebene

Der Content ist beim Web-TV aufgrund seiner Heterogenität sehr breit gefächert. So sind neben den Mainstream-Programmen, auf die man ebenso im klassischen Fernsehen stößt, zahlreiche Nischenprogramme vorzufinden. Da der Contentmarkt so heterogen ist, liegt der Schwerpunkt dieser Arbeit nicht auf den verschiedenen inhaltlichen Genres, sondern ist an dieser Stelle formaler ausgerichtet. So wird auf der einen Seite der Content von seiner Produktionsart her betrachtet. Dabei wird in professionellem und nutzergeneriertem Content unterschieden. Zudem wird auf dieser Ebene die Periodizität der Veröffentlichungen (vor allem beim Video-on-Demand) hinzugezogen, die in bisherigen Definitionsansätzen eher selten berücksichtigt wurde.

3.1.2.1 Professioneller Content

Professioneller Content zeichnet sich prinzipiell dadurch aus, dass er von Medienproduktionsfirmen, TV-Sendern, Agenturen und weiteren Unternehmen produziert wird, die bereits über professionalisierte Strukturen in der Produktionskette verfügen. Das bedeutet, dass neben dem professionellen Produktionsablauf auch die entsprechende Produktionstechnik vorliegt, um bestimmte Formate produzieren zu können. Beispielsweise setzen TV-Sender ihren bereits vorhandenen Content in der Regel als zeitgleichen (terrestrische Ausstrahlung und Livestream) oder als zusätzlichen (als On-Demand-Angebot nach der terrestrischen Ausstrahlung) Verwertungsweg ein. Exemplarisch sind dafür die Mediatheken und Videoportale der TV-Sender ARD, ZDF, RTL und Pro7 zu nennen. Dennoch versuchen auch die Sender neue Wege zu beschreiten. So ließ Pro7 die ersten beiden Staffeln der Serie *Spartacus* zunächst über die Videoplattform MyVideo[1] streamen, bevor die Folgen im Free-TV zu sehen waren. Obwohl der Weg Online-First gewählt wurde, hat *Spartacus* mit seinen 15 Millionen Abrufen

---

[1] MyVideo gehört zur ProSiebenSat1 Media AG.

sehr erfolgreich bewiesen, dass dieser durchaus eine Alternative zu den bisherigen Verwertungswegen sein kann (vgl. Krannich 2012; Schering 2012).

Aber nicht nur die Möglichkeit einer Zweitverwertung oder das Online-First-Prinzip spielen eine Rolle. Web-TV ermöglicht den Contentanbietern darüber hinaus mit dem Medium Internet zu experimentieren. Als Beispiel ist die Produktion des Medienunternehmens Grundy Light Entertainment zu erwähnen. Sie entwickelte die Webserie *Die Pietshow* in Kooperation mit dem sozialen Netzwerk StudiVZ, auf dessen Plattform die Serie anschließend auch veröffentlicht wurde. Damit erfolgte ein weiterer Distributionsansatz, nämlich den Content ausschließlich im Web zu verbreiten.

Den Anbieter auf professioneller Ebene stehen nun zusätzliche Distributionsmöglichkeiten zur Verfügung, wodurch sie ein sehr breites Spektrum an Content anbieten können.

3.1.2.2 Nutzergenerierter Content

Nutzergenerierter Content (NGC[2]) ist, wie der Begriff besagt, Content der von Nutzern selbst produziert und veröffentlicht wird. Bevor Videoplattformen wie YouTube oder Sevenload aufkamen, waren Nutzer hauptsächlich passive Rezipienten und konnten keine aktive Rolle einnehmen. Dies hatte mehrere Gründe: Erstens war die digitale Produktionstechnik noch nicht so erschwinglich wie sie es heutzutage ist. Zweitens waren noch keine Bandbreiten mit den jetzigen Kapazitäten vorhanden, sodass es kaum möglich war, ein Video geschweige denn ein HD-Video hochzuladen und streamen zu lassen. Die damit verbundenen hohen Ladezeiten bzw. Pufferzeiten, die beim Abruf entstehen, hätten dem Nutzer kein Vergnügen bereitet. Drittens ermöglichten erst die Videoportale einen massenwirksamen Zugang zu Videos, da sie dem Nutzer das Hosting und den Traffic, die sie für eine eigene Website benötigten, abnahmen. Nachdem sich diese Hürden mit der Zeit reduzierten, entwickelten sich die Videoplattformen durch die Nutzer zu erfolgreichen Produkten im Web. Aber nicht nur die Videoplattformen profitierten. Aufgrund weiterer Entwicklungen wie Blogsoftware entstanden auch Videoblogs, die es dem Nutzer ermöglichten, sich auch als eigener Sender zu profilieren. Die Entstehung eines solchen Videoblogs lässt sich anhand von Fernsehkritik-TV sehr gut nachzeichnen und zeigt, wie sich ein Videoblog mit zunächst einfachen Mitteln entwickeln kann, wenn man sich die Videobeiträge der Anfangszeit im Vergleich zu den heutigen ansieht.

---

[2] In der Praxis und in marktwirtschaftlichen Studien wird auch häufig der englische Ausdruck *User-Generated-Content* (UGC) verwendet.

3.1 Web-TV – eine Einordnung des Begriffs

Eigenschaften, die nutzergenerierten Videos oftmals zuteil werden, sind zum einen eine eher schlechtere Bildqualität (z. B. Unschärfe, Verpixelungen etc.), die jedoch vom technischen Aufnahmesystem abhängig ist, sowie unruhige Kameraführungen, da Amateurvideos häufig ohne Stativ gedreht werden. Zum anderen ist der Inhalt ebenfalls sehr einfach gehalten, da nutzergenerierte Videos grundsätzlich das Geschehene – also eine gerade entstandene Situation – zeigen und sich demnach weniger durch narrative oder gestalterische Aspekte auszeichnen. Dabei handelt es sich vielmals um kurze, slapstickartige Videoclips, die eine witzige Grundsituation beinhalten. Dabei hängt die Aufbereitung der Videos von den Fähigkeiten der Nutzer ab, die sehr stark variieren.

3.1.2.3 Periodizität

Die Periodizität von Web-TV wurde in den bisherigen Überlegungen kaum einbezogen. Deshalb werden an dieser Stelle die Medien Print und Fernsehen betrachtet und deren Publikationszeiträume herangezogen, um Vergleiche zur Periodizität des Web-TV zu ziehen. Der Begriff wurde in der Publizistik durch die Zeitungswissenschaft geprägt. Nach Groth ist sie eines der vier Wesensmerkmale von Zeitungen[3] (vgl. 1960: 102ff.). Periodizität definiert dabei die Erscheinungsweise von Printmedien und „[bezeichnet] die Publikation in regelmäßigen zeitlichen Abständen" (Merten 2007: 148). Beispielsweise erscheinen Zeitungen in der Regel täglich, während Zeitschriften bzw. Magazine indes einen wöchentlichen, monatlichen oder dreivierteljährlichen Veröffentlichungszyklus haben und in keiner Weise zu den Zeitungen zu zählen sind. (vgl. Röper 1994: 513). Ähnlich verhält es sich bei Fernsehsendungen. Je nach Format findet man dort täglich wiederkehrende Sendungen wie z. B. Daily Soaps. Aber auch Talkshows, Reportagen, Magazinsendungen, Serien etc. werden in regelmäßigen Abständen (einmal in der Woche oder im Monat) gesendet. Der Zuschauer muss sich dadurch an die linearen Zeiten der Fernsehausstrahlungen richten, wenn er sein gewünschtes Programm sehen möchte. Grundsätzlich hat man bei den Medien Print und Fernsehen eine einheitliche und regelmäßige Periodizität. Diese Regelmäßigkeit lässt sich jedoch nicht ohne Weiteres auf Web-TV-Angebote übertragen. Zwar sind beim Web-TV ebenfalls Angebote vorzufinden, die in regelmäßigen Abständen und in Folge gestreamt werden, wenn es sich z. B. um die Inhalte der Mediatheken handelt. Allerdings gibt es Contentanbieter, die ihre Inhalte in unregelmäßigen Abständen veröffentlichen. Dies ist vor allem bei kostenpflichtigen Video-on-Demand-Anbietern wie Netflix zu beobachten. Sie veröffentlichen ihre Serien nicht in einem wöchentlichen

---

[3] Neben der Periodizität gehören noch Aktualität, Publizität und Universalität zu den Merkmalen.

Turnus wie Fernsehsender, sondern bieten dem Zuschauer sofort die gesamte Staffel an, sodass er nicht mehr dem klassischen linearen Zwang des Fernsehens unterworfen ist. Damit aber Dienste zum Web-TV zu zählen sind, muss der Content dennoch dem Kriterium der periodischen Veröffentlichung gerecht werden. Ansonsten könnte z. B. ein Imagefilm eines Unternehmens ebenfalls als Web-TV-Angebot eingeordnet werden, was in diesem Fall aber ausgeschlossen ist. Demzufolge werden Websites, die lediglich ein Video beinhalten oder keine periodischen Veröffentlichungen verfolgen, nicht als Web-TV kategorisiert bzw. bezeichnet.

3.1.3 Ökonomische Ebene

In wirtschaftlicher Hinsicht wird der Zugang zum Web-TV als offen und kostenfrei beschrieben (vgl. Gertis 2006: 8; vgl. Adam 2008: 67). Dies trifft allerdings nur bedingt zu. Für die Nutzer sind zwar zahlreiche Angebote frei zugänglich, die die Web-TV-Anbieter über diverse Erlösmodelle refinanzieren. Dennoch existieren kostenpflichtige Varianten. Es haben sich dabei folgende Modelle herausgebildet:

- **Werbung:** Der Werbeblock, wie er im klassischen Fernsehen zu sehen ist, ist im Web nicht auf gleicher Weise vorhanden. Die Werbung innerhalb von Videos ist durch sogenannte Pre-, Mid- und Post-Rolls gekennzeichnet. In diesem Fall handelt es sich um jeweils einen Werbespot, der vor, in der Mitte oder nach dem eigentlichen Video erscheint. Diese werden auch als In-Stream-Anzeigen bezeichnet (vgl. YouTube 2012). Aktuell werden vorrangig Pre- und Mid-Rolls eingesetzt, da der Nutzer so gezwungen wird, sich diese kurzen Werbeunterbrechungen anzusehen, bevor der Stream startet bzw. weiterläuft. Da die Abbruchrate bzw. das Nicht-Ansehen von Post-Rolls als höher einzustufen ist, werden diese eher weniger in Videos eingebunden.

  Weitere Werbemöglichkeiten sind die klassischen Werbebanner, die um das Videofenster bzw. auch generell im Web-TV-Angebot platziert werden. Eine besondere Form der Werbung sind sogenannte Channel Switch Ads, wie sie beim Web-TV-Portal Zattoo eingesetzt werden. Dort wird bei jedem Kanalwechsel ein Werbespot eingeblendet.

  Des Weiteren wird auch Werbung im Player implementiert, die dann als Overlay-Einblendungen über dem Video erscheinen. Diese können jedoch vom Nutzer nach wenigen Sekunden wieder ausgeblendet werden. Diese Werbemöglichkeiten sind zurzeit vornehmlich beim kostenfreien Web-TV vorzufinden.

- **Revenue-Sharing:** Das Revenue-Sharing-Modell hat sich überwiegend bei Videoportalen wie YouTube und Metacafe als Provisionssystem im Rahmen des Affiliate-Marketings entwickelt. Es orientiert sich vor allem an nutzergeneriertem Content, um die jeweiligen Anbieter an Erlösen zu beteiligen, wenn ihre Videos im Partnerprogramm der Plattform aufgenommen werden. Bei erfolgreicher Aufnahme verdienen die Contentanbieter dann pro Klick auf die Videos selbst oder pro Klick auf die eingebundene Werbung um das Video (vgl. ITWissen 2015a).

- **Abonnement:** Eine andere Alternative, die mittlerweile ebenfalls oft anzutreffen ist, sind Abonnements von Sendern, Kanälen oder ganzen Portalen. Teilweise ist der Content solcher Angebote erst nach einer kostenpflichtigen Registrierung (z. B. bei den Angeboten der Bundesligavereine) zugänglich. Diese anfallenden Gebühren können in Monats-, Quartals- oder Jahresabständen bezahlt werden. Als anderweitige Variante existieren noch sogenannte Freemium-Angebote, die in der Basisversion kostenfrei sind. Will man darüber hinaus weitere Funktionen oder eine qualitativ höhere Videoauflösung nutzen, muss man in den entsprechenden Bezahlmodus wechseln. Ein Beispiel hierfür ist das Angebot von Zattoo.

- **Social Payment:** Social Payment ist ein weiteres Modell, das in diesem Zusammenhang zu erwähnen ist. Dieses stützt sich vorrangig auf ein freiwilliges Bezahlsystem. Als Beispiel kann hier Flattr herangezogen werden, das als soziales Mikrozahlsystem bezeichnet wird. Die Intention dieses Systems liegt zum einen darin gute Webinhalte zu unterstützen und zum anderen, die Community dieser Unterstützung eigenverantwortlich und freiwillig nachkommen zu lassen (vgl. Flattr 2012).

3.2 Externe Faktoren

3.2.1 Medienpolitische Regulation

Bislang wurde Web-TV auf der technischen, inhaltlichen und ökonomischen Ebene betrachtet, wobei der rechtliche Rahmen außen vor geblieben ist. Um diesem entgegenzuwirken, werden nun die gesetzlichen Regelungen erörtert, denen Web-TV zugrunde liegt. Dadurch lässt sich Web-TV ganzheitlich erfassen. Die Grundlagen zur Regulation sind im Telemediengesetz und im Rundfunkstaatsvertrag verankert, die wiederum auf der EU-Richtlinie über audiovisuelle Mediendienste (vom 10. März 2010) basieren und auf nationaler Ebene angepasst wurden. Die Frage, die medienrechtlich zu klären ist, lautet, inwiefern Web-TV Rundfunk bzw. ein Telemediendienst ist. Hierzu genügt bereits ein erster Blick auf Begriffsbestimmungen innerhalb des Telemediengesetzes und des Rundfunkstaatsvertrags. Demnach sind Telemedien nach §2

Nr. 6 TMG „audiovisuelle Mediendienste auf Abruf [...] mit Inhalten, die nach Form und Inhalt fernsehähnlich sind und die von einem Diensteanbieter zum individuellen Abruf zu einem vom Nutzer gewählten Zeitpunkt und aus einem vom Diensteanbieter festgelegten Inhaltekatalog bereitgestellt werden". Demgegenüber wird Rundfunk in §2 Abs. 1 Satz 1 RStV als „ein linearer Informations- und Kommunikationsdienst [beschrieben]; er ist die für die Allgemeinheit und zum zeitgleichen Empfang bestimmte Veranstaltung und Verbreitung von Angeboten in Bewegtbild oder Ton entlang eines Sendeplans unter Benutzung elektromagnetischer Schwingungen". Bei beiden Definitionen lassen sich bereits konkrete Eigenschaften festhalten, wie Web-TV jeweils einzuordnen ist. Zum einen als Telemediendienst, sofern es sich um einen On-Demand-Dienst handelt, der individuell vom Nutzer und unabhängig von der Zeit genutzt und gesteuert werden kann. Zum anderen lässt sich Web-TV dem Rundfunk zuordnen, sobald es sich um ein lineares Angebot handelt, bei dem der Nutzer zeitgebunden ist und nicht in den Programmablauf eingreifen kann. Darüber hinaus gibt es noch weitere Merkmale, die für eine Zuordnung bedeutend sind. So sind laut §2 Abs. 3 Nr. 1-5 RStV Web-TV-Angebote nicht dem Rundfunk zuzuweisen, wenn sie „jedenfalls weniger als 500 potenziellen Nutzern zum zeitgleichen Empfang angeboten werden, zur unmittelbaren Wiedergabe aus Speichern von Empfangsgeräten bestimmt sind, ausschließlich persönlichen oder familiären Zwecken dienen, nicht journalistisch-redaktionell gestaltet sind oder aus Sendungen bestehen, die jeweils gegen Einzelentgelt freigeschaltet werden". Vor allem der erste Punkt hat 2008 für Unmut bei den Contentanbietern gesorgt, da die gewählte Nutzerzahl als willkürlich angesehen wurde (vgl. Hein 2008). Trotz der massiven Kritik hat sich bislang nichts geändert, auch wenn sich derzeit eine Arbeitsgruppe mit der Problematik auseinandersetzt, um ein vereinfachtes Verfahren hinsichtlich Sendelizenz und Anmeldepflicht für Contentanbieter zu erreichen (vgl. Hündgen 2011). Bislang ist eine Checkliste entstanden, die in vier Schritten die Einordnung eines Web-TV-Angebots zulässt, wobei eine Faustregel Abhilfe schafft und es auf den Punkt bringt: „Angebote auf Abruf (On-Demand) sind Telemedien, also nicht Rundfunk" (Die Medienanstalten 2011).
Zusätzlich ist noch der sogenannte Drei-Stufen-Test zu nennen, der die Telemedien des öffentlich-rechtlichen Rundfunks reguliert. Der Rundfunkrat prüft dabei die Online-Angebote (z. B. die Mediatheken),

1. „inwieweit das Angebot den demokratischen, sozialen und kulturellen Bedürfnissen entspricht,
2. in welchem Umfang durch das Angebot in qualitativer Hinsicht zum publizistischen Wettbewerb beigetragen wird und

3. welcher finanzielle Aufwand für das Angebot erforderlich ist" (§11f Abs. 4 RStV).

Das Ziel des Drei-Stufen-Tests ist u. a., „ob ein konkretes Telemedienangebot dem öffentlichen Auftrag entspricht" (ARD intern 2012). Dass der Test Auswirkungen auf die inhaltliche Bereitstellung hatte, zeigte sich bei der ARD, die aufgrund ihres Verweildauerkonzeptes bestimmte Inhalte depublizieren mussten (vgl. ARD intern 2011). Somit sind die Inhalte nur zeitlich eingeschränkt verfügbar. Aus Nutzersicht sind solche Entwicklungen wiederum ein Ärgernis, da sie, obwohl sie einen Beitragsservice bezahlen, nicht alle Inhalte jederzeit abrufen können. Dies widerspricht im Grunde auch den Prinzipien des Internets.

3.2.2 Web-TV im Kontext weiterer Entwicklungen

Neben dem Web-TV über den PC als Ausgangslage entwickelten sich noch weitere Technologien, die teilweise auch auf Web-TV-Produkte zurückgreifen. Deshalb soll Web-TV an dieser Stelle vom klassischen Fernsehen sowie von IPTV unterschieden und abgegrenzt werden. Aufgrund des stetigen Zusammenwachsens von Funktionen ist eine eindeutige Abgrenzung nicht immer möglich. Dennoch wird ein erster Versuch unternommen. Auch wenn das klassische Fernsehen keine neue Entwicklung darstellt, so ist das Prinzip des Fernsehens weiterhin allgegenwärtig und soll aufgrund dessen herangezogen werden, zumal es in Teilen auch den grundlegenden Content für Web-TV schafft. Vorab gilt es jedoch einige Anmerkungen zum besseren Verständnis zu machen. Wenn man sich die heutige Produktion von TV-Geräten anschaut, kommen zunehmend Geräte in hybrider Form auf den Markt. D. h., die meisten Geräte sind neben der herkömmlichen Ausstattung (z. B. für den terrestrischen Übertragungsweg) auch mit zusätzlichen Modulen und Schnittstellen (LAN, WLAN, USB etc.) ausgerüstet. Daraus ergibt sich eine immer fortschreitende Reduzierung klassischer TV Geräte. Da die klassische Rezeptionsart nach wie vor vorhanden und aufgrund der Sehdauer immer noch bedeutend ist (vgl. ARD/ZDF-Onlinestudie 2012b), wird Web-TV demzufolge auch vom klassischen Fernsehen abgegrenzt. Des Weiteren wird der Begriff Smart-TV anstelle von Hybrid-TV verwendet, was daraus resultiert, dass dieser mehr und mehr im Markt gebraucht wird.

- **Traditionelles TV:** Das klassische Fernsehen ist aufgrund der Sehdauer immer noch das Leitmedium, auch wenn bei der jüngeren Generation das Internet zunehmend an Bedeutung gewinnt (vgl. ARD/ZDF-Onlinestudie 2012b). Das lineare Prinzip des Programmablaufs und das Nicht-Eingreifen-Können in diese Struktur sind die Merkmale des klassischen Fernsehens. Der Zuschauer ist bei dieser Form des Fernsehens dem Programmzwang der TV-Macher unterworfen.

Lediglich das Zappen bzw. das Wechseln der Programme sowie das Aufrufen des Videotexts ermöglicht dem Zuschauer das Ausüben geringer Interaktionen.

- **IPTV:** IPTV unterscheidet sich von Web-TV in vielerlei Hinsicht. So basieren beide im Bereich des Übertragungswegs auf dem Internetprotokoll. Jedoch handelt es sich beim IPTV um ein geschlossenes Netzwerk – auch *walled garden* genannt –, da der Nutzer den Zugang nur über eine zusätzliche Set-Top-Box sowie ein kostenpflichtiges Abonnement erhält (vgl. Gertis 2006: 8; vgl. Adam 2008: 67). Darüber hinaus ermöglicht IPTV die Nutzung zusätzlicher Funktionen wie den Abruf elektronischer Programmführer (EPG) oder das zeitversetzte Fernsehen. Dabei kann der Nutzer eine Sendung unterbrechen und zu einem späteren Zeitpunkt weitersehen, also aktiv den Programmablauf beeinflussen. Nach Goertz beschreibt dies vornehmlich den Grad der Interaktivität hinsichtlich der Linearität bzw. Nichtlinearität (vgl. Goertz 1995: 485ff.). Die Interaktivität ist somit relativ eingeschränkt. Darüber hinaus kann IPTV bereits Fernsehen in HD und teilweise in 3D zur Verfügung stellen (vgl. Telekom 2012), was beim klassischen Fernsehen und beim Web-TV – bezogen auf 3D – noch nicht möglich ist. Ebenso soll die Qualitätssicherheit – die Quality of Service (QoS) – im Hinblick auf die Datenübertragung seitens der Anbieter gewährleistet werden (vgl. Breide/Glusa 2007: 527).

- **Web-TV:** Web-TV ermöglicht, im Gegensatz zu den beiden bereits erwähnten Formen, den Zugang zu weltweitem Videocontent, auch wenn Lizenzierungsprobleme teilweise den Content im professionellen Rahmen geografisch einschränken. Vor allem die stetigen gerätetechnischen Entwicklungen haben es zu einem geräteübergreifenden Medium gemacht, das bereits enormes Potenzial besitzt. Dies betrifft beispielsweise die Nutzung über mobile Endgeräte, die vor allem dem mobilen Fernsehen einen weiteren Schub geben kann. Dass neben der Mobilität auch die Interaktivität eine wichtige Rolle spielt, ist nicht von der Hand zu weisen. Durch die Integration verschiedener Feedback- und Austauschmöglichkeiten (Bewerten, Kommentieren, Teilen, Einbetten in soziale Netzwerke etc.) haben die Nutzer im Web-TV erweiterte Partizipationschancen, die beim IPTV und beim klassischen Fernsehen nicht gegeben sind. Die wesentlichen Spezifikationen werden in der folgenden Übersicht (s. Tab. 1) gebündelt dargestellt.

3.3 Web-TV als Gegenstand bisheriger Forschung

Spezifikationen	Traditionelles TV	IPTV	Web-TV
Endgerät	TV-Gerät	TV-Gerät	PC, mobile Endgeräte, TV-Gerät (Smart-TV)
Zubehör	generell keines, u. U. Digital-/Satelliten-Receiver	Set-Top-Box	Browser, Software
Übertragungsweg	terrestrisch (analog, digital), Satellit	IP (geschlossen), Satellit	IP (offen)
Content	PGC	PGC	PGC/UGC
Programmstruktur	linear	linear, zeitversetzt	linear, zeitversetzt
Bildauflösung	SD, HD, 3D	HD, 3D	SD, HD
Quality of Service (QoS)	durch Anbieter garantiert	durch Anbieter garantiert	keine Konstanz
Interaktivität	sehr gering	gering, in der Programmstruktur	hoch, von der Programm-struktur bis zur Erstellung eigener Inhalte
rechtlicher Rahmen	Rundfunk	Rundfunk	Rundfunk, Telemedien
Finanzierung	Gebühr, Werbung	Abonnement, (Werbung)	Werbung, Abonnement, Social Payment

Tabelle 1: Übersicht zur Fernsehklassifizierung
Quelle: Eigene Darstellung in Anlehnung an Lohr 2009: 21

Zusammengefasst kann Web-TV folgendermaßen beschrieben und definiert werden: Web-TV ist Fernsehen über ein offenes IP-basiertes Netzwerk, das Videocontent per Livestream und/oder on demand über den PC, mobile Endgeräte oder modifizierte TV-Geräte mit Internetzugang (Smart-TV) innerhalb eines Browsers zur Verfügung stellt. Der Nutzer erhält sowohl professionellen (Serien, Filme, Fernsehsendungen etc.) als auch nutzergenerierten Content, den er in der Regel gratis rezipieren kann. Der zeitliche Veröffentlichungsrhythmus erfolgt in Abhängigkeit der Angebote in regelmäßigen und unregelmäßigen Abständen. Web-TV kann je nach seiner technischen Verbreitungsmethode und aus rechtlicher Sicht Rundfunk, aber auch Telemediendienst sein.

3.3 Web-TV als Gegenstand bisheriger Forschung

Web-TV wurde in erster Linie aufgrund technischer Entwicklungen ermöglicht. Dies bezieht sich vor allem auf die Komprimierungsalgorithmen von Videodaten sowie den Ausbau der Infrastruktur des Breitbandnetzes. Um Videos in angemessener Bildauflösung und Datengröße streamen zu können, mussten die Komprimierungsalgorithmen stetig verbessert werden. So kristallisierten sich Ende der 1990er Jahre verschiedene Containerformate heraus, die das Streaming von Videodaten optimierten. Den Anfang machte dabei das Unternehmen RealNetworks (s. Kapitel 3.1) mit seinem Real-Media-Format (Dateisuffix: .rm) und in Kürze folgten weitere Firmen wie Microsoft und

Apple. Des Weiteren entstand die Expertengruppe Moving Picture Expert Group (MPEG), die Standards für Video- und Audiokompression entwickelten. Vom MPEG-Standard gibt es bereits mehrere Versionen (vgl. ITWissen 2015b; MPEG 2015). Diese Entwicklungen sind als Grundlage für die Distribution von Web-TV-Angeboten zu sehen.

Eine der ersten Studien, in denen Web-TV in Deutschland als Forschungsgegenstand eine Rolle spielte, wurde 1998 im Auftrag der Direktorenkonferenz der Landesmedienanstalten durchgeführt. Die beauftragten Kommunikationswissenschaftler Goldhammer und Zerdick führten die Studie „zur Konvergenz zwischen Rundfunk und Internet und hier insbesondere zu den Perspektiven des Internet für Hörfunk- und Fernsehanbieter" (Goldhammer/Zerdick 2000: 9) durch. Dabei sollten „Erkenntnisse über die ökonomischen, rechtlichen und politischen Auswirkungen der Online-Präsenz von Hörfunk- und Fernsehanbietern [gewonnen werden]" (ebd.: 21), die sich in zehn Ergebnisaussagen äußerten, wovon einige kurz angerissen werden sollen. Methodisch war die Studie so angelegt, dass neben 40 Expertengesprächen noch eine vollstandardisierte Telefonumfrage mit 240 Personen aus den Bereichen Hörfunk und Fernsehen durchgeführt wurde (vgl. ebd.: 22f.), sodass folgende Schlüsse aus den Ergebnissen gezogen werden konnten. Es zeigte sich, dass „fast alle deutschen Radio- und Fernsehsender inzwischen im Internet präsent [waren]" (ebd.: 13) und ihr Angebot zunehmend multimedialer aufbereiteten. So hatten bereits 57 Prozent der Rundfunkanbieter Audiomaterial und 19 Prozent Videos auf ihren Internetseiten zum Abruf bereitgestellt (vgl. ebd.: 13). Dennoch sahen die Befragten die Internetpräsenzen nur als programmergänzendes Angebot an, das beispielsweise nur Programminformationen und Mitarbeiterporträts bot, die jedoch die Nutzer nicht sonderlich interessierten (vgl. ebd.: 14). Dies wies bereits auf eine mögliche Gefahr hin, Inhalte nicht nutzerorientiert anzubieten. Dies wird zusätzlich verstärkt, weil die Sender „sich ihrer Ziele und Strategien im Internet noch nicht völlig sicher [waren] (ebd.: 14). Eine weitere wichtige Erkenntnis, die heutzutage mehr denn je zählt, ist die Einflussnahme des Internets auf die Nutzung klassischer Rundfunkprogramme. Denn schon damals sahen zwei Drittel der Befragten eine veränderte Nutzung von Fernseh- und Hörfunkprogrammen durch das Internet voraus (vgl. ebd.: 13), die sich heute vor allem in dem Einsatz des Second Screens[4] widerspiegelt.

---

[4] Second Screen meint neben dem konventionellen Fernsehkonsum die zeitgleiche Nutzung von fernsehbezogenen Zusatzangeboten im Web mittels eines zweiten Gerätes. In der Regel ist damit ein Tablet-PC oder Smartphone gemeint (vgl. Busemann/Tippelt 2014: 408).

3.3 Web-TV als Gegenstand bisheriger Forschung

In weiteren Studien stand die Nutzung von Web-TV im Fokus. Beispielsweise versuchten Gindl und Grether herauszufinden, welche Vorteile österreichische Nutzer im Web-TV sehen und welche Programmangebote sie im Web bevorzugen. Hierzu wurden 92 Personen in einer qualitativen Studie zu ihrem Nutzungsverhalten befragt (vgl. Gindl/Grether 2009: 58). Daraus ergab sich, dass Unterhaltung (75 Prozent), zeitautonome Rezeption (58,7 Prozent) und die Empfehlung von Freunden (53,3 Prozent) die wesentlichsten Entscheidungsgründe für die Web-TV-Nutzung darstellten. Darüber hinaus ist es bezeichnend, dass fast ein Fünftel der Befragten kein TV-Gerät (18,5 Prozent) mehr besaßen. Des Weiteren sind laut dieser Studie die technische Qualität (22,8 Prozent) und die Benutzerfreundlichkeit (18,5 Prozent) weniger wichtig, was zum Teil überrascht, da z. B. die Benutzerfreundlichkeit für die Übersichtlichkeit und die Struktur eines Angebots steht (vgl. ebd.: 60ff.).

Die bevorzugten Inhalte der Studienteilnehmer waren vorrangig nutzergenerierter Content (65,2 Prozent) gefolgt vom professionellen Content (53,3 Prozent). Ferner erhoben Gindl und Grether den interessenbezogenen Content (IGC[5]), der mit 30,4 Prozent jedoch am geringsten abgerufen wird (vgl. ebd. 2009: 62f.). Der Begriff IGC wird dabei unzureichend erläutert, was somit auch seine Platzierung zwischen nutzergeneriertem und professionellem Content erschwert. Zusammenfassend lässt sich festhalten, dass die Befragten viele unterschiedliche Angebote rezipieren und damit von der Vielfalt des Web-TV profitieren. Der Schwerpunkt liegt dabei für viele auf dem nutzergenerierten Content.

Weitere Nutzungsdaten zum Web-TV mit größeren Stichproben sind über die Studien des Branchenverbands BITKOM sowie über die ARD/ZDF-Onlinestudie zu erfahren. Der BITKOM-Webmonitor hatte ergeben, dass mittlerweile fast jeder zweite deutsche Internetnutzer (49 Prozent) Web-TV schaut. Zudem erfreuen sich vor allem Videoclips großer Beliebtheit (40 Prozent), aber auch Filme per Download, Livestream (jeder Achte) oder Liveübertragungen von Events (jeder Zehnte) werden zusehends angeschaut (vgl. BITKOM 2010). Auch 2011 hat es sich noch einmal bestätigt, dass sich jeder zweite Deutsche Videoclips im Web ansieht. Weiterhin ist festzuhalten, dass inzwischen jeder Achte auch ab und zu ein selbstproduziertes Video hochlädt (vgl. BITKOM 2011). Das deutet darauf hin, dass sich Internetnutzer nicht mehr nur ihrer Passivität ergeben, sondern aktiver werden.

Die ARD/ZDF-Onlinestudie zeigt ebenfalls den enormen Anstieg der Videonutzung. 2012 schauten sich mittlerweile 70 Prozent der Befragten Videos zumindest gelegent-

---

[5] Mit dem IGC sind „Inhalte mit klar erkennbaren (teilkweise kommerziellen) Absichten dahinter" (Gindl/Grether 2009: 62) gemeint.

lich an. Im Gegensatz zu 2007 ist dies ein Anstieg um 35 Prozent. Des Weiteren wird durch die Studie ersichtlich, dass vornehmlich Videos von Videoportalen (59 Prozent) abgerufen werden. Darauf folgen erst mit einem gewissen Abstand zeitversetze Fernsehsendungen (30 Prozent) und Live-Fernsehen im Internet (23 Prozent) (vgl. ARD/ZDF-Onlinestudie 2012c). Dennoch tut sich etwas bei Live-Inhalten. Laut einer weiteren BITKOM-Studie waren die olympischen Spiele 2012 in London eines der populärsten Events für das Streaming im Netz, denn „jeder vierte Deutsche (25 Prozent) hat [...] Livebilder der Spiele auf seinem Computer oder Handy gesehen" (BITKOM 2012). Darüber hinaus sind bei der ARD/ZDF-Onlinestudie erstmals auch die Inhalte der Videos erhoben worden. Dabei zeigte sich vor allem die Beliebtheit von Musikvideos (72 Prozent), die kaum noch im klassischen Fernsehen gesendet werden. Der zweite große Bereich impliziert den nutzergenerierten Content, denn 42 Prozent der Befragten sehen sich gerne selbstgedrehte Videos an (vgl. ARD/ZDF-Onlinestudie 2012c).

Neben der Erhebung von Nutzungsdaten wurden auch erste Klassifizierungen vorgenommen. So schlägt die Goldmedia Studie, die für den Web-TV-Monitor der bayerischen Landesmedienanstalt erstellt wird, folgende Klassifikationen vor: Web-TV-Sender (Online-only), Submarken klassischer Print- und Radio-Medien, Submarken klassischer TV-Medien, Corporate Video/Videoshopping, nicht-kommerzielle Web-TV-Sender, Mediatheken/Videocenter, Video-Sharing-Plattformen und Kommunikationsportale. Eine weitere Besonderheit dieser Studie ist, dass sie ebenfalls die Sehdauer der Videonutzung einbezieht, da bei vielen Studien lediglich ein zeitlich unbestimmter Videoabruf betrachtet wird. Dadurch kann nun die Sehdauer des klassischen Fernsehens mit der des Web-TV verglichen werden. Wirft man sodann einen Blick auf die jeweils erhobenen Werte, wird offensichtlich, weshalb das klassische Fernsehen weiterhin als Leitmedium anzusehen ist. Die durchschnittliche Sehdauer beim Web-TV liegt bei Livestreams bei 28 Minuten und bei On-Demand-Streams bei 11 Minuten (vgl. Goldhammer/Link 2012). Zum Vergleich liegt die Sehdauer beim Fernsehen 2012 bei 242 Minuten (vgl. ARD/ZDF-Onlinestudie 2012b).

Gerhards und Pagel hingegen untersuchten den Markt hinsichtlich professioneller sowie nutzergenerierter Bewegtbildinhalte von TV-Sendern im Web. Bei ihrer Auswahl berücksichtigten sie zum einen folgende Kategorien: technische, journalistische, design-, erlös- und verwertungsbezogene. Zum anderen legten sie die Reichweitenstärke der TV-Sender zugrunde, wodurch 24 Websites von TV-Sendern die Grundlage der Studie bildeten, die sich aus 13 öffentlich-rechtlichen sowie 11 privaten Sendern zusammensetzten (vgl. Gerhards/Pagel 2009: 9ff.). In Bezug auf ihre Ergebnisse schluss-

3.3 Web-TV als Gegenstand bisheriger Forschung

folgerten sie, dass „User Generated Content [...] Journalist Generated Content auch in den nächsten Jahren nicht verdrängen, sondern an der einen oder anderen Stelle sinnvoll ergänzen [wird]" (ebd.: 5). Daraus lässt sich schließen, dass nutzergenerierter und professioneller Content durchaus nebeneinander existieren werden und das nutzergenerierter Content Web-TV bereichern kann. Den professionellen Content wird er aber auch künftig nicht ersetzen.

In Studien mit spezifischeren Themensetzungen untersuchten beispielsweise Eichsteller und Wiech die Nutzung, Bekanntheit und Nutzungsmotive von Corporate Videos. Hierbei sahen sich 63 Prozent der Befragten bereits ein Corporate Video an. Aussagen über die Nutzungshäufigkeit geschweige denn über konkret genutzte Angebote wurden nicht gemacht (vgl. Eichsteller/Wiech 2010: 51). Jedoch gaben die Befragten als Motivation an, dass sie Corporate Videos nutzten aufgrund von beruflichen Interessen, zur Information, zur Unterhaltung oder weil sie Fan einer Marke sind (vgl. ebd.: 57). Darüber hinaus wurde in der Studie die Unbekanntheit der eigenständigen Videoportale der Unternehmen und Vereine offensichtlich. Denn die Aussagen der Befragten tendierten gänzlich zur Angabe *Weder gehört noch die Website besucht*. Lediglich die Corporate Videoplattformen der Automobilindustrie gehörten zu den bekannten Angeboten (vgl. ebd.: 54). Dies zeigt sehr deutlich – auch wenn es sich um eine kleine Stichprobe handelt –, dass Corporate Videos als Special-Interest bzw. Nischenprodukte anzusiedeln sind und im generellen Web-TV bisher eine minimale Bedeutung spielen.

Rössler und Legrand unterzogen unterdessen im Auftrag der Thüringischen Landesmedienanstalt die Mediathek Thüringen einer Einzelfallanalyse und legten den Schwerpunkt auf die Akzeptanz sowie die Weiterentwicklung des Angebots. Hierzu führten sie verschiedene Teilerhebungen (explorative Umfeldanalyse, Inhaltsanalyse zur externen und internen Vielfalt, Web-Analyse (Logfiles), Nutzer-Evaluation zur Usability und Bewertung sowie Experteninterviews mit den Kommunikatoren) durch, um die Mediathek aus verschiedenen Perspektiven (Medienangebot, Nutzer und Produzenten) zu betrachten (vgl. Rössler/Legrand 2012: 357). Des Weiteren „[zielen] die Ergebnisse darauf ab [....] vorläufige Erkenntnisse zu verschiedenen Facetten der Problemstellung [zu liefern], um eine möglichst differenzierte Grundlage für strategische Entscheidungen im Kontext der Mediathek Thüringen bereitzustellen" (ebd.: 354). Ein weiterer Grund für die Teilerhebungen der Studie war, dass sie auf diese Weise Aussagen zur Verwendbarkeit eines Multimethodendesgins hinsichtlich einer Videoplattform treffen konnten.

3.4 Der Web-TV-Markt – eine Übersicht

Der Markt des Web-TV obliegt einer sehr breiten und vielfältigen Auswahl an Angeboten. Diesbezüglich gibt es in diesem Kapitel einen Überblick zum aktuellen Stand des Marktes, wie er segmentiert ist bzw. segmentiert werden kann. Die folgende Unterteilung wird anhand von gegenwärtigen Beispielen durchgeführt, die möglichst zu einem genauen und nachvollziehbaren Bild des aktuellen Gegenstands führen soll. Bislang existieren nur wenige Studien, die erste Einordnungen im Bereich des Web-TV vornehmen. Dazu gehört u. a. der Web-TV-Monitor: eine Studie, die jährlich von Goldmedia durchgeführt wird, in der eine Beschreibung des Marktes aufgegriffen wird (vgl. Goldhammer/Link 2012: 10). Einige Kategorisierungen des Web-TV-Monitors liegen dieser Studie in ähnlicher Weise zugrunde, werden jedoch unter bestimmten Punkten anders zugeordnet. Kommunikationsportale wie gmx.net oder web.de, die der Web-TV-Monitor aufnimmt, sind in dieser Studie nicht vertreten, da diese Portale keinen videoausgerichteten Fokus besitzen, sondern Videos vornehmlich als Erweiterung der textuellen Inhalte einsetzen (vgl. GMX 2013). Dies entspricht demnach nicht der Web-TV-Definition, die in dieser Studie vertreten wird. Der Web-TV-Markt unterteilt sich somit in Videoportale, Web-TV-Angebote von Rundfunksendern (Mediatheken), Corporate Web-TV, Web-only-Sender und Web-TV-Portale, die nun im Folgenden genauer erläutert werden.

3.4.1 Videoportale

Wie bereits in der Einleitung angeführt, sind Videoportale die Zugpferde im Web-TV. Videoportale zeichnen sich dadurch aus, dass sie

> „einerseits das Hochladen von Videos ermöglichen, andererseits Videostreams auf einem eingebundenen Player kostenfrei zur Verfügung stellen. Neben Inhalten, die User selbst produzieren [User Generated Content], speisen sich Videoportale auch aus Mitschnitten von Fernsehsendungen, die von Privatpersonen oder den Fernsehsendern selbst hochgeladen werden, um kurze Episoden erfolgreicher Formate zeitlich unabhängig anzubieten" (Kaumanns/Siegenheim/Neumüller et al. 2007: 5).

Diese Definition ist mittlerweile ein wenig überholt, da der professionell angebotene Content zugenommen hat. So präsentieren die TV-Sender über Videoportale nicht nur Mitschnitte von TV-Sendungen, sondern auch komplette Serien und Filme. Der Umstand, dass Videos nur auf Abruf zur Verfügung gestellt werden, ist unter Vorbehalt zu sehen, da inzwischen auch vereinzelt Events sowie 24/7-Sender live gestreamt werden (vgl. MyVideo 2013a). Videos auf Abruf sind jedoch nach wie vor der Schwerpunkt

3.4 Der Web-TV-Markt – eine Übersicht

von Videoportalen. Das Potenzial der Videoportale hat sich vor allem den klassischen TV-Sendern offenbart, mit der Folge, dass sie Plattformen mit ihrem Content bereichern. Dazu reicht es, einen Blick auf die beiden größten deutschen Videoportale Clipfish (RTL) und MyVideo (ProSiebenSat.1) zu werfen, die nicht nur Eigenproduktionen über die Portale, sondern auch lizenzierte internationale Produktionen verbreiten (vgl. MyVideo 2013a), was zu einem Aufschwung hinsichtlich Bekanntheit und Nutzung führt. So zeigt bereits Bells Studie (2008), dass MyVideo und Clipfish neben YouTube die bekanntesten und meist genutzten Videoportale sind (vgl. 2008: 29). Auch die Zahlen der Informationsgemeinschaft zur Feststellung der Verbreitung von Werbeträgern e. V. (IVW) von Mai 2013 bestätigen die Zugkraft der deutschen Videoportale, wonach Clipfish (Visits[6]: 5.717.652; PI[7]: 28.052.821) und MyVideo (Visits: 24.168.429; PI: 135.984.683) sehr hohe Zugriffsraten aufweisen (vgl. IVW 2013c; IVW 2013d). Weitere deutschsprachige Videoportale sind Sevenload und MySpass.de, wobei MySpass.de schwerpunktmäßig auf professionell produzierten Content setzt und dadurch den Grundgedanken der Videoportale – den Nutzern ermöglichen eigenen Content hochzuladen – nicht berücksichtigt (vgl. MySpass.de 2013). Videoportale können im Allgemeinen den Nutzern Videos auf unbegrenzte Zeit bereitstellen sowie einen weltweiten Abruf ermöglichen. Dies stellt aber einen Idealzustand dar, da beispielsweise professioneller Content in Abhängigkeit der Lizenzierung oftmals nur zeitlich begrenzt zur Verfügung steht. Ebenso können nicht vorhandene Verwertungsrechte den Content einschränken, wie das Beispiel des Gema-Streits mit YouTube belegt, wodurch vor allem Musikvideos in Deutschland über YouTube nicht abrufbar sind (vgl. Reißmann 2013).

3.4.2 Web-TV-Angebote konventioneller Rundfunksender

Einen weiteren wichtigen und relevanten Bereich im Web-TV stellen die Angebote der klassischen TV-Sender dar. Wie im vorherigen Kapitel beschrieben, sind die TV-Sender mit ihrem Content zwar an Videoplattformen beteiligt, dennoch existieren auch auf den sendereigenen Websites eigenständige Angebote. In diesem Zusammenhang wird oft der Begriff Mediathek gebraucht, wobei die TV-Sendergruppen ihre Mediatheken unterschiedlich einsetzen. Diese Unterschiede werden anhand der Beispiele

---

[6] Ein Visit ist der „Besuch eines Internet-Angebots durch einen Internet-Nutzer. Ein Visit umfasst alle Seiten eines Angebotes, die von einer IP-Adresse […] aus zusammenhängend besucht wurden" (Sjurts 2011c: 645).

[7] Page-Impression beschreibt einen Seitenabruf und umfasst die „Anzahl der Sichtkontakte von Internet-Nutzern mit einer potenziell werbeführenden Website. Page Impression sind neben Visits die zentrale Maßzahl zur Bestimmung der Reichweite eines Internetangebotes und sind deshalb für die Mediaplanung von Bedeutung" (Sjurts 2011c: 463).

RTL NOW, ProSieben und der ZDFmediathek kurz angerissen. RTL NOW bietet grundsätzlich nur einen On-Demand-Service, sodass Nutzer Videos nur auf Abruf rezipieren können. Die Angebotsstruktur sieht dabei so aus, dass Sendungen des Tagesprogramms 30 Tage und Sendungen des Abendprogramms sieben Tage kostenlos – in der sogenannten Catch-up-Phase – zur Verfügung gestellt werden. Nach Ablauf dieser Fristen wechseln die Sendungen ins Archiv, in dem sie dann kostenpflichtig angeboten werden. Weiterhin stellt RTL NOW den Nutzern ausgewählte Serien vor der eigentlichen TV-Ausstrahlung (Pre-TV) online bereit (vgl. RTL NOW 2013). ProSieben bietet neben einem On-Demand-Service noch ProSieben Connect an, das einige ausgewählte Sendungen zum Livestream anbietet. Zugleich ist es mit einem Social Talk über Facebook vernetzt, sodass sich die Nutzer direkt untereinander über die Sendung austauschen können (vgl. ProSieben 2013a). Bei ProSieben stehen den Nutzern alle Sendungen nur sieben Tage auf Abruf online zur Verfügung. Ein Archiv für eine spätere Nutzung existiert aus rechtlichen Gründen nicht (vgl. ProSieben 2013b). Die ZDFmediathek stellt ebenfalls Sendungen zum Abruf bereit und bietet darüber hinaus das gesamte ZDF-Hauptprogramm als Livestream an. Dazu gehören auch die Digitalkanäle ZDFneo, ZDFkultur und ZDFinfo (vgl. ZDFmediathek 2013a). In der Regel können Sendungen bis zu zwölf Monate abrufbar bleiben. Einschränkungen gibt es vor allem aus rechtlichen Gründen bei fiktionalen Angeboten wie Serien, die ebenfalls nur sieben Tage online sind (vgl. ZDFmediathek 2013b).

Zwar erreichen diese Angebote noch nicht die Bekanntheit bzw. das Nutzungsniveau der Videoportale, aber sie haben sich mittlerweile als zweite feste Größe im Web-TV etabliert (vgl. Bell 2008: 29). Dennoch haben die klassischen TV-Sender gegenüber Videoportalen den Vorteil, dass sie über einen enormen Fundus an professionellem Bewegtbildmaterial verfügen und dadurch, den Nutzern konkurrenzfähige Angebote bereitstellen können.

In die Kategorie Rundfunk fallen auch die Angebote von Radiosendern. Diese Angebote werden jedoch in der vorliegenden Studie nicht vordergründig betrachtet, da auf den Websites der Radiosender bislang kaum eigenständige und redaktionell geführte Videobereiche existieren und diese dadurch auf diesem Marktsektor bislang eine eher geringe Bedeutung haben.

3.4.3 Corporate Web-TV

Der nächste große Bereich ist das Corporate Web-TV. Der Begriff lässt sich in erster Linie vom klassischen Corporate-TV bzw. Business-TV ableiten und impliziert zunächst allgemein „die Nutzung der Fernsehtechnik im geschäftlichen Umfeld" (Neckermann 2003: 13) sowie „die gezielte, auf einen Unternehmensnutzen ausgerichtete

3.4 Der Web-TV-Markt – eine Übersicht

Visualisierung von Unternehmensinhalten mit Bewegtbildern" (Jungbeck/Ritter/Goedhart 1998). Somit beinhaltet Corporate-TV „alle Bewegtbild-Maßnahmen eines Unternehmens oder einer Institution, die nicht unter die Begriffe 'Rundfunk' oder 'Werbung' fallen" (Corporate TV Association e. V. 2013). Demzufolge muss in einem Unternehmen oder einer Institution eine Redaktion existieren, die den Content eigenständig produziert.

In den Anfängen erfüllte Corporate-TV die Funktion eines internen Schulungs- und Informationsfernsehens, dass sich an einen geschlossenen Nutzerkreis richtete. Inhalte wurden für Mitarbeiter, Lieferanten, Handelspartner und Kunden bereitgestellt. In Bezug auf Corporate Web-TV ergänzt Beißwenger weitere Einsatzgebiete wie z. B. Liveübertragungen von Pressekonferenzen, Geschäftsberichte für Investor Relations oder Produkt-Entertainment (vgl. ebd. 2010: 23). Corporate-TV ist demnach nicht nur als internes Kommunikationsmedium zu sehen, sondern kann aufgrund des Webs auch als Marketinginstrument in der externen Unternehmenskommunikation zum Einsatz kommen (vgl. Referenzfilm 2007; vgl. Sjurts 2011a: 89f.). Wie Beißwenger und Frank bereits anmerken, „[ist das Web] der derzeit wichtigste Distributionskanal" (2008: 26), wodurch Corporate Web-TV eine bedeutsame Position in der Kundenbindung einnehmen kann. Da sich diese Studie schwerpunktmäßig auf Web-TV konzentriert und Corporate Web-TV Unternehmen mit unterschiedlicher strategischer Ausrichtung repräsentiert, werden nun nachfolgend einige verschiedene Angebote anhand von Beispielen vorgestellt.

3.4.3.1 Unternehmen

Zum einen haben wir Unternehmen, die sich klassisch in den Produktions- und Dienstleistungssektor unterteilen lassen. Dies reicht von der Automobilindustrie bis hin zur Finanzdienstleistungsbranche. Diese Unternehmen sind ein „wirtschaftlich rechtlich organisiertes Gebilde, in dem auf eine nachhaltig ertragsbringende Leistung gezielt wird, je nach der Art der Unternehmung erfolgt dies nach dem Prinzip der Gewinnmaximierung oder nach dem Angemessenheitsprinzip der Gewinnerzielung" (Berwanger/Wichert o. J.). Mittels ihrer Produkte oder Dienstleistungen fungieren die Unternehmen abseits des Mediensektors. Der Medienbezug entsteht durch das Marketing oder die Öffentlichkeitsarbeit, welche die externe Kommunikation initiieren und dadurch u. a. die Kundenbindung fördern.

Vor allem die Automobilindustrie (Mercedes-Benz TV, BMW TV und Audi TV) setzt auf Corporate Web-TV als Marketinginstrument, um (potenzielle) Kunden über die Produkte sowie das Unternehmen zu informieren. Am Beispiel Mercedes-Benz TV erhält der Nutzer Produktinformationen über die Fahrzeuge im klassischen Stil. Außerdem werden die Fahrzeuge bei verschiedenen Testfahrten, bei Oldtimer-Events oder im Zusammenhang von Werbefilm-Making-ofs gezeigt (vgl. Mercedes-Benz TV 2013a). Diese Videobeiträge sind in einem imagefördernden Rahmen eingebettet, um die Produkte und die Marke entsprechend mit positiven Attributen zu versehen. Weitere Unternehmen aus anderen Branchen, die Corporate Web-TV betreiben, sind beispielsweise Red Bull TV und Hugo Boss TV.

3.4.3.2 Verlage

Verlage weisen aufgrund ihres Unternehmenszwecks und -ziels bereits einen Medienbezug auf. Als Medienunternehmen widmen sie sich „hauptsächlich der Produktion von periodisch oder aperiodisch gedruckten Medienprodukten" (Sjurts 2011d: 633). Ihre Printmedien ergänzen die Verlagshäuser durch dazugehörige Onlineauftritte. Mit ihren redaktionellen Kompetenzen erweitern die Verlage diese Onlineauftritte zusätzlich um Bewegtbilder. Als Beispiele lassen sich die Hamburger Morgenpost, der SPIEGEL und die BILD nennen. Der SPIEGEL stellt mit SPIEGEL.TV dabei eines der vielfältigsten Angebote bereit. So ist der Livestream von SPIEGEL.TV zugleich immer ein Video auf Abruf, das der Nutzer individuell auswählen und steuern kann. Zudem bietet SPIEGEL.TV neben den Eigenproduktionen (SPIEGEL TV Magazin und SPIEGEL TV Reportage) eine Vielzahl an Kanälen sowie speziell vorbereitete und aktuelle Themen an (vgl. SPIEGEL.TV 2013a).

3.4.3.3 Non-Profit-Organisationen

Die dritte große Gruppe im Corporate Web-TV sind Non-Profit-Organisationen (NPO). Nach Horak sind NPOs „ein zielgerichtetes, produktives, soziales, offenes, dynamisches, komplexes System, dessen Ziel die Befriedigung von Bedürfnissen unterschiedlicher Interessensgruppen durch die Erbringung von Sach- und, im dominierenden Ausmaß, von Dienstleistungen ist, wobei eventuell erzielte Gewinne nicht an Organisationsmitglieder verteilt werden dürfen" (1995: 18). Demnach verfolgen NPOs einen gemeinnützigen Zweck und orientieren sich nicht an dem kommerziellen Gedanken und dem Ziel der Gewinnmaximierung. Nach Schwarz existiert eine Vielzahl an verschiedenen NPOs, die aufgrund ihrer Ausrichtungen jeweils eine andere Aufgabe erfüllen. So unterteilt er NPOs in Staatliche (z. B. öffentliche Verwaltungen und Betriebe), Halbstaatliche (z. B. Kammern und Sozialversicherungen) und Private (z. B. Verbände, Vereine, Parteien und Hilfsorganisationen) (vgl. Schwarz 1996: 18). In diesem Sinne lassen sich Organisationen, wie Amnesty International Deutschland oder das Deutsche Rote Kreuz, aber auch Bildungseinrichtungen, wie Universitäten und Schulen als NPO bezeichnen. Diese spielen beim Web-TV jedoch noch eine untergeordnete Rolle. So sind bei Hilfsorganisationen wie z. B. Amnesty International Deutschland teilweise Videos auf der eigenen Website vorhanden, doch weisen diese eine ungeordnete Struktur auf. Die alternative Präsentation von Videos in Verbindung mit einem YouTube-Kanal weist zwar einen übersichtlicheren Aufbau auf, offenbart jedoch eine marginale Bedeutung des Web-TV in diesem Segment, wenn man die eher geringen Abrufzahlen des YouTube-Kanals hinzuzieht (vgl. Amnesty International Deutschland – YouTube 2013). In ähnlicher Weise verhält sich dies bei Bildungseinrichtungen, wobei bereits einige Universitäten über ein eigenes Campus TV im Web verfügen und diesen u. a. als Ausbildungssender nutzen (vgl. CampusTV Mainz 2013). Ein anderes Gewicht hat Web-TV bei Vereinen, die je nach Abhängigkeit ihrer Professionalisierung ein sehr breites Spektrum bieten. Vor allem die Vereine der Fußball-Bundesliga haben Web-TV-Angebote mit professionellen Strukturen aufgebaut. Diese finanzieren sie u. a. mit kostenpflichtigen Abonnements. Dadurch müssen die Vereine den Fans im Gegenzug exklusiven Content bieten, damit sie das Angebot abonnieren und auch möglichst langfristig behalten. Denn damit können die Vereine eine verstärkte Fanbindung herstellen. So streamt der Web-TV-Sender des FC Bayern München z. B. „Interviews, Hintergrundberichte von den Profis bis zu den Jugendteams, bietet Video-Chats mit den Bayern-Stars und ist immer vor Ort, wenn der FCB auf Reisen geht" (FCB.tv 2013a). Dies zeigt, wie nah ein Verein für Fans mittels Web-TV sein kann. Aber nicht alle Vereine folgen dem Prinzip des Abonnements. Der 1. FC Nürnberg beispielsweise bietet seine Videos gratis an. Zudem werden die Videos nicht ausschließlich auf der eigenen Vereinsseite veröffentlicht, sondern sind darüber hinaus auf YouTube verfügbar (vgl. CLUB TV 2013). Auch dieses Beispiel zeigt – wie bei den NPOs –, wie schwierig es ist, Web-TV voneinander abzugrenzen, wenn der Content teilweise plattformübergreifend eingesetzt und verwendet wird.

3.4.4 Web-only-Sender

Web-only-Sender sind Bewegtbildangebote, die ausschließlich für das Web produziert werden und nicht explizit den vorangegangen Segmenten zugeordnet werden können. Anderweitige Ausstrahlungsmöglichkeiten sind hierbei nicht vorgesehen. Oftmals befinden sich diese Angebote in einem Nischensegment und erreichen diesbezüglich auch eher nur kleinere Zielgruppen. Beispiele für Web-only-Sender sind 4-Seasons.TV und Fernsehkritik-TV. Eine Besonderheit stellt hierbei 4-Seasons.TV dar, da dieser Sender neben Sendungen auf Abruf auch einen 24/7-Livestream anbietet, der seinen inhaltlichen Schwerpunkt auf Outdoor, Abenteuer, Ausrüstung und Reise legt. Aufgrund dieses Aspekts zählt 4-Seasons.TV zum Rundfunk und ist im Besitz einer Sendelizenz der Medienanstalt Hamburg/Schleswig-Holstein (HSH) (vgl. 4-Seasons.TV

2013). Dennoch wird der Sender diesem Bereich zugeordnet, da er nicht den klassischen Distributionsweg wie konventionelle TV-Sender bedient.

3.4.5 Web-TV-Portale

Web-TV-Portale, wie sie in dieser Studie aufgefasst werden, sind Übertragungsdienstleister, die im Gegensatz zu Videoportalen in der Regel nur Livestreams konventioneller TV-Sender online zur Verfügung stellen. Als Dritt- bzw. Zwischenanbieter ermöglichen sie Onlinenutzern lineares Fernsehen über das Web zu rezipieren. Im deutschsprachigen Raum existierte bis 2013 mit Zattoo bislang ein Anbieter in dieser Kategorie, der mit zehn Millionen registrierten Nutzern und mit 20 Millionen Video-Views pro Monat auch zum größten europäischen Live-Web-TV-Anbieter zählt (vgl. Zattoo 2013a). Zattoo selbst ist ein Freemium-Angebot[8], das im kostenlosen Basispaket Livestreams der öffentlich-rechtlichen Sendeanstalten und einiger privater sowie internationaler TV-Sender in einer Standardauflösung anbietet. Im kostenpflichtigen Paket wird die Standardauflösung auf eine höhere Bildauflösung erweitert und das Senderpaket wird um die RTL- und die Pro7Sat.1-Senderfamilien ergänzt.

Seit Juni 2013 befindet sich mit Magine TV ein cloudbasierter Anbieter auf diesem Markt. Genau wie Zattoo ist Magine TV ein Freemium-Angebot, bei dem die öffentlich-rechtlichen Sender kostenfrei zugänglich sind. Die privaten sowie internationalen TV-Sender können dagegen nur über ein kostenpflichtiges Abonnement gesehen werden. Im Gegensatz zu Zattoo kann der Nutzer einzelne Sender zu seinem Abonnement hinzufügen oder entfernen. So kann er seine eigene Senderliste zusammenstellen (vgl. Magine TV 2015).

---

[8] „Unter Freemium versteht man ein Geschäftsmodell, bei dem ein Unternehmen einen wesentlichen Teil seines Angebotes kostenlos zur Verfügung stellt. Umsatz wird dann mit attraktiven und nutzwertigen Zusatzleistungen um das kostenlose Angebot gemacht" (Gabler Wirtschaftslexikon 2013).

4 Der dynamisch-transaktionale Ansatz als forschungsleitendes Konzept

Der dynamisch-transaktionale Ansatz (DTA) entwickelte sich als Synthese der Rezipientenperspektive (Uses-and-Gratification-Ansatz) und der Kommunikatorperspektive (Stimulus-Response-Modell) (vgl. Früh/Schönbach 1991: 15f.). Früh und Schönbach stellten den DTA in voneinander getrennten Aufsätzen Anfang der 1980er Jahre vor und verfolgten mit ihm einen anderen Zugang zur Medienwirkung als es die damals geläufigen Medienwirkungsstudien taten. Denn sie gingen nicht davon aus, dass lediglich eine einseitig gerichtete und bedingte Wirkungsbeziehung zwischen zwei Objekten existiert, sondern wechselseitige Beziehungen vorherrschen. Nach Früh und Schönbach „[kann] der Begriff "Wirkungen" […] sehr leicht irreführend sein" (ebd.: 15). Er wird dabei auf die einseitige Kausalitätsbeziehung zwischen einer eintretenden Ursache und der darausfolgenden Wirkung reduziert. Diese Einseitigkeit wurde in der empirischen Wirkungsforschung beim Wechsel der Kommunikatorperspektive zur Rezipientenperspektive beibehalten. So blieb die Logik der Kausalbeziehung vorerst unberührt. Dennoch gewannen die Bedürfnisse auf Seiten der Rezipienten an Bedeutung, denn „die Bedürfnisse […] fungieren nur als Verteilungskriterium bei der aktiven Zuweisung von Wirkungschancen durch das Publikum (ebd.: 15). Daraus folgte, dass die Wirkung einer Medienbotschaft nur funktionierte, wenn sie den Bedürfnissen der Rezipienten auf Basis ihrer Interpretationen genügte. In diesem Sinne entwickelte sich die subjektive Medienaussage, wobei das Publikum gezielt Medienbotschaften selektiert, bevor diese zum Tragen kommen können. Zudem wurden die Medienangebote in der radikal-konstruktivistischen Position gänzlich ausgeblendet, sodass „Medienangebote […] als beliebiges, austauschbares Mittel und Objekt genutzt [werden], um eigenes Wissen zu projizieren oder Gefühle auszuleben" (ebd.: 16). Beide Sichtweisen deuten auf einen einseitigen Wirkungsweg, dem der DTA entgegensteht. Mittels des Transaktionsbegriffs lässt sich „eine gegenseitige gekoppelte Wirkungsbeziehung" (ebd.: 16) beschreiben, die für Früh und Schönbaum unerlässlich ist, wenn sowohl die Perspektive des Kommunikators als auch die des Rezipienten im dynamisch-transaktionalen Modell berücksichtigt werden sollen. Indes sind „Wirkungen nicht allein auf die Beziehung Kommunikator – Rezipient beschränkt" (ebd.: 17), sondern im gesamten Kommunikationsprozess aller beteiligten Faktoren verortet. Der Ansatz spiegelt somit auch einen prozessorientierten und dynamischen Charakter wider, da Wert auf die Kommunikationsprozesse der Ebenen Rezipient, Kommunikator und Medienbotschaft gelegt wird.

Die Autoren des DTA sehen in ihrem Modell einen Vorschlag der dynamisch-transaktionalen Grundvorstellungen, der zwar einem theoretischen Anspruch genügen könne – erste Ansätze werden aufgezeigt –, jedoch beanspruchen sie diesen nicht (vgl. ebd.: 18f.). Dennoch ist der DTA nicht als ein endgültiges Modell zu verstehen, sondern es lässt weiterhin Raum für Modifikationen, die sich je nach den empirischen Fragestellungen ergeben können bzw. müssen. So kann das Modell in Teilen konkretisiert oder gemäß des Forschungsgegenstands abgeleitet werden (vgl. Rössler/Legrand 2012: 356). Dies spricht auch für eine offene Denkweise, die in diesem Modell verankert ist.

4.1 Das Grundmuster des DTA

Das Grundmuster spiegelt in seiner Urform die Ebenen des Rezipienten und des Kommunikators bzw. Mediums wider. Bereits dort zeigt sich die tragende Bedeutung des Transaktionsbegriffs, der sich zum einen auf horizontaler Ebene wechselseitig zwischen Medienbotschaft und Rezipient und zum anderen auf vertikaler Ebene innerhalb des Rezipienten selbst abspielt (s. Abb. 1).

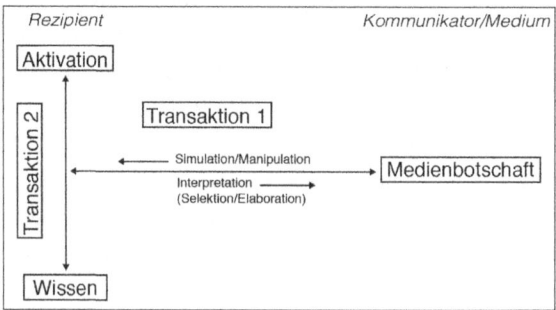

Abbildung 1: Grundmuster des DTA
Quelle: Früh/Schönbach 1991: 29

Dabei löst die Medienbotschaft den Kommunikationsvorgang aus, welches zu einer Aufnahme der beinhalteten Information führt. Daran anknüpfend ist festzuhalten, dass die Medienbotschaft bei verschiedenen Rezipienten unterschiedliche Bedeutungen hervorrufen kann und so innerhalb der Rezipienten einen Verstehensprozess in Gang setzt. Früh und Schönbach sprechen in diesem Kontext von einer „aktiven Bedeutungszuweisung durch den Rezipienten, [die] das eigentliche Wirkungspotential der Medien" (1991: 29) darstellt. Des Weiteren implizieren sie, dass mit der Aufnahme und Interpretation von Informationen sich nicht nur das Wissen des Rezipienten verändert, sondern auch dessen Aktivationsniveau[9] (die affektive Ebene betreffend) steigt. Das zieht nach sich, dass der Rezipient der gewählten Thematik mit einem gestiegenen Interesse entgegnet und bestimmte Themenfelder besser einzuordnen vermag. Früh und Schönbach weisen darauf hin, dass dadurch die Rezeptionsfähigkeit und -bereitschaft verschwimmen, sodass das Medienangebot und ihre individuelle Bedeutungszuweisung „mehr als eine einfache Feedback-Schleife [sind], weil [...] Wirkung und Rückwirkung nicht mehr voneinander unterscheidbar sind" (1991: 30).

Ein weiterer Punkt, der an dieser Stelle zu erwähnen ist, betrifft die Rolle der Teilnehmer (Rezipient und Kommunikator) in diesem Kommunikationsprozess. Sowohl dem Rezipienten als auch dem Kommunikator werden eine aktive sowie eine passive Rolle zugeschrieben. Die Aktivität beim Kommunikator liegt in der Themenauswahl und -setzung, die er für sein Publikum vornimmt. Die Passivität liegt in den Rahmenbedingungen, die vom Medium, Publikationsorgan oder dem Publikum selbst gesetzt werden, denen sich der Kommunikator in der Regel fügen muss. Dem Rezipienten wird in der Auswahl von Informationen vornehmlich eine passive Rolle zugesprochen. Die aktive Seite nimmt er ein, sobald er bei seiner Informationsauswahl eine Strategie verfolgt, mit der er gewünschte von unerwünschten Informationen trennen kann (vgl. ebd.: 31). Diese Form der Rollenbeschreibung ist meist in der Massenkommunikation gängig. Dort kann der interaktive Austausch von Informationen auf zwei Ebenen stattfinden. Einerseits zeitgleich und parallel wie dies beispielsweise bei einer Liveshow im TV gegeben ist oder andererseits als indirekte oder imaginäre Kommunikation. Dabei können Kennzahlen wie Einschaltquoten und Reichweiten als indirektes Feedback herangezogen werden, während es sich beim imaginären Feedback (Para-Feedback) um jeweils Vorstellungen zum Kommunikationspartner vor einem Kommunikationsvorgang handelt (vgl. ebd.: 31).

Die Aktivität und Passivität im Kommunikationsprozess spielen auch im Rahmen des Web-TV eine tragende Rolle, im Speziellen die aktive Funktion des Rezipienten. Da es sich beim Internet vorrangig um ein Hybridmedium handelt, entspricht der Kommunikationsprozess nicht ganz dem der Massenkommunikation. Aufgrund der Entwicklung von sozialen Netzwerken und Online-Tools sowie deren Einbindung in Web-TV-Angebote ergeben sich vor allem für die Rezipienten vielfältige Möglichkeiten einer schnelleren und direkten Kommunikation untereinander wie auch mit den

---

[9] „Das Aktivationsniveau ist eine Funktion der momentanen affektiven Zuständlichkeit und einer Kosten-Nutzen-Erwägung, die sich in einer entsprechenden Rezeptionsmotivation niederschlagen" (Früh 1980: 18; zit. nach Früh/Schönbach 1991: 30).

Anbietern. Welche Elemente in Web-TV-Angebote implementiert sind und zur Ausstattung gehören, soll die Umfeldanalyse zeigen (s. Kapitel 8.1).

4.2 Das Grundmodell des DTA

Das Modell beschreibt nun auf Basis des Grundmusters die Kommunikationsprozesse zwischen Rezipient und Kommunikator, wobei die Medienbotschaft die Funktion des Mittlers ausübt und dadurch den zentralen Platz im Modell einnimmt. So berücksichtigen Früh und Schönbach im weitesten Sinn auch Medienangebote, die vor allem in der Rezeptionsforschung im Rahmen der konstruktivistischen Position eher vernachlässigt wurden (vgl. 1991: 16). Die Berücksichtigung der Medienangebote spielt auch in Zuge dieser Arbeit eine grundlegende Rolle. Im Modell des DTA lassen sich nun analog zum Grundmuster die Kommunikationsvorgänge auf der Kommunikatorseite wie folgt identifizieren (s. Abb. 2).

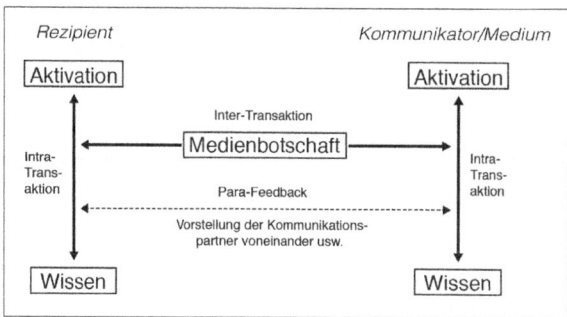

Abbildung 2: Das dynamisch-transaktionale Grundmodell
Quelle: Früh/Schönbach 1991: 53

Dies zeigt, dass durch die Kommunikationsprozesse auch beim Kommunikator Veränderungen und Anpassungen auf der internen Ebene zwischen Wissen und Aktivation stattfinden. Bevor dieses Verhältnis zwischen Wissen und Aktivation auf der Mikroebene genauer erörtert wird, soll zunächst auf den Begriff der Transaktion eingegangen werden, den Früh und Schönbach auf horizontaler und vertikaler Ebene präzisiert haben. Zum einen extern als Inter-Transaktion, bei der der Kommunikationsprozess zwischen Kommunikator und Rezipient über die Medienbotschaft abläuft. Zum anderen als Intra-Transaktion, als interner Prozess bei Kommunikator und Rezipient zwischen Aktivation und Wissen. Hinsichtlich der Inter-Transaktionen sei noch darauf verwiesen, dass auch Kommunikationsbeziehungen „zwischen Personen und Objekten oder Kontextfaktoren bestehen" (Früh 2001: 24). Somit folgt, dass nicht nur beim Re-

4.2 Das Grundmodell des DTA

zipienten eine wechselseitige Beziehung zwischen Wissen und Aktivation stattfindet, sondern dass auch der Kommunikator diesen Voraussetzungen unterliegt. Die Intra-Transaktion lässt sich besser verdeutlichen, wenn man die Kommunikationsvorgänge auf der Mikroebene betrachtet. Früh und Schönbach beschreiben dabei die verschiedenen Zustände und Faktoren, die aufgrund der Kommunikationsprozesse Veränderungen herbeiführen (s. Abb. 3).

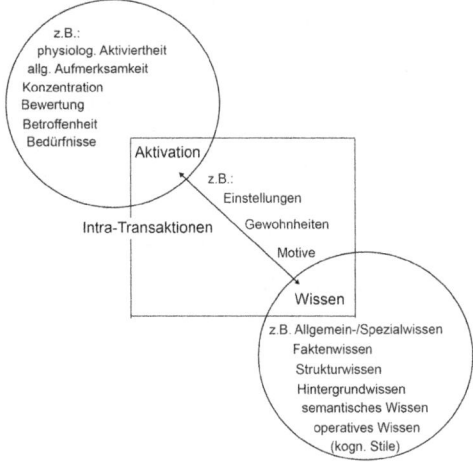

Abbildung 3: Mikroebene des Rezipienten
Quelle: Früh/Schönbach 1991: 65

Dazu unterscheiden sie zum einen die diversen Wissensarten wie beispielsweise Allgemeinwissen, Faktenwissen, Hintergrundwissen etc. (vgl. Früh/Schönbach 1991: 64), die eine Voraussetzung für den Rezipienten bilden, um Medienbotschaften verstehen und interpretieren bzw. in einen bestimmten Kontext setzen zu können. Fehlt dem Rezipienten eine bestimmte Wissensart, die für das Verstehen einer Medienbotschaft notwendig ist, so kommt es zu Fehlinterpretationen und zu falschen Schlussfolgerungen der Botschaft.

Im Bereich der Aktivation werden die physiologischen und die psychischen Zustände zusammengeführt. Dabei steht die emotionale bzw. affektive Ebene des Rezipienten im Vordergrund. Dies betrifft beispielsweise die Stimmung und die Gefühle, denen der Rezipient beim Kommunikationsprozess vor und während der Rezeption unterworfen ist. Im Hinblick auf die Gefühle wird vor allem das subjektive und individuelle Erleben angesprochen, während „der Emotionsbegriff über die Erlebenskomponente hinausgehend auch die körperlichen Veränderungen und das spezifische Ausdrucksverhalten [umfasst]" (Vogel 2007: 136). Dadurch haben Faktoren wie Stress, Freude, Interesse, Bewertung oder sonstige Bedürfnisse Auswirkungen auf das Rezeptionsverhalten. Dabei differenzieren Früh und Schönbach einerseits den externen Einfluss der Faktoren auf die Aktivation des Rezipienten, die er in der Rezeptionssituation einsetzt. Andererseits stellen sie heraus – und dort kommt wieder die Intra-Transaktion ins Spiel –, wenn „diese Befindlichkeiten jedoch erst durch die Rezeption selbst hervorgerufen bzw. modifiziert [werden], dann handelt es sich in aller Regel um Transaktionen zwischen Wissen und Aktivation" (Früh/Schönbach 1991: 64). In ähnlicher Weise unterliegt der Kommunikator diesen Voraussetzungen und folgt somit ebenfalls dem Prinzip der wechselseitigen Transaktionen, die Wissensänderungen bzw. einen Wissenszuwachs hervorrufen sowie das Aktivationsniveau beeinflussen können. Im Weiteren befassen sich Früh und Schönbach im Kontext des Kommunikators mit dessen Berufsfeld und ziehen dabei die Nachrichtenwerte, mit denen Journalisten in ihrem Arbeitsfeld konfrontiert werden, sowie die Gatekeeper-Forschung heran (vgl. ebd.: 71f.). Aufgrund des Forschungsschwerpunkts wird im Kontext des Web-TV nicht vom Kommunikator gesprochen, sondern vom Anbieter bzw. Produzent, da der Begriff Kommunikator und die Kommunikatorforschung zu sehr mit dem des Journalisten bzw. Journalismus verwoben sind und aufgrund dessen nicht dem Fokus des Forschungsvorhabens entsprechen.

4.3 Kritik am DTA

Der DTA wurde bereits in zahlreichen Studien verwendet. So listen Früh und Schönbach in einer Zwischenbilanz die Vielfalt an Studien auf, in denen der DTA als Grundlage herangezogen wurde, und gehen sowohl auf positive als auch auf negative Schilderungen ein. Vorab sei festzuhalten, dass sich beim DTA vor allem die Nichtprüfbarkeit und die Überkomplexität als maßgebliche Kritikpunkte zusammenfassen lassen (vgl. Früh/Schönbach 2005: 15). Die Kritikpunkte erschlossen sich dabei aus der jeweiligen Verwendung des DTA, d. h. wenn er in negativer oder positiver Art beschrieben, in empirischen Studien oder als erkenntnisleitendes Modell eingesetzt wurde (vgl. ebd.: 6).

Zustimmung fand der DTA vor allem in seiner spezifischen Berücksichtigung der Rezipientenaktivitäten. So sieht Bonfadelli in dem DTA eine Erweiterung des Uses-and-Gratification-Ansatzes (vgl. 2000: 13; zit. nach Früh/Schönbach 2005: 7) während Brosius die „Rekonstruktion und Elaboration von Medieninhalten durch die Rezipienten" (1995: 53; zit. nach Früh/Schönbach 2005: 7) herausstellt. Dies konnte er auch in einer Studie mit Staab und Gassner aufzeigen, in der Rezipienten die Medienbotschaf-

4.3 Kritik am DTA

ten von Zeitungsartikeln nicht gleichförmig übernahmen, sondern individuell rekonstruierten (vgl. Brosius/Staab/Gassner 1991; zit. nach Früh/ Schönbach 2005: 9). Dagegen sind im Bereich der Komplexität eher divergierende Ansichten zu finden. Geht es nach Donsbach, ist es möglich, dass dadurch der „Erkenntnisgewinn für die Prognose realen Verhaltens" (1991: 100; zit. nach Früh/Schönbach 2005: 8) erschwert wird bzw. nicht festzulegen ist. Auch die empirische Überprüfbarkeit wird in diesem Zusammenhang als unzureichend kritisiert, was ebenso methodische Probleme und Grenzen hervorgerufen hat (vgl. Kunzcik/Zipfel 2001: 354; Scharf 1988: 20; zit. nach Früh/Schönbach 2005: 8). Pürer sieht ebenfalls ein Problem in der nicht Nichtüberprüfbarkeit von Hypothesen mittels des DTA. Daraus schlussfolgert er, dass der DTA alleine nicht funktionieren kann, sondern auf die Hinzunahme weiterer Theorien angewiesen ist (vgl. Pürer 2003: 387; zit. nach Früh/Schönbach 2005: 9). Dennoch sehen übrige Vertreter das Komplexitätsproblem von der anderen Seite. Sie sind der Meinung, dass der DTA noch nicht komplex genug sei bzw. zusätzlicher Ausarbeitung bedarf. Renckstorf beispielsweise identifiziert ein Problem in der eingeschränkten Fokussierung auf die kognitionspsychologischen Prozesse, auf die der DTA beruht (vgl. 1989: 324; zit. nach Früh/Schönbach 2005: 8). Eichhorn bezieht sich ebenfalls auf die einschränkende Sichtweise des Modells, indem er diese Reduktion anprangert. Seiner Meinung nach hat die kognitive Perspektive die verhaltensorientierte ersetzt. Damit einhergehend änderten sich non-lineare Strukturen und Zusammenhänge in lineare (vgl. 2000: 36f.; zit. nach Früh/Schönbach 2005: 8f.).

Rössler hingegen hebt den Aspekt der Inter-Transaktionen positiv hervor, da er „den DTA für die Beschreibung möglicher Wirkungen von Newsgroups im Internet für besonders geeignet [hält]" (1998: 124f.; zit. nach Früh/Schönbach 2005: 9). Dies resultiert daraus, dass Newsgroups einen intensiven Austausch zwischen den Kommunikatoren ermöglichen und dadurch einen interaktiven Charakter aufweisen. Dies kommt dem Para-Feedback des DTA gleich.

Nach Früh und Schönbach nimmt der DTA jedoch oftmals die Position als erkenntnisleitender Ansatz ein (vgl. 2005: 10). Demzufolge wurde er bereits in vielen verschiedenen Forschungsfeldern eingesetzt. So nutzte Sander den DTA, um die Inter-Transaktionen zwischen Rezipient und Fernsehsendung in Bezug auf die Abstufung von Gewalt abzubilden und zu klären (vgl. 1997; zit. nach Früh/Schönbach 2005: 10). Aber auch andere zogen den DTA als Grundlage ihrer Forschungsanliegen im Kontext des Mediums Fernsehen heran. Die Fokussierung lag dabei vorrangig auf der Nutzung von Nachrichten seitens der Rezipienten (vgl. Eilders 1997, Weber 1993; zit. nach Früh/Schönbach 2005: 10). Der DTA fand darüber hinaus Anwendung im Zusammenspiel zwischen Journalisten, Rezipienten und Medieninhalten. Auch dort spielten Inter- und Intra-Transaktionen eine bedeutende Rolle. Die Erkenntnisse, die aus diesen Studien gezogen wurden, sprachen mehr oder mindernd für den DTA. So zog Weischenberg positive Schlüsse zum DTA, die er aus den Ergebnissen der Inter-Transaktionen zwischen Zeitungslesern, Lokaljournalisten und dem Interesse an der Dortmunder Kommunalwahl ableitete (vgl. Weischenberg 1985; zit. nach Früh/Schönbach 2005: 10). Zu ergänzen sei, dass der DTA ebenso mit anderen theoretischen Ansätzen und Thesen kombiniert wurde und dadurch zahlreiche Studien erweiterte (Horstmann 1991, Wirth 1997, Scherer 1990, Gottschlich 1985, Rössler 1997; zit. nach Früh/Schönbach 2005: 10).

Ein weiterer oft diskutierter Punkt ist die methodische Herangehensweise, sobald man sich mit dem DTA beschäftigt. Vom DTA wird weder eine bestimmte Methode vorgegeben noch ist eine bevorzugt zu verwenden (vgl. Früh/Schönbach 2005: 14). Dennoch tendieren die bisherigen Vorgehensweisen zu den qualitativen Methoden, da quantitative Methoden zur Erfassung von Transaktionen als ungeeignet erscheinen (vgl. Sander 1997, Halff 1998, Kutschera 2001, Giegler/Wenger 2003; zit. nach Früh/Schönbach 2005: 13). Die Schwierigkeit liegt indessen in den Kausalbeziehungen, auf denen die meisten Erhebungsmethoden und Forschungsdesigns beruhen. Ist jedoch in einem dynamischen Prozess die zeitliche Ordnung zwischen Ursache und Wirkung aufgehoben, so erfordert es laut den Autoren sowohl bei einer kausalanalytischen Konzeptualisierung als auch bei einer methodischen Operationalisierung ein gewisses Maß an Kreativität (vgl. 2005: 13f.). Gleichwohl ist anzumerken, dass es wiederum von den Fragestellungen und dem Forschungsvorhaben abhängig ist, welche methodische Vorgehensweise bzw. welches Forschungsdesign vorzuziehen ist.

Zusammengefasst betrachtet hat der DTA eine Vielzahl an Studien bereichert – manche mehr und manche weniger. Durch die medienübergreifende Verwendung zeigt der DTA jedoch zum einen sein enormes Einsatzpotenzial und zum anderen seine Universalität (vgl. Früh/Schönbach 2005: 11). Nicht zuletzt deshalb hat er seine Position in der Medienwirkungsforschung gefunden. Aber letztendlich obliegt es dem Forschenden bzw. seinen Fragestellungen, ob und wie der DTA in sein Forschungsfeld integriert werden und welche Methode zu ergiebigen Resultaten führen kann. Das Spannungsfeld zwischen Rezipient, Medienbotschaft und Kommunikator, in dem wir uns beim DTA bewegen, wird auch künftig einen zentralen Aspekt im Bereich der Kommunikationswissenschaft bilden. Im folgenden Kapitel soll daher in einem ausführlichen Beispiel die Einsatzmöglichkeit des DTA aufgezeigt werden, das im Forschungskontext das Zusammenspiel dieser drei Komponenten im Medium Internet beschreibt und insofern eine besondere Stellung für das eigene Forschungsvorhaben einnimmt.

4.4 Eine Adaption des DTA nach Rössler und Legrand

Rössler und Legrand adaptierten den DTA für ihre Studie zur Online-Mediathek Thüringen und zeigten dadurch eine mögliche Verwendung für Videoplattformen auf. Darüber hinaus kombinierten sie unterschiedliche Methoden, um die Online-Mediathek von verschiedenen Perspektiven aus betrachten und evaluieren zu können. So flossen neben einer Beschreibung der Mediathek und der Konkurrenzprodukte die Sichtweise der Nutzer und Anbieter in das Untersuchungsdesign ein. Das zentrale Konzept ihrer Studie orientierte sich dabei am DTA nach Früh und Schönbach, die Anpassungsmöglichkeiten ihres Modells befürworten, sofern es dem Forschungsvorhaben nützlich ist (vgl. Früh/Schönbach 1991: 82). Die Eignung des Modells findet seine Begründung im Internet bzw. genauer im Rahmen des Social Web, da „drei der wesentlichen Spezifika des Internets – Hypertextualität, Interaktivität und Multimedialität – auch für die neuen Kommunikationsmodi im World Wide Web von zentraler inhaltlicher, struktureller und gestalterischer Bedeutung [sind]" (Rössler/Legrand 2012: 354; zit. nach Vesper 1998: 433). Durch die Dezentralisierung des Internets sind die Nutzer auch im Bereich des Web-TV nicht mehr ausschließlich, wie bereits erwähnt, an eine lineare Rezeptionssituation gebunden. Die Auswahl und die Entscheidungen, die hinsichtlich eines Angebotes getroffen werden, können wesentlich bewusster und direkter vorgenommen werden. Des Weiteren sehen Rössler und Legrand den Ansatz zur Analyse von Angebots- und Nutzungsstrukturen als passend an, da dort „die Fusion der Perspektiven von Nutzern, Anbietern und Kommunikat bereits angelegt ist" (Rössler/Legrand 2012: 356; zit. nach Früh/Schön-bach 2005; Früh et al. 2007). Die Flexibilität des DTA zeigt sich in der Beschreibung ihres Modells (s. Abb 4) für das Social Web, konkret für die Online-Mediathek Thüringen.

Da jeder perspektivische Zugang eigenen Variablen (Publikums-, Angebots-, und Kontextvariablen) unterliegt, wurden Teilmodelle gebildet, die für sich methodisch erhoben wurden. So konnten die erhobenen Teilbefunde wiederum sinnvoll im Ansatz integriert werden (vgl. Rössler/Legrand 2012: 365). Dieser adaptierte Ansatz bietet zum einen aufgrund des thematischen Schwerpunkts und zum anderen aufgrund der Mehrmethodenkombination eine geeignete Orientierung. Angesichts der ähnlichen Struktur werden einzelne Aspekte im Rahmen der methodischen Triangulation ebenso in dieser Studie aufgegriffen.

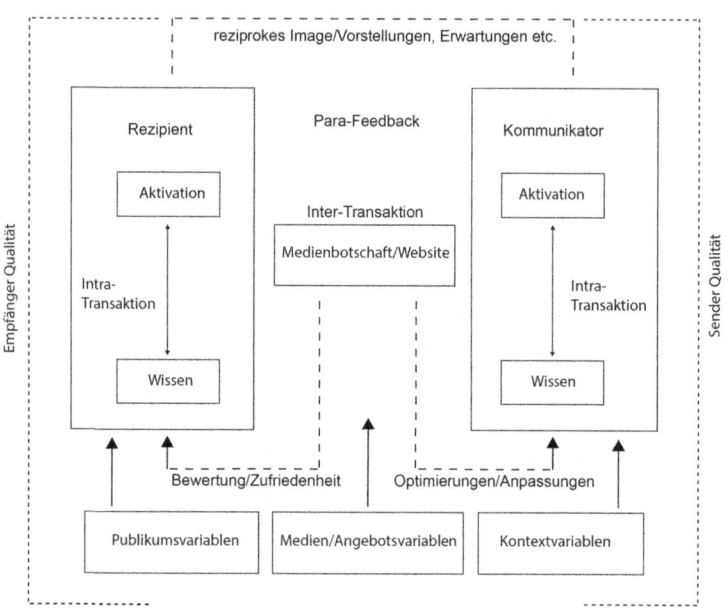

Abbildung 4: Das adaptierte dynamisch-transaktionale Modell nach Rössler und Legrand
Quelle: Rössler/Legrand 2012: 355

4.5 Exkurs: 2+6 Strategie- und Integrationsmodell

Neben der wissenschaftlichen Perspektive des DTA existiert auch ein wirtschaftliches Modell, das die Nutzungs- und Angebotsperspektiven betrachtet. In diesem Kontext schlug Beißwenger das sogenannte 2+6 Strategie- und Integrationsmodell vor, das ebenfalls die Beziehungen und Abläufe von Nutzern, Anbietern und Angeboten beschreibt (s. Abb. 5).

Beißwenger fokussiert in seinem Modell den Bereich Bewegtbild und will vor allem Unternehmen ein Modell an die Hand geben, das sie in ihrer Gesamtstrategie bei Bewegtbildkommunikationen unterstützt (vgl. 2010: 30f.). Als zentrale Komponente ist die Planung der Bewegtbildstrategie zu nennen, die einerseits die strategischen Vorüberlegungen der Unternehmen beinhalten und andererseits die Annahme und den Nutzen der Angebote sowie die mögliche Einflussnahme auf Konsumentenseite darstellen. Die Kommunikation kann dabei auf verschiedenen synchronen und asynchronen Wegen (hier als Rückkanal beschrieben) stattfinden. Sie ähnelt in diesem Sinne dem Para-Feedback im DTA.

4.5 Exkurs: 2+6 Strategie- und Integrationsmodell 43

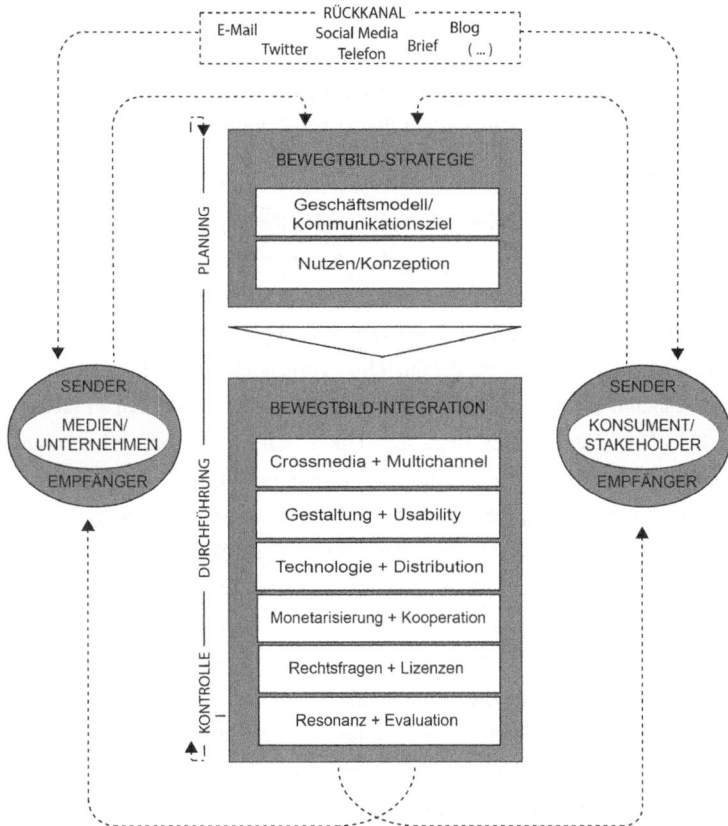

Abbildung 5: Das 2+6 Strategie- und Integrationsmodell für Bewegtbild
Quelle: Beißwenger 2010: 31

Darüber hinaus weist die Bewegtbildintegration im Kontext der Angebote bereits auf Qualitätsanforderungen hin. So sind neben der Usability und der technischen Einfachheit der Systeme auch ökonomische Faktoren von enormer Bedeutung (vgl. Beißwenger 2010: 32). Damit ist beispielsweise gemeint, dass das Nutzer-Erleben nicht nur auf das Ausstrahlen und das Rezipieren eines Videos beruhen darf, sondern sich in einem ganzheitlichen Konzept wiederfinden muss (vgl. Saito 2008: 26; zit. nach Beißwenger 2010: 32). Dabei lassen sich auch Relationen zum DTA identifizieren, sofern man die Mikroperspektive des Nutzers als Ergänzung auf Basis von Aktivation und Wissen heranzieht.

Ebenso muss sich der Zugang zum Web-TV und die Bedienung jedweder Komplexität und Störungsanfälligkeit entziehen, sodass sich eine positive Nutzer-Erfahrung ausdrückt. Ferner ist der ökonomische Aspekt relevant sowohl aus Unternehmenssicht als Monetarisierungsmöglichkeit als auch aus Nutzersicht hinsichtlich der Akzeptanz von Erlösmodellen (vgl. Beißwenger 2010: 32). Demnach deuten sich in diesen Bereichen erste Qualitätsdimensionen an, die im Verlauf dieser Arbeit konkretisiert werden.

4.6 Zusammenfassung

Warum eignet sich der DTA nun als forschungsleitendes Konzept? Um diese Frage zu beantworten, werden abschließend die zentralen Argumente zusammengefasst. Ein wesentlicher Punkt ist die bereits angesprochene Struktur des eigenen Forschungsvorhabens, die sich in dem DTA grundlegend wiederfindet. Die Segmentierung in Rezipient, Kommunikat und Kommunikator, die auch hier vorgenommen wird, ist somit ein elementarer Bestandteil der Arbeit, um dem Forschungsanliegen und den Fragestellungen gerecht zu werden. Dabei liegt der Fokus auf den potenziellen Inter-Transaktionen zwischen den drei genannten Komponenten. Wobei Früh darauf hinweist, dass im Kommunikationsprozess nicht „alles [...] nur noch Transaktion [sei]" (2001: 33). Des Weiteren kann der Untersuchungsgegenstand Web-TV entsprechend dieser Aufteilung in seinen Teilbereichen evaluiert werden. Auf dieser Basis lassen sich die Grundelemente zunächst in ihren Einzelheiten beschreiben, um diese wiederum auf einer holistischen Ebene zu integrieren und interpretieren.

Ein zusätzlicher Punkt ist die implizite Offenheit des Modells. So ist das Modell nicht auf seine von den Erfindern veröffentlichte Struktur reduziert, sondern es ist möglich, sich mit dem Modell in vielerlei Hinsicht – in Relation mit der Forschungsintention – auseinanderzusetzen und auf andere Forschungsfelder auszuweiten. Solch ein Umgang mit dem DTA wird seitens der Forscher nicht abgelehnt. Sie sind eher der Ansicht, dass auch nicht gängige Denkweisen erforderlich sind, um den DTA auf diese Weise weiter voranbringen zu können (vgl. Früh/Schönbach 2005: 11). So kann der Forscher heuristisch und explorativ an sein Thema herangehen.

In dieser Studie dient der DTA als Orientierung für die Forschung am Gegenstand des Web-TV und beinhaltet in diesem Beitrag ebenfalls eine erkenntnisleitende Funktion. Bevor das Modell des DTA auf den eigenen Forschungsbereich adaptiert wird, gilt es vorab die beiden relevanten Forschungsfelder der Qualitäts- und Akzeptanzforschung näher zu beleuchten, um so auf den theoretischen Modellvorschlag dieser Arbeit hinführen zu können.

5 Qualitätsforschung

Befasst man sich mit der Qualitätsforschung, stößt man auf eine sehr weite und heterogene Forschungstradition, die ihren Ursprung in der Zeitungswissenschaft hat (vgl. Arnold 2009: 24ff.). Die Frage nach der Qualität existierte mit dem Aufkommen des ersten Massenmediums, dem Printmedium, bereits sehr frühzeitig (vgl. ebd. 2009: 25). Mit der Zeit entstanden verschiedene Vorläufer der Qualitätsforschung, in denen sich die Untersuchungen mit der Pressekonzentration, der lokalen Publizistik, Objektivität, Vielfalt, Verständlich- und Lesbarkeit sowie der Ethik auseinandersetzten (vgl. ebd. 2008: 36). Nach Arnold stellen sie „die Grundlagen für die auf journalistische Produkte gerichtete umfassende Qualitätsforschung" (2009: 37) dar. Der eigentliche Qualitätsdiskurs setzte vor allem im Journalismus recht spät ein und führte dazu, dass in der Kommunikationswissenschaft und der Journalistik nun Indikatoren entwickelt wurden, die die Qualität von Medienangeboten beschreiben (vgl. ebd. 2009: 80). So lassen sich unterschiedliche Ansätze festhalten, die Arnold vorrangig mit Bezug auf journalistische Produkte in einer Dreiteilung wie folgt zusammenfasst. Der Qualitätsbegriff wird aus mehreren Perspektiven betrachtet, die in den normativ-demokratietheoretischen, journalistisch-analytischen und publikumsorientierter Ansätzen verankert sind (vgl. ebd. 2009: 85ff.). Da dies aufgrund der Historie ein sehr weites Feld ist und der Qualitätsbegriff in dieser Arbeit über den Journalismus hinausgeht, soll er im Rahmen der journalistischen Qualität nur kurz angerissen werden.

Zudem wird der Qualitätsbegriff in dieser Arbeit differenziert betrachtet, da Qualität hinsichtlich Web-TV verschiedene Ebenen betrifft und nicht nur auf die inhaltliche Dimension zu reduzieren ist.

Deshalb gilt es zunächst den Qualitätsbegriff aus einem allgemeinen Verständnis heraus zu definieren, um darauf aufbauend die spezifischere Bedeutung für Web-TV herauszuarbeiten. Zudem soll der Qualitätsbegriff auch medien- bzw. forschungsübergreifend (Print, Rundfunk und Internet) betrachtet werden, sodass die daraus gewonnenen Erkenntnisse mitunter bei der Qualitätsbeschreibung von Web-TV-Angeboten berücksichtigt werden.

5.1 Der Qualitätsbegriff

Qualität leitet sich aus dem lateinischen Wort „qualis" ab, wodurch die Beschaffenheit, Eigenschaft oder Güte bezeichnet wird. Der Begriff zielt vor allem auf die Gesamtheit der charakteristischen Eigenschaften einer Person oder Sache ab (vgl. Brockhaus 1996: 657). Im folgenden Verlauf wird der Qualitätsbegriff aus zwei Perspektiven betrachtet, um einen gesonderten Blick auf den Begriff gewährleisten zu können.

So wird Qualität zum einen als Produkt- und zum anderen als Medienqualität beschrieben.

5.1.1 Produktqualität

Betrachtet man den Qualitätsbegriff aus einer wirtschaftlichen Perspektive heraus, wird er im Speziellen auf die Produktqualität bezogen (vgl. Brockhaus 2006a: 341; Sjurts 2011b: 513). Bei einem Produkt kann es sich sowohl um ein materielles als auch immaterielles Gut handeln. In diesem Sinne ist „die Beschaffenheit eines Sachguts (Produkt-Q.) oder einer Dienstleistung nach ihren Unterscheidungsmerkmalen gegenüber anderen Gütern" (Brockhaus 2006a: 341) ausschlaggebend. Daraus lässt sich ableiten, dass generell durch Qualitätsvergleiche die entsprechenden Anforderungen an die Eigenschaften von Produkten und Dienstleistungen herausgezogen werden können, wobei es sich um eine einseitige Sichtweise handelt, die weitere Wahrnehmungseinflüsse außen vor lässt.

Darüber hinaus existieren genormte Bestimmungsmaßstäbe von Qualität. Detaillierte Ausführungen sind hierzu in den DIN-Normen zu finden, die ebenfalls den Qualitätsbegriff im internationalen Zusammenhang definieren. In diesem Fall wird die Qualität als „die Gesamtheit von Eigenschaften und Merkmalen eines Produktes oder einer Dienstleistung, die sich auf deren Eignung zur Erfüllung festgelegter oder vorausgesetzter Erfordernisse bezieht" (DIN EN ISO 8402-08: 1995) beschrieben.

Exakter ist der Begriff Qualitätsmerkmal in der EN ISO 9000 festgelegt. Darin heißt es, dass es sich um ein „inhärentes Merkmal eines Produkts, Prozesses oder Systems, das sich auf eine Anforderung bezieht" (2000: 142), handelt. Entscheidend ist dabei die Berücksichtigung von Merkmalen, die direkt vom Produkt ausgehen. So ist beispielsweise der Preis an sich in diesem Sinne kein Qualitätsmerkmal (vgl. DIN EN ISO 9000, 2000: 142f.), da er als ein extern zugeschriebenes Merkmal angesehen werden kann. Weiterhin lässt sich eine Unterscheidung des Qualitätsbegriffs in objektive, subjektive und relative Qualität vornehmen.

Bei der objektiven Qualität stehen die Produkte im Fokus. Dabei bezieht sich die Qualität auf die messbaren und stofflich-technischen Eigenschaften (vgl. Brockhaus 2006a: 341). Dies betrifft sowohl materielle als auch immaterielle Güter.

Die subjektive Qualität geht auf die Perspektive des Käufers und dessen Bewertung ein. Sie bringt u. a. „die Eignung, d. h. die Nutzbarkeit des Gutes [...] für den vorgesehenen Zweck zum Ausdruck und ist insoweit subjektiv bestimmt" (Brockhaus 2006a: 341). In diesem Zusammenhang gewinnt die externe Sicht zur Qualitätsbewertung eines Produkts an Bedeutung. Dadurch sind nicht mehr nur die Beschaffenheit und die Merkmale eines Produkts als alleinige Qualitätskriterien zur Beurteilung der Produktqualität ausschlaggebend.

„Für den Markterfolg ist die relative Q. entscheidend, d. h. die Q. im Vergleich zu Konkurrenzprodukten. Diese Art der Qualität hängt wiederum mit der objektiven Qualität zusammen, sodass sich Vergleiche zwischen Produkten in erster Linie auf deren innewohnenden Merkmalen und deren Beschaffenheit beruhen" (Brockhaus 2006a: 341). Dies bedeutet im Grunde nichts anderes, als das die messbaren Merkmale eines Produkts mit möglichen Alternativen verglichen werden und auf dieser Grundlage festgelegt werden kann, welches Produkt bestimmte Anforderungen am besten erfüllt. Produkttests sind ein Beispiel für diese Art von Vergleichen.

Neben der objektiven, subjektiven und relativen Interpretation des Qualitätsbegriffs kann die Qualität auch als Gesamteindruck von zusätzlichen Teilqualitäten festgehalten werden. Dies können je nach Produktart beispielsweise funktionale[10], ökologische[11], Dauer[12]- oder Integralqualitäten[13] sein (vgl. Gabler Wirtschaftslexikon 2004f: 2460).

Einen umfassenden Einblick zur Bestimmung des Qualitätsbegriffs geben Geiger und Kotte. So ist nach ihnen „Qualität [...] objektivierter Maßstab dafür, wie gut oder schlecht die betrachtete Einheit selbst ist, also inwieweit sie die an sie gestellte Qualitätsforderung erfüllt. Die Qualitätsfähigkeit hingegen ist Maßstab dafür, wie gut oder schlecht eine betrachtete Einheit ein Produkt realisieren kann. Das zu sagen würde eigentlich genügen. Wenn nicht die Historie und die Werbung wären" (Geiger/Kotte 2008: 67). Geiger und Kotte verweisen an dieser Stelle auf die Macht der Werbung, die durchaus in der Lage ist, die Qualität von Produkten zu verzerren. Dadurch entstand die Meinung, sie sei „die Übereinstimmung der Leistung mit den Forderungen des Kunden" (Horn 1992 11ff.; zit. nach Geiger/Kotte 2008: 77). Diese Aussage drückt lediglich das formulierte „Ziel des Qualitätsmanagements, namlich zufrieden-

---

[10] Funktionale Qualität ist „die Gesamtheit aller Eigenschaften eines Gutes, die die technische und wirtschaftliche Eignung zur Erfüllung der beim Abnehmer gestellten Aufgaben bestimmen" (Gabler Wirtschaftslexikon 2004d: 1124).

[11] Der Teilbereich der ökologischen Qualität berücksichtigt die Input-Faktoren (z. B. Einsatz von Materialien und Energie) und Output-Faktoren (z. B. Abfälle und Emissionen), die bei der Erstellung eines Produkts entstehen (vgl. Gabler Wirtschaftslexikon 2000: 2300).

[12] Die Dauerqualität bezeichnet den „Zeitraum, in dem ein Anlagegut (z. B. Werkzeugmaschine) die geforderte funktionale Qualität und die Integralqualität ohne wesentliche Beeinträchtigungen aufweist" (Gabler Wirtschaftslexikon 2004c: 653).

[13] Integralqualität meint „jene Aspekte der Qualität eines Investitionsgutes, die als technische Eigenschaften die Eignung des Gutes bez. seiner Integrierbarkeit bzw. Kompatibilität mit anderen Maschinen/Anlagen des Kunden bestimmen. Je niedriger die I., desto größer die Kaufwiderstände bei den Kunden" (Gabler Wirtschaftslexikon 2004e: 1519).

stellende Qualität, erfüllte Forderungen an die Beschaffenheiten" (Geiger/Kotte 2008: 77) aus. Daraus folgt, dass mittels Werbung zusätzliche Möglichkeiten vorliegen, die die Qualität von Produkten beeinflussen können. Die Abbildung 6 veranschaulicht das Qualitätsverständnis von Geiger und Kotte, indem sie die Qualität als die „Relation zwischen realisierter Beschaffenheit und geforderter Beschaffenheit" darstellen (Geiger/Kotte 2008: 68). Mittels ihres Qualitätsverständnisses wird auch der Bezug zu den bisher aufgestellten Definitionen von Qualität erkennbar. So sind mit der Beschreibung zur Beschaffenheit die Grundansätze der objektiven Qualität zu erkennen. Schlüsse auf die subjektive Qualität lassen sich durch die Qualitätsanforderungen ziehen, die sich wiederum aus der Beschaffenheit ableiten. Parallelen zur relativen Qualität sind in der Darlegung der Anspruchsklasse verankert. Über Rangindikatoren lassen sich Konkurrenzprodukte entsprechend vergleichen.

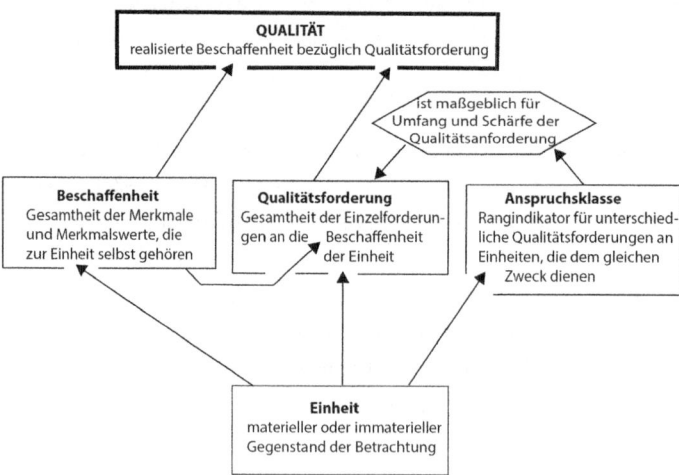

Abbildung 6: Einordnung des Qualitätsbegriffs
Quelle: Geiger/Kotte 2008: 68

Zusammengefasst betrachtet sind vor allem die Positionen der produktbezogenen Qualität und die extern zugeschriebenen Qualitätskriterien bzw. -bewertungen von elementarer Bedeutung. Diese sind auch für die vorliegende Studie zu berücksichtigen, da sich Web-TV als virtuelles (immaterielles) Gut in beide Bereiche einordnen lässt respektive darauf bezogen werden kann.

5.1.2 Medienqualität

Neben der Produktqualität bildeten sich in Bezug auf die Medien zusätzlich spezifizierte Definitionen zur Medienqualität heraus.

5.1 Der Qualitätsbegriff

„Wenn von ‚Medienqualität' die Rede ist, geht es dabei meist um die Qualität journalistischer Leistungen bzw. um die ‚Güte' der durch Medien vermittelten Information (z. B. Nachrichten) und weniger um die Qualität sonstiger Angebote (wie z. B. Unterhaltung)" (Gleich 2008: 642). Das dem oftmals so ist, wird sich im Verlauf noch zeigen, wenn explizit auf Qualitätskriterien, die den verschiedenen Medienprodukten zugeordnet werden, eingegangen wird (s. Kapitel 5.2 bis 5.4). So sieht Gleich die Substanz dieser Betrachtung in den rechtlichen Grundlagen festgehalten. In diesem Zusammenhang lassen sich Kriterien entsprechend der Gesetzestexte herleiten. Dabei handelt es sich um Kriterien wie Neutralität, Unabhängigkeit, Wahrheit, Objektivität, Ausgewogenheit, Vielfalt oder Relevanz (vgl. Gleich 2008: 642). Aber auch das Vertrauen stellt ein besonderes Kriterium im Sinne der Informationsqualität bei Nachrichtenangeboten im Internet dar, sofern sie in Relation mit konventionellen Medienanbietern stehen. Denn auf Basis verschiedener Studien hielten Befragte Webnachrichten vor allem dann für glaubwürdig, wenn es sich um Angebote von Rundfunk- oder Printmedien handelte (vgl. Burns Melican/Dixon 2008; Stavrositu/Sundar 2008; zit. nach Gleich 2008: 642). Neben der inhaltlichen Komponente sollte die technische Komponente ebenfalls berücksichtigt werden. Beispielsweise stuften Zuschauer in einer Studie Nachrichten, die in einem hochauflösenden Bildformat gezeigt wurden, als glaubwürdiger ein als Nachrichten, die in einer Standardauflösung präsentiert wurden (vgl. Campanella Bracken 2006; zit. nach Gleich 2008: 642). Damit erwähnt Gleich einen weiteren wichtigen Aspekt im Rahmen der Medienqualität: die Tatsache, dass „nicht nur inhaltliche, sondern auch formale und sogar technische Aspekte der Darbietung […] Einfluss auf die Qualitätsbewertung haben [können]" (Gleich 2008: 642) und diese dadurch ebenso ein Gewicht in der Beschreibung der Medienqualität besitzen.
Wolling definiert den Begriff Medienqualität aus einer allgemeineren Sichtweise heraus. Nach ihm ist Medienqualität „die Summe von Eigenschaften, die es ermöglicht, ein Medienangebot von einem anderen zu unterscheiden bzw. deren Gemeinsamkeiten festzustellen" (Wolling, 2004: 174). Das Erkennen von Unterscheidungsmerkmalen bzw. Gemeinsamkeiten ähnelt dem Prinzip der relativen Qualität und bezieht sich demnach auf einen Qualitätsvergleich zwischen Medienprodukten.
Weischenberg fasst aus bisherigen Studien den Qualitätsbegriff wie folgt zusammen und legt dem Begriff drei Perspektiven zugrunde:

„Dabei geht es erstens – wie beim Qualitätsbegriff der International Organization for Standardization (ISO) (vgl. z. B. Wyss 2002: 95f.; Fabris/Renger 2003: 81) – um Eigenschaften und Merkmale eines Produkts, die bestimmten Anforderungen entsprechen sollen (Qualität als *normativer* Begriff). Zweitens geht es um den Bezug von Produkten der Medienindustrie zu sozialen Erfordernissen und individuellen Bedürfnissen (vgl. z. B. Weiß 1997: 185ff.) (Qualität als *relationaler* Begriff) und drittens um einen multiperspektivischen Zugriff (vgl. z. B. Wyss 2002: 95ff.; Wolling 2003: 341), der etwa in Hinblick auf Medien, Ressorts, Genres (vgl. Ruß-Mohl 1992: 85f.; Haas/Lojka 1998: 131) und die damit verbundenen Erwartungen differenziert (Qualität als funktionaler Begriff)" (2006: 12).

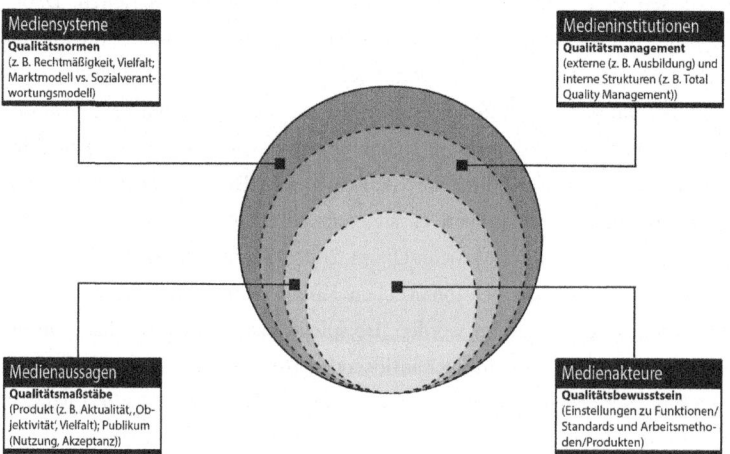

Abbildung 7: Kreismodell zu den Einflussfaktoren des Systems Journalismus
Quelle: Weischenberg 2006: 13

Um den Qualitätsbegriff dimensional und anhand seiner Einflussfaktoren genauer beschreiben zu können, lässt sich das von Weischenberg entwickelte Kreismodell (s. Abb. 7) heranziehen, welches die Qualität in den Kontext der vier Ebenen Mediensysteme, Medieninstitutionen, Medienaussagen und Medienakteure setzt (vgl. Weischenberg 2006: 13).
Verknüpft man diese Ebenen mit den Bestrebungen dieser Arbeit, so ist der Qualitätsbezug vornehmlich auf die Ebene der Medienaussagen sowie der Medienakteure einzugrenzen und soll aus diesem Grund primär erläutert werden.
Auf der Ebene der Medienaussagen sind nach Weischenberg die produkt- und rezipientenbezogenen Kriterien einzuordnen, wobei bislang der Fokus auf den „Kriterien und Regeln der Produktion" (2006: 19) lag, da sich diese eindeutiger und stärker hervorheben lassen. Die Gleichsetzung von Rezipienten und Quote als Qualitätsmaßstab ist unzureichend, um daraus folgend angemessene Qualitätskriterien abzuleiten, was durchaus als „zentrales Manko der Qualitätsforschung kritisiert [wird]" (vgl. Kübler

1997; Schenk/Gralla 1993; zit. nach Weischenberg 2006: 19). Umso mehr wird dafür plädiert, dass Publikum verstärkt in den Qualitätsdiskurs einzubeziehen, da „Qualität (auch) Ausdruck von Relationen ist, bei denen Qualität ausgehandelt und zugewiesen wird" (Weischenberg 2006: 19).

In Bezug auf die Medienakteure stehen diejenigen im Vordergrund, die die Inhalte produzieren. In diesem Fall sind Arbeitsmethoden und professionelle Standards oftmals wesentliche Faktoren (vgl. Weischenberg 2006: 19), um die Qualitätssicherung im Produktionsprozess einhalten zu können. In Bezug auf diese Faktoren lässt sich der bereits geprägte Begriff der journalistischen Qualität anführen, der journalistische Arbeitsweisen und Standards beinhaltet. Weischenberg unterscheidet dabei in Funktions- und Qualitätsbewusstsein, indem das Funktionsbewusstsein die Normen, Werte und Standards des journalistischen Handelns beschreibt, während das Qualitätsbewusstsein die Einstellungen der Journalisten gegenüber den Arbeitsmethoden repräsentiert (vgl. Weischenberg 2006: 20). Jedoch fällt die Betrachtungsweise recht einseitig aus, da vornehmlich die Berufsgruppe der Journalisten als Medienakteure beschrieben wird. Letztendlich könnte man auch die Rezipienten im Bereich der Medienakteure sehen, da sie sich über die Medienprodukte in einem entsprechenden Spannungsverhältnis mit den Produzenten befinden und dadurch ein wechselseitiger Bezug besteht.

Dennoch bleibt der Begriff Medienqualität unscharf. Zieht man beispielsweise die Aussage von Doelker zum Thema Fernsehen heran, so bezeichnet er das Fernsehen als ein leeres Medium, als einen leeren Kanal, über das Inhalte transportiert werden (vgl. 1991: 140). Erst mit den entsprechenden Medienprodukten (Shows, Serien, Filme, etc.) erhält das Medium Fernsehen seinen programmatischen Charakter. Sieht man sich mit dieser Aussage konfrontiert, so erscheint es schwer einem leeren Medium Qualitätskriterien zuzusprechen. Führt man diesen Gedanken weiter, so lässt sich dieser ohne Weiteres auf die anderen Medien Internet, Radio oder Print übertragen, die demzufolge ebenso leere Medien sind, wenn die Inhalte fehlen. Folglich sind es die inhaltlichen Produkte, die den Medien die eigentliche Qualität verleihen.

Anstelle von Inhalten zu sprechen, ist der Begriff Content geeigneter, da er „den qualifizierten Inhalt der Medien [bezeichnet], mit anderen Worten [...] als inhaltliche Zusammensetzung medialer Produkte begreifbar [ist]" (Klimsa/Krömker 2005: 30). Medienprodukte entstehen wiederum durch folgende vier Faktoren:

1. Mediengerechte Gestaltung des Contents
2. Organisation der Produktion
3. Verwendete Medientypen wie Text, Grafik, Bilder, Ton und Video
4. Technische Aufbereitung (vgl. Klimsa/Krömker 2005: 30)

Dadurch wird die Tragweite des Begriffs Content und seiner Einordnung innerhalb von Medienprodukten aufgezeigt. Um auf den Qualitätsbegriff zurückzukommen, ist es an dieser Stelle sinnvoller von der Medienproduktqualität bzw. der Contentqualität zu sprechen, sodass im Speziellen bei dieser Art von Produkten noch der mediale Bezug hergestellt wird.

Abschließend ist noch darauf hinzuweisen, dass Qualität generell immateriell und kontinuierlich ist (vgl. Geiger/Kotte 2008: 72) und den Veränderungen bzw. Anpassungen von (neuen) Produkten unterliegt, was sich vor allem auf deren Beschaffenheit auswirkt. Wie die Qualität medienübergreifend gesehen wird, sollen die anschließenden Ausführungen zu Qualitätskriterien diverser Produkte in den verschiedenen Medien zeigen.

5.2 Der Qualitätsbegriff im Printmedium

Wie bereits in Kapitel 5 erwähnt, hat die Auseinandersetzung mit Qualität ihren Ursprung in der Zeitungswissenschaft und dadurch vorrangig im Printjournalismus. Beschäftigt man sich eingehend mit der Qualität und ihrem Medienbezug im Bereich Print, so wird man vordergründig auf den Terminus der journalistischen Qualität stoßen. Die journalistische Qualität reduziert sich jedoch nicht nur auf Printmedien, sondern ist überall da anzutreffen, wo journalistisch gearbeitet wird, also auch im Fernseh-, Radio- und Onlinejournalismus. Insbesondere mit dem Aufkommen des Onlinejournalismus – vornehmlich in der Form des Bloggens – verschärfte sich die kontroverse Diskussion um die journalistische Qualität. So werfen auch Wyss, Studer und Zwyssig die Frage nach den Folgen der Gratismentalität auf. Haben Qualitätszeitungen des Printjournalismus überhaupt noch Chancen im kostenlosen Umfeld des Internets? Und welche Rolle nehmen Blogs im politischen Diskurs ein (vgl. Wyss/Studer/ Zwyssig 2012: 12)? Seitdem in jüngerer Vergangenheit diverse Zeitungen wie die Frankfurter Rundschau und die Financial Times Deutschland insolvent gegangen sind (vgl. Busse/Riehl/Widmann 2012), ist die Unsicherheit in Bezug auf die Wertigkeit journalistischer Qualität nicht geringer geworden. An diesen Beispielen lässt sich bereits erkennen, dass journalistische Qualität mit einem ökonomischen Wert behaftet ist. So stellt sich die Frage, ob journalistische Produkte weiterhin existieren werden, wenn die ökonomische Dimension das alleinige entscheidende Merkmal ist.

Nichtsdestotrotz bestehen medienübergreifende Konventionen, denen journalistische Qualität unterworfen ist. Der Printjournalismus stand und steht auch weiterhin in ausgiebiger Form im Forschungsfokus und trug entscheidend dazu bei, dass journalistische Qualitätsstandards und -prinzipien auch auf wissenschaftlicher Seite aufgegriffen und überprüft wurden.

5.2 Der Qualitätsbegriff im Printmedium

Um die journalistische Qualität als solche beschreiben zu können, wird zunächst der Begriff mit den einhergehenden Qualitätskriterien geklärt. Generell wird unter journalistischer oder publizistischer Qualität die Art oder Güte einer solchen Produktion verstanden (vgl. Heinrich 2011: 513). So ist die Qualität „nicht individuell durch die Präferenzen der Rezipienten determiniert, sondern bezieht die Kriterien ihrer Qualität aus objektiv beobachtbaren Quellen, vor allem aus der Rechtsprechung, aus dem Pressekodex des Presserates, aus den entwickelten Qualitätsvorstellungen der journalistischen Praxis und der journalistischen Wissenschaft" (Heinrich 2011: 513). Im Gegensatz zu dieser Definition hat Rau bereits darauf hingewiesen, dass es keine objektiven Kriterien im Rahmen des Qualitätsverständnisses geben könne, weder aus Sicht der Produzierenden noch aus Sicht der Rezipienten (vgl. Rau 2007: 108). Dennoch haben sich verschiedene Studien immer wieder mit Qualitätskriterien auseinandergesetzt. Im Allgemeinen wird dabei auf Kriterien wie Aktualität, Relevanz, Vielfalt, journalistische Professionalität und Vermittlung zurückgegriffen (vgl. Heinrich 2011: 513f.). Wyss, Studer und Zwyssig verfolgen demgegenüber einen praktischen Ansatz. So sollte „sich der journalistische Qualitätsbegriff, an dem [orientieren], was [sie] als Eigenlogik des Journalismus bezeichnen" (Wyss/Studer/Zwyssig 2012: 19). Der Journalismus erfüllt eine gesellschaftliche Funktion und fungiert somit als Beobachtungs- und Vermittlungssystem zwischen den Systemen Politik, Wirtschaft, Wissenschaft etc. (vgl. Wyss/Studer/Zwyssig 2012: 19). Zudem ist journalistische Qualität aus organisationaler Perspektive direkt mit einem redaktionellen Qualitätsmanagement verbunden, dass sich auf verschiedene Qualitätsinstrumente (Qualitätsstandards, Normen, Qualitätsziele, Ressourcen, Prozesse, Qualitätskontrolle, Ausbildung, Personalentwicklung, Publikums- und Marktforschung) beruft (vgl. Wyss/Studer/Zwyssig 2012: 30). Ein besonderer Fokus wird dabei auf Qualitätsstandards gelegt, die sich unmittelbar auf journalistische Produkte beziehen. Mit Bezug auf Meier wird dabei in handlungsbezogene und produktbezogene Kriterien unterschieden. So gelten im Rahmen des Informationsjournalismus Unabhängigkeit, Richtigkeit, Fairness, Aktualität, Relevanz, Originalität, Interaktivität und Transparenz als handlungsbezogene Kriterien, während Vielfalt, Unparteilichkeit, Verständlichkeit, Sinnlichkeit, Attraktivität und Nutzwert produktbezogene Kriterien darstellen (vgl. Meier 2011: 230).

Arnold hingegen äußerte den Qualitätsgedanken in seinem integrativen Konzept und betrachtet dort Qualitätskriterien auf drei Ebenen: der funktional-systemorientierten, der normativ-demokratieorientierten und der nutzerbezogen-handlungsorientierten Ebene. Auf der funktional-systemorientierten Ebene sind neben bereits genannten Kriterien wie Vielfalt, Aktualität, Relevanz, Unabhängigkeit noch weitere Kriterien wie

Glaubwürdigkeit, Recherche, Kritik, Zugänglichkeit, Hintergrundberichterstattung und regionaler/lokaler Bezug verankert. Im normativ-demokratieorientierten Zusammenhang ist der Katalog um Ausgewogenheit, Neutralität und Achtung der Persönlichkeit ergänzt. Die zuletzt genannte Ebene beinhaltet die Qualitätskriterien Anwendbarkeit und Unterhaltung (vgl. Arnold 2009: 162ff.). Betrachtet man rückblickend die Segmentierung der Kriterien, zeigen sich trotz unterschiedlicher Ausrichtungen und Auffassungen gewisse Ähnlichkeiten in der journalistischen Qualitätsdarstellung.

Des Weiteren zeigt sich in der Qualitätsdebatte die Relevanz der Akteure, die zum einen am Produktions- und zum anderen am Rezeptionsprozess beteiligt sind. Diese beiden Ebenen sind im fortlaufenden Prozess dieser Arbeit von besonderer Bedeutung. So spiegelt sich nach Lang journalistische Qualität im „Ausgleich zwischen Professionalität und Akzeptanz [wider], sie ergibt sich als Synthese aus dem Rollenverständnis seiner Akteure (,Sender Quality') und den Wünschen der Rezipienten (,User Quality')" (Rau, 2007: 94; zit. nach Lang et al., 2005: o. S.). Dies deutet daraufhin, dass beide Perspektiven elementar für das Qualitätsverständnis journalistischer Produkte sind. In Anbetracht dessen dürfen Rollenverständnis und Wünsche nicht allzu stark voneinander divergieren, damit auf beiden Seiten von derselben Qualität gesprochen werden kann. Doch dabei stellt sich die Frage, wie stark diese Abweichung sein darf. Auch in diesem Zusammenhang werden die zuvor genannten Qualitätskriterien im Bereich der „Sender Quality" aufgelistet und als entscheidende Faktoren gesehen (vgl. Rau, 2007: 94; zit. nach Lang et al., 2005: o. S.). Anhand der zusammengestellten Beispiele zeigt sich die Schwierigkeit der Eingrenzung des journalistischen Qualitätsbegriffs. Nach Hermes existiert auch keine endgültige Definition der Qualität im journalistischen Sinne, da es nicht nur eine Qualität gibt, sondern es geht um den sinnvollen Einsatz von Qualitätskriterien mit der Berücksichtigung verschiedener Perspektiven (vgl. Hermes 2006: 38f.).

Eine produktbezogene Sichtweise ist bei Haller vorzufinden. Dabei legt er seinen Schwerpunkt auf das Kriterium der Orientierungsfunktion von Regional- und Lokalzeitungen und beschreibt infolgedessen ein mögliches Anforderungsprofil (vgl. Haller 2003: 190). Im überregionalen Bereich legt er als entscheidende Elemente Relevanz, Kontext und Deutung fest, während im lokalen Bereich Repräsentanz, Integration, Nutzwert und öffentliche Instanz von elementarer Bedeutung sind (vgl. Haller 2003: 190). Darüber hinaus diskutiert er ebenso die Perspektive des Lesers, der durchaus ein Indikator für Qualität sein kann, dies aber nicht auf Grundlage von Abonnentenzahlen zurückzuführen bzw. zu reduzieren ist. In diesem Fall besteht ein zu komplexes Gebilde, sodass „aus der formalen Nutzung einzelner Rubriken oder Zeitungsausgaben nicht auf die Leserakzeptanz des redaktionellen Teil oder gar auf die journalistische Qualität insgesamt rückgeschlossen werden [kann]" (Haller 2003: 191). Vielmehr lassen sich Rückschlüsse unter der direkten Beziehung zwischen Leser und Angebot ziehen, wenn es um Aussagen zu Beurteilungen, Bewertungen, Anforderungen oder Erwartungen geht (vgl. Haller 2003: 192). Aufgrund von jeweils drei durchgeführten Benchmarks beim überregionalen und lokalen Nachrichtenteil folgert Haller letztendlich, dass das „Benchmarking […] als ein Instrument zur Optimierung des redaktionellen Angebots [funktioniert]" (Haller 2003: 199). Im Rahmen dieser Methode ist innerhalb der Orientierungsfunktion noch das Qualitätsmerkmal Exklusivität (im überregionalen Nachrichtenteil) beschrieben worden, das die Leser jedoch als geringfügiger ansehen, sobald die Faktoren Zuverlässigkeit und Attraktivität hinzukommen (vgl. Haller 2003: 195).

Mithilfe dieser Studie legt Haller offen, dass sich sowohl für den Lokaljournalismus als auch für den überregionalen Journalismus Qualitätsnormen und -kriterien erzeugen und untersuchen lassen, wobei sich auch dort zeigt, dass die unterschiedlichen Perspektiven im Hinblick auf Qualität zu erwägen sind.

Die Berücksichtigung verschiedener Perspektiven ist darüber hinaus ein Anspruch dieser Arbeit, um die Qualitätskriterien im Untersuchungsfeld Web-TV adäquat zu beschreiben. Aufgrund des sehr heterogenen Contents in diesem Feld und der Fokussierung auf zusätzliche Qualitätsdimensionen lassen sich unter Umständen nur einige der hier genannten Qualitätskriterien berücksichtigen, da es sich bei Web-TV im Allgemeinen nicht um reinen Informationsjournalismus handelt, sondern darüber hinaus diverse Unterhaltungsformate existieren.

5.3 Der Qualitätsbegriff im Rundfunk

Der Qualitätsbegriff im Rahmen des Rundfunks soll über den journalistischen Qualitätsbegriff hinausgehen, da Radio und Fernsehen einen anderen programmatischen Charakter aufweisen als der Printjournalismus. Es ist das Ziel, weitere Qualitätskriterien zu beschreiben, die sich nicht nur auf journalistische Produkte reduzieren lassen. Schließlich transportieren Fernsehen und Radio noch weitere immaterielle Produkte, die die Qualitätsforschung betrachtet hat und die es gilt ebenfalls in Ansätzen anzureißen.

5.3.1 Radio

Das Radio ist eines der weniger beachteten Medien in der Forschung. Dies bezieht sich nicht nur auf die allgemeine Radioforschung, sondern auch auf das spezielle Feld der Qualitätsforschung (vgl. Arnold 2009: 110f.; vgl. Vowe/Wolling 2004: 65). Einen grundlegenden Beitrag hinsichtlich der Radioqualität liefern unter dem Ansatz der subjektiven Qualitätsauswahl Vowe und Wolling. Ihrer Untersuchung legen sie einen forschungsorientierten Qualitätsbegriff zugrunde. In diesem Fall bezieht sich das Qualitätsverständnis auf „die Eigenschaften eines Objekts […], die als Kriterien der Unterscheidung von anderen Objekten fungieren können" (Vowe/Wolling 2004: 69). Im Zuge dessen übertragen sie die Unterscheidungsfunktion auf die über Radio vermittelte Kommunikation. Ferner beschreiben sie Qualitäten, die mit einer Wertung ihrer Eigenschaften versehen werden, als Qualitätsurteil (vgl. Vowe/Wolling 2004: 69). Dadurch stehen nicht Qualitätskriterien in ihrem Forschungsfokus, sondern die durch Bewertung herbeigeführten Qualitätsurteile.

Ihr Forschungsvorhaben zielt überdies auf die Prüfung des Ansatzes der subjektiven Qualitätsauswahl und dessen Erklärungsmöglichkeiten für die Mediennutzungsentscheidungen der Rezipienten (vgl. Vowe/Wolling 2004: 99). Innerhalb dieses Ansatzes setzen sie im Rahmen der Programmgestaltung zum einen auf das Spannungsverhältnis zwischen Qualitätserwartungen an Radiosender und der Qualitätswahrnehmung bei Radiosendern. Zum anderen sehen sie in der Programmzusammensetzung bei Radiosendern den Stellenwert von Programmelementen und von Musikrichtungen als besonders relevant an (vgl. Vowe/Wolling 2004: 99ff.). So konzipieren sie Qualitätsdimensionen hinsichtlich der Radioqualität, indem sie Spannungsbögen (z. B. Überraschung/Erwartbarkeit, Nähe/Distanz, Aktualität/Sorgfalt, etc.) und die Programmelemente des Radios (Musik, Moderation, Nachrichten, etc.) aufeinander beziehen (vgl. Vowe/Wolling 2004: 113).

Die Fragen nach Qualität mehren sich auch aufgrund verschiedener Situationen, wenn beispielsweise von sinkenden Einschaltquoten die Rede ist. Dies legt zu einem gewissen Teil offen, dass Nutzungsprobleme vorliegen, die wiederum eine Lösung erfordern, welche vorrangig in einer Betrachtung zu sehen ist, die nur in direkter Relation zwischen Programmangebot und -rezeption stattfinden kann (vgl. Bucher/Barth 2003: 224). Um dies zu ermöglichen, stellen Bucher und Barth vier grundlegende Punkte für Qualitätskriterien im Hörfunk heraus. So führen sie explizit den rezipientenbezogenen Aspekt an, indem Qualitäten nicht als produktbezogene Eigenschaften anzusehen sind, sondern erst durch Zuschreibungen der Nutzer eine Wertung erhalten (vgl. Bucher/Barth 2003: 224). Des Weiteren fordern sie, dass „Qualitäten nicht abstrakt festgelegt werden [können], sondern an empirischen Rezeptionsstudien ausgerichtet sein [müssen]" (Bucher/Barth 2003: 224). Darauf aufbauend müssen Qualitätskriterien einen Gegenstandsbezug aufweisen, da sie ohne nicht operationalisierbar sind, was im Hinblick auf die spezifischen Programmelemente und der Programmebene zu unterscheiden ist. Als letzter Punkt wird auf den funktionalen Bezug von Qualitätskriterien hingewiesen, der auf die Bedeutung von Programmen und ihren Elementen hinsichtlich ihrer Funktion zurückgeht (vgl. ebd. 2003: 224f.). Zusammengefasst sind für Bucher und Barth die Rezipientenorientierung, Gegenstandssensitivität, Nicht-Normativität und Funktionalität für den Hörfunk die ausschlaggebenden Qualitätskriterien (vgl. ebd. 2003: 225).

5.3.2 Fernsehen

Eine weitaus größere Resonanz in der Qualitätsforschung wurde dem Fernsehen zuteil. Aufgrund der Breite und Vielfalt des Programms wurden innerhalb der Fernsehqualitätsforschung bereits verschiedene Perspektiven evaluiert, die nun in dem folgenden Abschnitt angesprochen werden.

Generell werden im Zusammenspiel der Qualitätsforschung und des Mediums Fernsehen die Qualitätskriterien nach Schatz und Schulz herangezogen (vgl. Arnold 2009: 108; Daschmann 2009: 257; Gehrau 2008: 56ff.; Hohlfeld 2003: 207ff.). Sie legten damit einen Grundbaustein in diesem Forschungsfeld, der sich in der Fernsehqualitätsforschung und auch darüber hinaus etabliert hat. In ihrem Artikel gehen sie von fünf Dimensionen aus, die Fernsehqualität als solches bestimmen. Darunter fallen Vielfalt, Relevanz, Professionalität, Rechtmäßigkeit und Akzeptanz (vgl. Schatz/Schulz 1992: 693). Diese dimensionale Ausarbeitung erschloss sich vornehmlich aus dem Rundfunkrecht und orientiert sich aufgrund der programmatischen Eigenschaft des Fernsehens auf dessen Programmqualität. Demnach geht die Betrachtungsweise innerhalb der Dimensionen auch über den journalistischen Qualitätsgedanken hinaus und impliziert zudem gestalterische bzw. künstlerische Eigenschaften (vgl. Schatz/ Schulz 1992: 702; Hohlfeld 2003: 212f.).

Die Dimensionen werden nun nachfolgend in ihrer Funktion kurz beschrieben. So leiten Schatz und Schulz unter dem Gebot der Vielfalt zum einen die Struktur des Programmangebots ab und zum anderen die inhaltliche Breite. Darüber hinaus verfeinern sie die Unterteilung, indem sie der strukturellen Vielfalt die Aspekte der Programmsparten und -formen zuordnen. Die inhaltliche Vielfalt wird zudem in Informations- und Meinungsvielfalt unterschieden, wobei dort wiederum Lebensbereiche, geografische Räume, kulturelle/ethnische Gruppen oder bestimmte, gelegte Interessen eine Rolle spielen. Eine weitere spezielle Differenzierung nehmen sie im Rahmen der Interessen vor, die u. a. von den Akteuren und Themensetzungen abhängen (vgl. Schatz/Schulz 1992: 693ff.).

Das zweite Qualitätskriterium Relevanz betrachten Schatz und Schulz aus drei Perspektiven. Auf der Relevanzebene lassen sich vorrangig die Handlungsträger beschreiben, die von der Makroebene (Gesamtgesellschaft) über die Mesoebene (Institutionen und Organisationen) bis zur Mikroebene (Individuen) reichen. Im Relevanzniveau verankern sie Ansätze der Nachrichtenwerttheorie, die sowohl in quantitative als auch in qualitative Elemente unterteilt werden. Als dritte Perspektive setzen Schatz und Schulz die Attributoren fest, die ebenfalls einen Einfluss auf die Relevanz haben, wie beispielsweise die öffentliche Meinung, die Film- und Fernsehkritik, die aktive, mediale oder wissenschaftliche Öffentlichkeit (vgl. Schatz/Schulz 1992: 696).

Die Professionalität lässt sich einerseits inhaltlich und andererseits gestalterisch unterscheiden. Die inhaltliche Professionalität beruht auf den Kriterien der journalistischen Professionalität bzw. Qualitätskriterien, die im Kapitel 5.2 behandelt wurden. Die gestalterische Qualität bezieht sich auf der einen Seite zu ästhetischen bzw. künstlerischen Kriterien sowie auf der anderen Seite zur Verständlichkeit (vgl. ebd. 1992: 705).

Unter dem Gebot der Rechtmäßigkeit werden die entsprechenden Gesetze, Vorschriften und Normen eingeordnet. So existieren prinzipielle Vorgaben aus den allgemeinen Gesetzestexten (z. B. Jugendschutz) sowie der Verfassung (z. B. Achtung der Menschenwürde), die dementsprechend einzuhalten sind. Darüber hinaus gibt es noch spezielle rundfunkbezogene Vorschriften (Werbung, Sponsoring, Produktionsquote und Meinungsumfragen), die es ebenfalls zu berücksichtigen gilt (vgl. ebd. 1992: 709).

Als letzten Punkt nennen Schatz und Schulz Akzeptanzfaktoren, die an dieser Stelle jedoch nur kurz angerissen werden, da der Akzeptanz einer besonderen Bedeutung in Kapitel 6 beigemessen wird. Wie die beiden Forscher anmerken, „[spielen] die Interessen, Wünsche und Bedürfnisse des Fernsehpublikums weder im Rundfunkstaatsvertrag noch in anderen Rechtstexten eine Rolle" (Schatz/Schulz 1992: 705), was sich in den letzten Jahrzehnten nicht sonderlich änderte. Im Bereich der Forschung hingegen wurden mehrere Nutzungsstudien zum Publikum und zu den Nutzungsabsichten, Nutzungsmotiven, Auswahlstrategien und Gratifikationen durchgeführt, von denen einige in den Studien zur Publikumsperspektive erwähnt werden. Aufgrund der Gratifikationsforschung, die die affektiven und kognitiven Grundbedürfnisse der Menschen berücksichtigen, ist es nach Schatz und Schulz möglich, „aus der Beziehung zwischen solchen Bedürfnissen und den – aus der Sicht des Publikums – wesentlichen Eigenschaften eines Fernsehprogramms auf dessen Akzeptanz zu schließen" (ebd. 1992: 706). Des Weiteren gehen sie davon aus, dass nicht nur Bedürfnisse des Publikums angesprochen werden, sondern auch das Publikum bestimmte Programmelemente wahrnimmt, die ebenfalls eine Programmakzeptanz unterstützen können (vgl. Huth/Sielker 1988: 456; zit. nach Schatz/Schulz 1992: 706). Von der Nachrichtenwerttheorie abgeleitet, die sich vorwiegend auf informativen bzw. journalistischen Content bezieht, formulieren sie die Besonderheiten zur Programmakzeptanz im Unterhaltungsbereich. So sind in diesem Fall vor allem Themeninteressen und Stilpräferenzen zu bedenken (vgl. Schulz u. a. 1991; zit. nach Schatz/Schulz 1992: 707), da es von wesentlicher Bedeutung ist, ob sich ein Individuum eher für politische, sportliche oder kulturelle Inhalte interessiert oder auf die formale Gestaltung wie Dynamik, Ästhetik oder Visualisierung achtet (vgl. Schatz/Schulz 1992: 707).

Infolgedessen lässt sich mit dem Hintergrund der Qualitätskriterien nach Schatz und Schulz zusammenfassen, dass die Fragestellungen und somit auch die Forschungsintention für die Bildung von Kriterien ausschlaggebend sind und das dabei die Rolle der Akteure zu beachten ist.

Eine weitere Studie, die im Zusammenhang mit der Programmqualität steht und aus der Perspektive des Rundfunkprogrammrechts beschrieben wird, stammt von Maurer und Trebbe. In der ALM-Studie „werden die Qualitätskriterien aus den normativen Vorgaben abgeleitet" (Maurer/Trebbe 2006: 38) und orientieren sich grundlegend an den Rundfunkstaatsvertrag, denn „der Dimensionierung und Operationalisierung von Programmqualität [kommt] eine zentrale Rolle zu, wenn es um die Darstellung, Diskussion und Beurteilung von Fernsehprogrammangeboten in medienpolitisch relevanten Handlungskontexten geht" (Maurer/Trebbe 2006: 38f.). Die zentralen Qualitätskriterien, die erwähnt werden und für Fernsehprogrammangebote von Bedeutung sind, sind Vielfalt, journalistische Professionalität und Relevanz, wobei sich die Autoren u. a. auf die Kriterien nach Schatz und Schulz (1992), McQuail (1992) und Hagen (1995) berufen (vgl. Maurer/Trebbe 2006: 40). Im Folgenden gehen Maurer und Trebbe im Hinblick auf die ALM-Studie ausführlicher auf die Dimensionen Vielfalt und Relevanz ein. In dieser Hinsicht wird die Vielfalt strukturell und inhaltlich unterschieden. Unter der strukturellen Vielfalt werden zum einen die Programmsparten der Fernsehsender und zum anderen die Formate als Qualitätsindikatoren verstanden. Die inhaltliche Vielfalt ergibt sich wiederum aus den thematischen Schwerpunkten, die im publizistischen Sinne entwickelt werden. Die Qualitätsindikatoren bei der Relevanz setzen sich aus gesellschaftlich sowie politisch relevanten Themen zusammen (vgl. Maurer/Trebbe 2006: 41ff.). Methodisch wurde das Ganze so aufgeteilt, das die Themenschwerpunkte aufgrund von Beiträgen mittels einer Programmanalyse erhoben wurden, während die Struktur über die vorhandenen Sendungen im Rahmen einer Programmspartenanalyse evaluiert wurde (vgl. ebd. 2006: 41).

Nichtsdestotrotz äußert sich Kritik hinsichtlich der produktbezogenen Qualitätskriterien. So stellen beispielsweise Weischenberg und Neuberger Vielfalt als Qualitätskriterium in Frage, da Vielfalt oftmals verschiedene Bezugsebenen tangiert und es notwendig ist, eine konkrete Definition zu entwickeln, die in dieser Eindeutigkeit nicht existiert (vgl. Neuberger 1997: 319; zit. nach Weischenberg 2006: 18).

Bisher wurden Auszüge bzw. Herleitungen von Qualitätskriterien aus der Perspektive des Rundfunkprogrammrechts beleuchtet. An dieser Stelle sollen nun zusätzlich die Aspekte der Qualitätsbewertung erschlossen werden, die sich durch Evaluationen von Qualitätsurteilen des Publikums und aus den Qualitätsstandards für Programmmacher, also akteursbezogene Erhebungen, ergaben.

5.3.2.1 Studien zur Publikumsperspektive

Im Publikumskontext lassen sich einige Studien zu Qualitätskriterien und -urteilen zusammentragen. So sind im Informations- und Nachrichtenbereich beispielsweise Qualitätskriterien wie Vollständigkeit, Verlässlichkeit und Relevanz der Berichterstattung sowie Seriosität und Glaubwürdigkeit (vgl. Darschin/Horn 1997; zit. nach Hohlfeld 2003: 210) eine entscheidende Größe. Greenberg und Busselle haben ebenso Qualitätsmerkmale für Informationsgenres aufgestellt. Dabei lassen sich Vertrauen, Stil, Themenannäherung, technische Merkmale und Werteinschätzung ergänzen. Des Weiteren erörtern sie Kriterien für Unterhaltungsproduktionen. In diesem Fall sind es Glaubwürdigkeit, Fairness, Realitätsnähe, Originalität und Ernsthaftigkeit (vgl. Greenberg/Busselle 1992; zit. nach Hohlfeld 2003: 210). In einer weiteren Studie identifizieren Greenberg und Busselle Wirklichkeitsnähe, Humor und Originalität als Qualitätsmerkmale für die Formate Sitcoms und Action Shows (vgl. Greenberg/Busselle 1994; zit. nach Hohlfeld 2003: 210).

Auch in anderen Studien ist die Qualitätsforschung bei Unterhaltungsprogrammen präsent, vor allem in Großbritannien. Dort konnte das Publikum mittels einer Live-Analysetechnik das laufende Programm bzw. bestimmte Formate synchron bewerten (vgl. Gunter 1997; zit. nach Hohlfeld 2003: 210). Mit diesem Verfahren wurden die Kriterien Spannung, Unterhaltung/Involvement und technische Professionalität als „wesentlich für das positive Sendungserleben" (Hohlfeld 2003: 210f.) ermittelt.

Van Appeldorn setzte ein ähnliches Verfahren ein, um so filmische Qualitäten festzuhalten. In diesem Szenario waren Kriterien wie Langeweile, Mitgefühl, Heiterkeit, Unverständnis und Gestaltungsfehler von besonderer Bedeutung (vgl. Breunig 1999: 102; zit. nach Hohlfeld 2003: 211).

Gehrau orientierte sich mit seiner Arbeit ebenfalls an den bisherigen Studien von Greenberg/Busselle, um die Qualitätsurteile des Fernsehpublikums offenzulegen. In diesem Kontext nutzte Gehrau die Faktoren Wertschätzung (appreciation), Realismus (realism), Humor (humor), Originalität (originality), Fairness (fairness) und Moderni-

5.3 Der Qualitätsbegriff im Rundfunk

tät (modernity) und die dazugehörigen Adjektiv-Items, die Greenberg und Busselle bereits für Sitcoms und Action Shows festlegten (vgl. Greenberg/Busselle 1992; zit. nach Gehrau 2008: 146). Darüber hinaus ergänzte Gehrau die Adjektiv-Items durch einen Indikatorenkatalog nach Schenk und Gralla (vgl. 1993), da aufgrund der Heterogenität des Fernsehangebotes nicht nur Unterhaltungs-, sondern auch Informationsprodukte ausgewählt und evaluiert wurden (vgl. Gehrau 2008: 146f.). Aus handlungstheoretischer Sicht bewertete Gehrau in seinen Schlussfolgerungen die eingesetzten Qualitätskriterien und Adjektiv-Items als durchaus geeignetes Mittel zur Erhebung von Qualitätsurteilen des Publikums (vgl. 2008: 264f.).

5.3.2.2 Studien zur Produktionsperspektive

In Bezug auf die Sichtweise der Programmmacher wurden in diversen Studien ähnliche Qualitätskriterien bestimmt. Bolik beschreibt in Anlehnung an Albers neben rezipientenorientierten Faktoren auch die in der Praxis festgelegten Kriterien. Dazu verweist sie auf den Auszug eines Qualitätskatalogs für Fernsehproduktionen, der sich insbesondere auf den anglo-amerikanischen Raum bezieht. Dieser Katalog stellt Kriterien wie handwerkliche Professionalität der Produktion, inhaltliche/sachliche Relevanz, künstlerische Gestaltung, Publikumswirksamkeit, ökonomische Rentabilität, die Vielfalt der Inhalte, Stile, Adressaten etc. als Merkmale eines Gesamtprogramms in den Mittelpunkt (vgl. Albers 1992: 59, Leggatt 1991, Blumler 1991; zit. nach Bolik/Schanze 1997: 12). Auch weitere Forscher beziehen sich auf diese Auflistung (vgl. Breunig 1999: 99; vgl. Hohlfeld 2003: 212; vgl. Arnold 2009: 110).

In einer Studie von Leggatt wurden noch zusätzlich ergänzende Kriterien aus Sicht der Programmmacher determiniert. So sind für sie „kulturelle Angemessenheit, intellektuelle Inanspruchnahme des Zuschauers, Wecken von Neugier und innovatives Potenzial" (Leggatt 1993; zit. nach Hohlfeld 2003: 212) ebenfalls von Relevanz. Darüber hinaus identifizierte Albers über die mit Experten geführten Leitfadeninterviews die Dimensionen „Artistry, Content, Form und Effects on viewer" (vgl. Albers 1994: 81-84; zit. nach Gehrau 2008: 71f.). Auf dieser Basis fügte er den Dimensionen entsprechende Kategorien hinzu. So ordnete er unter *Artistry* beispielsweise Aspekte wie Originalität, Authentizität, Innovation und Risikofreudigkeit. Innerhalb des *Contents* sind z. B. Unterteilungen in Relevanz, Richtigkeit, Gründlichkeit und Aktualität des Themas vorzufinden. Im Hinblick auf die *Form* unterschied er vor allem die technischen Gegebenheiten wie Licht, Schnitt, Ton und Make-up. In der letzten Dimension *Effects on viewer* zielte er auf die Sicht des Publikums. Dort sind Emotionen, Aufmerksamkeit und Unterhaltungsfähigkeit von zentraler Bedeutung (vgl. Albers 1994: 81ff.; zit. nach Gehrau 2008: 72).

5.3.2.3 Zusätzliche Perspektiven

Weitere Perspektiven, die in der Qualitätsforschung Berücksichtigung finden, sind zum einen die Fernsehkritik und zum anderen Richtlinien zu Fernsehpreisverleihungen. Hier wird lediglich auf Studien zu Richtlinien von Preisverleihungen eingegangen, da Kritiken oftmals eine subjektiv gefärbte Einschätzung einer Person abbilden. Albers hielt beispielsweise in einer Analyse von Juryrichtlinien, die zur Vergabe von Fernsehpreisen eingesetzt werden, die Kriterien Form, Inhalt und das Zusammenspiel von Form und Inhalt fest (vgl. Albers 1997; zit. nach Hohlfeld 2003: 213). So wurden der Form vor allem technische Faktoren (z. B. Ton, Licht, Schnitt etc.) zugeordnet, während dem Inhalt Faktoren wie Relevanz, Interesse und Publikumsbezug zugerechnet wurden. In dem bereits genannten Zusammenspiel befinden sich beispielsweise Kategorien wie Kreativität, Originalität, Struktur und Umsetzung (vgl. Albers 1991; zit. nach Gehrau 2008: 98).

So lässt sich in Bezug auf die Preisverleihungskriterien schlussfolgern, „dass die professionelle Beurteilung von Fernsehqualität in erster Linie auf handwerklichen oder produktionstechnischen Faktoren beruht und in zweiter auf inhaltlicher Ausgestaltung" (Hohlfeld 2003: 213).

Weihe hingegen stellt in ihrer Studie fest – sie bezieht sich hauptsächlich auf den Adolf-Grimme-Preis –, dass die Filmtechnik von zweitrangiger Bedeutung ist. Dort trägt die gesellschaftliche Relevanz von Produktionen die entscheidende Rolle, da eine technische und handwerkliche Professionalität vorausgesetzt wird (vgl. Weihe 2003: 99ff.; zit. nach Gehrau 2008: 96f.). So lassen sich aufgrund dieser Studien die unterschiedlichen Voraussetzungen für Preisverleihungen und deren Kriterien sowie die Schwierigkeit einer einheitlichen Evaluierung erkennen.

Wie diese Zusammenstellung zeigt, gibt es bereits eine erhebliche Anzahl an Studien mit unterschiedlichen Voraussetzungen und Fragestellungen, sodass es unmöglich erscheint, ein einheitliches System von Kriterien zu schaffen. Dies ist u. a. dem heterogenen Feld des Fernsehangebotes zuzuschreiben. So gilt es, Kriterien für das eigene Forschungsvorhaben aus vorangegangenen Studien zu adaptieren bzw. selbst aus dem Forschungsgegenstand herzuleiten und intersubjektiv für Dritte offenzulegen.

5.4 Der Qualitätsbegriff im World Wide Web

Kommt man auf den Qualitätsbegriff im Web zu sprechen, so trifft man in erster Linie auf die journalistische Perspektive und das Spannungsverhältnis zwischen Print- und Onlinejournalismus in der Qualitätsdebatte, die bereits in Kapitel 5.2 angesprochen

5.4 Der Qualitätsbegriff im World Wide Web

wurde. In dieser Hinsicht erfolgen ebenfalls einige Studien zu den Qualitätskriterien, die an dieser Stelle kurz aufgearbeitet werden.

Meier betrachtet die Qualität des Onlinejournalismus auf zwei Ebenen – die auf redaktionelles Handeln ausgelegte Ebene sowie die produktbezogene Ebene. Innerhalb dieser Ebenen bezieht er sich auf die Grundlagen der journalistischen Qualität, die bereits für den Printjournalismus gelten und erörtert ihre Bedeutung für den Onlinejournalismus (vgl. Meier 2003: 249ff.). Auf der Handlungsebene geht Meier auf die Qualitätskriterien Unabhängigkeit, Trennungsnorm, Richtigkeit, Originalität, Recherchequalität, Aktualität, Interaktivität und Crossmedialität ein. Interaktivität und Crossmedialität beinhalten dabei eine besondere Stellung. Zwar besteht auch über Lesertelefone oder -briefe Interaktivität im Printjournalismus, aber erst durch das Internet erlangte der Begriff aufgrund seiner technischen Möglichkeiten einen Aufschwung (vgl. Meier 2003: 255). Des Weiteren präzisiert Meier den Interaktivitätsbegriff, indem er ihn in Kommunikation und Integration unterteilt. Das ermöglicht den Rezipienten mittels E-Mail oder Diskussionsforen in direkte und indirekte Kommunikation mit den Journalisten zu treten oder über Bewertung und Kommentare von Artikeln am Produkt teilzuhaben (vgl. Meier 2003: 256). Crossmedialität bringt er als neues Qualitätskriterium ein, das vornehmlich auf die Arbeitsorganisation der Journalisten und ihrer Workflows in Newsrooms bzw. Newsdesks abzielt (vgl. Meier 2003: 257f.). Auf produktbezogener Ebene zieht er die bereits bekannten Kriterien wie Vielfalt, Informationsgehalt, Verständlichkeit, Nutzwert, Unterhaltsamkeit und Transparenz heran. Doch auch die Usability ist auf dieser Ebene ein entscheidendes Kriterium, um sogenannte Verstehensprobleme bei Websites vermeiden zu können (vgl. Meier 2003: 259). So hat Bucher im Rahmen von Hypertexten die Verstehensprobleme Orientierung, Einstieg, Navigation, Sequenzierung/ Einordnung und Rahmung beschrieben (vgl. 2000: 161ff.; zit. nach Meier 2003: 259). Dadurch ist eine Betrachtung dieser technischen bzw. funktionalen Gegebenheiten unabdingbar.

Neuberger geht hingegen auf den Normentransfer und die Normenanpassung ein. Auf dieser Basis beschreibt er zum einen die handwerklichen Normen, die auf Webdesign, Sprache im Internet, multimediale Elemente, non-lineare Erzählstrukturen und Interaktivität ausgelegt sind (vgl. Heijnk 2002; Hooffacker/Goldmann 2001; Meier 2002b; zit. nach Neuberger 2004: 45). Zum anderen führt er die ethischen oder rechtlich begründeten Normen an, auf die er seinen Schwerpunkt legt. Dem liegen vier Bereiche zugrunde. So unterscheidet er diese in Sorgfaltspflicht, Unabhängigkeit, Beziehung zu Onlinenutzern und Transparenz, wobei sich die Sorgfaltspflicht im Internet um die Punkte Aktualisierung, Archivierung, Veränderbarkeit, externe Links und Internetrecherche erweitert (vgl. Neuberger 2004: 45f.). Darüber hinaus weist er auf einen nicht zu unterschätzenden Aspekt hin, der vor allem auch heutzutage wichtiger denn je erscheint: das Verhältnis von Qualität und Zahlungsbereitschaft (vgl. Neuberger 2004: 53). Der ökonomische Faktor ist vor allem im journalistischen Onlinebereich ein Problemfeld.

Auf dieses Problemfeld geht auch Quandt ein, indem er Qualitätskriterien beschreibt, die an eine ökonomische Ausrichtung gebunden sind. Dadurch sind nunmehr nicht ausschließlich journalistische Kriterien ausschlaggebend (vgl. Quandt 2004: 76). Des Weiteren unterstellt er Redaktionen und Akteuren „Qualität [...] als Fixpunkt" (Quandt 2004: 76) aufzufassen, obwohl „[sie] als gesellschaftliches Konstrukt [...] variabel [ist] und [...] dem medialen und gesellschaftlichen Wandel unterliegt" (Quandt 2004: 76). So schlägt er vor, „(journalistische) Qualitätskriterien als Ergebnis eines langfristigen Prozesses zu sehen, der auf verschiedenen Betrachtungsniveaus (Makro-, Meso-, Mikroebene) beobachtet werden kann und niemals vollständig abgeschlossen ist" (Quandt 2004: 76). Auf Basis dieser Betrachtungsniveaus lassen sich nach Quandt entsprechende Qualitätskriterien entwickeln und er führt in diesem Zusammenhang mögliche Ankerpunkte an, die auf der Makroebene gesellschaftliche Funktionen oder Aufgaben, auf der Mesoebene institutionelle sowie organisationale Ziele und auf der Mikroebene Handlungsregeln bzw. Programme oder Rollen sein können (vgl. 2004: 63ff.). Dadurch schlägt Quandt zwar keinen konkreten Kriterienkatalog für den Onlinejournalismus vor, deutet aber auf Grundlage der drei Betrachtungsebenen auf mögliche Forschungsfelder hin, die erschlossen werden können.

Arnold hingegen sieht das Internet aufgrund seiner Heterogenität als schwer fassbares Gebilde an, sodass es „kaum möglich [ist], über die Nutzerfreundlichkeit hinaus Aussagen für alle Bereiche zu machen" (2009: 114). So bezieht er sich bei den Qualitätsfragen zwar auch vorrangig auf den Onlinejournalismus, orientiert sich dabei aber weniger an der publizistischen Qualität, sondern vielmehr an Meiers (2003) und Neubergers (2004) Aussagen, die beispielsweise die „besonderen (technischen) Eigenheiten des Internets" (Arnold 2009: 113) berücksichtigt haben. Vor allem sind die Kriterien relevant, die auf die Unabhängigkeit und Trennung von Inhalt und Werbung zurückzuführen sind, da im Falle des Onlinejournalismus eine besondere Gefahr der Vermischung besteht. Aber auch Richtigkeit, Originalität und Recherchequalität nehmen im Onlinejournalismus eine wichtige Stellung ein, da das Internet aufgrund seines einfachen, manipulativen Charakters ebenfalls problematisch für den Onlinejournalismus sein kann (vgl. Neuberger 2002: 184, Meier 2003; zit. nach Arnold 2009: 113). Darüber hinaus werden als weitere Qualitätskriterien Aktualität, Archivierung, externe

5.4 Der Qualitätsbegriff im World Wide Web

Links und die Beziehung zu den Nutzern genannt (vgl. Neuberger 2004: 46f.). Wie bereits angedeutet, erwähnt Arnold mit Bezug auf Bucher die Nutzerfreundlichkeit als besonderen Faktor im Rahmen des Web (vgl. Bucher 2000; zit. nach Arnold 2009: 112). Denn: Von der Nutzerfreundlichkeit hängen u. a. Verständlichkeit und Übersichtlichkeit des Angebots ab (vgl. Meier 2003; zit. nach Arnold 2009: 112).

Im Hinblick darauf wird nun zu den produktbezogenen Qualitätskriterien übergeleitet, die eine wesentliche Rolle in der Webqualität spielen und die bei der weiteren Betrachtung verstärkt in den Vordergrund zu rücken sind. Um die Webqualität näher zu ergründen, liegt der Fokus im Speziellen auf dem Softwarebereich, da die Applikationen für Web-TV dort zu verorten sind – entweder im Browser implementiert oder als nativ eigenständig existierende Applikation. Jedoch ist nicht nur die Nutzerfreundlichkeit (Usability) in der Webqualität von Bedeutung, sondern auch die Nützlichkeit (Utility) und die Nutzer-Erfahrung (User Experience) kennzeichnen qualitative Eigenschaften im Web. So werden diese Bereiche ebenfalls berücksichtigt.

Der Usability-Experte Nigel Bevan prägte 1997 das Schlagwort *quality in use*, welches – bezogen auf Softwareprodukte – die Bedürfnisse der Nutzer erfüllt. Die *quality in use* stellt mitunter das wichtigste Ziel von Softwareprodukten dar und ergibt sich aus den Aspekten Funktionalität, Verlässlichkeit, Performance und Usability. Dadurch ist die Usability ein ausschlaggebendes Qualitätsmerkmal, welches nicht nur für Software-, sondern auch für Webanwendungen relevant ist (vgl. Bevan 1997; zit. nach Schweibenz/Thissen 2003: 15).

So stehen bei Rajani und Rosenberg die Darstellung und das Sammeln von Informationen im Fokus (vgl. 1999), worauf auch Schweibenz und Thissen explizit hinweisen (vgl. 2003: 12). In ihren Überlegungen listen Rajani und Rosenberg folgende Kriterien auf, die Auswirkungen auf die Gestaltung von Websites haben: Wartung der Website, Zugangsgeschwindigkeit, Vielfalt technischer Voraussetzungen auf Nutzerseite, Navigationshilfe, Anonymität, Gestaltungseigenschaften und Einschränkungen der HTML-Sprache (vgl. Rajani/Rosenberg 1999).

Auch für Nielsen spielt die Usability eine übergeordnete Rolle in der Gestaltung von Webangeboten. Denn der Erstkontakt eines Nutzers mit einem Webangebot ist von entscheidender Bedeutung, wenn er zum ersten Mal seine Erfahrungen mit der Usability macht, bevor er die Entscheidung trifft, das Angebot weiter zu nutzen (vgl. Nielsen 2000: 9; zit. nach Schwei-benz/Thissen 2003: 14). So weist Nielsen ebenfalls auf vier Faktoren hin, die bei der Gestaltung von Webangeboten zu berücksichtigen sind. Dazu gehören die Informationsarchitektur (Struktur einer Website), das Seitendesign, die Inhalte und die Verknüpfungsstrategie (vgl. Nielsen 2000: 15).

Um jedoch die Qualität von Software bestimmen zu können, lassen sich weiterhin Merkmale und Funktionen aus den entsprechenden DIN ISO Normen ableiten. Auf dieser Grundlage setzt sich die Qualität im Softwarebereich aus verschiedenen Teilaspekten zusammen. Zunächst wird ein allgemeiner Überblick zur Usability hinsichtlich konventioneller Produkte gegeben, um davon ausgehend zur Usability von Softwareprodukten überzugehen. Darunter sind nun folgende vier Punkte einzuordnen, die sich von der DIN EN ISO 9241-11 ableiten lassen:

a) Benutzungsfreundlichkeit (Usability): „Usability eines Produktes ist das Ausmaß, in dem es von einem bestimmten Benutzer verwendet werden kann, um bestimmte Ziele in einem bestimmten Kontext effektiv, effizient und zufriedenstellend zu erreichen" (DIN EN ISO 9241-11, 1998)

b) Zuverlässigkeit: i. S. v. störungsfreie Durchführung der verlangten Funktionen

c) Korrektheit: i. S. v. Erfüllung spezifizierter Anforderungen

d) Effizienz: i. S. v. Bedarf und Verbrauch an Betriebsmitteln

Wechselt man zu den Qualitätsmerkmalen von Softwareprodukten, so sind die bereits genannten Aspekte auch auf diesem Feld vorhanden. Infolgedessen werden die Qualitätsmerkmale Funktionalität, Zuverlässigkeit, Benutzbarkeit, Effizienz, Änderbarkeit und Übertragbarkeit aufgelistet (DIN 66272, 1994-10: 139). In diesem Zusammenhang muss jedoch erwähnt werden, dass es „kein allgemein akzeptiertes System für die Klassifizierung von Software [gibt]" (DIN 66272, 1994-10: 140). Zudem ist es sinnvoll und notwendig bei den genannten Qualitätsmerkmalen Abstufungen sowie Kriterien zu wählen und festzulegen, mit denen die Qualitätsmerkmale zu beurteilen sind (vgl. DIN 66272, 1994-10: 140). Um die Qualitätskriterien besser zu beschreiben, lassen sie sich in Teilmerkmale (s. Tab. 2) differenzieren (vgl. DIN 66272, 1994-10: 142f.). Die in der DIN Norm angeführten Kriterien sind letztlich auf den Untersuchungsgegenstand Web-TV zu überprüfen und können dann auf den eigenen Forschungsschwerpunkt angepasst werden. Dass es durchaus einer Anpassung bedarf, wird ebenso in der DIN Norm erfasst, da „die Wichtigkeit jedes Qualitätsmerkmals [...] von der jeweiligen Sichtweise ab[hängt]" (DIN 66272, 1994-10: 140). Mittels der Beschreibung der DIN ISO Normen ist die Grundlage der produktbezogenen Qualitätskriterien festgehalten worden. Anhand von Studien soll nun exemplarisch aufgezeigt werden, inwieweit bestimmte Usability-Faktoren als Qualitätskriterien für die Datenerhebung herangezogen wurden. Der Fokus liegt dabei auf der Darstellung der Erhebungsmethoden und weniger auf der Ergebnisdarstellung.

5.4 Der Qualitätsbegriff im World Wide Web

Qualitätsmerkmal	Teilmerkmale
Funktionalität	Angemessenheit, Richtigkeit, Interoperabilität, Ordnungsmäßigkeit, Sicherheit
Zuverlässigkeit	Reife, Fehlertoleranz, Wiederherstellbarkeit
Benutzbarkeit	Verständlichkeit, Erlernbarkeit, Bedienbarkeit
Effizienz	Zeit- und Verbrauchsverhalten
Änderbarkeit	Analysierbarkeit, Modifizierbarkeit, Stabilität, Prüfbarkeit
Übertragbarkeit	Anpassbarkeit, der Installierbarkeit, der Konformität, Austauschbarkeit

Tabelle 2: Qualitäts- und Teilmerkmale von Software
Quelle: Eigene Darstellung in Anlehnung an DIN 66272 1994-10: 142f.

Rössler setzt sich beispielsweise – aus einer dynamisch-transaktionalen Sichtweise heraus – mit der Nutzungsqualität von Onlinezeitungen auseinander. Mittels eines Mehrmethodendesigns werden Daten zur Qualitätseinschätzung sowohl auf Angebotsseite (Inhaltsanalyse) als auch auf Rezipientenseite (User-Experiment) erhoben, wobei drei Onlineangebote von Tageszeitungen den Untersuchungsgegenstand bilden (vgl. Rössler 2004: 132ff.). Auf der Ebene der Qualitätskriterien findet eine Zweiteilung in journalistische Qualität und mediale Qualität statt. Im Rahmen der journalistischen Qualität werden, wie auch die bereits zu Beginn des Kapitels erwähnten Kriterien, einbezogen. Darunter fallen Universalität, Aktualität, Relevanz, Verständlichkeit, Neutralität und Richtigkeit. Im Bereich der medialen Qualität – oder auch der produkt- bzw. websitebezogenen Qualität – befinden sich die Kriterien Aufbau und Struktur der Startseite, Gestaltung der Beiträge (Scannability), Gestaltung von Themenmodulen als Hypertext, Homogenität, Navigation, Orientierungshilfen, Archiv, Suchfunktion, Interaktivität, Multimedialität und Service (vgl. Rössler 2004: 136f.). Rössler orientierte sich dabei in Ansätzen an den Usability-Faktoren der DIN ISO Normen.

Dahinden, Kaminski und Niederreuther setzten sich in ihrer Studie mit der Qualitätsbeurteilung aus Angebots- und Rezipientenperspektive auseinander und verwendeten ebenfalls ein Mehrmethodendesign aus Inhaltsanalyse (Angebote) und Quasi-Experiment mit Befragung (Rezipienten), wobei fünf Onlineangebote von Zeitungen als grundlegende Untersuchungsgegenstände dienten (vgl. 2004: 107ff.). Sie bildeten bei den Qualitätskriterien vier Dimensionen (Inhaltsqualität, technische Qualität, Darstellungs- und Interaktionsqualität), in denen sie die dazugehörigen Qualitätskriterien verankerten (s. Tab. 3), die sie aus anderen Studien ableiteten.

Dimension	Qualitätskriterien
Inhaltsqualität	Aktualität, Objektivität, Glaubwürdigkeit, Vertrauen, Multimedialität, Unterhaltung, Spaß, Angebotsvielfalt, Vollständigkeit, wenig Werbung
Technische Qualität	Zugang, Aktualisierung, Wartung, Sicherheit, Verlässlichkeit, Ladezeiten, Übertragungsgeschwindigkeit
Darstellungsqualität	grafisches Design, Aufbereitung und Strukturierung
Interaktionsqualität	Hyperlinks, Vernetzung und Kontakt

Tabelle 3: Qualitätskriterien für Onlineangebote von Zeitungen
Quelle: Eigene Darstellung in Anlehnung an Dahinden et al. 2004: 107ff.

Aufgrund dieser Unterteilung operationalisierten sie die Qualitätskriterien entsprechend ihres Untersuchungsgegenstands (Onlineangebote von Zeitungen) für die Befragung und Inhaltsanalyse (vgl. Dahinden et. al. 2004: 111). Durch ihre Studie stellten sie heraus, dass der Fokus auf die technische Qualität sowie die Interaktionsqualität zu legen sei, da diese „stärker internetspezifische Qualitätskriterien sind" (Dahinden et. al. 2004: 110) als Inhalts- und Darstellungsqualität, die mit gewissen Anpassungen auch medienübergreifend Anwendung finden können (vgl. Dahinden et. al. 2004: 110). Einige dieser Aspekte werden ebenfalls in dieser Studie aufgegriffen, da beim Web-TV die internetspezifischen Qualitätsmerkmale eine entscheidende Rolle spielen und dadurch das besondere Charakteristikum bilden.

5.5 Abgeleitete Qualitätsdimensionen für das Web-TV

In den vorangegangenen Kapiteln hat sich gezeigt, wie vielfältig und in welche verschiedenen Richtungen sich die Qualitätsforschung entwickelt hat. Die darüber hinaus entstandenen Kataloge zu Qualitätskriterien tragen zu dieser breit gefächerten Entwicklung bei. Nun stellt sich die Frage, inwiefern diese genannten Kriterien mehr oder weniger eine Rolle für Web-TV-Angebote spielen bzw. sich auf solche Angebote übertragen lassen. Anhand der bisherigen Erörterungen lassen sich vier wichtige Dimensionen erschließen, die eine Strukturierung von produktbezogenen Qualitätskriterien für Web-TV-Angebote ermöglichen.

Zu diesen Dimensionen zählt erstens die *inhaltliche* Ausrichtung, die sich über ein weites Spektrum von Unterhaltungs- zu Informationsangeboten zieht. Aufgrund dieser Heterogenität wird die inhaltliche Dimension in dieser Studie nur ansatzweise repräsentiert, da sie zum einen bereits in vielen Studien aufgegriffen wurde und zum anderen Angebotsvergleiche auf dieser Ebene kaum zulässt. Betrachtet man z. B. die Fernsehsender und ihre Webauftritte, so sind die Angebote oftmals eine Weiterverwertung des Contents, der sich in diesem Sinne nicht mehr allzu sehr verändert. Dass es dennoch zu Anpassungen kommen kann, ist der Tatsache geschuldet, dass bestimmte rechtliche Regulierungen (z. B. Lizenzrechte) vorherrschen. Im Abschnitt medienpolitische Regulation (s. Kapitel 3.2.1) wurde darauf bereits eingegangen. Zudem unterliegt die inhaltliche Ausrichtung Themeninteressen und Stilpräferenzen, die einen Einfluss auf die Angebotsauswahl haben können (vgl. Schulz et al. 1991; zit. nach Schatz/ Schulz 1992: 707), wie dies in Kapitel 5.3.2 angedeutet wurde. D. h., wenn jemand bespielweise Fan eines Bundesligavereins ist, wird dieser auch nur dessen Web-TV-Angebot und nicht die Kanäle anderer Vereine abonnieren. Diese Fokussierung auf spezielle Zielgruppen erschwert zusehends eine allgemeine Berücksichtigung des Contents.

Zweitens spielen *technische* Gegebenheiten und Voraussetzungen eine wichtige Rolle. Insbesondere sind dies Punkte, die zum einen von der Seite der Anbieter aus umgesetzt werden, um den Nutzer einen Zugang auf technischer Ebene zu ermöglichen. Zum anderen müssen auf Nutzerseite die technischen Voraussetzungen geschaffen sein, sodass sie die Angebote auch in Anspruch nehmen können. Die technische Komponente ist insofern relevant, dass sie die Verfügbarkeit der Web-TV-Angebote regelt. Drittens sind Gestaltungselemente im Web-TV entscheidend, da diese die *Form und Funktion* von Websites beeinflussen. Das Aussehen und vor allem das Zurechtfinden auf Websites ist eine vielseitige Herausforderung, um Nutzern ein einfaches, schnelles und effektives Nutzungserleben zu gewährleisten. In diese Dimension fällt vorrangig der Bereich Usability. Aber auch angrenzende Aspekte wie die Nutzer-Erfahrung, das Nutzungserleben und die Nützlichkeit werden dabei involviert.

Und viertens sind ebenso *ökonomische und rechtliche* Faktoren im Rahmen der Qualität von Web-TV-Angeboten zu beachten, da in diesem Bereich ebenfalls Kriterien vorhanden sind, die beispielsweise aus Nutzersicht die Qualität von Angeboten verstärken oder abschwächen können. Die Beschreibung möglicher Kriterien innerhalb dieser vier Dimensionen erfolgt in den folgenden Abschnitten im Detail.

5.5.1 Inhaltliche Dimension

Die inhaltliche Dimension wird sich im Zusammenstellen der Qualitätskriterien nicht auf journalistische Qualitätskriterien beziehen, da in dieser Studie ein allgemeiner Blick auf Web-TV geworfen wird und weder informative noch unterhaltende Web-TV-Angebote bevorzugt betrachtet werden. Aus diesem Grund lassen sich die journalistischen Kriterien in dieser Form nicht auf den Untersuchungsgegenstand übertragen. Lediglich Aktualität und Periodizität werden als Kriterien herangezogen, da diese beiden Bereiche übergreifend auf Web-TV-Angebote bezogen werden können.

Will man jedoch die bereits genannten journalistischen Kriterien und Standards heranziehen, so muss man sich in dieser Hinsicht auf die Informationsangebote des Web-TV beschränken bzw. die Auswahl daraufhin einschränken. Somit sind hier eher Einzelfallanalysen aufgrund von Sendungen oder Beiträgen möglich bzw. sinnvoll, um sich mit den Qualitätskriterien auf inhaltlicher Ebene den vielfältigen Angeboten im Web-TV zu nähern.

Dies gilt ebenso für den Bereich der Unterhaltung, zu dem je nach Ausrichtung Spannung oder Komik zu den wesentlichen Kriterien gehören. Aber auch die Punkte Narration/Erzählweise, die künstlerische Gestaltung (inhaltliche und formale Kriterien) sowie das professionelle Handwerk sind in Unterhaltungsangeboten zu berücksichtigen. Jedoch eignen sich auch in diesem Fall vorrangig Einzelfallanalysen.

5.5.2 Technische Dimension

Im Bereich der technischen Dimension lassen sich Eigenschaften teilweise aus der DIN 66272 zur Softwarequalität ableiten, was sich in erster Linie auf den Punkt Zuverlässigkeit bezieht (vgl. 1994: 139). Jedoch ist zu erwähnen, dass eine Trennung zwischen technischer und formal-funktionaler Dimension nicht immer eindeutig vorzunehmen ist, da die formal-funktionale Ebene durch technische Komponenten bedingt ist und die Dimensionen dadurch miteinander verknüpft sind. Dennoch sollen die rein technischen Eigenschaften getrennt von den formalen und funktionalen Eigenschaften aufgelistet werden. In den technischen Fokus rücken somit Aspekte wie die Quality of Service, also die Zuverlässigkeit der Streams (Verbindungsaufbau, Stabilität, Vermeiden von Störungen und Verzögerungen), die Bildauflösung (SD, HD), den Internetzugang in Form von Geschwindigkeit und die Zugangsgeräte (Desktop-PC, Laptop/Netbook, Tablet-PC, Smartphone). Darüber hinaus ist Mobilität bzw. die mobile Nutzungsmöglichkeit an technische Voraussetzungen geknüpft, sodass diese ebenfalls innerhalb der technischen Dimension angesiedelt ist.

5.5.3 Formal-funktionale Dimension

Eigenschaften zur formal-funktionalen Dimension lassen sich ebenso aus DIN 66272 ableiten. In dieser Hinsicht kann als formaler Aspekt zum einen die generelle Benutzbarkeit angesehen werden, die sich aus den Kriterien Einfachheit, Verständlichkeit, Übersichtlichkeit und Navigation einer Website zusammensetzt (vgl. DIN 66272 1994: 139). Zum anderen spielt auch die Ästhetik eine Rolle. Dies schließt beispielsweise die Darstellung und Gestaltung der Informationen auf einer Website ein. Jaron und Thielsch haben dabei zusätzlich auf Elemente wie Typografie, Animationen, Farbgestaltung verwiesen (vgl. 2009). Im Bereich von Web-TV werden jedoch die sogenannten Thumbnails (Vorschaubilder von Videos) berücksichtigt, da diese Form der Videopräsentation bzw. -navigation gewöhnlich bei Web-TV-Angeboten vorzufinden ist. Als weiterer funktionaler Faktor lässt sich die Interaktivität ergänzen, die sich auf die Mensch-Maschine-Interaktion bezieht. So sind im Hinblick darauf die Steuerung der Videoplayer, das Anlegen einer Playlist oder Favoritenlisten zu nennen, die eine einfache Interaktion zwischen Nutzer und System bilden. Dadurch gewinnt vor allem die zeitversetzte Nutzung der Web-TV-Angebote an Stellenwert sowie die generelle Zufriedenheit in Bezug auf das Nutzungserleben. Aber auch die Implementierung von kommunikativen Funktionen zwischen Nutzern selbst ist von Bedeutung, die sich durch die Integration von Social-Media-Werkzeugen, Kommentar-, Einbettungs- und Bewertungsfunktionen ausdrückt.

5.5.4 Ökonomisch-rechtliche Dimension

Ökonomische und rechtliche Faktoren bestimmen ebenso die produktbezogene Qualität. In dieser Beziehung ist der Faktor Archivierung zu nennen, da aufgrund von Lizenzierungen und rechtlichen Rahmenbedingungen die Archivierungsdauer eingeschränkt werden kann. Die Erlösmodelle bzw. Preisgestaltung auf Seiten der Anbieter besitzen gleichfalls eine qualitätsdeterminierende Funktion. Dies kann entweder auf Basis einer direkten Monetarisierung durch Monatsgebühren (Abonnements) oder Einzelgebühren (Pay-per-View) sowie auf Basis einer indirekten Monetarisierung durch werbefinanzierte Angebote stattfinden. Die Werbung lässt sich dabei in drei Bereiche gliedern. Der erste Bereich betrifft die Bannerwerbung. Dadurch wird die Werbung nicht direkt in Beziehung mit einem Video gesetzt. Diese Art der Werbeform ist auch generell bei Websites üblich. Der zweite Bereich beschreibt die sogenannte Overlay-Werbung. Dabei wird die Werbung über das Video eingeblendet. Und als dritter Bereich ist die direkte Implementierung der Werbung (In-Stream-Werbung) als Pre-, Middle oder Post-Roll (s. auch Kapitel 3.1.3) zu nennen. Die folgende Tabelle stellt die angeführten Kriterien, die im späteren Verlauf der Studie operationalisiert werden, zusammenfassend dar.

Dimension	Kriterien
Inhaltlich	Periodizität, Aktualität
Technisch	Auflösung, Mobilität, Quality of Service, Zugangsgeräte, Internetzugang
Formal-funktional	Benutzerfreundlichkeit, Darstellung/Gestaltung, Interaktivität
Ökonomisch-rechtlich	Archivierung, Abonnement, Werbung

Tabelle 4: Produktbezogene Qualitätsdimensionen und -kriterien
Quelle: Eigene Darstellung

6 Akzeptanzforschung

Ein weiteres Forschungsfeld, das dieser Arbeit zugrunde liegt, ist die Akzeptanzforschung. Ihren Ursprung fand sie in der Arbeitswissenschaft und Betriebswirtschaftslehre und ist zu einem Forschungsansatz im Rahmen der sozialwissenschaftlichen Begleitforschung geworden. Sie wird vorwiegend auf der Anwenderseite in Bezug auf Innovationen eingesetzt, um Gründe für die Annahme bzw. Ablehnung von Innovationsprodukten zu erschließen (vgl. Neudorfer 2004: 71). In diesem Zusammenhang haben sich verschiedene Akzeptanzmodelle herausgebildet, die in den folgenden Kapiteln umrissen werden. Dabei ziehen die diversen Ansätze unterschiedliche Einflussfaktoren zur Erklärung der Benutzerakzeptanz heran (vgl. Neudorfer 2004: 72).

Ein zusätzlicher Aspekt, der im Kontext der Akzeptanzforschung angesprochen werden soll, ist die Adoptionstheorie, die sich mit der An- bzw. Übernahme von innovativen Produkten und Dienstleistungen befasst. Dies lässt sich als Prozess beschreiben, dass jedes Individuum betrifft, das darin involviert ist (vgl. Weiber 1992: 3; zit. nach Neudorfer 2004: 66). Vor diesem Hintergrund lassen sich ebenso Web-TV-Angebote betrachten, in denen die Nutzer den Prozessen der Adoption und Akzeptanz unterliegen.

Bevor jedoch Modelle und Ansätze genauer veranschaulicht werden, ist es zunächst relevant, den Begriff Akzeptanz zu definieren, was vorerst auf einer allgemeinen Betrachtungsebene stattfindet. Danach wird die spezifische Bedeutung der Akzeptanz für das Web-TV herausgestellt und in Bezug auf den eigenen Ansatz der vorliegenden Studie gesetzt.

6.1 Der Akzeptanzbegriff

Der Begriff Akzeptanz stammt aus dem lateinischen „acceptare" und bedeutet so viel wie „annehmen" und „sich gefallen lassen" (vgl. Brockhaus 2006b: 432). Akzeptanz druckt in erster Linie „die bejahende oder tolerierende Einstellung von Personen oder Gruppen gegenüber normativen Prinzipien oder Regelungen, auf materiellem Bereich gegenüber der Entwicklung und Verbreitung neuer Techniken oder Konsumprodukte" (Brockhaus 2006b: 432) aus. Jedoch wird nicht nur die Einstellung, sondern auch das Verhalten und Handeln berücksichtigt (vgl. Brockhaus 2006b: 432).

Im psychologischen und soziologischen Bereich liegt nach Hayes (vgl. 2001) dann Akzeptanz vor, wenn

(1) etwas bereitwillig oder mit Zustimmung angenommen wird
(2) etwas als ausreichend oder zulänglich angesehen wird

(3) etwas eigenverantwortlich übernommen wird

(4) etwas mit Gefallen angenommen wird

Anhand dieser Beschreibung ist zu sehen, dass Akzeptanz grundsätzlich auf Freiwilligkeit beruht. Auch Meulemann hebt diese Art der Bereitschaft hervor und weist dabei noch auf den Gewohnheitsaspekt hin (vgl. Meulemann 2011: 25). Dies impliziert, dass Akzeptanz zu selbstverständlichen Handlungen bzw. Verhalten führt. Auch bei Lucke finden sich die Begriffe Einwilligung, Anerkennung, Zustimmung und Einverständnis wieder (vgl. 2010: 12ff.). Jedoch beruft sie sich in ihrer Definition vornehmlich auf Personengruppen. In diesem Zusammenhang stellt sie zudem Akzeptanz als „Ergebnis eines vielschichtigen und soz. äußerst voraussetzungsreichen Prozesses, der sich innerhalb der A.triade zwischen A.objekt und A.subjekt in einem A.kontext abspielt" (Lucke 2010: 12) dar. So müssen sich zwischen Subjekt und Objekt positive Wechselbeziehungen ereignen, damit die Annahme des Objekts durch das Subjekt erfolgt. Andernfalls findet eine Nicht-Akzeptanz statt, die die sogenannte Ablehnungswahrscheinlichkeit darstellt (vgl. Lucke 2010: 12ff.).

Endruweit hingegen verknüpft in seiner Definition den wirtschaftlichen Begriff der Innovation mit der Akzeptanz. So ist nach ihm „Akzeptanz […] die Eigenschaft einer Innovation, bei ihrer Einführung positive Reaktionen der davon Betroffenen zu erreichen" (Endruweit 2002: 6)

Grenzt man den Begriff Akzeptanz auf den wirtschaftlichen Rahmen ein, so ist dieser vor allem ausschlaggebend „für die Entwicklung und Gestaltung neuer Konsumgüter (Produktinnovation) und damit auch für die Investition sowie für die Verbreitung durch (akzeptanzfördernde) Werbung. A. ist notwendig für die Einführung techn. Systeme, Geräte oder mit ihnen verbundener Dienstleistungen, die von einem vorgesehenen Benutzerkreis angenommen werden sollen (Verfahrensinnovation)" (Brockhaus 2006b: 432).

Eine weitere Sichtweise ergibt sich in diesem Kontext durch die Diffusionstheorie, die sich mit der Verbreitung und der Akzeptanz von Innovationen beschäftigt. „Hohe Nützlichkeit, hohe Übereinstimmung mit bestehenden Strukturen und Wertvorstellungen (Kompatibilität), die Möglichkeit, das Neue sukzessiv einzuführen (Teilbarkeit), gute Durchschaubarkeit der Innovation sowie einfache Mitteilbarkeit fördern die A. Das Akzeptanzverhalten wird durch Verhaltensmerkmale (z. B. Risikobereitschaft, Neugierde) geprägt" (Gabler Wirtschaftslexikon 2004a: 83).

Die Akzeptanztheorie dagegen liefert „Ansätze zur Erklärung der Nutzung von Innovationen in Organisationen. Unter Akzeptanz versteht man dabei entweder eine positive Einstellung zur Innovation, eine Verhaltensabsicht (Intension), die Innovation zu nutzen, oder die tatsächliche Nutzung der Innovation" (Gabler Wirtschaftslexikon 2004b: 83). Aufgrund der mehrseitigen Betrachtung spielt vor allem die wirtschaftliche Sichtweise in dieser Studie eine entscheidende Rolle, denn sie zeigt u. a. auf, dass „die Akzeptanz [...] abhängig von den Eigenschaften der Innovation, ihrem potenziellen Nutzen und der Art des Einführungsprozesses [ist]" (Gabler Wirtschaftslexikon 2004b: 83). Anders ausgedrückt bedeutet dies, dass die (subjektiven) Bewertungskriterien der Nutzer mit den Eigenschaften der Produkte (produktbezogene Qualitätsmerkmale) harmonieren müssen. In Bezug auf Web-TV-Angebote bedeutet dies, dass die Nutzer das Potenzial und die Nützlichkeit der Produkte erkennen und aufgrund der Annahme dieser Produkte letztendlich durch deren Vorzüge davon profitieren. Die Art des Einführungsprozesses wird in dieser Studie außen vor gelassen, da Web-TV-Angebote dort in einem allgemeinen Zusammenhang betrachtet werden und bereits auf dem Markt sind. Die Markteinführung neuer Angebote als solches kann in dieser Form nicht berücksichtigt werden.

6.2 Diffusions- und Adoptionstheorie

Im Rahmen der Akzeptanzforschung sind noch die grundlegenden Theorien der Diffusion und Adoption zu nennen. Während sich die Diffusionstheorie mit der Verbreitung von Innovationen unter einem zeitlichen Gesichtspunkt befasst und auf die Ebene des Marktes (Makroebene) ausgerichtet ist, setzt sich die Adoptionstheorie mit dem Annahmeprozess von Innovationen auf individueller Ebene (Mikroebene) auseinander (vgl. Neudorfer 2004: 69). Da in dieser Studie verstärkt die Mikroebene betrachtet wird, fokussieren sich die folgenden Beschreibungen vordergründig auf die Annahmen der Adoptionstheorie. Einen wesentlichen Beitrag dazu leistete Rogers, der zum einen die Prozesse für die Annahme von Innovationen erläuterte und zum anderen auf die dazugehörigen und der Adoption begünstigenden Faktoren einging. Der Ursprung ist in den fünf Adoptionsphasen *(1) Kenntnis, (2) Überzeugung, (3) Entscheidung, (4) Durchführung* und *(5) Bestätigung* auf Basis des Innovations-Entscheidungs-Modells zu sehen (vgl. Rogers 2003: 169).

Unter dem Aspekt *Kenntnis* versteht Rogers zweierlei: Einerseits muss der Nutzer um die Existenz einer Innovation wissen und andererseits muss er in der Lage sein, ihre Funktionen und Handhabe zu verstehen und nutzen zu können (vgl. ebd. 2003: 171). In dieser Hinsicht hat er drei Arten der Kenntnisse formuliert, die nicht außer Acht zu lassen sind.

So müssen sich erstens die Nutzer bewusst sein bzw. Kenntnis davon haben (awareness-knowledge), dass eine bestimmte Innovation überhaupt existiert. Zweitens müssen die Nutzer die Fähigkeit und Möglichkeit besitzen, Innovationen ohne jegliche Probleme verwenden zu können. Je verständlicher und einfacher der Zugang zu einer Innovation ist, desto größer ist auch die Wahrscheinlichkeit, dass diese weiterhin genutzt wird (how-to-knowledge) (vgl. ebd. 2003: 173). So besteht andererseits bei einem zu hohen Komplexitätsgrad die Gefahr der Ablehnung. Bezieht man diesen Aspekt auf Web-TV-Angebote, so kann einem bereits durch einen nicht vorhandenen Internetanschluss oder durch eine zu geringe Internetgeschwindigkeit der Zugang zu solchen Angeboten verwehrt sein. Die Folge ist dann die Nicht-Nutzung bzw. die Nicht-Akzeptanz. Als dritten Punkt nennt Rogers die Grundsätze (principles-knowledge), die sich auf das Zusammenspiel von Informationen und Funktionen stützen. Dabei sind die Nutzer nicht zwingend darauf angewiesen, diese kennen zu müssen, um eine Innovation anzunehmen. Jedoch besteht die Gefahr, dass Innovationen falsch genutzt oder eingesetzt werden (vgl. Rogers 2003: 173). Des Weiteren weist er noch auf den Aspekt hin, dass es noch einen erheblichen Unterschied gibt zwischen der Kenntnisnahme einer Innovation und ihrer letztendlichen Nutzung (vgl. ebd. 2003: 174). Es muss also über einen gewissen Punkt hinaus gehen, der Innovationen hinsichtlich eigener Bedürfnisse relevant erscheinen lässt, damit der Nutzer diese ständig gebraucht. Die nachstehende Phase im Adoptionsprozess ist die *Überzeugung*. In diesem Fall geht es um die Einstellung, die man zu einer Innovation entwickelt. Die kann sich sowohl positiv als auch negativ ausrichten und basiert vor allem auf psychologischer Ebene. So ist es elementar, inwiefern Nutzer bestimmte Informationen aufnehmen bzw. zulassen und diese dann interpretieren. Es handelt sich somit um die Wahrnehmung einer Innovation, die wiederum determinierende Eigenschaften beinhaltet (vgl. Rogers 2003: 174f.). In diesem Kontext sind die relativen Vorteile, die Kompatibilität, die Komplexität, Erprobbarkeit und die Beobachtbarkeit zu erwähnen. Der relative Vorteil impliziert den Gedanken, dass eine Innovation als besser wahrgenommen wird, als das Konzept, dass sie ersetzt. In der Regel sind damit auch ökonomischer Nutzen und förderndes soziales Ansehen verbunden. Solche Vorteile werden durch Innovationen bestimmt und erhalten durch die Nutzer ihre entsprechende Wichtigkeit und zugeschriebenen Potenziale (vgl. ebd. 2003: 229). Kompatibilität bezeichnet die Wahrnehmung eines Nutzers hinsichtlich einer Innovation und dem Abgleich seiner eigenen Werte, seiner Erfahrungen sowie seiner Bedürfnisse. Die Kompatibilität wird begünstigt, wenn die Wahrnehmung und die individuelle Situation des Nutzers miteinander im Einklang sind (vgl. Rogers 2003: 240). Die Komplexität kennzeichnet hingegen die Schwierigkeit eine Innovation zu verstehen und zu nutzen. Sie ist vor allem in der

Hinsicht wichtig, da sie eine entscheidende Hürde darstellt, wenn keine Einfachheit und Klarheit im Rahmen einer Innovation gegeben ist (vgl. ebd. 2003: 257). Die Erprobbarkeit markiert den Experimentiergrad. D. h., die Nutzer können sich mit einer Innovation auseinandersetzen und Erfahrungen im Umgang mit dieser sammeln (vgl. ebd. 2003: 258). Die Erprobbarkeit ist dadurch vorwiegend in der Entscheidungsphase verankert und nimmt eine bedeutende Funktion hinsichtlich der Annahme oder Ablehnung einer Innovation ein. Die Beobachtbarkeit spiegelt die Sichtbarkeit bestimmter Eigenschaften von Innovationen wider. So existieren Eigenschaften, die einfacher zu beschreiben und Nutzern zu vermitteln sind als andere. Im Bereich technologischer Innovationen beispielsweise kann man von zwei zu beobachtbaren Arten sprechen. Es lassen sich Hardware-Eigenschaften bezüglich Form und Material beschreiben sowie Software-Eigenschaften, die Informationen zur Innovation liefern (vgl. 2003: 258f.). Beide Arten sind dadurch mit der objektiven Qualität gleichzusetzen. Alle genannten Faktoren haben aufgrund ihrer Funktion bedeutende Effekte auf die Akzeptanz von Innovationen, wobei die Gewichtung unterschiedlich stark sein kann. In der *Entscheidungsphase* tritt nun der Fall ein, in der sich der Nutzer für oder gegen die Annahme einer Innovation entscheidet. Oftmals ist es so, dass die Nutzer zunächst prüfen, ob sich eine Innovation als nützlich erweisen kann, indem sie sie vorher testen (vgl. ebd. 2003: 177). Bezogen auf Web-TV-Angebote bedeutet dies, dass beispielsweise Nutzer – sofern es sich um ein kostenpflichtiges Angebot handelt – einen kostenlosen Testzugang für einen kurzen Zeitraum erhalten und danach entscheiden können, ob sie für die weitere uneingeschränkte Nutzung zahlen wollen. Dies ist eine vergleichsweise hohe Hürde, wenn es sich um Entgelt-Angebote handelt. In vielen Fällen sind Web-TV-Angebote kostenlos nutzbar und stellen somit eine geringere Hürde im Rahmen des Testens und der Entscheidungsfindung dar. Innerhalb der Entscheidungsphase unterscheidet Rogers den Ablehnungsvorgang in zwei Verfahren. So spricht er zum einen von einer aktiven Ablehnung, sobald Nutzer aufgrund ihres vorherigen Testens Innovationen ablehnen. Zum anderen nennt er die passive Ablehnung, bei der sich Nutzer von vornherein im Klaren sind, die Nutzung einer Innovation zu verweigern geschweige denn diese testen zu wollen (vgl. ebd. 2003: 178). In der anschließenden *Durchführungsphase* geht es um die tatsächliche Nutzung einer Innovation. Bis zu dieser Phase setzt man sich im Grunde nur gedanklich mit einer möglichen Nutzung auseinander, während hier jetzt der praktische Ansatz verfolgt wird und man sich auf das Produkt einlassen muss (vgl. ebd. 2003: 179). Das kann Auswirkungen auf das Verhalten oder die Kenntnisse von Nutzern haben, die diese entsprechend ändern oder erweitern. Zum Abschluss des Adoptionsprozesses erfolgt die *Bestätigungs-*

phase. In dieser Phase muss die bisherige Entscheidung immer wieder bestätigt werden, um die weitere Nutzung einer Innovation zu gewährleisten. Sobald in Konflikt stehende Aspekte auftreten, besteht die Gefahr sich von der bisher getroffenen Entscheidung abzukehren und die Innovation abzulehnen, sofern sich die Konflikte nicht reduzieren lassen (vgl. ebd. 2003: 189). Greift man wiederum das Beispiel Web-TV auf, können Angebote eine Ablehnung aufgrund technischer Konflikte auslösen. Dies kann auftreten, wenn es zu einem verlangsamten oder anderweitigen störungsanfälligen Abruf eines Videostreams kommt. Tritt dieses Problem öfter auf, so wird der Nutzer irgendwann das Angebot nicht mehr nutzen.

Im folgenden Kapitel werden weitere Modelle beschrieben, die die Akzeptanz von Produkten bzw. Innovationen zugrunde legen.

6.3 Akzeptanzmodelle

Das Konzept der Akzeptanz soll nun auf Grundlage der Akzeptanzmodelle näher betrachtet werden. Da sich im Verlauf der Akzeptanzforschung diverse Modelle entwickelt haben, sollen hier nur einige der Relevantesten beschrieben werden. Neudorfer (2004) und Schnell (2009) haben bereits Übersichten geliefert, die in diese Beschreibung einbezogen werden.

6.3.1 Akzeptanzmodell nach Degenhardt

Degenhardt hat ein aufgabenorientiertes Modell entwickelt, dessen „zentrales Element […] die vom Anwender wahrgenommene Nützlichkeit einer Innovation" (Degenhardt 1986: 246; zit. nach Neudorfer 2004: 74) darstellt. Die Nützlichkeit ist dabei von den drei Aspekten *Aufgabencharakteristika*, *Systemkonfiguration* und *Anwendermerkmale* beeinflussbar. Die *Aufgabencharakteristika* implizieren aufgabenbezogene Funktionen hinsichtlich der Lebenssituation von Anwendern. So sind für sie die Gesichtspunkte Wichtigkeit und Häufigkeit einer genutzten Innovation entscheidende Kriterien (vgl. Neudorfer 2004: 75). Die Nutzer beurteilen beispielsweise, inwieweit Produkte zur Bewältigung von bestimmten Aufgaben beitragen und ihnen auf diese Weise in einer Lebenssituation nützen oder ob diesbezüglich Erledigungsalternativen existieren, die dann von den Nutzern gewählt werden. Die *Systemkonfiguration* ist beispielsweise durch die Aufgabenkompatibilität, Benutzerfreundlichkeit und Erlernbarkeit gekennzeichnet (vgl. Neudorfer 2004: 75). Dieser Aspekt stellt demnach die Struktur eines Produkts dar und kann dem Nutzer je nach Funktion, Form und Design entweder einen einfachen oder schwierigen Zugang zum Produkt verschaffen. Des Weiteren können sich die formalen und funktionalen Aspekte auch auf das Verständnis für ein Produkt auswirken. Unter den *Anwendermerkmalen* sind die Fähigkeiten, Fertigkeiten, motivationale Variablen und das soziale Umfeld der Nutzer formuliert (vgl. Neudorfer 2004: 75). Dies betrifft die Voraussetzungen der Nutzer, die vorhanden sein müssen, um das Produkt nutzen zu können. Je weniger ausgeprägt diese Merkmale sind, desto wahrscheinlicher ist es, dass die Nutzer die Nützlichkeit eines Produktes nicht (an-)erkennen.

Darüber hinaus wird die wahrgenommene Nützlichkeit ebenso durch einen Kosten-Nutzen-Abgleich seitens der Anwender bestimmt (vgl. Neudorfer 2004: 74). Das bedeutend, dass die Nutzer für sich subjektiv entscheiden, ob sich der zu erbringende Aufwand bzw. die Hinwendung zu einer Innovation rentiert. Im Idealfall wird der Aufwand mit einem dazugehörigen gewinnbringenden Nutzen kompensiert.

Letztlich lässt sich festhalten, dass „eine Innovation [...] vom Anwender als nützlich wahrgenommen [wird], wenn er die angebotenen Funktionen, für die in seinem Lebenszusammenhang auftretenden Aufgabenstellungen, brauchbar einsetzen kann" (Neudorfer 2004: 75). Kritisch zu sehen ist das Modell hinsichtlich seiner Linearität, da es keine Rückkopplungsmechanismen einbezieht. Zudem werden auf rein funktionaler Ebene „weiche" Faktoren (affektive und kognitive Ebene) nicht berücksichtigt.

6.3.2 Akzeptanzmodell nach Kollmann

Kollmann hingegen schlägt ein dynamisches Modell zur Nutzungsakzeptanz vor. Dabei durchläuft der Anwender einen mehrstufigen Prozess, der die drei Phasen *Einstellung*, *Handlung* und *Nutzung* umfasst (vgl. Neudorfer 2004: 76). In der *Einstellungsphase* laufen zunächst kognitive und affektive Vorgänge ab. Ein Nutzer wird sich in diesem Fall über eine existierende Innovation bewusst und generiert dadurch Interessen und gezielte Erwartungen. Nach positiv bestimmten Abwägungen erfolgt die *Handlungsphase*. Nutzer können Innovationen erfahren und testen, bevor sie in den Kauf- bzw. Übernahmeprozess übergehen und dadurch als letzten Prozessschritt die *Nutzungsphase* einleiten. In dieser Phase manifestiert sich die Nutzungsabsicht und die Einsatzbestimmung hinsichtlich der Lebenssituation der Nutzer, d. h., angenommene Innovationen bzw. Produkte können aufgrund ihrer implementierten Funktionen Aufgaben erleichtern bzw. anwendungsbezogene Probleme beheben (vgl. Neudorfer 2004: 76f.).

Darüber hinaus ist noch darauf hinzuweisen, dass die „Nutzung [...] kontinuierlich in spezifischen Anwendungssituationen [erfolgt]. Erst nach Abschluss der Nutzungspha se kann von einer Gesamtakzeptanz gesprochen werden" (Kollmann 1998: 73; zit. nach Neudorfer 2004. 77).

Auch dieses Modell weist einen linearen Ablauf auf, in dem konkrete Feedbackprozesse unberücksichtigt bleiben, aber affektive und kognitive Prozesse der Nutzer einbezogen werden.

6.3.3 Technology-to-Performance Chain nach Goodhue und Thompson

Einen stärkeren technisch orientierten Ansatz vertreten Goodhue und Thompson mit dem Modell des Technology-to-Performance Chain (TPC). Es stellt zwar kein Akzeptanzmodell im herkömmlichen Sinn dar, kann aber durchaus dort eingeordnet werden, da es eine Nutzer-Evaluation für Informationssysteme umschreibt (vgl. Goodhue/ Thompson 1995). Das Modell verbindet zum einen die individuellen Einstellungen und Voraussetzungen der Nutzer und zum anderen die Aspekte des Task-Technology-Fit-Modells. Auf dieser Grundlage bewerten Nutzer die Leistungsfähigkeit von Informationssystemen nach determinierten Kriterien.

Die Aussage des TCP-Modells beruht darauf, dass Technologien auf der einen Seite nutzbar und auf der anderen Seite für die Anforderungen und Aufgaben, die sie unterstützen, geeignet sein müssen (vgl. Goodhue/Thompson 1995: 213). Das Modell selbst zeichnet sich durch verschiedene Bereiche aus. Bevor die Leistungsfähigkeit von Informationssystemen beurteilt werden kann, gilt es vorab, die individuellen Eigenschaften von Nutzern sowie die Eigenschaften hinsichtlich der Aufgabe und Technologie zu definieren. Unter der Eigenschaft Aufgabe verstehen Goodhue und Thompson die Leistungserbringung aufgrund eingesetzter Mittel, sodass sie von Individuen bewältigt werden kann (vgl. 1995: 216). Die Eigenschaft Technologie bezieht sich im Rahmen von Informationssystemen auf Computersysteme (Hardware, Software etc.) und auf die Betreuung von Anwendern (Training, Hotlines etc.), die die Anwender in Bezug auf ihre Aufgabenbewältigung unterstützen (vgl. ebd. 1995: 216). Zu den individuellen Bedingungen zählen die Fähigkeiten, Fertigkeiten und Motivation von Individuen. Sie sind in dieser Hinsicht ein wichtiger Bestandteil, inwiefern Anwender ein System zu nutzen vermögen (vgl. ebd. 1995: 216). Diese drei Eigenschaften sind Voraussetzungen für das sogenannte Task-Technology-Fit. Hinter diesem Prinzip steht die Aufgabenerfüllung von Anwendern, die auf der Grundlage eines technischen Systems bei ihrer Aufgabenerfüllung unterstützt werden. Darüber hinaus kennzeichnet es das Zusammenspiel von Aufgabenanforderungen, den individuellen Fähigkeiten und der Funktionalität einer Technologie (vgl. ebd. 1995: 216ff.). Auf der gleichen Ebene befindet sich die Nutzbarkeit eines Informationssystems, die nach Goodhue und Thompson aus der binären Bedingung Nutzung oder Nicht-Nutzung besteht. Ihnen geht es in diesem Fall nicht um die Frequenz eines Nutzungsvorgangs. Jedoch sehen die beiden Autoren die Nutzbarkeit an bestimmte Voraussetzungen geknüpft. So determinieren

6.3 Akzeptanzmodelle

beispielsweise Erwartungen, Einflussnahme gegenüber der Nutzung, soziale Normen, Gewohnheiten und erleichternde Bedingungen die Nutzbarkeit (vgl. ebd. 1995: 218). Dieses Konzept aus Nutzbarkeit und aufgabenerfüllendes System beschreibt und beurteilt ein Informationssystem in seiner Gesamtheit (s. Abb. 8).

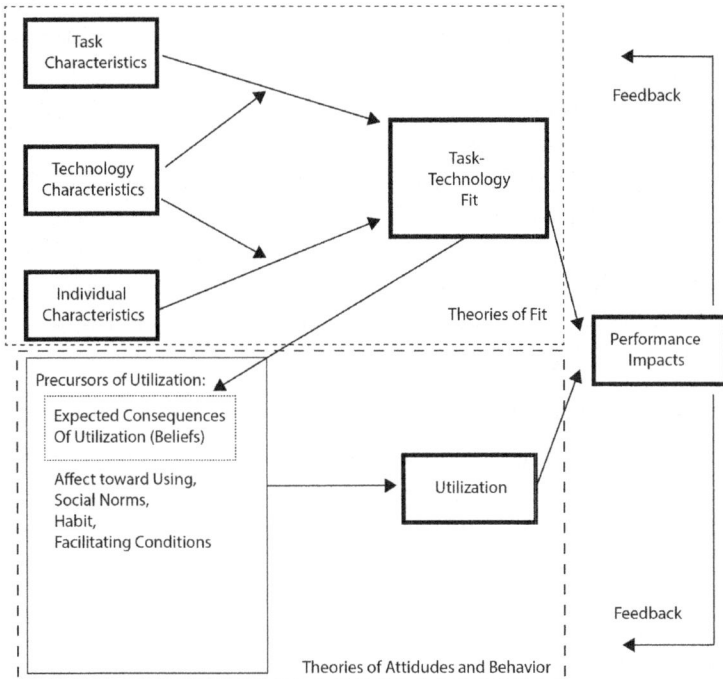

Abbildung 8: TCP-Modell nach Goodhue
Quelle: Goodhue 1995: 217

So umschließt ein hoher Leistungseffekt eine verbesserte Leistungsfähigkeit, eine verbesserte Effektivität und/oder eine höhere Qualität. Zudem lässt sich festhalten, dass ein besseres Harmonieren der Eigenschaften Technologie, Aufgaben und individuelle Aspekte einen höheren Leistungseffekt hervorrufen (vgl. ebd. 1995: 218). Goodhue und Thompson reduzierten jedoch das Modell im Rahmen ihrer Forschung, da sie es für zu komplex erachteten, um es in einer einzigen Forschungsarbeit erfassen und testen zu können. So wurden vorrangig die Aufgaben- und Technologie-Charakteristiken berücksichtigt. Die methodische Vorgehensweise sah dabei so aus, dass in zwei verschiedenen Unternehmen mehr als 600 Mitarbeiter unterschiedlicher Hierarchien mittels eines Fragebogens befragt wurden. Die Befragten nutzten 25 verschiedene Technologien und stammten aus 26 nicht-informationssytemlastigen Abteilungen. Wichtig ist dabei noch zu erwähnen, dass innerhalb des Task-Technology-Fit die Faktoren Datenqualität, Auffindbarkeit, Datenzugänglichkeit, Kompatibilität, Rechtzeitigkeit, Systemzuverlässigkeit, einfache Nutzung/Training und die Beziehung der Nutzer zum Informationssystem abgefragt wurden, die für die Nutzer-Evaluation von Relevanz waren, um dahingehend die Auswirkungen auf die Leistungseffekte sowie die Nutzbarkeit von Technologien aufdecken zu können (vgl. ebd. 1995: 219ff.). Ein Vorteil dieses Modells gegenüber anderen Modellen ist der Feedbackprozess. D. h., es werden ebenso Rückkopplungsaspekte bedacht, die sich unterschiedlich auf die Anwender auswirken können. So sammeln die Anwender positive und negative Erfahrungen und lernen das Einschätzen sowie Abwägen von Technologien gegenüber anderen. In dieser Hinsicht passen sie ihre vorher angenommenen Einstellungen an. Des Weiteren können die Anwender künftig mit anderen Erwartungshaltungen an neue Technologien herangehen und verbessern sogleich ihren individuellen Umgang mit diesen (vgl. ebd. 1995: 218f.).

6.3.4 Technologie-Akzeptanzmodell nach Davis

In Davis' Akzeptanzmodell sind zunächst zwei zentrale Prinzipien festzuhalten, die auf der Nutzerakzeptanz beruhen. Dazu gehören die wahrnehmbare Nützlichkeit (perceived usefulness) und die wahrnehmbare einfache Benutzung (perceived ease of use) einer Technologie (s. Abb. 9).

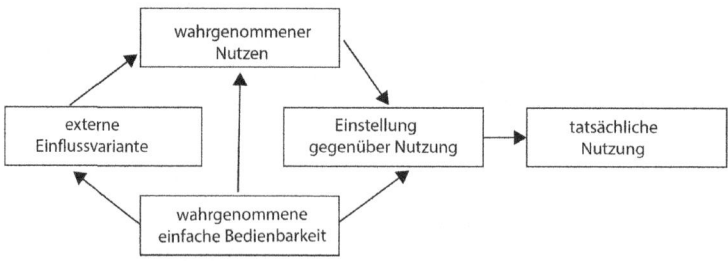

Abbildung 9: TAM nach Davis
Quelle: Eigene Darstellung in Anlehnung an Neudorfer 2004: 72

Unter der wahrnehmbaren Nützlichkeit wird im Allgemeinen die Verbesserung der Arbeitsleistung eines Nutzers unter Zuhilfenahme eines Systems verstanden. Das Wort *nützlich* impliziert einen Vorteil für den Nutzer, wenn er ein bestimmtes System für seine Arbeitsprozesse einsetzt (vgl. Davis 1989: 320). Die wahrnehmbare einfache Benutzung hingegen beschreibt die Anwendung eines Systems, das der Nutzer ohne größere Anstrengungen verwenden und verstehen kann. In diesem Fall liegt die Einfachheit in einem mühelosen Erfüllen von Aufgaben ohne auf Schwierigkeiten zu treffen (vgl. Davis 1989: 320). So lautet eine These des Modells: Je höher Nutzen und Bedienbarkeit eines Systems sind, desto eher ist die Bereitschaft der Anwender die Innovation zu nutzen (vgl. Neudorfer 2004: 72f.). Geht man auf die Stufen des Modells ein, so befinden sich die wahrnehmbare Nützlichkeit und einfache Benutzung auf der Ebene der kognitiven Reaktion. Dabei handelt es sich um Wissen vor der Nutzung bzw. die gedankliche Auseinandersetzung eines Anwenders mit einem System hinsichtlich seiner Nutzungsmöglichkeiten. Dies führt anschließend zur Stufe der Einstellungsreaktion, die gegenüber der Nutzung aufgebaut wird. Erst auf der Stufe der Verhaltensreaktion findet die tatsächliche Nutzung eines Systems statt (vgl. Hubona/Geitz 1997: 22). Einen Einwand erfährt das Modell, weil zu wenige Einflussfaktoren berücksichtigt werden und somit keine umfassenden Analysen möglich sind. Dieser Kritik versuchen Hubona und Geitz mit ihrer Studie entgegenzuwirken, indem sie vornehmlich den Einfluss der externen Faktoren Berufsgruppe, System- und Computererfahrungen untersuchten. Zudem unterteilten sie die Verhaltensreaktion in Nutzungsumfang und -frequenz (vgl. Hubona/Geitz 1997: 22). Dabei stellten sie fest, dass externe Variablen – sowohl organisatorische als auch individuelle – einen wichtigen Part im Adoptionsprozess neuer Technologien einnehmen. Diese sollten auch in weiteren Studien berücksichtigt werden (vgl. Hubona/Geitz 1997: 27).

6.3.5 Rückkopplungsmodell nach Reichwald

Neben den bereits vorgestellten Akzeptanzmodellen ist noch das Rückkopplungsmodell nach Reichwald zu erwähnen, da es „einen rekursiven Zusammenhang zwischen Akzeptanz und den Input-Größen ein[schließt]" (Schnell 2009: 5). Dieses Modell lässt sich als eine Art Kreislauf beschreiben. Das bedeutet, dass in erster Instanz umfeld- und personenbezogene Faktoren einen Einfluss auf die Bediener- und Nutzerakzeptanz haben und die daraus entstehenden Folgewirkungen in zweiter Instanz wiederum Einflussfaktoren auf den Adoptionsprozess eines Produkts hinsichtlich des Umfelds und der Person bilden können. Ebenso sind in diesem Modell drei entscheidende Ebenen vorzufinden, die bereits im Rahmen der Qualität (s. Kapitel 5) angesprochen wurden. So ist in diesem Modell die Akzeptanz an umfeld-, produkt- und personenbezogene Faktoren gebunden (s. Abb. 10).

Gegenstand vieler Studien sind grundsätzlich neuartige Technologien, die u. a. zu Veränderungen in der Gesellschaft führen. So spielten in der Akzeptanzforschung z. B. das Handy bzw. der Mobilfunk (Neudorfer 2004), E-Learning bzw. der Einsatz von Wissensmedien im Bildungssektor (Simon 2001) und der Personal Computer hinsichtlich der Darstellung von Bildschirmtexten (Degenhardt 1986) eine bedeutende Rolle. Web-TV hat in Bezug auf die Akzeptanz bislang kaum Beachtung gefunden, sondern war vorrangig Gegenstand in Nutzungsstudien (s. Kapitel 3.3).

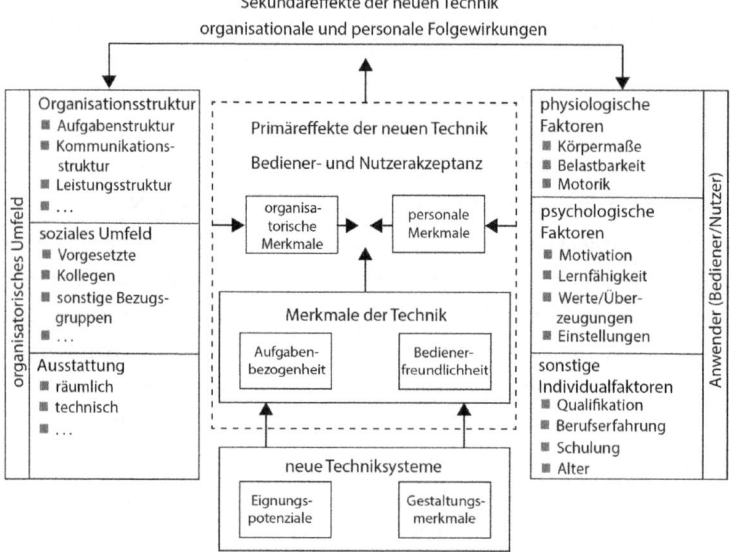

Abbildung 10: Rückkopplungsmodell nach Reichwald
Quelle: Schnell 2009: 6

In diesem Kapitel wurden zusehends verschiedene Modelle der Akzeptanzforschung erörtert. Im folgenden Kapitel soll nun der Fokus auf Akzeptanzfaktoren gelegt werden, die zur Akzeptanz bzw. Adoption neuer Technologien führen können und dahingehend auch eine Relevanz für den Bereich des Web-TV aufweisen.

6.4 Akzeptanzfaktoren und -prozess

Dahm, Rössler und Schenk haben aufgrund ihrer Akzeptanzstudie zu digitalen Fernsehdiensten einige Akzeptanzfaktoren zusammengetragen, die eine Akzeptanz begünstigen können (vgl. 1998: 56f.).

So ergab sich bei der qualitativen Studie von Berghaus, dass das Wissen über künftige Fernsehtechnologien durchaus ein Faktor für eine hohe latente Akzeptanzbereitschaft sein kann (vgl. 1995; zit. nach Dahm/Rössler/ Schenk 1998: 56), da sich die Nutzer mit den Möglichkeiten bestimmter Funktionen auseinandersetzten. Damit einhergehend spielte ebenso die Erfahrung mit technischen Diensten eine Rolle, die dadurch das Fernseh-Erleben erweitern kann (vgl. Berghaus 1995; zit. nach Dahm/Rössler/ Schenk 1998: 56). Anders sah dies in der Studie von Schauz aus, die sich auf den Gegenstand der Video-on-Demand-Nutzung und des Verleihgeschäfts der Videotheken bezog. Dort ließ sich kein Zusammenhang zwischen Wissen und Nutzungsbereitschaft erkennen geschweige denn bestätigen. Auch der Umgang bzw. die Erfahrung der Probanden mit zukunftsorientierten Technologien (hier: Video-on-Demand) schloss den genannten Zusammenhang zwar nicht gänzlich als Faktor aus, offerierte aber nur tendenzielle Aussagen (vgl. Schauz 1996; zit. nach Dahm/Rössler/Schenk 1998: 56). Es zeigte sich, dass zu den beiden Faktoren Wissen und Erfahrung divergente Positionen existieren, die aber auch durch die Struktur der jeweiligen Studie bedingt sind.

„Einen weiteren Akzeptanzfaktor verkörpert die Zufriedenheit mit dem herkömmlichen Fernsehen" (Dahm/Rössler/Schenk 1998: 56). In diesem Zusammenhang spielen innovative und technologische Neuerungen beim Fernsehen eine wichtige Rolle. So stellte Berghaus vor dem Hintergrund fest, dass Personen, die neuen Technologien aufgeschlossen gegenübertreten, mit dem konventionellen Fernsehen eher unzufrieden sind und dadurch Veränderungen bevorzugen als nicht aufgeschlossene bzw. desinteressierte Personen (vgl. Berghaus 1995: 515f.; zit. nach Dahm/ Rössler/Schenk 1998: 56). Auch Witte führte Innovations- und Technikaufgeschlossenheit als weitere Akzeptanzfaktoren an (vgl. Witte 1995: 14f.; zit. nach Dahm/Rössler/Schenk 1998: 57). In Bezug auf den Faktor Zufriedenheit kommt Witte zu ähnlichen Schlussfolgerungen wie Berghaus, indem er den Kontext der allgemeinen Einkaufzufriedenheit und der Akzeptanz von Teleshopping betrachtet und nachweist, wobei eher von Tendenzen zu sprechen ist (vgl. Witte 1995: 14f.; zit. nach Dahm/Rössler/Schenk 1998: 56). Schnell hingegen fasst Akzeptanzfaktoren in einem allgemeineren Sinne zusammen, wozu die Technikgestaltung hinsichtlich der Hard- und Software sowie die Ausstattungs- oder Leistungsmerkmale der Produkte und Dienstleistungen gehören, die einen Einfluss auf die Nutzerakzeptanz haben können (vgl. Schnell 2009: 7).

Blickt man aufgrund dessen auf die Ausführungen zur Produktqualität (vor allem auf die DIN ISO 66272 zur Softwarequalität) zurück, so lässt sich festhalten, dass sich die in Kapitel 5.5 beschriebenen Qualitätskriterien als wesentliche Faktoren für die Akzeptanz von Web-TV-Angeboten ableiten lassen. Auf dieser Grundlage können Qualitätskriterien durchaus als Akzeptanzfaktoren beschrieben werden. Dabei ist zu beachten, inwiefern die Faktoren die Akzeptanz steigern bzw. hemmen können und wie die Nutzer das Potenzial bestimmter Funktionalitäten einschätzen und wie zufrieden sie mit den vorhandenen Funktionen sind.

Ein weiterer Aspekt, den es zu berücksichtigen gilt, ist, dass nicht die Wichtigkeit von Funktionen in den Vordergrund rücken soll, sondern die Fehlertoleranz. Das kann zu Aussagen führen, bis zu welchem Grad Nutzer bereit sind Unstimmigkeiten und Unzulänglichkeiten zu tolerieren bzw. in welchem Zusammenhang bestimmte Web-TV-Angebote nicht mehr genutzt werden. Würde man hingegen den Fokus nur auf die Wichtigkeit legen, so besteht die Gefahr, dass man ein idealtypisches Bild zu Web-TV-Angeboten erhält, das nicht unbedingt einem realen Bild entspräche (vgl. Dahm/Rössler/Schenk 1998: 58).

Nach der Vorstellung der Akzeptanzmodelle und der Adoptionsphasen nach Rogers lässt sich der Akzeptanzprozess auf drei entscheidende Faktoren reduzieren. Schnell hat diesen Akzeptanzprozess beschrieben, der an dieser Stelle im Kontext des Web-TV zusammengefasst wird (vgl. 2009: 8f.). So ist in erster Instanz die *Einstellung* der Rezipienten relevant. Dabei spielt vor allem das Wissen eine wichtige Rolle. In diesem Fall müssen die Rezipienten zum einen die Kenntnis von Web-TV-Angeboten haben, d. h., sie müssen von deren Existenz wissen. Zudem müssen sie ebenso die technischen Voraussetzungen besitzen, um dann das Angebot nutzen zu können. Ein weiterer Aspekt, der an dieser Stelle berücksichtigt wird, ist der, der auf emotionaler Basis abläuft und dadurch auf die Stimmungslage bzw. den Gemütszustand abzielt. Die Rezipienten befassen sich demnach auch auf emotionaler Ebene mit Web-TV-Angeboten und dies entspricht dem Bereich der Aktivation, der bereits im Rahmen des DTA beschrieben wurde. Des Weiteren muss auch ein Interesse an den Angeboten vorliegen. Ohne vorhandene Präferenzen werden Web-TV-Angebote unbeachtet bleiben. Zusammengenommen finden vor der eigentlichen Nutzung bereits Bewertungen bzw. Beurteilungen durch die Rezipienten statt.

Im zweiten Schritt des Akzeptanzprozesses folgt die *Handlung*. In diesem Bereich setzt die aktive Auseinandersetzung mit Web-TV-Angeboten ein. Die Rezipienten beginnen mit der erstmaligen Nutzung der Angebote und testen diese auf ihre Tauglichkeit hinsichtlich der eigenen Bedürfnisse. Aufgrund dieser Prüfung beginnt die mögliche Annahme bzw. Ablehnung eines Produkts. Bei einem positiven Ausgang besteht die Möglichkeit der Implementierung in den Alltag.

Der letzte Schritt bezieht sich auf die eigentliche *Nutzung,* die in die anschließende Gesamtakzeptanz mündet. In diesem Fall findet die Nutzung der Web-TV-Angebote hinsichtlich ihres Einsatzzwecks wiederholend und regelmäßig statt. Zudem unterliegen die Angebote einer stetigen Überprüfung, indem die Rezipienten die Angebote immer wieder auf ihre Einsatzmöglichkeiten und Bedürfnisse bewerten. Daraus kann ebenso folgen, dass Konkurrenzprodukte in den Bewertungsprozess aufgenommen und miteinander abgeglichen werden. So kann es durchaus vorkommen, dass die Vorteile eines Konkurrenzprodukts überwiegen und das bisher genutzte Angebot ablösen.

Schnell weist im Rahmen des Akzeptanzprozesses darauf hin, dass es schwierig ist von der Einstellungs- auf die Anwendungsakzeptanz zu schließen. Auch die bisherigen Akzeptanzmodelle liefern nach Schnells Ansicht keine Erklärungen zu dieser Problematik (vgl. 2009: 9). Prognosen, die auf ein künftiges Verhalten zurückzuführen sind, bleiben in dieser Studie unberücksichtigt, da es nicht das Ziel ist, dies zu überprüfen. Vielmehr wird darauf geachtet, inwieweit Nutzer Web-TV als weiteren Distributionskanal und nach welchen Kriterien sie ihn verwenden.

6.5 Akzeptanz und Web-TV

Forschungsstudien zum Verhältnis von Akzeptanz und Web-TV sind in dieser Form kaum vorhanden. Wie bereits in den vorangegangen Kapiteln angedeutet, existieren bislang Studien zu innovativen Technologien im Bereich des Personal Computers oder des Mobilfunks als diese in die Märkte traten und dadurch einen Umbruch in der Gesellschaft vollzogen. Heutzutage kann man sich kaum noch vorstellen, ohne Handy oder Smartphone das Haus zu verlassen. Inwieweit Web-TV solch ein Potenzial hinsichtlich der herkömmlichen Fernsehnutzung besitzt, wird sich in der Zukunft noch zeigen, da dieses Medium recht jung ist und sich momentan in der Etablierungsphase befindet.

Einen Einblick in die Akzeptanzforschung mit dem Schwerpunkt Web-TV gewährt in dieser Hinsicht Schnell, wobei er in seiner Studie Web-TV als Qualifizierungsangebot von Unternehmen einstuft bzw. auf diesen Bereich reduziert (vgl. 2009) und dadurch lediglich die Wissensbildung und die betriebliche Weiterbildung mit Web-TV in den Vordergrund rückt. Auf diese Weise wird verstärkt die edukative Ebene des Web-TV bzw. dessen edukatives Potenzial angesprochen. Web-TV als Informations- oder Unterhaltungsmedium wird in dieser Form gewollt vernachlässigt.

Auf dieser Grundlage entwickelte Schnell ein spezielles Akzeptanzfaktorenmodell, in dem Faktoren zur Person, zum Medium und zum Lernumfeld berücksichtigt wurden (vgl. 2009: 10). So bezog er personenbezogene Faktoren ein, die die Demographie, die Einstellung zum (computergestützten) Lernen, die Vorerfahrung und das Wissen um Web-TV abbildeten. Im Rahmen des Mediums zog er die Gestaltung des Lernangebots sowie der Sendungen heran. Zum anderen waren die Themen bzw. Inhalte der Sendung ausschlaggebend. Hinsichtlich des Lernumfeldes lag der Fokus auf die Gestaltung der Rahmenbedingungen sowie auf alternative Möglichkeiten (vgl. Schnell 2009: 10).

Weiterhin ist zu erwähnen, dass er nicht den Prozess untersuchte, sondern den Zustand, den die Nutzer zu einem gewissen Zeitpunkt aufwiesen. Aufgrund des Akzeptanzfaktorenmodells wurden somit „ausschließlich Einflussfaktoren berücksichtigt und keine Ergebnisgrößen, Rückkoppelungseffekte und die Dynamik des Prozesses" (ebd. 2009: 10). Darüber hinaus wurden genauere Angaben zur Erhebung der Daten nicht genannt, was die Bewertung der Studie erschwert. Nichtsdestotrotz liefert sie Anhaltspunkte, inwiefern Web-TV im Segment der Informations- und Unterhaltungsangebote analysiert werden kann. Dadurch können in diesem Fall entsprechende Faktoren herausgearbeitet werden, die die Akzeptanz der Nutzer bei Web-TV-Angeboten in Form einer steigernden bzw. hemmenden Funktion beschreiben. Dies bezieht sich vor allem dann auf Funktionen, die übergreifend in möglichst allen Web-TV-Angeboten auftreten und dadurch ein homogenes Erscheinungsbild beschreiben.

7 Am DTA orientiertes Qualitätsmodell

Die in den vorhergehenden Kapiteln beschriebenen theoretischen Grundlagen sind die Basis für das Qualitätsmodell dieser Studie. Die Abbildung 11 stellt im Hinblick auf den DTA die Qualitätsdimensionen für Web-TV-Angebote sowie die dazugehörige Einordnung von Produktions-, Akzeptanz- und Feedbackprozessen dar. Diese Zusammenführung findet unter der Berücksichtigung der drei Ebenen Rezipient, Medium (Web-TV-Angebot) und Anbieter statt.

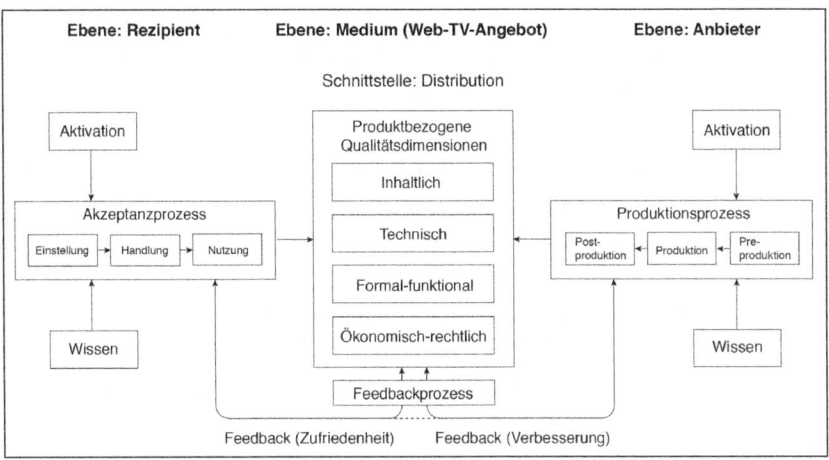

Abbildung 11: Qualitätsdimensionen im Rahmen des Produktions-, Akzeptanz- und Feedbackprozesses
Quelle: Eigene Darstellung in Anlehnung an Früh/Schönbach (1991: 53)

Im Mittelpunkt des Modells stehen die produktbezogenen Qualitätsdimensionen, die im Medienangebot implementiert sind und dadurch auch das Zentrum der Austauschprozesse zwischen den Ebenen Rezipient und Anbieter bilden. Da es sich bei Web-TV-Angeboten um Webanwendungen handelt, lassen sich demzufolge Qualitätsdimensionen nach inhaltlicher, technischer, formal-funktionaler und ökonomisch-rechtlicher Art beschreiben, wie dies bereits im Kapitel 5.5 detailliert vorgenommen wurde.

Auf der Rezipientenebene setzt der Akzeptanzprozess zwischen Nutzer und Angebot ein und kennzeichnet an dieser Stelle die Relation zwischen diesen beiden Ebenen. Bevor der Akzeptanzprozess beginnt, finden die Intra-Transaktionen innerhalb des Rezipienten statt, die bereits in den Kapiteln 4.1 und 4.2 angeführt wurden. In diesem Rahmen sind u. a. Erfahrung im Umgang mit einem PC, Webaffinität, die Bildung von contentbezogenen Präferenzen sowie der technische Zugang Voraussetzungen für die

Akzeptanz bzw. Ablehnung von Web-TV-Angeboten. Auf Grundlage der beiden Bereiche Aktivation und Wissen, die für die affektiven und kognitiven Prozesse der Nutzer zuständig sind, entstehen die dem Medium zugewandten Einstellungen, Gewohnheiten und Meinungen. Wie aus einigen Akzeptanzmodellen bekannt, sind es vor allem die Einstellungen, die den Akzeptanzprozess beginnen lassen und über die Handlung (Anbahnung erster Berührungspunkte mit den Angeboten) sowie die finale Nutzung die Gesamtakzeptanz herstellen können.

Auf der Anbieterebene wird über die Intra-Transaktionen der Produktionsprozess eingeleitet. So bilden hier u. a. die Einstellungen und Arbeitsweisen die Grundlage für den Beginn der Produktionsprozesse. Innerhalb der drei Phasen Preproduktion, Produktion und Postproduktion werden die Qualitätsdimensionen der Web-TV-Angebote bestimmt. Die vierte Phase, die Distribution, kennzeichnet die Schnittstelle, in der alle Kommunikationsprozesse zusammenlaufen. Somit ist auch die Distribution als zentrales Element dieses Modells zu sehen.

Der Feedbackprozess, der dritte Kommunikationsprozess, bietet den Nutzern die Möglichkeit, mit den Anbietern direkt und indirekt in Kontakt zu treten, wodurch eine bidirektionale Kommunikation zwischen diesen beiden Gruppen entsteht. Dieser Prozess kann sowohl durch synchrone (Bsp. integrierter Chat im Web-TV-Angebot) als auch durch asynchrone Funktionen (Bsp. Kommentar- und Bewertungsfunktion) in Gang gesetzt werden. Diese sind entweder in den Web-TV-Anwendungen implementiert oder werden über verknüpfte Social-Media-Tools ermöglicht. Die Vorteile dieses Prozesses liegen vor allem in der Schnelligkeit und Direktheit des Austausches, der auf Rezipientenseite eine erhöhte Zufriedenheit und auf Anbieterseite eine Verbesserung des Angebots zur Folge haben kann, sofern der Austausch von beiden Seiten aktiv betrieben wird.

8 Forschungsdesign

Aufgrund des Forschungsthemas und -vorhabens wird ein multiperspektivischer Ansatz gewählt. Auf Basis der Triangulation, die u. a. die Position unterschiedlicher Perspektiven im Hinblick auf den Untersuchungsgegenstand einnimmt (vgl. Flick 2008: 12), werden verschiedene methodische Ansätze gewählt, um den Untersuchungsgegenstand Web-TV von mehreren Seiten aus zu betrachten. Auf diese Weise werden qualitative und quantitative Forschungsmethoden miteinander verbunden. Da der Untersuchungsgegenstand Web-TV ein bislang wenig beachtetes Forschungsfeld ist, orientiert sich die Studie an einer explorativen Vorgehensweise, da es für diese Art der Studien „charakteristisch ist, dass der Fall noch nicht bekannt ist, sondern im Verlauf der Untersuchung konstruiert wird" (Merkens 2007: 295). Dadurch wird festgehalten, „welche Personen, Ereignisse und Aktivitäten in die Untersuchung einbezogen werden" (ebd.). Unter dieser Prämisse steht auch die Annäherung an den in dieser Studie vorliegenden Untersuchungsgegenstand, sodass bestimmte Fälle während des Forschungsvorgangs nach und nach entwickelt und systematisiert werden (vgl. Meier/Pentzold 2010: 133). In diesem Zusammenhang steht das Theoretical Sampling, um beispielhafte Web-TV-Angebote für diese Studie auszuwählen und zu kategorisieren. Das Theoretical Sampling bezeichnet dabei den ersten Schritt im Forschungsprozess, weil zum einen der Umfang und die Merkmale der Grundgesamtheit nicht bekannt sind und zum anderen die Stichprobengröße vorab nicht definiert ist (vgl. Wiedemann 1995: 441; zit. nach Flick 2007: 161). Durch das Theoretical Sampling werden Web-TV-Angebote bewusst nach festgelegten Kriterien gewählt. Die Festlegung der Kriterien und die Auswahl beruhen auf einer informellen Betrachtung, bei der verschiedene, den Branchen zugehörige Web-TV-Angebote hinzugezogen werden, bis die sogenannte theoretische Sättigung erreicht ist (vgl. Flick 2007: 161). Dieser Vorgang dient als grundlegender Baustein für die darauf aufbauenden Forschungsmethoden, um eine Basis für den weiteren Forschungsverlauf zu fixieren. Dennoch ist an dieser Stelle zu erwähnen, dass die Grundgesamtheit und die Stichprobenziehung in Bezug auf die unterschiedlichen Erhebungsmethoden (Nutzer-Onlinebefragung und Experteninterviews) erneut beschrieben werden müssen. Denn aufgrund der Datenerhebung wird auch der Fokus unterschiedlich gesetzt. Dadurch kristallisieren sich diverse methodische Herangehensweisen heraus, sodass im Rahmen des Web-TV neben den Angeboten auch die Rezipienten und Anbieter, wie sie bereits im theoretischen Kontext erörtert wurden, als einzelne Bereiche festgehalten werden. Im Zuge dieser multiperspektivischen Ausrichtung werden drei Teilerhebungen durchgeführt, deren Ausgangslage das Theoretical Sampling bildet (s. Abb. 12).

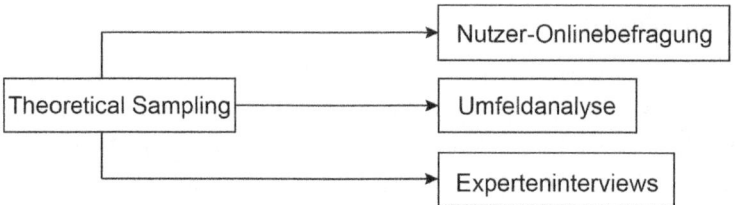

Abbildung 12: Forschungsvorgang im Zuge des Mehrmethodenansatzes
Quelle: Eigene Darstellung

Die erste Teilerhebung widmet sich den Web-TV-Angeboten und wird anhand einer Umfeldanalyse durchgeführt. Diese methodische Vorgehensweise ist qualitativer Art, wobei das Theoretical Sampling wesentlich für die Auswahl der Web-TV-Angebote ist und zudem die Entwicklung eines Kategoriensystems fördert. Das daraus entwickelte Codebuch stellt die Angebote in den Vordergrund, die auf diese Weise im Detail betrachtet werden. Aufgrund dieser Analyseform können die Strukturen der Web-TV-Angebote ermittelt und beschrieben werden, die jedoch keinen Anspruch auf Repräsentativität im Sinne des statistischen Gütekriteriums haben, sondern „wie weit und unterschiedlich die Fälle in Bezug auf die Sättigung der Kategorien ausgewählten wurden" (Meier/Pentzold 2010: 133). Sonach wurde die Umfeldanalyse vom 22. Juli bis 27. Juli 2013 durchgeführt. Abgesehen von der Beschreibung der Strukturen ist es das Ziel, homogene Merkmale festzuhalten, die in Relation zu den Befunden der Experteninterviews sowie der Onlinebefragung zu setzen sind. Dadurch lässt sich Web-TV aus den drei Perspektiven übergreifend im Rahmen der Qualität und Akzeptanz beschreiben.

Die zweite Teilerhebung bezieht sich auf die Anbieter und ist ebenfalls der qualitativen Forschung zuzuordnen. Hierbei ist es das Ziel, über Experteninterviews Erfahrungen, Wissen, Einstellungen und Meinungen zur Qualität der eigenen Web-TV-Angebote herauszuarbeiten. Darüber hinaus sollen die Experten aus ihrer Sicht die möglichen Erfolgspotenziale schildern. Auch hier wurde darauf geachtet, Experten verschiedener Web-TV-Angebote zu akquirieren, um auf diese Weise die Varianz des Marktes im Web-TV abzudecken. Als Experten werden dabei Personen verstanden, die eine entscheidende Rolle im Handlungsumfeld ihres Web-TV-Angebots spielen und dadurch Auskünfte zur Qualität von Web-TV-Angeboten geben können. Dabei steht weniger die Person als solche im Vordergrund (vgl. Flick 2007: 214), sondern die Abbildung bzw. die „Rekonstruktion eines sozialen Prozesses" (Gläser/Laudel 2009: 111). Die Experten, die für die leitfadengestützten Interviews ausgewählt wurden, werden im Hinblick auf die Auswahlentscheidung und die Schwierigkeit des Feldzugangs im Kapitel 8.2 ausführlich erläutert. Die Interviews fanden im Zeitraum von April 2010 bis Juni 2011 statt.

Die dritte Teilerhebung wurde im Rahmen der quantitativen Forschung mittels einer Nutzer-Onlinebefragung vom 30. April bis 16. Juni 2013 umgesetzt. Mit dieser Erhebungsmethode ist es möglich, Nutzer hinsichtlich ihrer Einschätzung zur Qualität sowie zur Zufriedenheit und ihrer damit einhergehenden Akzeptanz von Web-TV-Angeboten zu befragen. Die Onlinebefragung wurde in dieser Studie aus folgendem Grund gewählt. Auf diese Weise können potenzielle Web-TV-Nutzer direkt und effizient erreicht werden, was bei einer schriftlichen oder telefonischen Befragung nicht möglich wäre. Ein Nachteil ist dabei, dass aufgrund dieses Verfahrens die Stichprobe nicht gleichberechtigt und zufällig gezogen wurde, sodass es sich auf die Repräsentativität dieser Studie auswirkt. Damit werden die Ergebnisse zu tendenziellen anstatt zu repräsentativen Aussagen. Die Stichprobe wurde in diesem Zusammenhang selbstselektiv bzw. selbstadministrativ gezogen. Dennoch ist diese Vorgehensweise unabkömmlich, da vor allem das Erkenntnisinteresse hinsichtlich der qualitativen sowie akzeptierenden Merkmale im Vordergrund steht. Um dieses Erkenntnisinteresse zu erreichen, wurde die Stichprobenauswahl trotz des eingeschränkten Zugangs auf diese Art und Weise festgelegt. Eine alternative Methode wie eine Gruppendiskussion käme einer statistischen Auswertung nicht gleich und eignet sich deshalb eher für Fallanalysen.

Das Datenmaterial aus den Experteninterviews, der Nutzer-Onlinebefragung und der Umfeldanalyse wird im Sinne des triangulatorischen Gedankens bearbeitet. Diesbezüglich werden die Ergebnisse im Kontext der Datenauswertung und -interpretation auch übergreifend und in Kombination miteinander betrachtet. So sieht bspw. Flick den Vorteil darin, dass Erkenntnisse, die durch die Verbindung qualitativer und quantitativer Methoden gewonnen werden, die Datenauswertung und Ergebnisinterpretation erweitern (vgl. 2008: 95). Infolgedessen kann diese Studie ebenfalls einen weiteren Beitrag zur Diskussion in der Verknüpfung verschiedener Methoden leisten.

8.1 Umfeldanalyse ausgewählter Web-TV-Angebote

Die Umfeldanalyse, wie sie in dieser Studie angewandt wird, beschreibt eine Methode zur Erhebung des strukturellen Aufbaus von Web-TV-Angeboten. Bevor die Umfeldanalyse für die Studie systematisiert wurde, wurde in Anlehnung an das Theoretical Sampling eine informelle Beobachtung von verschiedenen Web-TV-Angeboten durchgeführt. Diese Daten wurden in einer Mindmap gesammelt, die zunächst die relevanten Dimensionen mit den dazugehörigen Merkmalen beinhaltete.

Bereits im Anfangsstadium zeigten sich einige Schwierigkeiten in der Zuordnung von bestimmten Merkmalen. So berührt z. B. die Lokalisierung der IP-Adresse (Geo-IP) eines Clients sowohl den technischen, inhaltlichen als auch den ökonomisch-rechtlichen Bereich. Auf diese Weise sind bestimmte Inhalte lizenzrechtlich reglementiert, die nur unter festgelegten Voraussetzungen gestreamt werden dürfen. Es bedarf technischer Mittel, um den lizenzrechtlichen Bestimmungen gerecht zu werden. Erst die Technik ermöglicht beispielsweise Nutzern den Zugang zu Angeboten bzw. schränkt sie ein. Ebenso können die Anbieter nicht lizenziertes Bildmaterial herausfiltern, wodurch die Technik im Zuge der Digitalisierung den wohl entscheidenden Bezugspunkt erlangt. Bereits Klimsa und Krömker schreiben der Technik in ihrem Modell der Medienproduktion eine bestimmende Funktion zu, die sich im Prozess der Digitalisierung herauskristallisierte (vgl. 2005: 21). Demnach wurde bei der Zusammenstellung der Kriterien darauf geachtet, welche Funktion und welches Merkmal den entsprechenden Dimensionen zuzuordnen ist, um diese, soweit das möglich ist, trennscharf voneinander abzubilden.

Darüber hinaus diente die Mindmap als Grundlage für die Experteninterviews und die Onlinebefragung, woraus die entsprechenden Leitfäden und der Fragebogen abgeleitet wurden. Eine ausführliche Beschreibung zur Entwicklung und zum Aufbau dieser Instrumente findet in den Kapiteln 8.2 und 8.3 statt. Bevor das Codebuch und die Auswahl der Web-TV-Angebote dargelegt werden, wird kurz das Problemfeld der Umfeld-/Strukturanalyse im Kontext der Inhaltsanalyse beleuchtet und diskutiert.

8.1.1 Problemfeld – Umfeld-/Strukturanalyse

Die Umfeld-/Strukturanalyse lässt sich in erster Linie mit dem Instrument der (qualitativen/quantitativen) Inhaltsanalyse in Verbindung bringen, da eine ähnliche Vorgehensweise z. B. in der Entwicklung eines Kategorienschemas besteht. In diesem Fall ergeben sich sinnvolle Parallelen im Aufbau des Analyseverfahrens. Dennoch wird in dieser Studie der Begriff Inhaltsanalyse als Erhebungsinstrument im Bereich der Web-TV-Angebote nicht verwendet. Dies begründet sich darin, dass der Content (Text oder audiovisuelles Material) der Web-TV-Angebote nicht vordergründig berücksichtigt wird, sondern lediglich die Website – also das formale Gerüst der Angebote –, in die der Content eingebettet ist. In diesem Sinne ist der Begriff Inhaltsanalyse nicht zutreffend, da mit ihr vornehmlich die inhaltlichen Elemente und Merkmalsausprägungen eines Medienprodukts – dies kann je nach Forschungsschwerpunkt qualitativ oder quantitativ sein – erhoben werden. Das entspricht in diesem Fall jedoch nicht der Forschungsintention und führt ebenso wenig zur Beantwortung der Forschungsfragen.

Dass die Umfeld-/Strukturanalyse – aber auch die Inhaltsanalyse – nicht unproblematisch im Onlinemedium sind, zeigten bereits einige Studien, die sich mit verschiedenen Webangeboten befassten. Beispiele bisheriger Studien sind Untersuchungen zur Websitegestaltung von TV-Sendern (vgl. Lee 2001), zu Webauftritten von Onlinezeitungen (vgl. Rössler 2004) oder zur Mediathek Thüringen (vgl. Rössler/Legrand 2012), die zur methodischen Datenerhebung auf Umfeld-/Strukturanalysen bzw. Inhaltsanalysen zurückgriffen. Lee deutet in seiner Studie u. a. auf die methodischen Probleme im Onlinebereich hin, die „durch die Interaktivität und hohe Dynamik des Internet hervorgerufen [werden]" (2001: 165). Das erschwert vor allem „die Reproduzierbarkeit und die intersubjektive Überprüfbarkeit" (Lee 2001: 165) solcher Studien. Er begründet dies, indem er auf die schwierige physische Verfügbarkeit von Websites verweist, die sich nicht so einfach wie die klassischen Medieninhalte archivieren bzw. reproduzieren lassen (vgl. ebd.). Die Archivierung von Websites stellt mitunter eines der größten Probleme dar, sobald auch dynamische Elemente, die beispielsweise durch CGI-Skripte gesteuert werden, gespeichert werden sollen, da die gespeicherten Daten im Offline-Modus nicht angezeigt werden bzw. kaum wiederherzustellen sind (vgl. Lee 2001: 165ff.; vgl. Luzar 2004: 172f.). Im Netz existiert zwar eine Alternative – die „Wayback Machine", der Initiative „Internet Archive"[14] –, mit der es möglich ist, Momentaufnahmen von Websites aufzurufen, sodass sich zumindest teilweise die Inhalte und die Struktur von Websites zu bestimmten Zeitpunkten rekonstruieren lassen. Aber auch dort besteht das Problem der Darstellung von dynamischen Inhalten (z. B. Flash-Videos oder Flash-Websites), die in diesem Fall nicht mehr geladen werden können. Andere Möglichkeiten der Speicherung können in diesem Zusammenhang eine Videoaufzeichnung der Website-Nutzung (vgl. Luzar 2004: 173) sowie die Erstellung von Screenshots sein, um den visuellen Aufbau einer Website festzuhalten. Zweiteres wirft jedoch das Problem auf, das gezielte Interaktionen nicht mehr ausführbar sind und dadurch ebenso eine Einschränkung in der Materialarchivierung vorliegt. Dennoch ist zu erwähnen, dass die Archivierung grundsätzlich vom Zweck und von der Intention des Forschers abhängt und er letztendlich festlegt, wie die Materialarchivierung erfolgt. In dem Punkt der Dynamik und der damit zusammenhängenden Vernetzung und Aktualisierung von Websites sieht Lee ebenfalls ein weiteres methodisches Problem, da Websites durchaus täglich und in unregelmäßigen Zeiträumen aktualisiert werden. Dadurch sind eher Querschnittsanalysen, die zu einem bestimmten Zeitpunkt erhoben

---

[14] Die Initiative „Internet Archive" hat es sich zur Aufgabe gemacht, eine digitale Bibliothek von Websites sowie weiteren digitalen Artefakten aufzubauen und zu speichern. Um diese Bibliothek zu realisieren, setzt sie eine „Wayback Machine" ein, die Websites zu bestimmten Zeitpunkten abruft und speichert (vgl. „Internet Archive" 2013).

werden, sinnvoll (vgl. Lee 2001: 167). Diese Grundproblematik ergibt sich in ähnlicher Weise für diese Studie, da Web-TV-Angebote besonders von aktuellem Content profitieren und ein dynamischer Prozess für diese Angebote notwendig ist, um kontinuierlich für den Nutzer interessant zu bleiben. In Bezug auf die Inhaltsanalyse sehen Rössler und Legrand die Schwierigkeit zum einen darin, webbasierte Inhalte wie konventionelle Medieninhalte (Fernseh-, Radio- oder Printinhalte) zu behandeln und zum anderen in der Abgrenzungsproblematik der Analyseeinheiten, wobei sie wie Lee auf die Stichtagsanalyse verweisen, die im Web verbreitet ist (vgl. Rössler/Legrand 2012: 359f.). Ebenso verhält es sich mit der Vernetzung bzw. Verlinkung von Websites und ihren Unterseiten, die eine genaue Abgrenzung von Untersuchungs- und Analyseeinheiten erschwert, da „sich für den Nutzer eines Webangebots interne Links nicht wesentlich von externen unterscheiden, verschwimmen physische Unterscheidungsmerkmale und Abgrenzungen" (Lee 2001: 167).

Ein weiteres methodisches Problem besteht in der Stichprobenziehung von Untersuchungsgegenständen im Onlinemedium. Die Schwierigkeit der Stichprobenauswahl lässt sich nach Lee auf die Bestimmung der Grundgesamtheit zurückführen, „da zu jeder Zeit eine beliebige nicht feststellbare Anzahl von Angeboten existiert" (Lee 2001: 166). Auch Zeller und Wolling weisen auf diesen Aspekt hin, dass „die hohe Dynamik und Flüchtigkeit der Onlineangebote [...] die Bestimmung des Untersuchungsmaterials erheblich [erschwert]" (2010: 148). Eine Präzisierung der Grundgesamtheit ist somit im Onlinebereich kaum möglich (vgl. Rössler/Wirth 2001: 288), sodass die Stichprobenauswahl bewusst und gezielt – zum Nachteil der Repräsentativität einer Studie – getroffen wird (vgl. Luzar 2004: 186), wobei sich die Repräsentativität auf quantitative Studien bezieht. Die vorliegende Studie ist jedoch größtenteils qualitativ ausgelegt, sodass ein repräsentativer Anspruch nicht gewährleistet werden kann. Dies trifft vor allem auf die Umfeldanalyse sowie die Experteninterviews zu. Dennoch existieren verschiedene Herangehensweisen zur Stichprobenauswahl für qualitative Studien. So listet beispielsweise Flick vielfältige Samplingstrategien auf, die je nach Forschungsausrichtung auszuwählen sind (vgl. 2007: 167). Letztlich obliegt es dem Forscher und seiner Forschungsabsicht, für welche Art der Samplingauswahl er sich entscheidet. „Dabei bewegen sich Auswahlentscheidungen immer zwischen den Zielen, ein Feld möglichst breit zu erfassen oder möglichst tiefgründige Analysen durchzuführen" (ebd.).

Trotz einiger methodischer Probleme, die die Struktur- bzw. Inhaltsanalyse bislang bei Websites bzw. Webcontent offenbart, zeigt sich, dass sie das Potenzial enthält, um formale Strukturen und den Content von Websites offenzulegen. Ob die Codierung

8.1 Umfeldanalyse ausgewählter Web-TV-Angebote

und Analyse von Webangeboten themengeleitet (Zeller/Wolling 2010) oder technischorientiert anhand eines Frameworks (Luzar 2004) durchgeführt wird, hängt ebenfalls von der Forschungsintention sowie den Forschungsfragen der jeweiligen Studie ab. Um es mit Luzars Worten zusammenzufassen: „Jede Studie braucht ihren eigenen Regelkatalog für die Codierung onlinespezifischer und audiovisueller Elemente" (2004: 172).

8.1.2 Die Vorgehensweise bei der Umfeldanalyse

Das Vorgehen der hier durchgeführten Umfeldanalyse findet in Anlehnung an Rösslers Studie zur „Sender Quality" und „User Quality" im Rahmen seiner Untersuchung zu Webauftritten von Onlinezeitungen statt. Er unterscheidet dabei vier Analyseeinheiten, die das Gesamtangebot der Onlinezeitung, die Startseite, den Beitrag sowie den Link kennzeichnen (vgl. Rössler 2004: 133). Der Aufbau der Umfeldanalyse in dieser Studie reduziert sich auf zwei Analyseeinheiten und umfasst dabei die beiden folgenden Schritte: Im ersten Schritt wird die Startseite des Web-TV-Angebots (als Einstiegs- bzw. Überblicksseite) der ausgewählten Anbieter betrachtet, die gewissermaßen das Gesamtangebot repräsentiert. Dadurch erhält man einen ersten Überblick über das Web-TV-Angebot. Im zweiten Schritt steht eine konkrete Videoseite des Angebots im Vordergrund der Erhebung. D. h., der Videocontent muss direkt abrufbar und über einen eingebetteten Videoplayer zugänglich sein. Diese zwei Schritte sind essenziell, um Web-TV-Angebote in ihrer allgemeinen Form zu erfassen und zu beschreiben. Obwohl Rössler seinen Schwerpunkt in den Kriterien der journalistischen Qualität sieht und dadurch den Content in den Vordergrund rückt, weist er dennoch auf die „bedeutsame [...] Rolle von technischen Features und multimedialen Optionen" (Rössler 2004: 133) hin, die vor allem im Web eine besondere Stellung einnehmen. Kriterien, die diese zusätzlichen Eigenschaften haben, fasst er unter dem Aspekt der medialen Qualität zusammen (vgl. Rössler 2004: 133ff.).
Es gibt durchaus Angebote, in denen die Startseite – oder auch Einstiegsseite – der Videoseite entspricht und somit der Content bereits auf der Startseite eines Angebots abrufbar ist. Die Videoseite bildet dennoch den Schwerpunkt hinsichtlich der produktbezogenen Qualität, wobei der Content für die Untersuchung nicht das ausschlaggebende Kriterium darstellt, da eine übergreifende Betrachtung der thematischen Ausrichtung bei den verschiedenen Angeboten kaum möglich ist. Vielmehr wird Wert auf die technischen, formal-funktionalen und ökonomischen Qualitäten gelegt, die im Hinblick auf die ausgewählten Untersuchungsobjekte der Umfeldanalyse verglichen werden. Durch die Entwicklung eines Codebuchs kann das Gerüst von Web-TV-Angeboten übergrei-

fend betrachtet werden. Im anschließenden Kapitel wird das Schema des Codebuchs vorgestellt.

Ein weiterer entscheidender Schritt ist die Stichprobenauswahl. Wie in Kapitel 8.1.1 bereits angedeutet, ist die Auswahl der Untersuchungsobjekte im Onlinebereich problembehaftet. Obwohl die Aussagekraft bei bewusst gewählten Fällen reduziert wird, erfolgt in der vorliegenden Studie die Auswahl der Web-TV-Angebote dennoch gezielt. Die Begründung liegt darin, dass die Grundgesamtheit kaum ermittelbar ist, was Lees Argumentation zur Stichprobenziehung entspricht (vgl. 2001: 166). Das Problem der Grundgesamtheit bei Web-TV-Angeboten belegen u. a. auch die Zahlen verschiedener Statistiken. So verzeichnet z. B. die Goldmedia-Studie 1.424 Web-TV-Angebote auf dem deutschen Markt (vgl. Goldhammer/Link 2012: 4), während „Global internetTV" 1.233 Web-TV-Angebote (vgl. 2013) listet. Das kann mitunter an unterschiedlichen Auffassungen liegen, wie Web-TV definiert wird, wodurch Angebote in eine Liste aufgenommen werden, in eine andere jedoch nicht. Die Fallauswahl in dieser Studie für die Strukturanalyse von Web-TV-Angeboten orientiert sich zum einen an der hier erarbeiteten Definition bzw. Marktbeschreibung von Web-TV (s. Kapitel 3.4), dem Theoretical Sampling als Grundlage der Auswahl und Kategorisierung (s. Kapitel 8) sowie der Samplingstrategie der maximalen Variation. Das Sampling der maximalen Variation bezweckt dabei, „zwar wenige, aber möglichst unterschiedliche Fälle einzubeziehen, um darüber die Variationsbreite und Unterschiedlichkeit, die im Feld enthalten ist, zu erschließen" (Patton 2002: 230ff.; zit. nach Flick 2007: 165). Dieses Ziel wird hier ebenso verfolgt, um möglichst die Breite des Web-TV-Markts mittels unterschiedlich ausgeprägter Web-TV-Angebote zu erörtern. Demnach werden die Web-TV-Angebote bewusst nach bestimmten Kriterien gewählt. Zu diesen Kriterien gehören quantitative Zahlen wie Page Impressions oder Visits, um die Relevanz bzw. Größe des Web-TV-Angebots im Marktfeld zu bestimmen. Des Weiteren wird die Reputation berücksichtigt, wenn beispielsweise ein Angebot (Online-)Awards (z. B. Grimme Online Award) erhalten hat, wodurch die Besonderheit des Web-TV-Angebots im Marktumfeld hervorgebracht wird. Die Untersuchungsobjekte, die für die Umfeldanalyse ausgewählt wurden, werden nachfolgend kurz vorgestellt.

- **MyVideo:** MyVideo zählt zum größten deutschsprachigen Videoportal, das seit 2006 existiert (vgl. MyVideo 2006) und an dem die ProsiebenSat.1 Mediengruppe beteiligt ist (vgl. ProSiebenSat.1 Media AG 2010).

Dies belegen u. a. auch Zahlen der IVW. So hatte das Portal im Monat Juli 2013 mehr als 124 Millionen Page Impressions und mehr als 21 Millionen Visits (vgl. IVW 2013a), was es zu einem der führenden Anbieter unter den Videoportalen in Deutschland macht.

- **ZDFmediathek:** Die ZDFmediathek wurde aus dem Bereich der konventionellen TV-Sender aus unterschiedlichen Gründen gewählt. Zum einen gehört sie zu den Web-TV-Angeboten der ersten Stunde, da es sie bereits seit 2001 gibt (vgl. Meier 2008). Dadurch ist das ZDF ein Vorreiter bei Video-on-Demand-Angeboten, da es „als erstes TV-Unternehmen in Deutschland eine Mediathek aufgebaut hat" (ZDF 2013). Zum anderen erhielt die ZDFmediathek einige Preise für ihr Angebot und ihren Webauftritt, so z. B. den Zuschauerpreis des Deutschen IPTV Verbands (vgl. DIPTV 2008a) und den Deutschen Multimedia Award (DMMA) in der Kategorie Interaktives TV (vgl. Bergert 2006). Aufgrund dieser Aspekte ist die ZDFmediathek ein geeigneter Vertreter für die Videoplattformen der TV-Sender. Mittlerweile beschränkt sich die ZDFmediathek nicht mehr nur auf Abrufangebote, sondern bietet auch die gesamten ZDF-Programme als Livestreams an.

- **Mercedes-Benz TV:** Das Web-TV-Angebot von Mercedes-Benz ist ein etabliertes Angebot im Corporate Web-TV, das seit 2007 online verfügbar ist (vgl. Baumann 2007). Obwohl die Automobilindustrie im Allgemeinen stark im Web-TV (z. B. Audi TV, BMW TV, etc.) vertreten ist, wurde Mercedes-Benz TV gewählt, da das Web-TV-Angebot ebenfalls mit Preisen wie bspw. dem Design- und Kreativpreis des DIPTV (vgl. DIPTV 2009) ausgezeichnet wurde. Damit verfügt das Unternehmen über ein renommiertes Angebot, das sich u. a. durch eine virtuelle Moderatorin von anderen Angeboten verschiedener Branchen abhob.

- **FCB.tv:** Beim Corporate Web-TV im Bereich Vereine wurde das Angebot des FC Bayern München herangezogen, da er der erfolgreichste und größte Verein in Deutschland ist. Darüber hinaus ist der Verein mit FCB.tv seit 2006 im Web vertreten und gilt zudem als Pionier im Web-TV unter den Vereinen. Als einer der ersten Vereine begann er mit dem Streamen von Videocontent (vgl. fcbayern.de 2006).

- **SPIEGEL.TV:** Bei den Verlagen wurde SPIEGEL.TV gewählt, da zum einen das Magazin mit mehr als eine Million Exemplaren (aktueller Stand: 2. Quartal 2013) zu den auflagenstärksten zählt (vgl. IVW 2013b) und zum anderen auch der allgemeine Onlineauftritt *SPIEGEL ONLINE* mit mehr als 709 Millionen

Page Impressions und 144 Millionen Visits zu den meistgenutzten Informationsangeboten gehört (vgl. IVW 2013a). Zudem verfügt der SPIEGEL bereits im klassischen Fernsehen über eigene Formate (SPIEGEL MAGAZIN, SPIEGEL REPORTAGE) und Pay-TV-Kanäle (SPIEGEL GESCHICHTE, SPIEGEL WISSEN) und kann dadurch auf einen außerordentlichen Fundus an Bewegtbildern zurückgreifen. Seit 2011 ergänzt die SPIEGEL-Gruppe das klassische Fernsehen um Web-TV (vgl. SPIEGEL-Gruppe 2013). SPIEGEL.TV selbst verzeichnete im Mai 2013 1,71 Millionen Visits (vgl. SPIEGEL.TV 2013b) und ist damit im Vergleich zu MyVideo ein verhältnismäßig kleines Web-TV-Angebot. Dennoch ist der Auftritt von SPIEGEL.TV im Web beispielhaft, da er sich bereits auf den ersten Blick von anderen Web-TV-Angeboten in der Verlagsbranche abhebt und deshalb berücksichtigt wurde.

- **Fernsehkritik-TV:** Fernsehkritik-TV veröffentlicht seit 2007 sein Bewegtbildangebot und ist den Web-Sendern zuzuordnen, die ihr Angebot ausschließlich für das Web produzieren. Das Angebot ist im Gegensatz zu den bisher genannten zwar ein kleines Angebot im Web, aber nicht minder erfolgreich. So erhielt Fernsehkritik-TV bereits einige Preise wie den Sonderpreis des DIPTV und den Publikumspreis des Grimme Online Awards (vgl. DIPTV 2008b; vgl. Grimme Online Award 2013).

- **Zattoo:** Im Bereich der Web-TV-Portale war Zattoo während des Erhebungszeitraums das einzige deutschsprachige Angebot auf diesem Gebiet. Aufgrund dieser Tatsache ergab sich hierbei keine andere Alternative. Zur Fußball WM 2006 startete Zattoo sein Livestreaming-Angebot – zuerst jedoch nur in der Schweiz. Seit 2007 ist Zattoo auch in Deutschland verfügbar und zählt mittlerweile mehr als neun Millionen registrierte Nutzer (vgl. Zattoo 2013b).

Diese ausgewählten Einzelfälle kennzeichnen die Variation des Web-TV-Markts und repräsentieren jeweils ihren Bereich in diesem Markt. Natürlich kann man bei dieser Auswahl nicht davon ausgehen, dass alle Phänomene im Web-TV hinsichtlich Aufbau und Struktur der Web-TV-Angebote abgebildet werden. Denn die Dynamik und Weiterentwicklung von Web-TV-Angeboten führt in unregelmäßigen Abständen zu Veränderungen, sodass immer nur ein kurzer Zeitraum darstellbar ist. Dennoch wird durch die Varianz der Fälle ein größtmöglicher Teil abgedeckt.

8.1.3 Das Codebuch

Das Kategoriensystem des Codebuchs folgt dem Schema, das im Rahmen der Qualitätsforschung (s. Kapitel 5.5.4) vorgestellt und in Anlehnung an das Theoretical Sampling sowie über eine informelle Beobachtung entwickelt wurde. Daraus entstand das grundlegende Kategoriensystem für die Umfeldanalyse. Das Codebuch besteht aus sechs Dimensionen, wobei die erste Dimension lediglich aus den Formalien besteht. Durch die Zuweisung des Namens und der URL der Angebote sowie das Datum der Analyse wird eine eindeutige Identifizierung der Web-TV-Angebote gewährleistet. Die vier folgenden Dimensionen bilden die Grundstruktur des Codebuchs und setzen sich aus den inhaltlichen, technischen, formal-funktionalen und ökonomisch-rechtlichen Dimensionen zusammen, wobei der Fokus auf den drei letztgenannten liegt, da diese schwerpunktmäßig die Struktur der Angebote beschreiben. Das Schema des Codebuchs ist ebenso im Anhang (s. S. 271ff.) vorzufinden.

Die inhaltliche Komponente bezieht sich dabei auf die thematische Ausrichtung eines Web-TV-Angebots und kennzeichnet die strukturelle Aufbereitung des Contents in Rubriken bzw. Formate. Darüber hinaus nimmt diese Aufbereitung eine Navigationsfunktion ein, die jedoch der formal-funktionalen Dimension zugeordnet wird. Demnach zeigt die Unterteilung des Contents neben der Beschreibung einer inhaltlichen Funktion auch eine Orientierungsfunktion für den Nutzer. Des Weiteren wird die Art des Contents festgehalten, wobei die Unterscheidung vornehmlich zwischen nutzergeneriertem und professionellem Content vorgenommen wird. Daneben kommen noch die Kategorien zur Aktualisierung und Länge hinzu, die u. a. mit Informationen, die über die Start- oder Videoseite hinausgehen, ergänzt werden. Denn ein bestimmter Veröffentlichungsrhythmus lässt sich nicht zwangsläufig durch eine Stichtagsanalyse erschließen.

Die technische Dimension bildet eine elementare Kategorie ab, da ohne die technische Ebene fortschreitende Entwicklungen und Möglichkeiten im Web-TV ausblieben. Das Zusammenspiel zwischen Hard- und Software ist eines der zentralen Elemente im Web-TV und ermöglicht die Diversifikation an Angeboten. Dennoch werden hier nur Kategorien zusammengetragen, die im Kontext der multiperspektivischen Sichtweise von allen drei Perspektiven – Angebote, Anbieter und Nutzer – gleichermaßen berücksichtigt werden. Zu den technischen Kategorien gehören die Bildauflösung, die Übertragungsart, der Bildmodus, die Steuerungsoptionen sowie die Software. Die Bildauflösung spiegelt die Größe des Videoplayers wider, wobei in dieser Studie die Standardgrößen *Standard Definition* (SD) mit den Pixelangaben 720 (Breite) x 576 (Höhe) und *High Definition* (HD) mit den Pixelangaben 1920 (Breite) x 1080 (Höhe) angegeben werden. Abweichende Bildauflösungen werden anhand des Abstands entsprechend zugeordnet. In diesem Zusammenhang steht auch die Bildqualität, die bei den Angeboten ebenfalls über die Einstellungen SD und HD vorzunehmen sind, sofern sie zur Verfügung gestellt werden. Denn durch diese Einstellungsmöglichkeiten kann der Nutzer Einfluss auf die Bildschärfe nehmen. Diese ist wiederum an die Datenrate bzw. Übertragungsleistung gekoppelt, um auch die Übertragung von hochauflösenden Videos zu gewährleisten. Die Art der Übertragung hingegen unterscheidet zwei Varianten des Streamings, die zunehmend die Angebotsformen prägen. Die erste Variante beschreibt das Video-on-Demand-Streaming, das die zeitversetzte bzw. die zeitunabhängige Nutzung des Video-Streamings ermöglicht. Die zweite Variante ist das Livestreaming, das die zeitabhängige Rezeption von Web-TV kennzeichnet und der konventionellen, linearen Fernsehrezeption entspricht. Der Bildmodus bezieht sich auf die Verwendung des Videoplayers. Dem Nutzer wird eine Auswahl an Möglichkeiten gegeben, Videos in einem eingebetteten Player, im Vollbildmodus oder in einem externen Player über ein Pop-up-Fenster anzusehen. Ein weiteres Kriterium hinsichtlich der Mensch-Maschine-Kommunikation bilden die Steuerungsoptionen, mit denen der Nutzer individuelle Interaktionen ausführen kann. Darunter fallen die Wiedergabe-, Pause-, Start- und Stoppfunktion. Hinzu kommt noch die Funktion des Vor- und Zurückspringens, bei dem der Nutzer entweder über entsprechende Buttons oder über einen Schieberegler in der Zeitleiste verschiedene Positionen innerhalb eines Videos ansteuern kann. In Bezug auf das Kriterium Software wird eine Unterscheidung zwischen der Browsersoftware und einer eigens entwickelten, nativen Applikation (App) vollzogen. Obwohl die Voraussetzung für Web-TV-Angebote ist, über einen Webbrowser abrufbar zu sein, wird der Punkt der nativen Applikation als Ergänzung angesehen. Denn dieser spielt vor allem im Zusammenhang mit Endgeräten wie Tablet-PCs, Smartphones oder Smart-TVs eine bedeutende Rolle, da mit ihrem Aufkommen die App-Entwicklung das Web-TV als solches erweitert hat. Dadurch können Video-on-Demand-Streams oder Livestreams vor allem auf den mobilen Geräten leichter zugänglich gemacht werden.

Die formal-funktionale Dimension beinhaltet Kategorien, die dem Nutzer Servicefunktionen und Orientierungsmöglichkeiten bieten. Somit ist die Navigationsfunktion das wichtigste Orientierungselement innerhalb eines Web-TV-Angebots. Die Navigation kann bei diesen Angeboten stark variieren. So existieren Thumbnail-Navigationen, Themen- bzw. Rubrikenlisten, Scroll-Leisten oder Brotkrumenpfade, die jedoch nicht nur einzeln, sondern auch in Kombination untereinander verwendet werden. Eine weitere Kategorie ist die Empfehlungsfunktion. Sie beschreibt vor allem die Mensch-

8.1 Umfeldanalyse ausgewählter Web-TV-Angebote

Maschine-Mensch-Interaktion, durch die eine direkte und indirekte sowie eine synchrone und asynchrone Kommunikation zwischen den Nutzern begleitend zu Web-TV-Angeboten entsteht. Über verschiedene Empfehlungs-Tools können Nutzer Videos per E-Mail weiterleiten, verlinken oder in sozialen Netzwerken einbinden. Auch Bewertungen und Kommentare, die Nutzer entweder direkt unter den Videos oder in sozialen Netzwerken platzieren, lassen sich als Empfehlungsfunktion kategorisieren. Ebenso sind Kombinationen möglich. Wird z. B. ein Video in einem sozialen Netzwerk gepostet, kann im Anschluss daran eine weiterführende Kommunikation in Form von Kommentaren und Wertungen stattfinden. In diesem Fall läuft die Kommunikation dann nicht mehr auf der eigentlichen Plattform des Web-TV-Angebots ab. Dennoch werden vor allem die Funktion des Einbettens und das Anklicken von Social-Media-Buttons – die das Teilen der Bewegtbildinhalte ermöglichen[15] – berücksichtigt. Unter den Servicefunktionen werden hingegen Optionen verstanden, die den Nutzern eine einfache Bedienung des Angebots erlauben und die Gelegenheit zur Anpassung der individuellen sowie persönlichen Vorlieben bieten. Auf diese Weise können Nutzer Informationen zum Angebot und gegebenenfalls zur Bedienung über eine Hilfefunktion – diese wird oftmals auch als FAQ (Frequently Asked Questions) bezeichnet – erhalten. Um die Web-TV-Angebote zu individualisieren bzw. zu personalisieren, stellen Anbieter Funktionen wie RSS-Feeds[16], die Erstellung einer Favoritenliste (bei einigen Web-TV-Angeboten ist diese auch als Playlist vorzufinden) oder die Auswahl der Sprache zur Verfügung. Die Sprachauswahl tritt vorwiegend bei lizenziertem, englischsprachigem Content auf, bei dem der Nutzer zwischen dem Original-Ton oder der deutschen Synchronisation wählen kann. Durch die Suchfunktion können Nutzer den gewünschten Content gezielt finden. Dort kommt es u. a. darauf an, wie die Suchfunktion auf der Website eingebunden und wo sie positioniert ist. Dieser Punkt führt zur nächsten Kategorie Anordnung. Diese geht auf die allgemeine Darstellung der Website ein und kennzeichnet die grundlegenden Elemente. Bei Websites die der HTML-Struktur folgen, sind dies in der Regel der Header, Body und Footer. So werden unter diesem Punkt die Funktionen hinsichtlich ihrer Positionierung innerhalb des Angebots beschrieben.

---

[15] Die Funktion des Teilens – auch Sharing genannt – ist vor allem durch die Icons der großen Networks wie Facebook, Google+ und Twitter gekennzeichnet. Die Platzierung dieser Icons ist jedoch nicht nur Web-TV-Angeboten vorbehalten, sondern bezieht sich generell auf den Content von Websites.

[16] Der RSS-Feed (Really Simple Syndication) ist ein automatisierter Nachrichtenabruf. In Bezug auf Videos erhält der Nutzer über dieses System eine Information, wenn ein Video aktuell erschienen ist.

Die ökonomisch-rechtliche Dimension repräsentiert hier vorrangig wirtschaftliche Aspekte des Web-TV. Zu diesen Kategorien gehören Werbung, Abonnement, Lizenzrecht, und die Archivierungszeit. Vor allem die Erlösmodelle spielen eine entscheidende Rolle bei der Akzeptanz von Angeboten und werden als Qualitätsindikator aufgenommen. Sie lassen sich dabei in die beiden Bereiche Werbung und Abonnement einteilen. Die Werbung kann bei Web-TV-Angeboten vielfältig eingesetzt werden, zum Beispiel als klassische Bannerwerbung oder Pop-up-Werbung, wie sie bereits auf vielen Websites eingesetzt werden. Bei Web-TV-Angeboten sind sie ebenfalls, sofern Anbieter sie implementieren, um das Angebot herum platziert. Pop-ups treten eher weniger bei Web-TV-Angeboten auf, werden aber der Vollständigkeit halber im Codebuch aufgeführt. Eine weitere externe Form der Werbung sind sogenannte Channel Switch Ads. Dabei werden Werbespots – in der Regel handelt es sich dabei um ein bis zwei Spots – zwischen einem Kanalwechsel geschaltet, sodass Nutzer erst nach dieser Unterbrechung den nächsten Kanal sehen können. Darüber hinaus gibt es Werbemöglichkeiten, die sich direkt innerhalb von Videostreams befinden. Diese werden im Allgemeinen als In-Streams bezeichnet. Weitere Unterschiede gibt es hinsichtlich ihrer Platzierung. So bezeichnet man einen Werbespot, der zu Beginn des eigentlichen Streams startet, als Pre-Roll. Darüber hinaus existieren auch Werbespots, die in die Mitte (Mid-Roll) oder am Ende (Post-Roll) eines Streams eingebunden sind. Eine Alternative sind Overlays, die entweder als interaktive (anklickbare) Hyperlinks oder als Werbebanner während des Streams innerhalb des Videoplayers eingeblendet werden. Bei einem Abonnement handelt es sich von vornherein um ein kostenpflichtiges Angebot. Eine Unterscheidung wird zunächst auf zeitlicher Ebene vorgenommen, wobei die grundlegenden Zeiträume wie folgt kodiert werden. Bei Web-TV-Angeboten stellen Monatsabonnements in der Regel die kürzeste Phase dar. Die anderen Abrechnungseinheiten beziehen sich auf vierteljährliche, halbjährliche und jährliche Abonnements. Treten weitere alternative Zeiträume auf, so werden diese als Sonstige aufgefasst. Neben den zeitlich abgegrenzten Abonnements existieren noch gegenstandsbezogene Abonnements, d. h., Nutzer können ein bestimmtes Video oder einen bestimmten Kanal entweder einmalig (Pay-per-View) oder mehrmals in einem festgelegten Zeitraum (Pay-per-Time) nutzen – solch ein Abonnement dauert grundsätzlich ein bis zwei Tage. Des Weiteren existieren alternative Erlösmodelle im Web und dadurch auch bei Web-TV-Angeboten, die unabhängig von Werbung und Abonnement in einer eigenständigen Kategorie betrachtet werden. Diese Erlösmodelle setzen den Nutzer bzw. den durch soziale Medien entstandenen Gemeinschaftsgedanken in den Vordergrund. So befinden sich dort vor allem Bezahlungsstrategien, die sich auf die Freiwilligkeit des Nutzers berufen, d. h., dass der Nutzer selbst entscheidet, ob und wie viel ihm die Nutzung eines Web-TV-Angebots wert ist. Er legt damit seinen eigenen Zahlungsbeitrag fest. Diese Strategie kommt dem konventionellen Spenden gleich und findet sich im Web in Form von Flattr[17] oder Crowdfunding wieder. Abgesehen von den Erlösmöglichkeiten zeichnen sich Lizenzrechte als einen zusätzlichen Qualitätsindikator aus. Vor allem Web-TV-Angebote, die auf Fremdproduktionen angewiesen sind bzw. ihr Angebot um solche erweitern, müssen in der Verbreitung dieses Contents Einschränkungen vornehmen. So sind bspw. Angebote oder Teile von Angeboten nur länderspezifisch nutzbar, das bedeutet, dass Nutzer sich in dem jeweiligen Land befinden müssen, um den entsprechenden Content abrufen zu können. In diesem Fall spielt auch die technische Komponente eine Rolle, denn durch die geografische Kennung der IP-Adresse wäre eine solche differenzierte Umsetzung nicht möglich. Dennoch wird der Aspekt in dieser Dimension verankert, weil das Lizenzrecht der ausschlaggebende Faktor ist. Die letzte Kategorie bildet die Archivierung des Contents. Der Zeitraum ist im Hinblick auf die Qualität und Akzeptanz ebenfalls ein entscheidendes Kriterium, da das Internet aus einer ideologischen Sichtweise dem Nutzer die Möglichkeit bieten soll, immer – also zeit- und ortsunabhängig – auf den gewünschten Content zugreifen zu können. Bei Web-TV-Content ist dies jedoch nicht immer der Fall, was zum Teil auch an lizenzrechtlichen Gründen liegen kann. Deshalb wurden folgende zeitliche Abgrenzungen festgehalten, wonach der Content bis zu einer Woche, bis zu zwei Wochen, bis zu einem Monat, bis zu einem Jahr oder auf unbestimmte Zeit archiviert werden kann. In Abhängigkeit der Übertragungsart besteht darüber hinaus die Möglichkeit, dass generell kein Archiv zur Verfügung steht. Dies trifft grundsätzlich auf Angebote zu, die lediglich das Livestreaming unterstützen.

Die letzte Dimension beinhaltet Besonderheiten der Web-TV-Angebote, die über die genannten Kategorien hinausgehen und auch nicht über die beiden betrachteten Seiten zu erheben sind. Darunter können z. B. der Relaunch eines Angebots mit den dazugehörigen Veränderungen oder sonstigen Funktionen und Eigenheiten fallen, die abseits der Stichtagsanalyse auftraten. Das Codebuch kann keinen Anspruch auf Vollständigkeit gewährleisten, weil die technologische Entwicklung im Web sehr dynamisch ist und immer wieder neue Tools oder Relaunchs der Web-TV-Angebote hervorruft.

---

[17] Flattr ist ein sogenannter Social-Payment-Dienst, über den der Nutzer ein Guthaben im Web anlegen und von dem er dann freiwillig einen eigenen wählbaren Geldbetrag an Anbieter von Medienprodukten spenden kann (vgl. Flattr 2013).

8.1.4 Bestandsaufnahme der ausgewählten Web-TV-Angebote

In den folgenden Abschnitten werden die Befunde der Web-TV-Angebote basierend auf dem erstellten Codebuch im Einzelnen beschrieben. Anschließend werden die Gemeinsamkeiten und Unterschiede übergreifend zusammengefasst.

8.1.4.1 MyVideo

Content

Die thematische Ausrichtung von MyVideo ist durch die Rubrikenliste sehr allgemein gehalten. Sie setzt sich aus den Bereichen *Musik, TV, Filme, Live, Kanäle* und *Community* zusammen. Eine weitere genauere Unterteilung folgt innerhalb dieser Rubriken. So wird die Rubrik *Filme* beispielsweise mit den gängigen Genrebezeichnungen wie Drama, Horror oder Action umschrieben. Eine sehr weitläufige Themenliste findet man im Bereich Community. Dort kann der Nutzer zwischen 24 Themen wählen, während die Auswahl in der Rubrik *Kanäle* auf neun Unterkategorien begrenzt ist. Eine andere Untergliederung wird wiederum im Bereich *TV* vorgenommen, bei dem die an der Plattform beteiligten Sender aufgelistet sind.

Aufgrund dieser Rubrikenliste ist zu erkennen, dass MyVideo zwar vorrangig professionellen Content präsentiert, den Bereich Community aber nicht außen vor lässt und ebenfalls nutzergenerierten Content anbietet. Durch diesen Mix aus professionellem und nutzergeneriertem Content ist kein einheitlicher Veröffentlichungsrhythmus bestimmbar. Damit einhergehend ist ebenso die Länge der Videos variabel und lässt kein eindeutiges Muster erkennen. Dennoch dürfen die nutzergenerierten Videos eine maximale Spiellänge von 15 Minuten haben (vgl. MyVideo 2013b).

Technik

Das Videofenster weist in der Standard-Auflösung eine Größe von 830 x 490 Pixel auf. Eine optionale Verbesserung des Bildes lässt sich durch das HD-Symbol im Videoplayer erreichen, sofern die Videos in dieser Auflösung vorliegen. Neben der festen Größe des Videoplayers kann ebenso eine Vollbild-Funktion, die durch ein Rechtecksymbol gekennzeichnet ist, bildschirmfüllend ausgeführt werden. In Abhängigkeit zur Monitorgröße kann dabei eine stärkere Verpixelung im Videobild auftreten, sodass das Bild unscharf und grobkörniger aussieht.

Die generellen Steuerungsoptionen im Videoplayer bestehen zum einen aus der Start-/Stopp-Funktion, der Wiedergabe-/Pause-Funktion, einer Zeitleiste zum Vor- und Zurückspringen innerhalb des Videos sowie der Lautstärkeregelung. Der Unterschied zwischen der Stopp- und Pause-Funktion liegt darin, dass nach Betätigung der Stopp-

Funktion das Video erneut von Beginn an abgespielt wird, während ein Video nach der Pause wieder an selbiger Stelle fortläuft. Zum anderen gibt es noch andere Steuerungsoptionen. So kann z. B. ein Video in den Modus der Endlosschleife versetzt werden, was dazu führt, dass das Video geloopt – in einer Schleife abgespielt – wird. Des Weiteren kennzeichnet die Schaltfläche *OV* im Videoplayer die Auswahlmöglichkeit der Originalversion. Auf diese Weise können Videos in ihrer Originalsprache – meistens in der englischen Sprachversion – angesehen werden.

Als Übertragungsarten existieren sowohl das On-Demand-Streaming als auch das Livestreaming, wobei der Schwerpunkt auf dem Video-on-Demand liegt. Lediglich unter der Rubrik *Live* werden die entsprechenden Livestreaming-Kanäle angeboten.

Das Angebot lässt sich über verschiedene Browser ansehen, wofür jedoch zwingend das Flash-Plug-in benötigt wird. Denn ohne dieses Plug-in ist der Content nicht abrufbar.

Form und Funktion

Die Struktur des MyVideo-Angebots unterteilt sich in die drei Bereiche Header, Body und Footer. Im Header befindet sich schwerpunktmäßig die Hauptnavigation, die durch die allgemeine Rubrikenliste dargestellt wird. Über ein Drop-Down-Menü gelangt der Nutzer zu den jeweiligen Unterkategorien. Des Weiteren beinhaltet der Header zusätzliche relevante Elemente wie das Suchfeld und den Login-Button für den Account-Bereich. Im Zentrum des Angebots steht die direkte Content-Auswahl in Form einer Thumbnail-Navigation (s. Abb. 13).

Abbildung 13: MyVideo – Startseite
Quelle: MyVideo (2013d)

Über die Scroll-Leiste kann man dort die angezeigten Kategorien erreichen. In der ersten Zeile befinden sich aktuelle Tipps aus den verschiedenen Rubriken, die nacheinander und automatisch im Hauptfenster erscheinen. Darunter folgen die Kategorien *Highlight, Themen des Tages, Top Musik, Top Serien, Top Filme, Die besten Anime Serien, Die besten Filmtrailer, Top Webstars* und *Alle Livestreams*. Dabei richtet sich jede Kategorie an dem Schema der Thumbnail-Darstellung aus. In Bezug auf die Navigation ist diese auf den Unterseiten sowie auf den Videoseiten ähnlich. Lediglich die Form der Darstellung variiert etwas (z. B. zwischen größeren und kleineren Thumbnails). Der unterste Bereich, der Footer, besteht einerseits aus Erläuterungen zu den einzelnen Kategorien *Musik, Videos, Filme, Serien* und *Themen*, die über eine Registerkarten-Darstellung auswählbar ist. Andererseits beinhaltet der Footer noch allgemeine Links, die weitere Informationen zur Plattform (z. B. Hilfe, Datenschutz, RSS, Newsletter, Cookies, etc.) bieten.

Die Empfehlungsfunktionen (s. Abb. 14) sind vor allem durch das Aufkommen der sozialen Netzwerke zu einem wesentlichen Bestandteil von Web-TV-Angeboten geworden. So können auch bei MyVideo Videos weiter empfohlen werden. Eine Option ist die direkte Einbettung der Videos über soziale Netzwerke.

Abbildung 14: MyVideo – Videoplayer- und Empfehlungsfunktionen
Quelle: MyVideo (2013e)

Die größten Netzwerke (Facebook und Twitter) sind unmittelbar unter dem Videoplayer platziert. Weitere Netzwerke und Dienste (VZ, Lokalisten, MySpace und MSN Messenger) sind über ein Drop-Down-Menü zu erreichen. Mittels des Links *Weitersagen* lassen sich zusätzlich mehr als 200 Netzwerke und Dienste auswählen, um ein Video weiterzuleiten. Darüber hinaus kann ein Video an E-Mail-Adressen geschickt werden, was mit einem Brief-Icon symbolisiert wird. Dadurch wird E-Mail als zusätzlicher Dienst eingesetzt. Empfehlungen anderer Art sind die Bewertungs- und Kommentarfunktionen. Mit einer fünfstufigen Skala (symbolisiert durch Sterne) kann der Nutzer Videos nach seinem eigenen Empfinden und unter Berücksichtigung der Abstufung bewerten. Seine eigene Meinung äußern kann der Nutzer mithilfe der Kommentarfunktion. MyVideo bietet zwei Optionen: Die erste Option bezieht sich auf eine Verknüpfung mit Facebook, sodass der Nutzer über sein Facebook-Profil Anmerkungen zu Videos schreiben kann. Facebook steht als Link im Gästebuch; es lassen sich Videos ebenso über Yahoo, AOL und Hotmail kommentieren. Die zweite Option ist der Gästebucheintrag über MyVideo selbst, wofür der Nutzer ein MyVideo-Profil benötigt.

Durch die Servicefunktionen soll dem Nutzer der Zugang zum Angebot bzw. zum Content erleichtert werden. MyVideo bietet diesbezüglich eine Hilfefunktion an, in der bereits vorab die wesentlichsten Fragen und Antworten zum Angebot aufrufbar sind. Einen weiteren Service stellt die Suchfunktion dar. Diese unterstützt den Nutzer bei seiner gezielten Suche nach seinem gewünschten Content. Obendrein stellt MyVideo eine RSS-Funktion für die jeweiligen Rubriken und Themen zur Verfügung. Ferner gibt es in diesem Zusammenhang noch die Funktion des Abonnierens. Diese bezieht sich auf einzelne Mikrobereiche, sodass man bspw. nur eine bestimmte Serie abonniert. Mittels dieser Funktion kann sich der Nutzer automatisch über die Veröffentlichung neuer Videos informieren lassen. Personalisiert und individuell kann der Nutzer das Angebot nutzen, indem er nach der Registrierung eines Profils auch Favoritenlisten anlegt. Bei MyVideo lassen sich grundsätzlich zwei Arten von Listen unterscheiden: zum einen eine Playlist und zum anderen eine Merkliste. Der Unterschied liegt darin, dass Videos in einer Merkliste nicht gespeichert werden. Diese bleiben nur bis zum Schließen des Browsers bestehen und werden danach gelöscht, während eine Playliste im Profil gespeichert wird, bis der Nutzer diese löscht (vgl. MyVideo 2013c). Der letzte Servicepunkt ist die Mehrsprachigkeit. Dabei werden vor allem bei professionellem Content wie Serien und Filme neben einer synchronisierten Fassung auch die Originalversionen angeboten. In der Regel handelt es sich dabei um englischsprachige Serien oder Filme.

Ökonomische und rechtliche Faktoren
Die Werbung ist das zentrale Erlösmodell von MyVideo. Als gängigste Form wird die In-Stream-Werbung genutzt, d. h., dass kurze Werbespots innerhalb des Videostreams als Pre- und/oder Mid-Rolls eingebunden werden. Das Pre-Roll wird dabei vor Beginn des eigentlichen Videos abgespielt und hat eine maximale Dauer von 30 Sekunden. Die Mid-Rolls treten in Abständen von circa zehn Minuten während des jeweiligen Videostreams auf.

Geografisch wird die Nutzung des professionellen Contents eingeschränkt. Dadurch können sich Nutzer diese Art des Contents aus rechtlichen Gründen nur im nationalen oder deutschsprachigen Raum ansehen. Eine weltweite Verfügbarkeit ist demnach ausgeschlossen. Der nutzergenerierte Content ist hingegen uneingeschränkt verfügbar.

Die Archivierungszeit hängt ebenfalls vom Content ab. So ist der nutzergenerierte Content theoretisch auf unbestimmte Zeit archiviert. Das bedeutet, dass die Archivierungszeit erst mit dem Löschen durch den Nutzer, der das Video hochgeladen hat, endet. Der professionelle Content unterliegt dabei ebenfalls lizenzrechtlichen Restriktionen. So werden z. B. bei Serien teilweise nur drei Episoden zugleich bereitgestellt. Dies wird jedoch nicht einheitlich gehandhabt. So kann es vorkommen, dass von einigen Serien auch mehrere oder weniger Episoden zum Abruf bereitstehen.

Des Weiteren ist MyVideo beim Thema Jugendschutz aktiv. Videos, die die Altersfreigabe FSK 18 haben, werden nur zwischen 23:00 und 6:00 Uhr zum Abruf freigeschaltet. Anderweitige Alterseinschränkungen sind nicht vorhanden.

8.1.4.2 ZDFmediathek

Content

Die ZDFmediathek wird im Gegensatz zu MyVideo parallel in Rubriken und Themen unterteilt. Die Rubriken bieten eine allgemeine Übersicht über den Content der ZDFmediathek, während die Themen eine gezielte Auswahl ermöglichen. Demnach beinhalten die Rubriken die Bereiche *Film, Kinder, Krimis, Kultur, Nachrichten, Politik, Ratgeber, Serien, Sport, Unterhaltung* und *Wissen*. Den spezifischeren Zugang zeigen die Themen bestehend aus den Bereichen *Ausbildung & Beruf, Reise & Freizeit, Auto & Verkehr, Computer & Technik, Erde & Klima, Essen & Trinken, Familie & Gesellschaft, Geld & Verbraucher, Geschichte & Archäologie, Haus & Garten, Kino & Film, Kultur, Medizin & Gesundheit, Politik* sowie *Raumfahrt & Astronomie*. Trotz dieser Unterteilung in Rubriken und Themen sind Überschneidungen einzelner Bereiche vorhanden, sodass eine Abgrenzung nicht eindeutig ist.

Die Art des Contents ist ausschließlich auf professionellen Content ausgelegt, der entweder eingekauft wird oder eigenproduziert ist und bereits durch den Fernsehsender selbst bedingt ist. Die Aktualisierung des Contents ist nicht eindeutig zu bestimmen. Sendungen können auf der einen Seite zeitgleich gestreamt und im TV ausgestrahlt oder auf der anderen Seite kurz nach der TV-Ausstrahlung veröffentlicht werden. Dies hängt jedoch von der Produktionsart ab. Auch die Länge der Videos kann nicht verallgemeinert werden, da sie in Abhängigkeit der Formate (Serien, Shows, Filme, etc.) unterschiedlich lang sind. Dadurch ist eine Spezifizierung der Videolänge hinsichtlich des Webs nicht vorhanden.

Technik

Der Videoplayer der ZDFmediathek weist in der Standard-Auflösung eine Größe von 852 x 480 Pixel auf. Diese ist beim Aufrufen des Angebots so voreingestellt. Darüber

8.1 Umfeldanalyse ausgewählter Web-TV-Angebote

hinaus gibt es zusätzliche Einstellungen in Bezug auf die Auflösungsgröße. Eine Auflösung in HD (1280 x 720 Pixel) für größere Bildschirme ist ebenso möglich wie geringere Auflösungen (432 x 240 Pixel und 192 x 112 Pixel) für kleinere Bildschirme. Als Übertragungsart gibt es dort neben dem Livestreaming auch das On-Demand-Streaming. Das Livestreaming unterteilt sich dabei noch einmal. Zum einen werden alle ZDF-Sender parallel zur TV-Ausstrahlung gestreamt. Zum anderen lassen sich aber auch einzelne Sendungen als Livestream auswählen, sofern sie on air sind.

Eine Besonderheit bietet die ZDFmediathek zudem beim Bildmodus: Neben der Möglichkeit, Videos im Vollbild zu betrachten, können diese außerdem über einen externen Miniplayer abgespielt werden. Auf diese Weise lassen sich die Videos ausgliedern und auch außerhalb der Website ansehen.

Hinsichtlich der Steuerung stehen den Nutzern abgesehen von den gängigen auch einige spezielle Optionen zur Verfügung (s. Abb. 15). Wird ein Video angeklickt, erscheinen unterhalb des Videos sämtliche relevante Steuerungselemente. Auf der linken Seite befindet sich der Wiedergabe- und Pause-Button, der aufgrund seiner entsprechenden Funktion farblich hervorgehoben ist. Danach folgt rechts die Zeitleiste, mit der Nutzer zu den gewünschten Positionen in einem Video vor- und zurückspringen können.

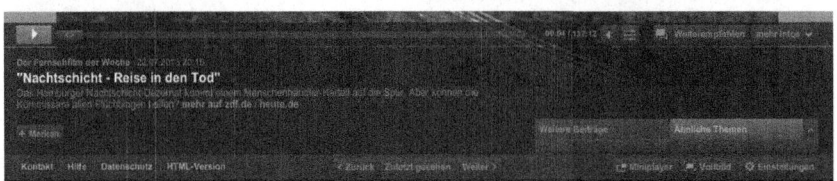

Abbildung 15: ZDFmediathek – Steuerungs- und Einstellungsfunktionen
Quelle: ZDFmediathek (2013c)

Diese Manipulation des Videos ist jedoch nur im On-Demand-Streaming möglich. Rechts neben der Zeitleiste werden zudem die Gesamtdauer und die aktuelle Positionszeit angezeigt. Des Weiteren kann die Lautstärke über das Lautsprecher-Icon geregelt werden. Eine zusätzliche Einstellungsmöglichkeit ist die Untertitelfunktion. Über die Schaltfläche *UT* können Videos untertitelt werden, wobei der Nutzer zwischen verschiedenen Schriftgrößen (normal, groß und sehr groß) wählen kann. Als spezielle Steuerungsoption kann der Nutzer noch detailliertere Videoeinstellungen vornehmen. Dabei kann er die Sättigung, den Kontrast und die Helligkeit von Videos anpassen.

Das Angebot kann über verschiedene Browser genutzt werden, wobei ein Flash-Plugin nicht zwingend notwendig ist. Denn die Mediathek existiert als Flash- und als

HTML-Variante, sodass die Videos möglichst plattform- und geräteunabhängig zu sehen sind.

Form und Funktion

Die Beschreibungen zur Anordnung, zur Navigation und zu den weiteren funktionalen Elementen beziehen sich vordergründig auf die Flash-Version der Mediathek. Dennoch werden Abweichungen zur HTML-Version ebenfalls aufgegriffen. Das Flash-Objekt besteht aus drei Teilbereichen. Im oberen Bereich befindet sich die Zeile der Hauptnavigation, die sich in *Nachrichten, Sendung verpasst, Live, Sendungen A-Z, Rubriken, Themen* und *Sender* unterteilt (s. Abb. 16). Diese eignen sich zum Vorfiltern des Contents. Ferner kann der Nutzer im Header eine Merkliste anlegen, um sich die darin befindlichen Videos zu einem späteren Zeitpunkt anzusehen. Über das Suchfeld kann er zudem mit bestimmten Begriffen nach Videos suchen.

Abbildung 16: ZDFmediathek – Startseite
Quelle: ZDFmediathek (2013d)

Der mittlere Bereich beinhaltet die Darstellung des Contents in Form von Thumbnails. Auf der Startseite befinden sich vorab ausgewählte Tipps der Redaktion. Man kann sich jedoch auch die aktuellen oder die meist gesehenen Sendungen anzeigen lassen, die gleichzeitig weitere Navigationselemente darstellen. Diese Felder der Navigationselemente und das zentrale Feld bieten noch zusätzliche Informationen zum Content. Neben den grundlegenden Angaben wie Sendung, Titel des Contents, Dauer, Sender, Datum und Uhrzeit der TV-Ausstrahlung werden darüber hinaus noch eine kurze Beschreibung, das Hinzufügen zur Merkliste, Untertitelfunktion – sofern diese vorhanden ist – und die Art des Contents (Audio, Bilder, Video und Interaktiv) angegeben.

Ähnlich der Startseite sind die Unterkategorien der anderen Punkte der Hauptnavigation aufgebaut und verhalten sich dementsprechend. Im unteren Teil sind zum einen die allgemeinen Informationen (Kontakt, Hilfe, Datenschutz und HTML-Version) gelistet und zum anderen werden einige Einstellmöglichkeiten zur Videodarstellung (Videoskalierung, Tooltipp, Flash Cookies und Vollbildmodus) angeführt. Weiterhin gibt es dort noch eine Tabelle mit den zuletzt gesehenen Videos.

Die HTML-Version weist eine etwas andere Anordnung auf. Zwar besteht diese Version ebenso aus drei Teilbereichen, die der HTML-Struktur Header, Body und Footer entsprechen. Im Header stehen anstelle der Navigation die allgemeinen Informationen (Kontakt, Hilfe, Datenschutz und Flash-Version) zur Verfügung. Das Suchfeld ist wie in der Flash-Version an gleicher Stelle positioniert. Der Body ist hingegen in zwei Spalten aufgeteilt, in denen sich die relevanten Navigationselemente befinden. Die rechte Spalte – die Seitennavigation – entspricht der Hauptnavigation der Flash-Version. Ausgehend von der Startseite sind in der linken Spalte zunächst die Topthemen aufgeführt. Durch die Unterteilung der Startseite in der Seitennavigation in Tipps, Meist gesehen und Aktuellste wird nun unterhalb der Topthemen die jeweilige ausgewählte Kategorie angezeigt. Jedes Feld beinhaltet wie in der Flash-Version die wesentlichen Informationen sowie ein Thumbnail zum Video. Die anderen Links in der Seitennavigation verhalten sich dementsprechend. Darüber hinaus ist der Videoplayer in der rechten Spalte implementiert und ermöglicht dem Nutzer – anders als bei der Flash-Version – nur die Auswahl der mittleren Auflösungsqualitäten (DSL 1000 und DSL 2000) als Quicktime-Film. Der Footer besteht lediglich aus dem Impressum.

In der ZDFmediathek sind verschiedene Empfehlungsfunktionen eingebunden. Zum einen können Videos direkt an E-Mail-Adressen weitergeleitet werden. Diese Funktion ist entsprechend als Brief-Icon gekennzeichnet. Zum anderen kann der Nutzer den direkten Link eines Videos kopieren und durch Tools seiner Wahl weiterleiten. Ferner kann der Nutzer Videos auch direkt in soziale Netzwerke wie Facebook, Twitter und Google+ einbetten. Diese sind mit den dazugehörigen Icons versehen.

Die ZDFmediathek bietet zudem einige Servicefunktionen. Die Hilfe, die sich im unteren Teilbereich des Flash-Objekts befindet, verfügt über die wesentlichen Fragen und Antworten zur Plattform. Sie gibt dem Nutzer Anleitungen zur Bedienung der Mediathek sowie Auskünfte zu Begrifflichkeiten und technischen Anforderungen. Ein Suchfeld zur individuellen Suche nach Content ist im rechten oberen Teilbereich des Flash-Objekts platziert. Neben diesen beiden Funktionen kann der Nutzer RSS-Feeds – die auch als solche bezeichnet sind – abonnieren. Er erhält dadurch automatisch die Information, wenn ein Video, das auf Abruf vorliegt, veröffentlicht wurde. Eine Favoritenliste im eigentlichen Sinne ist zwar nicht vorhanden, dennoch existiert eine Merkliste, die links neben dem Suchfeld (s. Abb. 17) positioniert ist und eine ähnliche Funktion übernimmt.

Abbildung 17: ZDFmediathek – Merkliste und Suchfeld
Quelle: ZDFmediathek (2013e)

Der Nutzer findet an dieser Stelle seinen vorgemerkten Content, den er sich erstens zu einem späteren Zeitpunkt ansehen und zweitens nach seinem Wunsch sortieren kann. Auch die Weiterleitung der gesamten Merkliste ist möglich. Jedoch können nur On-Demand-Streams markiert werden. Als letzter Punkt ist noch die bereits genannte Untertitelfunktion zu erwähnen. Dies ist ein spezieller Service, der nur bei einigen ausgewählten Sendungen vorkommt und vor allem einen Vorteil für Gehörgeschädigte bzw. Gehörlose ist, denen dadurch die Nutzung der Mediathek ermöglicht wird.

Ökonomische und rechtliche Faktoren
Die ZDFmediathek als Plattform ist frei von Werbung, da sie u. a. über den allgemeinen Beitragsservice mitfinanziert wird. Lediglich die vollständigen Livestreams der ZDF-Sender behalten die Werbeblöcke parallel zur TV-Ausstrahlung bei.
Grundsätzlich sind die Videos weltweit abrufbar. Dennoch können aufgrund rechtlicher Gründe Ausnahmen bestehen, sodass entsprechende Videos eingeschränkt zur Verfügung gestellt werden (vgl. ZDFmediathek 2013). Zudem kommt es vor, dass auch innerhalb von Sendungen einzelne Ausschnitte nicht gezeigt werden dürfen, weil bspw. Bild- oder Musikrechte für das Streaming nicht vorliegen. Dies tritt z. B. bei Nachrichten-Sendungen auf.
Hinsichtlich der Archivierungszeit des Contents gibt es laut ZDFmediathek zwei entscheidende Zeiträume. Generell sind Sendungen bis zu einem Jahr online verfügbar. Sobald es sich jedoch um fiktionalen Content (Serien, Filme etc.) handelt, kann dieser

8.1 Umfeldanalyse ausgewählter Web-TV-Angebote

nur bis zu einer Woche nach Veröffentlichung auf der Plattform zum Abruf bereitgestellt werden. Dies ist u. a. bedingt durch nicht vorhandene Rechte sowie durch die Vorgabe des Rundfunkstaatsvertrags (vgl. ZDFmediathek 2013b).

Ein weiterer Punkt, der einen eingeschränkten Zugang zum Content nach sich zieht, ist der aktiv betriebene Jugendschutz. In diesem Fall werden Sendungen für Jugendliche ab 16 Jahren erst ab 22:00 Uhr und Sendungen ab 18 Jahren ab 23:00 Uhr zum Abruf freigeschaltet (vgl. ZDFmediathek 2013b).

Besonderheiten

Es gibt Sendungen wie das *heute journal plus*, in denen interaktive Elemente/Schaltflächen eingesetzt werden, die mit anderen Videos verknüpft sind und ergänzende Informationen (in Form von Videos oder Texten) zu den aktuell angesprochenen Themen oder Personen liefern.

8.1.4.3 Mercedes-Benz TV

Content

Die thematische Ausrichtung von Mercedes-Benz TV setzt sich aus den Rubriken *Fahrzeuge, Innovation, Design, Historie, Sport, Fashion* und *Zeitgeist* zusammen. Eine feinere Unterteilung innerhalb dieser Rubriken erfolgt nicht.

Dem Nutzer wird ausschließlich professioneller Content geboten, wobei die Spiellänge der Videos variabel ist. Dennoch zeigt sich, dass kein Video länger als fünf Minuten dauert. Ebenso ist kein einheitlicher Veröffentlichungsrhythmus zu erkennen.

Technik

Die Videos liegen grundsätzlich in der Standard-Auflösung vor. In dieser Grundeinstellung beträgt die Auflösungsgröße 1180 x 685 Pixel. Eine bessere Videoqualität lässt sich optional mit der Aktivierung der HD-Auflösung erreichen, wobei der Videoplayer die genannte Auflösungsgröße beibehält. Diese Auflösung kann über die HD-Schaltfläche in der Videosteuerung, die durch eine Mouseover-Funktion im Videoplayer erscheint, aktiviert werden.

Die Übertragungsart bezieht sich bei dieser Plattform lediglich auf das On-Demand-Streaming. Livestreams stehen nicht zur Verfügung.

Über die Videosteuerung kann der Nutzer von der vorgegebenen Darstellungsgröße in den Vollbildmodus wechseln. Diese Einstellungsmöglichkeit befindet sich rechts unten in der Videosteuerung und ist durch ein Bild-in-Bild-Icon gekennzeichnet.

Die weiteren Steuerungsoptionen sind ebenfalls in die einblendbare Videosteuerung eingebunden. Dabei ist links unten die Wiedergabe- und Pause-Funktion platziert. Neben dieser Funktion folgt die Schaltfläche zur Regelung der Lautstärke, die durch das Lautsprecher-Icon symbolisiert wird. Erst danach kommt die Steuerungsleiste in zentraler Position, die das Vor- und Zurückspringen im Video ermöglicht. Links daneben wird die aktuelle Zeit des Videos angegeben. Außerdem kann der Nutzer zu einem vorangegangenen oder zu einem nachfolgenden Video springen. Diese Funktion wird durch spitze Klammern, die sich jeweils links und rechts am Rand außerhalb des Videoplayers befinden, angezeigt. Darüber hinaus enthält die Videosteuerung kurze Beschreibungen zu den Videos, die über die Informationsschaltfläche aufgerufen werden können.

Mercedes-Benz TV ist über verschiedene Browser abrufbar, die jedoch ein Flash-Plugin benötigen, da die Videos in einen Flashplayer eingebunden sind.

Form und Funktion

Die Plattform ist gleich der allgemeinen HTML-Struktur angeordnet, d. h., sie besteht aus den drei Bereichen Header, Body und Footer. Im Header sind zunächst die bereits genannten Rubriken als Hauptnavigationselemente aneinandergereiht. Diese Elemente sind jedoch mit den Artikeln der Website verknüpft und führen somit nicht zum Aufrufen der Videos. Erst über den Link *TV*, rechts neben den Rubriken, werden die Videos auf der Website angezeigt (s. Abb. 18).

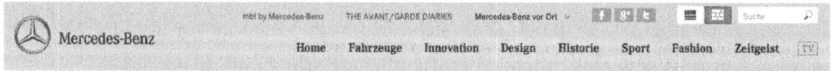

Abbildung 18: Mercedes-Benz TV – Header
Quelle: Mercedes-Benz TV (2013b)

Des Weiteren findet man im Header Links zu anderen Websites von Mercedes-Benz sowie Links zu den sozialen Netzwerken Facebook, Twitter und Google+, damit Nutzer diesem Angebot in den sozialen Netzwerken folgen können. Daneben befindet sich am oberen rechten Rand das Suchfeld. Zusätzlich kann der Nutzer zwischen einer Magazin- und einer Thumbnail-Ansicht wählen. Im weiteren Verlauf wird die Magazin-Ansicht beschrieben, da die Thumbnail-Ansicht keiner bestimmten strukturellen Einteilung folgt.

Der Body besteht aus vier Bereichen, eine Slideshow mit mehreren auswählbaren Videos, dem Ressort Playlisten, dem Mercedes-Benz Reporter und den Fahrzeug Playlisten (s. Abb. 19). Die Slideshow ist zunächst der zentrale Bereich der Website.

Die Bilder wechseln dort automatisch, wobei die Dauer des Bildwechsels durch die Zeitleisten unterhalb des Fensters angezeigt wird. Der Bildwechsel kann aber auch

8.1 Umfeldanalyse ausgewählter Web-TV-Angebote

manuell durch den Nutzer ausgeführt werden, indem er die spitzen Klammern links und rechts neben dem Fenster anklickt. Im zweiten Bereich, dem Ressort Playlisten, werden weitere Videos in verschiedenen Thumbnail-Größen angezeigt. Zudem ist dort die Navigation als Drop-Down-Menü vorzufinden, die im linken oberen Feld eingebunden ist und sich aus den bereits erwähnten Rubriken zusammensetzt. Ebenso lässt sich in diesem Bereich die Blätterfunktion über die spitzen Klammern ausführen. Eine weitere Auswahloption bieten die Links Neueste und Beliebteste, die über den Thumbnails positioniert sind. Der dritte Bereich, Mercedes-Benz Reporter, ist genauso wie das Ressort Playlisten aufgebaut. Der letzte Bereich, Fahrzeug Playlisten, zeigt eine symmetrische Anordnung der dort angeführten Thumbnails. Das Blättern durch die spitzen Klammern wird in diesem Bereich nicht angeboten.

Abbildung 19: Mercedes-Benz TV – Auszug zur Startseite in der Magazin-Ansicht
Quelle: Mercedes-Benz TV (2013c)

Im Footer sind die allgemeinen Hinweise wie Kontakt, Anbieter, Cookies, Datenschutz, rechtliche Hinweise, Englisch (als zweite Sprachversion), Karriere und Investor Relations sowie Social Publish platziert. Darüber hinaus befinden sich farblich hervorgehoben die Links zum Newsletter, zu den RSS-Feeds und zum Podcast, wobei dieser Link zum iTunes Podcast führt.
Mercedes-Benz TV verfügt über verschiedene Empfehlungsfunktionen (s. Abb. 20), um die Videos weiterzuleiten. Zum einen kann man die Videos direkt an E-Mail-

Adressen schicken. Über das Vernetzungs-Icon werden die entsprechenden Eingabefelder unmittelbar aufgerufen. Auch die weiteren Empfehlungsfunktionen erscheinen durch dieses Icon. Zum anderen können die Videos durch das Kopieren des direkten Links sowie des Einbettungscodes mit externen Tools oder Diensten verknüpft werden. Einen wesentlichen Punkt hinsichtlich der Empfehlung bilden die sozialen Netzwerke. Dort lassen sich die Videos direkt in Facebook, Twitter und Google+ einbetten. Diese Netzwerke sind durch die dazugehörenden Icons gekennzeichnet.

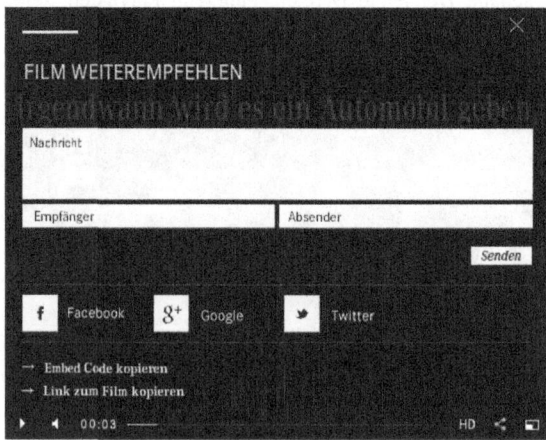

Abbildung 20: Mercedes-Benz TV – Empfehlungsfunktionen
Quelle: Mercedes-Benz TV (2013d)

Ergänzend zu den Empfehlungsfunktionen kann der Nutzer zusätzliche Servicefunktionen verwenden. Eine der wichtigsten Funktionen in diesem Bereich ist die Suche. Das besondere bei diesem Suchfeld ist, dass sich die herausgefilterten Ergebnisse nicht nur auf Videos beziehen, sondern ebenfalls Textbeiträge einschließen. Als weiteren Service wird die Implementierung von RSS-Feeds angeboten. Dabei kann sich der Nutzer über neue veröffentlichte Videos in den einzelnen Rubriken automatisch informieren lassen. Aufgrund der internationalen Ausrichtung des Unternehmens existiert auch eine englischsprachige Version zum Videocontent. Diese Einstellung lässt sich jedoch nicht im Videoplayer vornehmen, sondern ist über die Website selbst auswählbar.

Ökonomische und rechtliche Faktoren

Mercedes-Benz TV hat als Corporate Web-TV-Angebot die besondere Aufgabe, das eigene Image bzw. die eigenen Produkte zu präsentieren. Aufgrund dessen kann das Angebot als eigenfinanziertes Marketinginstrument bezeichnet werden. Dadurch sind weder Werbung noch Abonnement-Modelle auf der Plattform vorzufinden.
Eine technische Einschränkung aufgrund fehlender Rechte oder Lizenzen zur weltweiten Nutzung ist nicht ersichtlich. Zudem sind die Videos auf unbestimmte Zeit und in Abhängigkeit des Anbieters archiviert. Sie können von den Nutzern jederzeit abgerufen werden.

8.1.4.4 SPIEGEL.TV

Content

Der Content bei SPIEGEL.TV ist sehr vielfältig und beruht ausschließlich auf professionelle Produktionen. Er ist in Rubriken (dort Kanäle genannt) und spezielle Themen eingeteilt (s. Abb. 21).

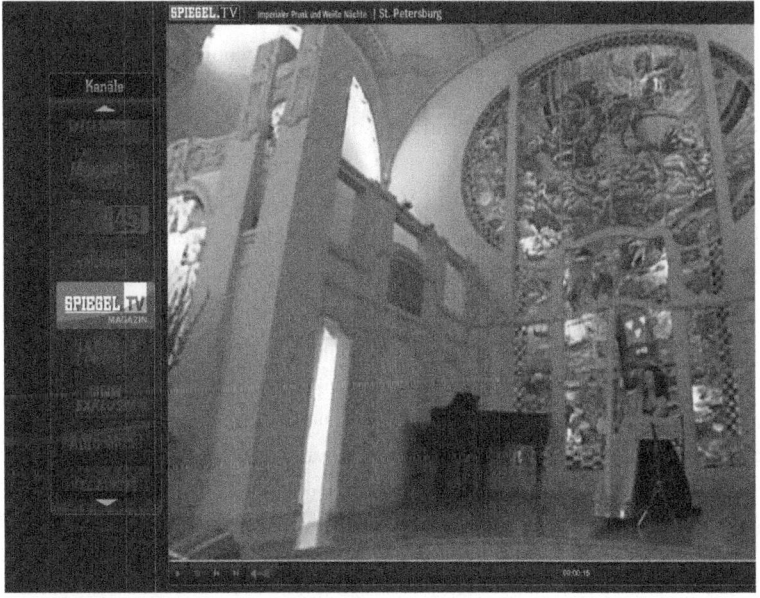

Abbildung 21: SPIEGEL.TV – Kanalauswahl
Quelle: SPIEGEL.TV (2013c)

Die Themen beziehen sich in erster Linie auf Ausgaben des Magazins *Der SPIEGEL*, die im Web-TV mit Videos angereichert werden. In der Regel werden dort u. a. Bereiche der nationalen sowie internationalen Politik, aber auch gesellschaftsrelevante Aspekte vertieft. Die Kanäle hingegen bieten einen allgemeinen Zugang zu Themen. Darunter fallen Rubriken wie *Sport*, *Reise*, *Auto-Mobil*, *Menschen*, *Wirtschaft*, *Genuss*, *History* sowie *Natur & Technik*. Auch eigene Reihen wie *SPIEGEL TV Reportage*, *SPIEGEL TV Magazin* und *SPIEGEL TV Magazin – Vor 20 Jahren* werden unter den Kanälen aufgeführt. Darüber hinaus komplettieren *BBC exklusiv* und *Vice* als externe Contentanbieter die Auswahlmöglichkeiten für den Nutzer.

Ein einheitlicher Veröffentlichungsrhythmus des Contents ist anhand der Plattform nicht bestimmbar. Dies gilt ebenso für die Länge der Videostreams, die jeweils von den unterschiedlichen Formaten abhängt.

Technik

Im Rahmen der technischen Dimension weist der Videoplayer dynamische Auflösungsgrößen auf, die sich in Abhängigkeit mit der Größe des Browser-Fensters anpassen. Dort ist festzustellen, dass Auflösungen von ungefähr 801 x 510 Pixel bis 1264 x 771 Pixel vorliegen, ohne dass sich dabei eine Änderung der Bildqualität erkennen lässt.

Hinsichtlich der Übertragungsart bietet SPIEGEL.TV sowohl Video-on-Demand-Streams als auch Livestreams an. Wird das Angebot zum ersten Mal aufgerufen, erscheint die Startseite mit dem Livestream, von dem man danach zu den Videos auf Abruf wechseln kann.

Weiterhin kann der Nutzer die Videos im Vollbildmodus betrachten. Diese Funktion kann bei Livestreams sowie bei On-Demand-Streams aktiviert werden.

In Bezug auf die Steuerungsoptionen stehen dem Nutzer beim On-Demand-Streaming die Wiedergabe- und Pause-Funktion als generelle Videosteuerung zur Verfügung. Weitere Kontrollmöglichkeiten der Streams sind durch die einblendbare Zeitleiste sowie die Schaltflächen zum Zurück- und Weiterspringen gegeben. Während die Zeitleiste zum Navigieren innerhalb des aktuellen Videos dient, ist mit den anderen beiden Schaltflächen das Springen zu vorherigen oder nachfolgenden Videos möglich. Alle diese genannten Steuerungsoptionen sind beim Livestreaming nicht vorhanden. Weiterhin kann der Nutzer die Streams noch anderweitig kontrollieren, indem er die Lautstärke direkt im Videoplayer regelt oder Videos über die Aufnahme-Schaltfläche seiner persönlichen Aufnahmeliste hinzufügt, um sich diese zu einem späteren Zeitpunkt anzusehen. Diese Optionen gelten wiederum für beide Streamingarten.

Das Web-TV-Angebot von SPIEGEL.TV ist zwar über verschiedene Browser aufrufbar, dennoch benötigen diese ein Flash-Plug-in, da die gesamte Website aus einem Flash-Objekt besteht. Andernfalls kann das Angebot auf dieser Plattform nicht genutzt werden. Alternativ lassen sich die Videos noch über die Website von SPIEGEL ONLINE im Bereich SPIEGEL TV in der HTML-Variante abrufen, die hier aber nicht weiter berücksichtigt wird.

Form und Funktion

SPIEGEL.TV weist eine besondere Struktur und Navigation auf. Startet man das Angebot, so erscheint nach einer kurzen Ladephase der Videoplayer – das zentrale Element – mit dem Livestream der Seite. Um den Videoplayer herum sind die einzelnen Navigationsbereiche platziert (s. Abb. 22).

Abbildung 22: SPIEGEL.TV – Menüstruktur
Quelle: SPIEGEL.TV (2013d)

Diese Anordnung behält die Seite grundsätzlich immer bei. Eine Aufteilung wie bei den HTML-strukturierten Web-TV-Angeboten ist nicht vorhanden. Dennoch besteht der Videoplayer aus drei Bereichen. Im oberen Bereich befindet sich neben dem Titel und Untertitel des aktuellen Videos auch der Link (durch das Logo SPIEGEL.TV markiert) zum Livestream. Dies bezieht sich vor allem auf das Video-on-Demand. Beim Livestreaming sind Titel und Untertitel im Videoplayer zusätzlich mit einem Drop-Down-Menü versehen, das eine Vorschau auf die zwei nachfolgenden Livestreams anzeigt. Der mittlere und zugleich größte Bereich nimmt den Raum für die Videodarstellung ein. Dort lassen sich zudem die Empfehlungsfunktionen per Mouseover am rechten Rand des Videoplayers einblenden. Ebenfalls über die Mouse-over-Funktion erscheinen gleichzeitig die Zeitleiste zur Steuerung innerhalb des Videos, eine kurze Beschreibung zum Inhalt sowie die Dauer und das Datum der Erstausstrahlung. Der untere Bereich beinhaltet die Steuerungsoptionen (s. Abb. 23), die sich beim On-Demand-Streaming von links nach rechts aus den folgenden Komponenten zusammensetzen: Wiedergabe und Pause, Aufnahme, Zurück- und Vorspringen, Lautstärkeregelung, aktuelle Positionsanzeige, Vollbildmodus und der Link zu SPIEGEL ONLINE.

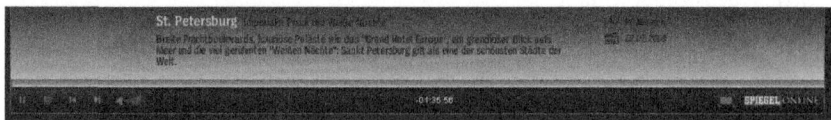

Abbildung 23: SPIEGEL.TV – Videosteuerung
Quelle: SPIEGEL.TV (2013e)

Beim Livestreaming fallen die Wiedergabe und Pause sowie das Zurück- und Vorspringen weg. An den jeweiligen Seitenrändern sind die Navigationselemente angeordnet. Auf der linken Seite befinden sich die Kanäle, die dem Nutzer in einem vertikalen Cover Flow[18] zugänglich sind. Auf der rechten Seite kann sich der Nutzer spezielle Themen heraussuchen. Dort wird ebenfalls ein vertikaler Cover Flow eingesetzt. Unterhalb des Videoplayers kann der Nutzer die Kontextnavigation verwenden. D. h., sobald ein Kanal ausgewählt ist, kann der Nutzer mittels eines horizontalen Cover Flows durch alle Videos dieses Kanals navigieren. Dabei kann man vorab entscheiden, ob ein Video direkt angeklickt oder eine Beschreibung zum Inhalt über den Informations-Button eingeholt wird. Wird die zweite Variante genutzt, ändert sich dadurch die Darstellung des Videoplayers. Das Fenster teilt sich untereinandergereiht in drei Bereiche, sodass im ersten Teil der minimierte Videoplayer sowie das Titelbild zum jeweiligen Kanal angezeigt werden. Der zweite Teil besteht aus dem bereits genannten horizontalen Cover Flow, während im dritten Teil das aktuell angewählte Video mit der dazugehörigen Beschreibung erscheint. Dieser Vorgang vollzieht sich in ähnlicher Weise auch bei der Kanal- und Themenauswahl (s. Abb. 24).

Dort liegt ebenfalls eine Dreiteilung vor, wobei das Zentrum aus zwei Bereichen besteht. Der erste Bereich entspricht dem vorher beschriebenen Aspekt hinsichtlich des minimierten Videoplayers und des Titelbilds zum Kanal bzw. Thema. Im zweiten Bereich gibt es hinsichtlich der Videoauflistung zwei verschiedene Möglichkeiten. Alle Videos, die zum jeweiligen Kanal bzw. Thema gehören, werden entweder in Form eines horizontalen Cover Flows oder einer Thumbnail-Liste angezeigt. Der dritte Bereich bezieht sich wiederum auf die Kanäle- und Themen-Navigation. So sind die Kanäle links und die Themen rechts vom zentralen Teil platziert.

---

[18] Cover Flow ist eine zur Navigation von aneinandergereihten Bildcover oder Icons rotierende 3D-Visualisierung.

8.1 Umfeldanalyse ausgewählter Web-TV-Angebote   123

Abbildung 24: SPIEGEL.TV – Themenübersicht und –auswahl
Quelle: SPIEGEL.TV (2013f)

Zum Schluss ist noch das Navigationselement oberhalb des Videoplayers zu erwähnen. Dieses ist nochmals in vier aneinandergereihte Bereiche unterteilt. Somit kann von links nach rechts zwischen dem *Livestream*, *neue Filme*, *meine Filme* und dem *Service* gewählt werden. Alle Menüpunkte – außer der Livestream – verfügen über ein Drop-Down-Menü, um den Content oder weiterführende Links aufzurufen. Unter dem Punkt *neue Filme* erhält der Nutzer eine Liste der zuletzt veröffentlichten Videos. Der Bereich *meine Filme* untergliedert sich noch in *meine Aufnahmen* und die *zuletzt gesehenen Videos*. Der *Service* (s. Abb. 25) beinhaltet neben dem Impressum weitere Links, die zu SPIEGEL.TV auf Facebook und Twitter, zu SPIEGEL TV auf YouTube und iTunes sowie zur Website von SPIEGEL ONLINE führen.

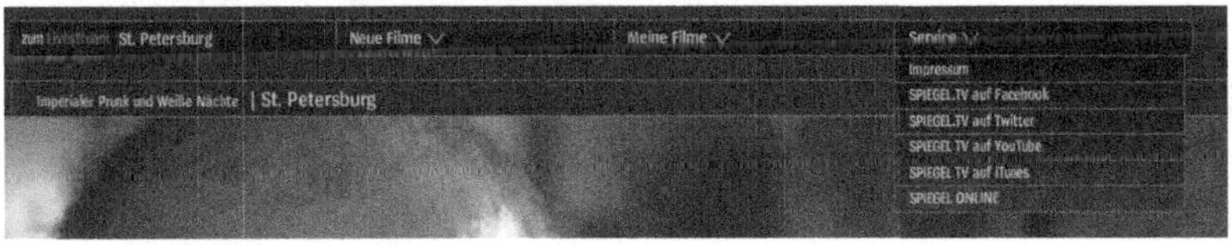

Abbildung 25: Spiegel.TV – Obere Menüstruktur
Quelle: SPIEGEL.TV (2013g)

Unter dem Gesichtspunkt der Empfehlungsfunktionen kann der Nutzer Videos mittels eines Embed-Codes verlinken bzw. in seine Tools oder Dienste integrieren. Diese Art der Weiterleitung blendet sich durch die Mouse-over-Funktion im Videoplayer ein und ist durch das Symbol </> gekennzeichnet. Der Nutzer kann an dieser Stelle entschei-

den, ob er das Video von Beginn an oder von der aktuellen Position aus einbetten will. Darüber hinaus kann er, den Content direkt in die sozialen Netzwerke Facebook und Twitter, die mit den entsprechenden Icons dargestellt sind, einbinden.
Hinsichtlich der Servicefunktionen fehlen dem Angebot von SPIEGEL.TV einige der gängigen Funktionen wie die Hilfe, die Suche oder RSS-Feeds. Nur eine Play- bzw. Favoritenliste lässt sich über die bereits erwähnte Aufnahmefunktion erstellen, die die markierten Videos unter dem Punkt *Meine Filme/Meine Aufnahmen* listet. Des Weiteren befinden sich dort auch noch die zuletzt gesehenen Videos.

Ökonomische und rechtliche Faktoren

Im Hinblick auf die Erlösmodelle ist Werbung innerhalb der Streams vorzufinden. Dabei handelt es sich um Mid-Rolls, die während eines Videos eingeblendet werden. Eine genaue Angabe zum Auftreten der Werbepausen lässt sich nicht machen, da sie unregelmäßig erscheinen. Jedoch besteht eine Werbepause aus nur einem Spot, der nicht länger als 30 Sekunden dauert.
Des Weiteren ist anhand des Angebots nicht konkret festzustellen, ob der Content uneingeschränkt und unabhängig vom Ort abzurufen ist. Auch andere rechtliche Restriktionen sind nicht erkennbar.
Die Archivierung der Videos ist auf unbestimmte Zeit ausgerichtet, da sich u. a. Videos aus den vergangenen Jahren bzw. Jahrzehnten auf der Plattform befinden, auf die der Nutzer jederzeit Zugriff hat.

8.1.4.5 FCB.tv – Web-TV-Angebot des FC Bayern München

Content

FCB.tv bietet ausschließlich professionellen Content, der vorrangig aus Eigenproduktion besteht und auf der Website in folgende Rubriken untergliedert ist: *Liga, Orte, Personen, Saison, Sonstiges, Spieler, Spieltag, Teams, Trainer* und *Videotyp*. Diese Rubriken werden nochmals sehr ausführlich unterteilt. Um einige Beispiele zu nennen, werden unter *Spieler* alle Spieler des aktuellen Kaders und unter *Teams* alle Mannschaften, gegen die der FC Bayern München gespielt hat, gelistet.
Ein einheitlicher Veröffentlichungsrhythmus von Videos lässt sich nicht eindeutig bestimmen, dennoch ist zu erkennen, dass fast täglich mindestens ein neues Video online gestellt wird. Bei besonderen Ereignissen wie z. B. bei einem Trainingslager kann sich die Frequenz der Veröffentlichungen auch entsprechend erhöhen. Die Länge der Videos ist zwar variabel, aber in der Regel dauern die Videos zwischen zwei bis sechs

Minuten. Ausnahmen bilden u. a. die Relive-Spiele[19], die die gesamte Spieldauer beinhalten.

Technik

Die Auflösung des Videomaterials beträgt 513 x 289 Pixel und fällt damit geringer als die Standard-TV-Auflösung aus. Dennoch kann der Nutzer die Videoqualität über die Funktion High und Low einstellen. Je nachdem, welche Bandbreite dem Nutzer zur Verfügung steht, muss er die jeweilige Einstellung vornehmen, um entweder ein besseres Bild (High) oder ein flüssigeres Abspielen in geringerer Bildauflösung (Low) zu erhalten.

FCB.tv bietet als Übertragungsart in der Regel das On-Demand-Streaming. Gleichwohl gibt es Ausnahmen, bei denen hin und wieder das Livestreaming zum Einsatz kommt, wenn es sich z. B. um ausgewählte Test-/Freundschaftsspiele oder Pressekonferenzen handelt.

Des Weiteren kann der Nutzer die Videodarstellung anpassen, indem er sich die Videos im Vollbildmodus ansieht, anstelle sich nur auf die vorgegebene Größe des Videoplayers zu stützen. Der Vollbildmodus ist durch ein Bild-im-Bild-Icon symbolisiert (s. Abb. 26).

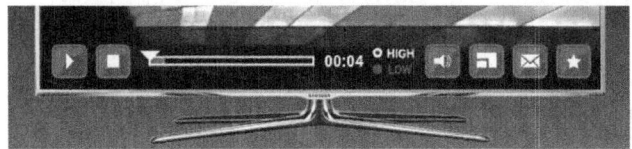

Abbildung 26: FCB.tv – Steuerungsoptionen
Quelle: FCB.tv (2013b)

Im Rahmen der Steuerungsoptionen stehen dem Nutzer zunächst die herkömmliche Start-/Wiedergabe- und Stopp-Funktion zur Verfügung. Beim On-Demand-Streaming kann der Nutzer ebenfalls die Pause-Funktion verwenden. Diese Steuerungen sind durch die Schaltflächen-Icons für die Start- und Wiedergabe-Funktion sowie die Stopp- und Pause-Funktion symbolisiert. Eine weitere Option ist die Zeitleiste, die der Kontrolle des Videostreams dient. Damit kann der Nutzer innerhalb eines Videos hin- und herspringen. Ergänzend zur Zeitleiste wird daneben die Dauer eines Videos angezeigt. Darüber hinaus kann man die Lautstärke über die mit einem Lautsprecher visualisierte Schaltfläche regeln.

---

[19] Relive bedeutet, dass komplette Fußballspiele nach einer Live-Ausstrahlung bzw. nach einem Livestreaming erneut in Form des On-Demand-Streaming dem Nutzer zur Verfügung gestellt werden.

FCB.tv ist über verschiedene Browser abrufbar, wobei jedoch ein Flash-Plug-in vorausgesetzt wird, um den Video-Content abzuspielen.

Form und Funktion

Die Grundanordnung der FCB.tv-Website entspricht der HTML-Struktur, die sich aus dem Header, Body und Footer zusammensetzt. Im Header befinden sich neben der Hauptnavigation das Login-Feld zum Profil, Links zum Abonnement, zur Website des Vereins und zum Fan-Shop sowie die Spracheinstellung und das Suchfeld. Die Hauptnavigation beinhaltet einen allgemeinen Aufbau, der aus den Bereichen *Start, Saison, Stars, News* und *Gewinnspiele* besteht. Das mittlere Segment, der Body, untergliedert sich in zwei wesentliche Bestandteile. Der erste obere Teil umfasst den Videoplayer der Seite sowie rechts daneben eine Auswahl verwandter Videos, die dem Nutzer vom System empfohlen werden. Über einen Scroll-Balken lassen sich dort mehrere Videos anzeigen (s. Abb. 27).

Abbildung 27: FCB.tv – Obere Menüstruktur und Videoplayer
Quelle: FCB.tv (2013c)

Der Videoplayer ist mit den bereits erwähnten Steuerungsoptionen ausgestattet, die unterhalb des Videos wie folgt angeordnet sind. Von links beginnend befinden sich die Funktionen Wiedergabe und Pause sowie die Stopp-Funktion. Danach kommt die Zeitleiste zur direkten Ansteuerung von Positionen in einem Video (Sprungfunktion). Es folgen die Zeitanzeige, die Einstellungen zur Videoqualität (High und Low), die Lautstärkeregelung, der Vollbildmodus, die Funktion zur Weiterleitung des Videos per E-Mail und die Bewertungsfunktion als Sternvisualisierung (s. auch Abb. 26). Hat der Nutzer kein Profil freigeschaltet, so erscheint u. a. der Hinweis, zu welchen Konditionen sich der Nutzer anmelden kann, um das Angebot unbegrenzt nutzen zu können. Diese Information tritt ebenfalls im Videoplayer auf, wenn ein Nutzer ohne bestehen-

8.1 Umfeldanalyse ausgewählter Web-TV-Angebote

des Profil ein nicht frei zugängliches Video aufruft. Der zweite untere Teil kennzeichnet zwei weitere Navigationsmöglichkeiten. Im linken Feld kann der Nutzer zum einen über eine Thumbnail-Navigation die jeweils aktuellen bzw. zuletzt veröffentlichten Videos anwählen. In Form einer Matrix (je vier Vorschaubilder in drei Zeilen) sind diese Thumbnails angeordnet (s. Abb. 28).

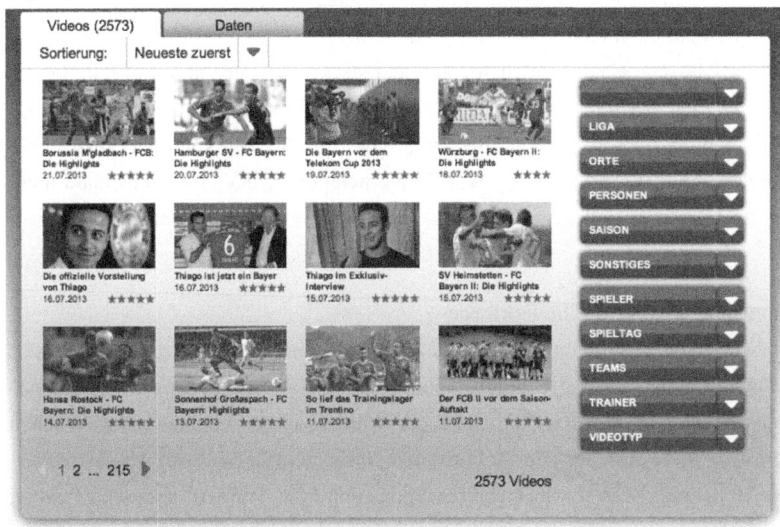

Abbildung 28: FCB.tv – Thumbnail- und Seitennavigation
Quelle: FCB.tv (2013d)

In Bezug auf Informationen sind die Thumbnails mit dem Titel des Videos sowie mit dem Datum und der durchschnittlichen Nutzerbewertung versehen. Unterhalb dieses Feldes kann der Nutzer mittels der Seitenzahlen zu älteren Videos navigieren. Zum anderen stehen dem Nutzer im rechten Bereich verschiedene Kombinationsfelder zur weiteren Content-Navigation zur Verfügung. Diese Felder stellen zudem die bereits genannten Rubriken dar, die nach dem Anklicken aufklappen und dem Nutzer damit eine tiefergehende Auswahl innerhalb der Rubriken ermöglichen. Der Footer beinhaltet zudem allgemeine Hinweise zum Webauftritt, die durch weiterführende Links zum Anbieter/Impressum, Datenschutz, zu den AGB, zur Sitemap, zum FAQ-Verzeichnis und zu den Kontaktdaten angegeben werden. Darüber hinaus lässt sich dort der reguläre FCB-Newsletter abonnieren.

Bei den Empfehlungsfunktionen hat der Nutzer nicht viele Möglichkeiten, Videos weiterzuleiten. Eine Anbindung an z. B. soziale Netzwerke fehlt. Lediglich an E-Mail-Adressen lassen sich Videos versenden. Dafür kann der Nutzer den im Videoplayer integrierten E-Mail-Button verwenden. Als weiteren Punkt bietet FCB.tv eine Bewertungsfunktion für Videos, die sich in Form einer fünfstufigen Sterneskala abzeichnet und ebenfalls im Videoplayer implementiert ist.

In Bezug auf Servicefunktionen stehen dem Nutzer die gebräuchlichsten Arten zur Verfügung. Über ein FAQ-Verzeichnis, das auf einer Unterseite der Website abrufbar ist, erhält der Nutzer Hilfe zu technischen Fragen oder zu seinem Profil. Des Weiteren kann er durch ein oben rechts auf der Website eingebundenes Suchfeld gezielt Videos herausfiltern lassen. Eine zusätzliche Servicefunktion ist auch die Einstellung der Sprache. Im Zuge der internationalen Ausrichtung des Vereins werden die Videos optional in einer englischen Version angeboten. Diese Anpassung kann der Nutzer über das Ländersymbol (Flagge) auf der Website vornehmen. Die Videos selbst sind nicht einzeln einstellbar. Dies lässt sich generell nur mit der Umstellung der Website erreichen.

Ökonomische und rechtliche Faktoren

FCB.tv weist keine Werbung hinsichtlich der vorgenommenen Kategorisierung auf. Das Angebot wird vorrangig durch Sponsoren sowie verschiedene Abonnementmodelle finanziert. Der Nutzer hat dabei die Wahl zwischen einem vierteljährlichen (für 12 Euro), halbjährlichen (für 20 Euro) und jährlichen (für 36 Euro) Abonnement. Des Weiteren wird FCB.tv von mehreren Sponsoren bzw. Partnern unterstützt. So ist bspw. der Hauptsponsor Telekom in der ersten Navigationsebene mit einem Logo vertreten. Zudem wurde die Telekom in den Videostreams als Unterstützer genannt – gekennzeichnet durch den Begriff *powered by* –, die nun von bwin präsentiert werden. Samsung ist ebenfalls ein Partner, der zum einen das Angebot als App auf seinen Smart-TVs zur Verfügung stellt und bewirbt. Zum anderen wird der Videoplayer auf der Website als Samsung Smart-TV visualisiert.

Rechtliche Einschränkungen sind nicht direkt ersichtlich und in diesem Zusammenhang nicht gegeben, da die Videos in Eigenproduktion entstehen. Es ist davon auszugehen, dass die Videos aufgrund der internationalen Ausrichtung des Vereins uneingeschränkt abrufbar sind. Lediglich Relive-Spiele unterliegen rechtlichen Bestimmungen und bilden in diesem Kontext eine Ausnahme, weil diese nur für einen begrenzten Zeitraum zur Verfügung stehen.

Ansonsten ist der Content auf unbestimmte Zeit archiviert, da grundsätzlich alle Videos durch das On-Demand-Streaming auf Abruf bereitgestellt werden, die sich die Nutzer jederzeit ansehen können.

Besonderheiten

Ein Relaunch des Angebots im August 2013 brachte einige Änderungen mit sich (vgl. fcbayern.de 2013). So lässt sich anstelle von High und Low die Videoqualität per HD-Button aktivieren oder deaktivieren. Ebenso wurde die Auflösung des Videoplayers vergrößert, die nun circa 944 x 531 Pixel beträgt. Des Weiteren fand eine Umstellung bei den Videos von Flash auf HTML5 statt, sodass die Videos auch geräteunabhängig abspielbar sind. Im Rahmen der Navigation wurden die Kombinationsfelder um die Rubriken *Artikeltyp, Offizielle, Sponsoren, Club, Event, Fußball* und *Fans* erweitert. Zudem wurde die Verbindung zu den sozialen Netzwerken aufgewertet, da die Option des Teilens auf Twitter, Facebook und Google+ integriert wurde.

8.1.4.6 Fernsehkritik-TV

Content

Eine einheitliche thematische Ausrichtung oder bestimmte Rubriken sind bei Fernsehkritik-TV in dem Sinne nicht festzustellen. Sendungsübergreifende Themenlisten gibt es in dieser Form nicht, da sich die einzelnen Themen jeder Sendung auf aktuelle TV-Sendungen beziehen und dadurch immer wieder neue Schwerpunkte gesetzt werden. Ein Berührungspunkt hinsichtlich einer wiederkehrenden Rubrik ist dennoch vorhanden, die *Kurz kommentiert* heißt und in der aber auch verschiedene Themen behandelt werden.

Grundsätzlich erhalten die Nutzer professionellen Content. Aber sie können selbst Beiträge einreichen, die in die Sendung integriert werden können, sofern sie den Qualitätsansprüchen des Anbieters entsprechen.

In einem Turnus von zwei Sendungen pro Monat wird der Content regelmäßig veröffentlicht, wobei das Veröffentlichungsdatum variiert.

Ähnlich verhält es sich mit der Dauer der Sendungen, die ebenfalls unterschiedlich ist. In der Regel dauern die Videos im Schnitt um die 60 Minuten.

Technik

Der Videoplayer weist eine Auflösung von 590 x 325 Pixel auf und hat somit eine geringere Auflösung als der TV-Standard. Dennoch ist anzumerken, dass der Nutzer über die Plattform Massengeschmack-TV auf eine HD-Version zugreifen kann. Fernsehkritik-TV bietet innerhalb seines Angebots Videos lediglich zum Abruf. Im Videoplayer befindet sich neben den Steuerungsoptionen noch der Vollbildmodus. Diese Option ist in der Steuerungsleiste implementiert, die durch eine Mouse-over-Funktion im Videoplayer eingeblendet wird (Overlay).

Die Steuerung setzt sich aus verschiedenen Funktionen zusammen, die sich ebenfalls im einblendbaren Menü befindet, das im unteren Bereich des Videoplayers erscheint. Das Steuerungsmenü enthält außer der Wiedergabe- und Pause-Funktion auch eine eigenständige Stopp-Funktion. Über die Schaltflächen Pause und Wiedergabe lässt sich ein Video an der jeweiligen Stelle anhalten und von dort aus wieder weiter abspielen. Bei Betätigung des Stopp-Buttons hingegen springt der Cursor der Zeitleiste zum Anfang des Videos zurück. Das Vor- und Zurückspringen innerhalb des Videos wird über die bereits genannte Zeitleiste ermöglicht, sodass der Nutzer nach Bedarf den Videostream manipulieren und an die Positionen seiner Wahl springen kann. Gleichzeitig wird daneben die Dauer der Videos angezeigt. Des Weiteren lässt sich die Lautstärke über das entsprechende Lautsprecher-Icon regeln. Das Angebot ist grundsätzlich über einen Browser abrufbar, sofern es sich um die Website handelt. Dabei ist ein Flash-Plug-in zwingend erforderlich, da die Videos in der frei zugänglichen Version im Flash-Format vorliegen. Als weitere Abspielformate gibt es eine HTML5- sowie eine MP4-Variante (z. B. als Podcast über iTunes), die genutzt werden können (vgl. Massengeschmack-TV 2013).

Form und Funktion

Die Beschreibung zur Struktur und Navigation der Website wird sich vorrangig auf die Magazin-Seite sowie die Video-Seite beziehen, da diese beiden Bereiche das Videoangebot kennzeichnen. Die Website folgt der HTML-Anordnung und besteht aus den drei Strukturelementen Header, Body und Footer.

Das zentrale Element im Header ist eine horizontale Navigationsleiste, über die der Nutzer alle Seiten (Home, TV-Magazin, Abo, Shop, Forum, Blog, Kontakt, Extras und Live) des Angebots erreicht. Des Weiteren beinhaltet der Header die über dem Navigationsmenü gelegene Suchfunktion sowie das Logo des Angebots. Der Body setzt sich aus zwei Spalten zusammen. Die rechte Spalte ist für Werbung vorgesehen. So ist in diesem Bereich lediglich ein Werbebanner eingeblendet. Die andere Spalte ist zentriert und beinhaltet die Links zu den Videos. An dieser Stelle findet wiederum eine Dreiteilung im Aufbau statt (s. Abb. 29).

Der erste Teil kennzeichnet die jeweils drei aktuellen Videos. Diese werden auch ausführlicher präsentiert, sodass sich der Nutzer dort einen Überblick über die Themen verschaffen und neben dem gesamten Video auch die einzelnen Themen auswählen kann. Dabei sind die Navigationselemente durch den verlinkten Begriff *springen...* markiert. Darüber hinaus sind die Videos mit zwei Thumbnails links und rechts versehen, wobei unter dem Rechten noch die Dauer des Videos angegeben ist. Zudem lassen sich die Videos entweder über das Datum bzw. die Folgennummer oder über den Link *Flash Player starten* anwählen.

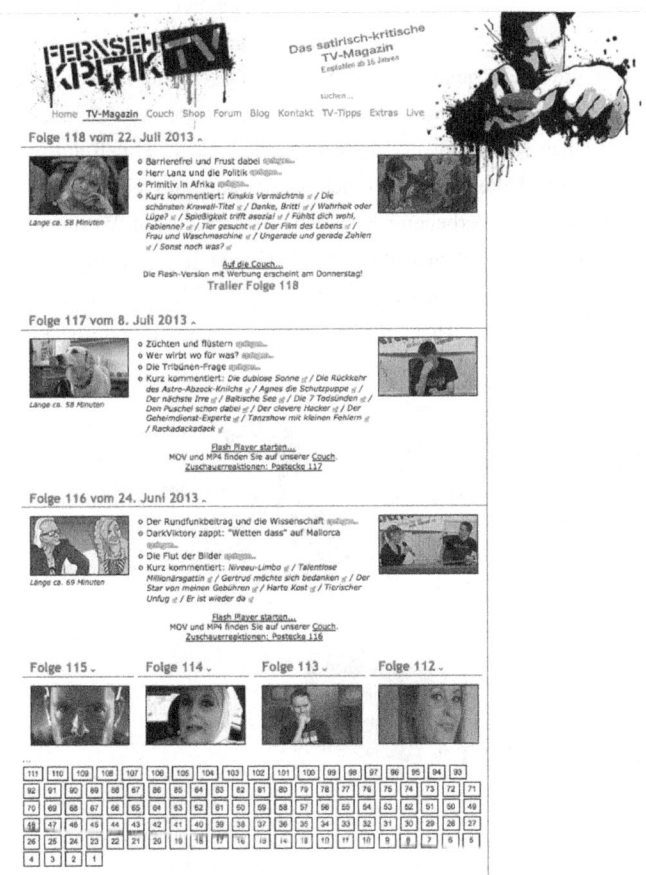

Abbildung 29: Fernsehkritik-TV – TV-Magazin-Seite
Quelle: Fernsehkritik-TV (2013a)

Der zweite Teil zeigt die nächsten vier Videos in einer Zeile als Thumbnail-Navigation. Durch eine Mouse-over-Funktion kann sich der Nutzer zusätzliche Bilder des Videos einblenden lassen. Auch an dieser Stelle können die Videos über die Folgennummer ausgewählt werden.

Im dritten Teil erfolgt die Auswahl über die jeweilige Nummer ohne weitere Beschreibungen oder Bilder. Jedoch kann der Nutzer über den Link *Übersicht über alle Folgen* alle Videos mit den Thementiteln, Thumbnails, der Dauer und der direkten

Einzelauswahl der Themen anzeigen lassen. Dies entspricht der Darstellung des ersten Teils für die jeweils drei aktuellen Videos.

Zum Abschluss befinden sich im Footer noch Links mit allgemeinen Hinweisen zur Website wie Impressum, Pressematerial und Datenschutzbestimmungen. Bevor der Nutzer zur eigentlichen Videoseite gelangt, erscheint vorher noch eine Zwischenseite, die ebenfalls alle bisher genannten Informationen enthält. Diese werden um eine Flattr-Schaltfläche und einen Hilfe-Hinweis ergänzt, der sich bei eventuell auftretenden Problemen auf das Abschalten eines Werbeblockers oder auf einen Browser-Wechsel reduziert. Lediglich der Werbebereich, der ebenfalls aus einem Werbebanner besteht, befindet sich nun auf der linken Seite. Ansonsten sind alle anderen Strukturelemente identisch angeordnet. Das zentrale Element auf der Videoseite ist im Body der Videoplayer, unter dem sich die Themen, die einzeln anwählbar sind, die Flattr-Anzeige und der Hilfe-Hinweis befinden (s. Abb. 30).

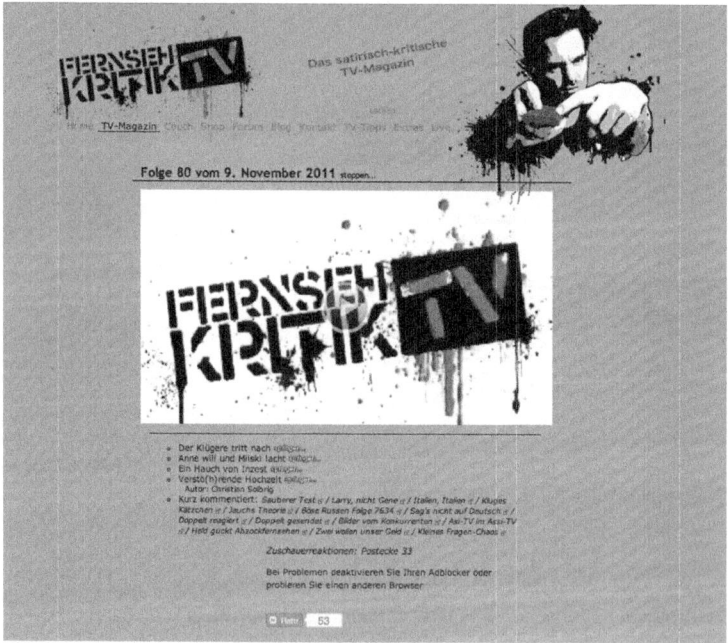

Abbildung 30: Fernsehkritik-TV – Videostartseite
Quelle: Fernsehkritik-TV (2013b)

Die Navigation innerhalb des Videoplayers (s. Abb. 31) beginnt links mit den Elementen zur Kontrolle des Streams (Stopp-, Wiedergabe- und Pause-Funktion sowie die

Zeitleiste zum Springen innerhalb des Videostreams). Daneben sind die Anzeige zur aktuellen Position des Streams und die Gesamtdauer des Themenbeitrags platziert. Schließlich folgen noch die Einstellungsoptionen zur Lautstärke sowie zum Bildmodus. Ansonsten ist die Videoseite samt Player von der Struktur ähnlich wie die anderen Seiten gehalten und zeigt beim Header und Footer kaum Unterschiede auf. Nur die empfohlene Altersangabe (ab 16 Jahre) ist auf dieser Seite nicht mehr vorhanden.

Abbildung 31: Fernsehkritik-TV – Steuerungsoptionen
Quelle: Fernsehkritik-TV (2013c)

Empfehlungsfunktionen wie das direkte Kommentieren und Bewerten von Videos oder eine Anbindung an soziale Netzwerke sind für den Nutzer nicht möglich. Dennoch können Nutzer Anmerkungen und Kommentare zusenden, die dann in einem Extra-Video (Zuschauer-Reaktionen) vom Moderator vorgelesen werden und zu diesen er wiederum Stellung nimmt.

Als Servicefunktionen ergänzen eine Suchfunktion und ein RSS-Feed das Angebot. Die Suche ist dabei mit den Thementiteln der Videos verknüpft. Ein RSS-Feed für die Videos lässt sich auf der Startseite einstellen, damit der Nutzer über neu veröffentlichte Videos automatisch informiert wird.

Ökonomische und rechtliche Faktoren

Fernsehkritik-TV finanziert sich auf verschiedene Arten und verfolgt damit eine breite Erlösstrategie. Als erstes ist die Werbung zu nennen. Dabei muss man zwei Werbeformen unterscheiden. Einerseits kommt Bannerwerbung zum Einsatz, die sich u. a. auf der Startseite sowie auf der Magazinseite befindet. Dieser Bereich ist auch explizit mit dem Begriff Werbung gekennzeichnet. Andererseits wird In-Stream-Werbung eingesetzt. So wird vor dem Beginn eines Videos ein Werbespot von maximal 30 Sekunden geschaltet (Pre-Roll). Darüber hinaus wird jeweils zwischen einem Themenwechsel ein weiterer Spot (Mid-Roll) von maximal 30 Sekunden eingebunden.

Neben der Werbung werden dem Nutzer als zweites abgestufte Abonnements angeboten. Damit kann er den Content monatlich (zwei Folgen für 2,90 Euro), vierteljährlich (sechs Folgen für 7,20 Euro) oder halbjährlich (zwölf Folgen für 11,90 Euro) abonnieren.

Eine dritte Variante, die der Nutzer in Anspruch nehmen kann, ist Flattr, ein sogenannter Social Payment-Dienst. Über Flattr kann der Nutzer ein Guthaben im Web anlegen,

von dem er dann freiwillig einen eigenen wählbaren Geldbetrag an den Anbieter spendet (vgl. Flattr 2012).
Geografische sowie rechtliche Einschränkungen sind bei dem Angebot nicht ersichtlich. In Bezug auf die Archivierungszeit stehen dem Nutzer die Videos auf unbestimmte Zeit zur Verfügung, da er jederzeit darauf zugreifen kann.

8.1.4.7 Zattoo

Content

Bei Zattoo handelt es sich um einen Livestreaming-Anbieter, der den Content von konventionellen TV-Sendern streamt und fungiert somit als Dienstleister bzw. als eine Art virtueller Kabelanbieter. Eine Unterteilung des Contents bezieht sich in erster Linie auf eine verfügbare Senderliste, die dem Nutzer bereitgestellt wird. Dennoch bietet Zattoo unter dem Menüpunkt *Stöbern* eine Auswahl an Rubriken. Zattoo kategorisiert diese in die Genres und Formate *Action/Abenteuer, Dokumentation, Magazin, Comedy, Crime, Kochen, Drama, Fantasy/Sci-fi, Horror, Musik, Nachrichten, Sport, Kinder, Reality-TV, Quiz* und *Romantik*. Zudem kann sich der Nutzer *Empfehlungen* durch die Plattform anzeigen lassen. Dadurch erhält er eine konkrete Einordnung des Contents.

Ein spezieller Aktualisierungszeitraum ist nicht festzulegen, weil der Content 24 Stunden sieben Tage die Woche gestreamt wird. Genauso verhält es sich mit der Länge des Contents. Zudem distribuiert Zattoo in diesem Kontext ausschließlich professionellen Content, da sie wie bereits erwähnt als Dienstleister für die TV-Sender fungieren.

Technik

Zattoo unterbereitet dem Nutzer neben einer kostenlosen auch eine kostenpflichtige Version, die sich ebenfalls in gewissen technischen Aspekten unterscheiden. In der kostenlosen Version verfügt der Nutzer hinsichtlich der Bildqualität nur über eine Standard-Auflösung. Bei der kostenpflichtigen Version erhält er eine höhere Bildqualität, gekennzeichnet als HiQ. Die Auflösung des Videoplayers im Rahmen der Pixelgröße passt sich dynamisch an die Browsergröße an. Auf diese Weise reicht die Auflösung von ungefähr 425 x 242 Pixel bis zu 1771 x 996 Pixel, wobei die Größe des Browsers wiederum vom Bildschirm abhängt und dadurch die Größe nach oben noch etwas höher sein kann. Dies beeinträchtigt wiederum auf der anderen Seite die Bildqualität.

In Bezug auf die Übertragungsart setzt Zattoo ausschließlich auf Livestreams. Um zum Vollbildmodus zu wechseln, kann der Nutzer die entsprechende Schaltfläche – diese ist durch vier nach außen zeigende Pfeile visualisiert – aktivieren.

Die Steuerungsoptionen sind bei dem Livestream-Angebot in reduzierter Form vorhanden. Dem Nutzer steht lediglich die Start- und Stopp-Funktion zur Verfügung, da eine direkte Manipulation (Sprungfunktion innerhalb des Streams) an dieser Stelle nicht möglich ist. Eine weitere Option, die der Nutzer noch beeinflussen kann, ist das Einstellen der Lautstärke.

Das Angebot ist über verschiedene Browser verfügbar, bei denen die Flash-Kompatibilität erfüllt sein muss. Ansonsten ist der Livestream nicht abrufbar. Gleichzeitig stellt Zattoo sein Angebot auch als native Applikation bereit, die der Nutzer auf seinem Computer installieren kann. Damit lässt sich das Angebot unabhängig von einem Browser nutzen.

Form und Funktion

Das Angebot von Zattoo orientiert sich an der HTML-Struktur und setzt sich aus dem Header und dem Body zusammen. Im Header befinden sich neben dem Logo die Hauptnavigationselemente *Stöbern*, *Programm* und *Shop* (s. Abb. 32).

Abbildung 32: Zattoo – Startseite
Quelle: Zattoo (2013c)

Außerdem beinhaltet der Header die Profildaten des Nutzers sowie das Suchfeld. Der Menüpunkt *Stöbern* ist der zentrale Bereich des Angebots, da dort dem Nutzer die Senderauswahl sowie die eigentlichen Livestreams angezeigt werden. Unter *Programm* erhält der Nutzer die Programmübersicht. Im Bereich *Shop* werden einem die Unterschiede der kostenlosen und -pflichtigen Version gegenübergestellt.

Der Body besteht aus zwei Spalten, wobei die linke Spalte in der Website die Seitennavigation kennzeichnet. Sie enthält die gesamte Senderliste mit den kostenlosen und -pflichtigen Sendern. Zudem kann der Nutzer dort seine Lieblingssender festlegen, die aktuellen Sendungen nach bestimmten Begriffen filtern lassen sowie die Seitennavigation ein- und ausblenden. Die zweite Spalte schließt die gesamte Senderliste in Form von Thumbnails ein, die sich der Nutzer unter Auswahl einer bestimmten Kategorie anzeigen lassen kann (s. Abb. 32). Zugleich stellt diese Spalte den Streaming-Player eines ausgewählten Senders dar. Die Steuerungsoptionen und weitere Informationen werden über eine Mouse-over-Funktion im Streaming-Player aufgerufen. Dabei erscheinen im oberen Bereich der Titel der aktuellen Sendung – inklusive eines Links mit der inhaltlichen Beschreibung – und der Titel der nachfolgenden Sendung. Im unteren Bereich kann der Nutzer von links ausgehend die Lautstärke regeln, die Qualität (HD oder SD) einstellen, den Stream stoppen und teilen sowie den Vollbildmodus aktivieren. Die eingeblendete Zeitleiste zeigt lediglich die Dauer des Streams an (s. Abb. 33).

Abbildung 33: Zattoo – Steuerungsoptionen
Quelle: Zattoo (2013d)

Zattoo bietet mehrere Wege zur Weiterempfehlung der Streams. Über den Teilen-Button erscheinen dem Nutzer die verschiedenen Möglichkeiten. Mit dem Brief-Icon kann er den Link des Streams direkt per E-Mail versenden. Mittels der Icons zu Twitter, Facebook und Google+ lässt sich der Stream ebenfalls mit den sozialen Netzwerken vernetzen. Zuletzt besteht noch die Möglichkeit, den direkten Link zu kopieren und mit weiteren anderen Tools und Diensten zu verknüpfen.

Im Rahmen der Servicefunktionen werden dem Nutzer eine Hilfe- sowie eine Suchfunktion und das Einrichten einer Favoritenliste bereitgestellt. Die Hilfe setzt sich aus einer FAQ-Liste zusammen, die die wesentlichen Fragen und Antworten zur Nutzung des Angebots enthält. Die Suchfunktion ist bei Zattoo zweigeteilt. Die generelle Suche, die sich im Header befindet, zeigt Ergebnisse für aktuelle und künftige Sendungen an. Eine weitere reduzierte Form stellt der Filter dar, der sich lediglich auf die aktuellen Sendungen in der Senderliste bezieht und auch oberhalb dieser Liste platziert ist. Die Favoritenliste lässt sich über das Stift-Icon unter Lieblingssender aktivieren. Danach kann der Nutzer über das Sternesymbol seine Lieblingssender markieren, die ihm anschließend in der Favoritenliste zur Verfügung stehen.

Ökonomische und rechtliche Faktoren
Zattoo lässt sich als Freemium-Modell beschreiben, da es sowohl ein kostenloses als auch kostenpflichtiges Angebot gibt. Diesbezüglich umfasst es unterschiedliche Er-

lösmodelle. In der kostenlosen Version wird Werbung eingesetzt. So wird bspw. Bannerwerbung auf der Website eingeblendet, die auch entsprechend gekennzeichnet ist. Des Weiteren erscheint bei jedem Kanalwechsel ein Werbespot von maximal 25 Sekunden. Zudem sind in dieser Version nicht alle Sender freigeschaltet. Das kostenpflichtige Angebot besteht aus diversen Abonnements. Der Nutzer hat die Wahl zwischen einem monatlichen (für 4,99 Euro), einem vierteljährlichen (für 12,99 Euro) und einem jährlichen (für 44,99 Euro) Abonnement. Darüber hinaus ist noch ein Tagesabonnement für 1,59 Euro erhältlich. Bei diesen Premium-Varianten entfällt für den Nutzer zum einen die Werbung und zum anderen erhält er zusätzliche Sender sowie die höhere Bildqualität (HiQ). Gegen einen weiteren Aufpreis können spezielle Pakete wie internationale Sender freigeschaltet werden. Zattoo unterliegt einigen Einschränkungen, sodass z. B. in Deutschland nicht alle Sender verfügbar sind. Während in der Schweiz bspw. die Sender der ProSiebenSat1-Gruppe integriert sind, fehlten bis zum Erhebungszeitraum die Streaming-Rechte für den deutschen Markt. Eine Archivierungszeit von Videos ist aufgrund der Livestreaming-Funktion nicht möglich.

8.1.5 Zusammenfassung

An dieser Stelle werden noch einmal die übergreifenden Gemeinsamkeiten bzw. Ähnlichkeiten sowie die Unterschiede der ausgewählten Web-TV-Angebote zusammengefasst. Obwohl die vorgestellten Web-TV-Angebote heterogen in ihrem Content und ihrer Website-Struktur sind, lassen sich dennoch hinsichtlich ihrer Darstellung homogene Elemente und Funktionen finden.

Der bereits angesprochene heterogene Content der ausgewählten Web-TV-Angebote zeichnet sich demgemäß in den unterschiedlichen Rubriken bzw. Themen ab, die auch immer zugleich die Navigation der einzelnen Angebote darstellen. So lässt sich vor allem bei HTML-orientierten Angeboten ein ähnlicher Aufbau im Bereich der Navigation erkennen. In der Regel findet man dort eine Hauptnavigation entweder im Header oder am oberen Rand des Bodys, die mit horizontal aneinandergereihten Links und einer Drop-Down-Funktion versehen ist. Als alternative Darstellung gibt es noch die Seitennavigation, die dann vertikal ausgerichtet ist. Ausnahmen sind Angebote, die als reine Flash-Objekte existieren, wie das Beispiel SPIEGEL.TV zeigt. Dort kommt eine Art Rundum-Navigation zum Einsatz. Weitere alternative Navigationsformen, die angebotsübergreifend implementiert sind, lassen sich als Thumbnail-Navigation in Form von bereitgestellten Videowalls oder als Listen beschreiben.

Im Hinblick auf den Aktualisierungsrhythmus und die Videolänge variieren die Plattformen sehr stark, wobei sich einige Muster und Regeln vor allem bei der Videolänge erkennen lassen. In diesem Fall begrenzen einige Anbieter ihre Videos auf maximal fünf bis sechs Minuten (z. B. Mercedes-Benz TV und FCB.tv). MyVideo grenzt ebenfalls die Videolänge (maximal 15 Minuten) für den Community-Bereich ein. Im technischen Bereich sind ebenso einige Gemeinsamkeiten festzustellen. Betrachtet man zunächst die Steuerungsoptionen, lassen sich generelle Funktionen zur Kontrolle der Streams (Wiedergabe, Pause, Start und Stopp) sowie optionale Einstellungsmöglichkeiten (Lautstärke und Bildmodus) in allen Web-TV-Angeboten wiederfinden. Abweichungen sind vor allem durch die Übertragungsart bedingt, denn bestimmte Kontrollfunktionen sind aufgrund der technischen Handhabe bei Livestreaming-Angeboten nicht verwendbar. Auch die Positionierung der Steuerungsoptionen weist Ähnlichkeiten auf, sodass man grundsätzlich davon ausgehen kann, dass die Steuerungselemente meistens links und die Zeitleiste mittig angeordnet sind, während sich die optionalen Einstellungen oftmals rechts im Videoplayer befinden. Dennoch gibt es auch Abweichungen von dieser Darstellung, wie das Beispiel Zattoo zeigt. Zudem kann festgestellt werden, dass die Steuerungsleiste bei vielen Angeboten als eigene Ebene (Overlay) innerhalb der Videoplayer eingeblendet wird. Je nach Web-TV-Angebot sind noch zusätzliche Funktionen, z. B. Kontrast- und Helligkeitseinstellungen (ZDFmediathek) oder die Auswahl der Originalversion (MyVideo) vorhanden, die der Nutzer anpassen kann.

Elementare Aspekte sind bei vielen Angeboten auch die vorhandenen Empfehlungs- und Servicefunktionen. Im Hinblick auf die Empfehlungsfunktionen werden weitgehend alle möglichen Formen der Weiterleitung (E-Mail, direkter Link und Verknüpfung mit sozialen Netzwerken) eingesetzt. Eine Ausnahme bildet der FCB.tv, bei dessen Angebot die Einbettung in soziale Netzwerke außen vor bleibt[20]. Auch die Bewertungs- und Kommentarfunktionen sind in einigen Angeboten platziert. Ihnen wird aber scheinbar keine große Bedeutung beigemessen, denn etwa die Hälfte der ausgewählten Angebote verzichtet auf diese Art der Kommunikationsmöglichkeit.

In Bezug auf die Servicefunktionen sind die Hilfe und die Suche in fast allen Angeboten integriert. Ausnahmen sind dabei Fernsehkritik-TV und SPIEGEL.TV, die keine Hilfefunktion anbieten. Darüber hinaus fehlt auch die Suche bei SPIEGEL.TV. Ansonsten ist die Suchfunktion bei allen anderen Angeboten an der gleichen Stelle (oben rechts im Header) vorzufinden. Aus Sicht der Usability ist dies wichtig, um dem Nutzer eine kurze Eingewöhnungszeit zu ermöglichen, ohne dass er sich lange auf dem

---

[20] Anmerkung: Aufgrund des Relaunchs im August 2013 wurde diese Funktion nun eingebunden. Der Relaunch fand aber nach der Erhebung in dieser Studie statt.

Angebot zurechtfinden bzw. allzu lange nach seinem gewünschten Content suchen muss. Somit muss er sich auch im dem Fall nicht umorientieren bzw. umgewöhnen. Die Option, eine Favoritenliste – bei einigen Web-TV-Angeboten auch als Playlist oder Merkliste bezeichnet – anlegen zu können, ist ebenfalls eine wichtige Funktion. Denn fast alle der ausgewählten Angebote ermöglichen damit dem Nutzer ein individuelles und personalisiertes Nutzungserleben. Ein wesentlicher Unterschied besteht in der technischen Aufbereitung, sodass bei einigen Angeboten das Anlegen eines Profils erforderlich ist und bei anderen dieser Zwang entfällt.

Die RSS-Feeds sind eine ebenfalls nicht zu unterschätzende Funktion, die auch bei mehr als der Hälfte der Angebote eingebunden ist, um den Nutzer automatisch über neu veröffentlichten Video-Content zu informieren.

Im Punkt Anordnung lässt sich im Allgemeinen festhalten, dass HTML-basierte Angebote ein ähnliches Gerüst – bestehend aus Header, Body und Footer – aufweisen. Lediglich bei der Browserversion von Zattoo wird auf den Footer verzichtet. Die Gestaltung innerhalb dieser drei Bereiche ist von Angebot zu Angebot individuell und heterogen.

Im Rahmen der Erlösmodelle greifen die Anbieter auf bewährte Methoden zurück. Die Angebote, bei denen Werbung erlaubt ist – eine Ausnahme bildet dabei die ZDFmediathek –, setzen vor allem auf In-Stream-Werbung in Form von Pre- und Mid-Rolls. Eine weitere genutzte Form, die jedoch nicht übergreifend eingesetzt wird, ist die konventionelle Bannerwerbung. Des Weiteren fügt eine Vielzahl von Anbietern als alternatives Erlösmodell eine Abonnementstruktur hinzu, wobei die Abonnements nach den Zeiträumen *monatlich*, *vierteljährlich*, *halbjährlich* und *jährlich* abgestuft sind. Ansonsten bietet Zattoo als einziger Anbieter noch ein Tagesabonnement. Die preislichen Ober- und Untergrenzen sehen dabei wie folgt aus:

Zeitraum	Preisspanne in Euro
Monatlich	2,90–4,99
Vierteljährlich	7,20–12,99
Halbjährlich	11,90–20,00
Jährlich	36,00–44,99

Tabelle 5: Abonnementstruktur
Quelle: Eigene Darstellung

Diese Preisstrukturen stellen keine Durchschnittspreise dar und dienen lediglich der Orientierung. Darüber hinausgehende alternative Erlösmodelle werden mit der Ausnahme von Fernsehkritik-TV (mit dem Einsatz von Flattr) kaum berücksichtigt.

Rechtliche Einschränkungen gibt es vor allem bei professionellen Angeboten, die fiktionalen Content wie Serien und Filme anbieten. Diese Angebote beziehen sich in der Regel nur auf den nationalen oder deutschsprachigen Raum sowie auf einen bestimmten Zeitraum.

Der Jugendschutz bleibt oftmals unberücksichtigt. Lediglich die ZDFmediathek achtet auf die Altersfreigabe und setzt dies auch beim Freischalten von Sendungen um. Fernsehkritik-TV spricht nur eine Empfehlung aus.

In Bezug auf einen uneingeschränkten Zugang zum Content können dies allein die Anbieter gewährleisten, die auf das On-Demand-Streaming setzen sowie keinen rechtlichen Einschränkungen unterworfen sind. Zuletzt ist noch festzuhalten, dass nur Zattoo neben einem browserbasierten Angebot über eine zusätzliche native Applikation verfügt.

8.2 Experteninterviews mit Web-TV-Anbietern

Der kommende Part der Arbeit widmet sich der Anbieterseite und folgt ebenso den Prinzipien der qualitativen Forschung. Dabei wird Web-TV aus dem Blickwickel der Anbieter betrachtet, um zusätzliche und erweiternde Erkenntnisse zu erhalten. Im Rahmen von qualitativen Interviews fasst beispielsweise Lamnek die Methodologie und die dazugehörenden Prinzipien zusammen. So sind Offenheit, Flexibilität, Kommunikativität und Zurückhaltung entscheidende Verfahrensweisen (vgl. Lamnek 2005: 351), die bei der Durchführung qualitativer Interviews von wesentlicher Bedeutung sind und auch in dieser Studie berücksichtigt werden. Im Verlauf des Kapitels werden die Prinzipien des qualitativen Interviews an den entsprechenden Stellen näher erläutert.

Da es sich bei Web-TV, wie bereits erwähnt, um kein abgeschlossenes Forschungsfeld handelt, wird auch hier eine offene Herangehensweise gewählt, um die Sicht- und Handlungsweisen der Anbieter im Forschungskontext offenzulegen. In der Regel bleiben den Personen, die sich außerhalb dieses Feldes befinden, solche inneren Strukturen verschlossen und sind auch kaum zugänglich (vgl. Flick et al. 2007: 14). Der Interviewer muss dabei die Rolle eines engagierten und interessierten Gesprächspartners anstelle eines distanzierten Befrager einnehmen (vgl. Bortz/Döring 2006: 309). Denn es ist das generelle Ziel der qualitativen Forschung, „zu einem besseren Verständnis sozialer Wirklichkeit(en) bei[zu]tragen und auf Abläufe, Deutungsmuster und Strukturmerkmale aufmerksam [zu] machen" (Flick et al. 2007: 14).

Mittels des Experteninterviews erhält man einen Einblick in bestimmte Organisationen oder Netzwerke und deckt auf dieser Basis entsprechende Strukturen auf. So ist es auch hier das Anliegen, Anbieter von Web-TV nach ihren Standpunkten zur Qualität auf der bereits beschriebenen mehrdimensionalen Ebene zu befragen, um ihre Sichtweisen zur Qualität bezüglich ihrer Web-TV-Angebote zu erfahren. Zwar bietet die qualitative Sozialforschung ein weites Spektrum an methodischen Instrumenten und verschiedenen Vorgehensweisen, die bereits in Studien erprobt wurden (vgl. Lamnek 2005; Flick 2007; Przyborski/Wohlrab-Sahr 2009; Flick/von Kardorff/Steinke 2007). Die folgenden Kapitel sollen neben den Vor- und Nachteilen auch den Einsatz des Experteninterviews als eigenständige Methode für die vorliegende Studie verdeutlichen.

8.2.1 Erhebungsmethode: Experteninterview

Das Experteninterview hat sich als spezielle Form des Leitfadeninterviews herausgebildet, dem „in methodischer Hinsicht lange Zeit keine besondere Aufmerksamkeit zuteil [wurde]" (Przyborski/Wohlrab-Sahr 2009: 131). Meuser und Nagel sehen ebenfalls eine stiefmütterliche Behandlung des Experteninterviews als wissenschaftliche Erhebungsmethode in der empirischen Sozialforschung, das in der Literatur eher eine Randerscheinung darstellt (vgl. 2009: 465). Erst durch die Arbeiten von Bogner, Littig und Menz (2002), Gläser und Laudel (2009) sowie von Mieg und Näf (2006) wurden die methodische Eigenständigkeit und die besondere Rolle des Experteninterviews untersucht (vgl. Meuser/Nagel 2009: 466). Die gesonderte Betrachtungsweise begründet sich auf den Begriff des Experten. Dabei bedarf es einer entsprechenden Definition, wer bzw. was unter dem Begriff Experte zu verstehen ist. In erster Linie handelt es sich bei einem Experten um eine Person, die in ihrer Funktion oder Eigenschaft in einem bestimmten Handlungsfeld von besonderer Bedeutung ist (vgl. Flick 2007: 214; vgl. Mayer 2009: 38). Davon lässt sich ableiten, dass der Experte über ein spezielles Wissen verfügt, was ihm einen Wissensvorsprung gegenüber Außenstehenden verschafft, da sie das Handlungsfeld des Experten nicht einsehen können (vgl. Meuser/Nagel 2009: 467). Przyborski und Wohlrab-Sahr sprechen in diesem Zusammenhang von Personen, die über ein „spezifisches Rollenwissen verfügen, solches zugeschrieben bekommen und eine darauf basierende besondere Kompetenz für sich selbst in Anspruch nehmen" (2009: 132). Bogner und Menz beschreiben den Experten als jemanden, der „über technisches, Prozess- und Deutungswissen, [verfügt,] das sich auf sein spezifisches professionelles oder berufliches Handlungsfeld bezieht" (2002: 46). Damit stellen sie das Praxis- oder Handlungswissen als Teil des Expertenwissens in den Vordergrund und grenzen es vom Fach- bzw. Sonderwissen ab (vgl. Bogner/Menz 2002: 46). Auch Przyborski und Wohlrab-Sahr sehen im Expertenwissen verschiedene Formen und unterteilen es in Betriebswissen (dort ist das Wissen über Abläufe, Regeln und Mechanismen in Organisationen, Netzwerken etc. gemeint), Deutungswissen (beinhaltet das Wissen über bestimmte Sachverhalte, die das öffentliche Bild prägen) und

Kontextwissen (zielt auf das Wissen ab, das auf andere Personen oder Sachverhalte übertragen wird) (vgl. 2009: 132ff.). Bezieht man nun die angeführten Formen des Expertenwissens auf die vorliegende Studie, so stehen Betriebswissen und zum Teil Deutungswissen im Fokus der Erhebung. Denn die Experteninterviews sollen in erster Linie Qualitätsmaßstäbe aus Anbietersicht aufdecken, die sie für die eigenen Web-TV-Angebote beanspruchen. Das Deutungswissen spielt insofern eine Rolle, dass die Experten künftige Entwicklungen, Trends und Erfolgsaussichten für das eigene Angebot, aber auch für den Markt schildern können. Aufgrund dieser Betrachtungsweise ist es naheliegend innerhalb der Web-TV-Anbieter das Experteninterview als eigenständige Erhebungsmethode einzusetzen, um so den mehrdimensionalen Begriff der Qualität in Relation zu Web-TV-Angebote zu setzen und zu interpretieren. Bei der Auswahl eines qualitativen Interviews sollte darauf geachtet werden, dass der zu untersuchende Sachverhalt auch im Bereich der erinnerbaren Erfahrungen liegt. Kann sich der Befragte den Sachverhalt nur schwer ins Gedächtnis rufen, wird das Interview für ihn anstrengend und nicht die erhofften Ergebnisse bringen. Zudem ist darauf zu achten, den Zeitaufwand, den Kontext, in dem das Interview stattfindet und das Rollenverhältnis zwischen Interviewer und Interviewtem einzuplanen (vgl. Bortz/Döring 2006: 309ff.).

8.2.1.1 Stichprobenbeschreibung und -auswahl

Die Stichprobenauswahl der Experten erfolgte über zwei Stufen und orientierte sich an einer Vorabfestlegung, bei der die Experten nach bestimmten Kriterien ausgewählt wurden. Dies ist eine der gängigen Techniken zur Stichprobenauswahl in der qualitativen Forschung (vgl. Mayer 2009: 39; vgl. Merkens 2007: 291f.). Die Stichprobenziehung dieser Studie unterlag einer gezielten Absicht und die Stichproben gehörten dadurch zu denen, die „absichtsvoll und nicht nach dem Zufallsprinzip gezogen [werden]" (Merkens 2007: 292, zit. nach;Miles/Huberman 1994: 36). Auf Basis des zweistufigen Auswahlprozesses wurde eine generelle Eingrenzung der in Frage kommenden Experten vorgenommen und begründet.

Die erste Stufe bezog sich auf die Segmente des Web-TV-Markts. In diesem Fall war es eine Maßgabe mindestens einen Experten aus jedem Web-TV-Bereich zu interviewen. Das Ziel war auch hier eine Breite in der Datengewinnung zu schaffen, sodass die interviewten Experten möglichst der Varianz der Web-TV-Angebote, die den Markt repräsentieren, entsprachen. Dadurch ist die Vorabfestlegung ebenso an das Prinzip der maximalen Variation gekoppelt, um so Expertenwissen in verschiedenen Abwandlungen zu erhalten.

Die zweite Stufe betraf die Experten und ihre Handlungsrolle innerhalb des Web-TV-Angebots. Für die Interviews wurden demnach Personen herangezogen, die beim

8.2 Experteninterviews mit Web-TV-Anbietern 143

Web-TV über „ein spezifisches Rollenwissen verfügen" (Przyborski/Wohlrab-Sahr 2009: 133) und damit zur Offenlegung des Qualitätsverständnisses aus Anbietersicht beitragen. Des Weiteren können die ausgewählten Experten ihre Sichtweisen von verschiedenen Handlungsfeldern aus beschreiben, da die Akteure unterschiedliche Positionen bei ihren Web-TV-Angeboten bekleiden. Dadurch entsteht jedoch u. a. die Schwierigkeit die Aussagen der Experten zu generalisieren, da die Expertengruppen aufgrund ihrer Handlungsfelder variieren. Es ist zudem nicht zu gewährleisten, nur eine bestimmte Expertengruppe (bspw. nur Redakteure) innerhalb der Web-TV-Angebote zu interviewen. Somit stellt nicht nur die Identifikation der Experten eine enorme Herausforderung dar, sondern auch der Feldzugang (vgl. Flick 2007: 218). So kann es vorkommen, dass ausgewählte Personen, die als Experten in Betracht gezogen werden, den Einblick in ihr Handlungsumfeld aufgrund des Themas oder begrenzter Zeitkapazität von vornherein verwehren. Des Weiteren hält Flick die Expertise auf Seiten des Interviewers – für das Stellen der richtigen Fragen und das kompetente Nachfragen – sowie die Vertraulichkeit als zusätzliche Problemfelder fest. Fragen, die den Wettbewerb, die finanzielle Situation oder andere heikle Themen ansprechen, können dadurch unbeantwortet bleiben (vgl. Flick 2007: 218).

In Bezug auf die Problemfelder und den Auswahlprozess der Stichprobe mussten in der vorliegenden Studie letztendlich Kompromisse eingegangen werden. Ein Grund ist in dem erschwerten Feldzugang zu sehen, da es für den Forscher als Außenstehender schwierig ist, in die internen Strukturen von Unternehmen zu gelangen und zeitgleich ein Vertrauensverhältnis aufzubauen. So konnten zwar zu jedem Marktsegment Experten akquiriert werden, ihre Profile waren jedoch hinsichtlich der einzelnen Handlungsrollen sehr unterschiedlich, sodass nicht immer alle Fragen zufriedenstellend beantwortet werden konnten. War beispielsweise ein Experte eher im wirtschaftlichen Bereich verankert, wurden Fragen zur technischen Qualität nur bedingt beantwortet. In diesen Fällen musste man entsprechende Einschränkungen hinnehmen, da man Experten nicht immer gezielt für ein Interview gewinnen konnte. Eine weitere Hürde stellte die Audioaufzeichnung dar, die ein zentrales Element der Datenerhebung und -aufbereitung ist. Es kann dazu führen, dass sich die Interviewten durch die elektronische Aufzeichnung nicht zu negativ äußern geschweige auf heikle Themen eingehen. Um Bedenken dieser Art auszuräumen, kann eine Datenauswertung unter dem Deckmantel der Anonymität durchgeführt werden. Solche Absprachen sind grundsätzlich vor dem Interview zu treffen. Aus diesem Grunde wurden die Interviews in dieser Studie anonymisiert. D. h., dass nur die Web-TV-Angebote sowie die Tätigkeitsfelder der Interviewten, nicht aber ihre Namen genannt werden, sodass eine direkte Zuordnung des Experten zum jeweiligen Angebot nicht erkennbar ist bzw. sich auf ihn zurückführen lässt.

Für die Interviews standen Experten der folgenden Web-TV-Angebote zur Verfügung:
- TV-Sender: ZDFmediathek und DMAX Videothek
- Corporate Web-TV: Mercedes-Benz TV, SPIEGEL.TV und Club-TV des 1. FC Nürnberg
- Videoportale: 3min[21], MyVideo und Snack TV
- Web-only-Sender: Fernsehkritik-TV
- Web-TV-Portale: Zattoo

Eine Ausnahme bildete das Interview mit Viacom. Dabei stand zwar kein Web-TV-Angebot explizit im Vordergrund, dennoch ist der Konzern mit seinen verschiedenen Marken (z. B. MTV, Viva, Nickelodeon etc.) auch im Bereich des Web-TV vertreten. So lassen sich beispielsweise die Web-TV-Angebote der genannten Marken in die Kategorie der klassischen TV-Sender einordnen.

Die Handlungsfelder der Experten sind wie bereits erwähnt breit gefächert. Die Positionen umfassten sowohl Mitarbeiter als auch leitende Angestellte aus den Bereichen Marketing, Öffentlichkeitsarbeit und Redaktion. Des Weiteren gehörten ebenfalls technisch- und contentorientierte Projektmanager, Produzenten und Verantwortliche aus den Bereichen Geschäftsführung und Vorstand zu den Befragten. Diese Auswahl entspricht letztendlich einem vielfältigen Spektrum an Expertenwissen mit den zuvor ausgeführten Vor- und Nachteilen. Damit sind aus den unterschiedlichen Positionen und Sichtweisen sowohl die verschiedenartigen, dimensionalen Bedeutungen der Qualität für Web-TV als auch mögliche Erfolgspotenziale zu erschließen.

8.2.1.2 Aufbau des Interview-Leitfadens

Bei einer Erhebung durch qualitative Interviews hat es sich im Allgemeinen bewährt, einen zweckmäßigen Leitfaden zu entwerfen. Der Leitfaden ist vor allem dazu gedacht, als „Gedächtnisstütze und Orientierungsrahmen" (Witzel 1985: 227ff.; zit. nach Lamnek 2005: 367) für das Interview zu dienen, um ein unvorbereitetes Vorgehen zu vermeiden. Seit die qualitative Forschung mit der Erhebungsmethode des Interviews immer mehr an Bedeutung gewonnen hat, haben sich praxisorientierte Beispiele, wie ein Leitfaden aufzubauen und im Interview einzusetzen ist, erst in den vergangenen Jahren verstärkt herausgebildet. Dadurch sind vielschichtige Beschreibungen zur Ent-

---

[21] Das Videoportal war ein Angebot der Telekom, das ausschließlich professionelle, serielle Webvideoproduktionen abseits des UGC zur Verfügung stellte. Das Portal wurde jedoch 2011 aufgrund fehlender positiver Ergebnisse geschlossen (vgl. Hein 2011; vgl. Reißmann 2011).

wicklung und Handhabe von Leitfäden vorhanden (vgl. Gläser/Laudel 2009; Mayer 2009; Meuser/Nagel 2009; Przyborski/Wohlrab-Sahr 2009). Ein Leitfaden hilft also in der Interviewführung bei unklaren und unsicheren Gesprächssituationen. Dabei ist zu beachten, ihn lediglich als unterstützendes Instrument einzusetzen und sich nicht dem Gerüst des Leitfadens zu unterwerfen, da dies eher zu einer Informationsblockierung anstatt zu einer Informationsgewinnung führen kann. Der Leitfaden darf nicht zu einem Hilfsmittel des Abhakens verkommen (vgl. Hopf 1978: 101; zit. nach Gläser/Laudel 2009: 187f.; vgl. Mayer 2009: 44). Das Prinzip der Befragung lässt sich – so auch in dieser Studie – als offenes, nicht-standardisiertes Interview beschreiben. Die Beweggründe für ein offenes Interview liegen in einer flexiblen Gesprächsstruktur. Im Gegensatz zu einem Konstrukt aus geschlossenen Fragen begünstigen sie einen freien Redefluss des Befragten, der jedoch vom Interviewer gesteuert werden muss. Diese Steuerungsfunktion ist insofern wichtig, um sich nicht in Nebensächlichkeiten zu verlieren, die nichts mit dem Untersuchungsgegenstand gemein haben. Diese Funktionen (Steuerung und Orientierung) machen den Leitfaden zu einem unentbehrlichen Instrument der Gesprächsführung.

Dennoch kann sich das Prinzip der Offenheit ebenso nachteilig auf einen Gesprächsverlauf auswirken, wenn Fragen zu offen formuliert werden, sodass der Befragte sie falsch interpretiert. Das führt dann zu irrelevanten Antworten. Die Schwierigkeit liegt also darin, eine Balance in der Formulierung von offenen Fragen zu finden (vgl. Gläser/Laudel 2009: 131).

Eine Orientierung zu Intentionen und Funktionen bestimmter Fragetypen sowie zur Operationalisierung bieten u. a. die Ausführungen von Mayer (2009) sowie von Gläser und Laudel (2009). Vor allem Mayer stellt die dimensionale Übertragung von Themen und Begriffen in einen entsprechenden Fragenkomplex heraus (vgl. 2009: 43ff.), die in ähnlicher Form in dieser Studie vorgenommen wird.

Beim Aufbau eines Leitfadens ist darauf zu achten, dass die Fragen möglichst einfach, klar, neutral und nicht doppeldeutig gestellt werden. Zudem ist es zu vermeiden, multiple Fragen – also Fragen zu formulieren, die mehrere Inhalte anreißen – zu konstruieren. Im Grunde lassen sich diese kaum auswerten, da der Bezug einer Antwort auf so eine Fragekonstellation nicht eindeutig zurückzuführen ist (Gläser/Laudel 2009: 135ff.). Das kann zur Folge haben, dass sich die Interviewten nur auf die Beantwortung eines Aspekts konzentrieren und die anderen Teile der Frage vernachlässigen bzw. gar nicht darauf eingehen. Auf diese Weise können elementare Informationen verloren gehen.

Allen Befragten dieser Studie lag ein identisches Grundgerüst an Fragen zugrunde. Die Absicht dahinter war, die Antworten zu verschiedenen Standpunkten miteinander vergleichen zu können. Darauf aufbauend lassen sich sowohl Übereinstimmungen als auch Gegensätze zu einzelnen Schwerpunkten im Web-TV aus Sicht der Anbieter ermitteln. Zusätzlich sind ergänzende Fragen im Hinblick auf die Typologie der Web-TV-Angebote, denen die Befragten angehörten, in den Leitfaden eingeflossen. Die Formulierung solcher Ergänzungen lassen sich mit dem Prinzip der Offenheit und des Verstehens begründen, um dem engen Korsett der Standardisierung zu entkommen. Denn dadurch sind eine Annäherung an einen natürlichen Gesprächsverlauf und die Flexibilität des Gesprächs eher gegeben (vgl. Gläser/Laudel 2009: 150f.; vgl. Lamnek 2005: 351).

Die Themenkomplexe des Leitfadengerüsts orientieren sich dabei an den theoretisch erarbeiteten Ausführungen sowie den Beschreibungen der Web-TV-Angebote. Diese induktive Vorbereitung kennzeichnet die dimensionale Struktur des Leitfadens (s. Tab. 6). Ergänzend zu den bisher genannten Qualitätsdimensionen kommen noch allgemeine Standpunkte der Experten zu ihrem Qualitätsverständnis sowie ihren Einschätzungen zu Erfolg und künftigen Weiterentwicklungen im Web-TV, um den vielseitigen Einblick in diesem Bereich abzurunden und dem „Relevanzsystem der Betroffenen" (Lamnek 2005: 351) gerecht zu werden. Der daraus entstandene und vollständig formulierte Leitfaden ist im Anhang (s. S. 276ff.) einsehbar.

Für die Durchführung der Telefoninterviews wurden studentische Seminarteilnehmer in die Thematik des Untersuchungsgegenstandes sowie in die Interviewführung eingewiesen, damit sie das vom Interviewer erforderliche Maß an Hintergrundwissen erlangten und die betreffenden komplexen Zusammenhänge verstanden. Demzufolge sollten die Interviewer die Gespräche angemessen führen und bei bestimmten Gelegenheiten kompetent nachfragen können.

Aufgrund ökonomischer Faktoren wurde das Telefoninterview dem Face-to-Face-Interview vorgezogen, auch wenn damit einhergehend Nachteile entstehen können. Der Interviewer kann beispielsweise eine geringere Kontrolle über das Gespräch haben, wodurch die Gefahr besteht, an weniger Informationen zu gelangen. Aufgrund der Distanz wird dem Interviewer durch das Telefoninterview die Einflussnahme auf den Gesprächsverlauf erschwert. Er kann nicht wie bei einem Face-to-Face-Interview Störungen oder sonstiges situationsbedingtes Verhalten erkennen und dem entgegenwirken (vgl. Gläser/Laudel 2009: 153).

		Nutzerzahlen
Qualität/Erfolg	Angaben zum Angebot	Bekanntheit
		Nutzerreaktionen (Feedback)
	Qualitätsverständnis	Ansprüche
		Definition
		Einflussfaktoren
	Erfolgsfaktoren	Art/Einfluss der Faktoren
Inhaltliche Qualität	Qualitätskriterien	Nutzerpartizipation
		Themenschwerpunkte
		Standards
	Inhaltliche Ausrichtung	Genre
		Stilpräferenzen
Technische Qualität	Technische Verfügbarkeit	Aufbereitung
		Qualitätseinbußen/Probleme
		Archivierung
		Videoformate
	Qualitätsstandards	Einheiten
		Prognose
Formale Qualität	Usability/Utility/User Experience	Berücksichtigung
		Darstellungsqualität
	Personalisierung	Individualität
		Interaktion
	Evaluation	Qualitätsansprüche der Nutzer
		Nutzerfeedback
Bedeutung der Organisation	Organisationsstruktur	Einfluss
		Aufgabenverteilung
		Kooperationen
	Produktion	Produktionsverlauf
		Programmplanung
		Programmablauf
Ökonomisch-rechtliche Faktoren	Erlösmodelle	Werbung
		Sponsoring
		Abonnement
	Kosten	Produktion
	Vermarktung	Distribution
	Reglementierung	Urheberrecht
		Lizenzrecht
		Jugendschutz
Künftige Entwicklung	Trends	Eigene Weiterentwicklung
		Generelle Tendenzen

Tabelle 6: Dimensionale Struktur des Leitfadens
Quelle: Eigene Darstellung

Im Zuge dessen muss immer die Verhältnismäßigkeit zwischen Zeit- und Kostenersparnis und der Datenergiebigkeit abgewogen werden. Die Interviews fanden in einem Labor an der Technischen Universität Ilmenau statt, das mit einer entsprechenden Telefonanlage und einem dazugehörigen Computersystem ausgestattet war, sodass zugleich die Gespräche aufgezeichnet wurden. Die Interviews hatten im Schnitt eine Dauer von 46 Minuten, wobei das längste Interview 73 Minuten und das kürzeste 20 Minuten Zeit in Anspruch nahm.

8.2.2 Auswertungsmethode: qualitative Inhaltsanalyse nach Mayring

Im Bereich der Datenauswertung hat die qualitative Forschung vielfältige Methoden zur Auswertung und Interpretation von Texten hervorgebracht. Verschiedene Ansätze sind u. a. bei Lamnek (2005), Flick (2007), Mühlfeld et al. (1981), Meuser/Nagel (1991) und Mayring (2000) zu finden. Ähnlich wie bei der Datenerhebung gilt es auch hier, Vor- und Nachteile abzuwägen, die anschließend zu einer Entscheidung des gewählten methodischen Vorgehens führen. Dennoch muss man an dieser Stelle festhalten, dass viele Auswertungsmethoden grundlegende Elemente gemein haben und sich lediglich im Detail unterscheiden. So bildet das Interview in transkribierter Form die Grundlage jeder Auswertung. Darüber hinaus gehören die Reduktion des Textes, die Paraphrasierung sowie die Kategorienbildung zu den weiteren Grundbausteinen einer Auswertung (vgl. Mayer 2009: 47ff.). Die hier durchgeführten Experteninterviews werden anhand der qualitativen Inhaltsanalyse nach Mayring ausgewertet, die neben ihrer Systematik eine bewährte Methode ist. Zudem liegen bereits Erfahrungen und Kenntnisse mit diesem Auswertungsverfahren vor, sodass aufgrund dessen eine zeiteffiziente Datenauswertung möglich ist. Ergänzend sei noch hinzuzufügen, dass die Auswertung computergestützt mittels eines QDA-Programms (hier: MaxQDA) vorgenommen wurde. Dies hat vor allem den Vorteil, bestimmte Kategorien oder besondere Textpassagen schneller zu finden und zu sortieren. Das Programm übernimmt damit eine unterstützende Funktion in der Textorganisation.

In den beiden folgenden Kapiteln werden zum einen die Grundlagen zur Transkription und zum anderen die Vorgehensweise der Auswertung exemplarisch erläutert.

8.2.2.1 Transkription

Der Ausgangspunkt einer Transkription ist die Audioaufzeichnung, die im wissenschaftlichen Kontext unumgänglich und letztlich eine Voraussetzung für die anschließende Auswertung ist. Zwar liegen „für die Transkription von Interviewprotokollen [...] bislang keine allgemein akzeptierten Regeln" (Gläser/Laudel 2009: 193) vor, dennoch existieren einige verschiedene Vorgehensweisen und Regeln (vgl. Flick 2007: 379ff.; Bortz/Döring 2006: 313), deren Einsatz jedoch von der Intention der Analyse abhängig ist. Bei einer Transkription sollte man Interviews vollständig transkribieren und eine komprimierte Protokollierung – das Weglassen vermeintlich unwichtiger Textbestandteile – vermeiden (vgl. Gläser/Laudel 2009: 193). Aufgrund solch eines

Vorgehens können dann doch wesentliche Informationen verloren gehen, da man vor allem in längeren Interviews nicht den gesamten Kontext der Antworten überblicken und einordnen kann. Demnach ist eine vollständige Transkription zu befürworten, weil erst mit mehrmaliger Bearbeitung des Textes die Aussagen der Experten in relevante und irrelevante klassifizierbar sind.

Wie bereits erwähnt gibt es keine allgemeingültigen Transkriptionsregeln. Allerdings nennen Gläser und Laudel (2009: 193f.) sowie Kuckartz (2010: 41ff.) auf Basis ihrer Forschungsprojekte einige generelle Punkte, die zum Teil in diese Studie eingeflossen sind bzw. adaptiert wurden.

Die Transkription der Experteninterviews wurde unter den folgenden Gesichtspunkten vorgenommen.

(1) **Standardorthographie:** Die Transkripte wurden nach den Regeln der deutschen Rechtschreibung verfasst, sodass damit die Eindeutigkeit und Lesbarkeit für andere Leser gewährleistet ist. So wurden u. a. Verknappungen durch Apostrophe ausgeschrieben. Des Weiteren bleiben auch Dialekte unberücksichtigt (vgl. Reinders 2005: 254).

(2) **Grammatikalische Korrekturen:** Unter diesem Punkt wird lediglich die Anpassung des Satzbaus verstanden, wobei darauf zu achten ist, nicht das Verständnis bzw. den Sinn der Antworten zu verfälschen. Änderungen werden durch *[d. Verf.]* gekennzeichnet. Auch dieser Punkt soll die Einfachheit und Lesbarkeit des Textes ermöglichen.

(3) **Weglassen nonverbaler Äußerungen:** Zuvor wurde bereits geklärt, dass die Interviews per Telefon geführt wurden. Dadurch waren von vornherein die Reaktionen der Interviewten wie Gestik und Mimik nicht zu erfassen und wurden demnach nicht in das Transkript aufgenommen.

(4) **Weglassen paraverbaler Äußerungen:** Da der Schwerpunkt auf dem inhaltlichen und thematischen Kontext liegt, blieben Aspekte wie Pausen, Verwendung von Füllwörtern und andere Reaktionen unberücksichtigt. Denn paraverbale Äußerungen bieten für diese Studie keinen analytischen Mehrwert und weisen zudem keinen konkreten Bezug zu den Forschungsfragen und deren Beantwortung auf.

(5) **Unverständliche Passagen:** Passagen, die nicht eindeutig identifizierbar waren – sei es durch eine undeutliche Aussprache oder technische Fehler in der Audioaufzeichnung – wurden entsprechend gekennzeichnet und nicht in die Auswertung aufgenommen.

(6) **Anonymisierung:** Alle personenbezogenen Daten, vor allem namentliche Erwähnungen, wurden in den Transkripten anonymisiert, sodass der Name des Befragten und das Web-TV-Angebot nicht zusammen erfasst wurden.

(7) **Transkriptaufbau:** Das Transkript besteht aus einem Deckblatt und dem eigentlichen Interviewtext. Das Deckblatt beinhaltet den generellen Transkriptkopf mit Punkten wie die Position des Experten im Web-TV-Unternehmen, die Kategoriezugehörigkeit des Angebots, die Art des Gesprächs und die Befragungsmethode (Reinders 2005: 251). Darüber hinaus wurden das Datum, die Codenummer, die Dauer der Interviews, die Namen der jeweiligen Interviewer sowie der Titel der Studie dokumentiert. Die Namen der befragten Experten wurden im Transkript aufgrund der Anonymisierung nicht vermerkt. Der Interviewtext wird per Absatz zwischen den Fragen und den Antworten getrennt. Dabei werden die Fragen des Interviewers jeweils mit einem *I* und die Antworten der Befragten mit einem *B* sowie einer laufenden Nummer gekennzeichnet.

8.2.2.2 Zur analytischen Vorgehensweise der Experteninterviews

Wie bereits in Kapitel 8.2 erläutert, wird im weiteren Forschungsverlauf die qualitative Inhaltsanalyse nach Mayring zur Auswertung der transkribierten Experteninterviews herangezogen, mit dem Ziel, dass „der wissenschaftlich kontrollierte Nachvollzug der alltagsweltlichen Handlungsfiguren, die durch die kommunikativen Akte repräsentiert werden, und die Systematisierung eines Musters aus diesen Figuren" (Lamnek 2005: 511) herausgearbeitet wird. Jedoch liegt der Schwerpunkt in diesem Forschungsprojekt auf das spezifizierte Handlungsumfeld – hier der Bereich Web-TV – der Kommunikatoren, sodass sich das Ziel der Offenlegung der Handlungsstrukturen im Web-TV hinsichtlich des Qualitätsbezugs ergibt.

Um die Auswertung einem systematischen Vorgehen zu unterziehen, werden die folgenden Schritte anhand des Ablaufmodells nach Mayring beschrieben, dessen Entwurf elf Stufen umfasst, von denen die ersten fünf in den vorangegangenen Kapiteln bereits behandelt wurden (vgl. Mayring 2003: 54):

(1) **Festlegung des Materials:** Im ersten Schritt wird bestimmt, „welches Material der Analyse zugrunde liegen soll" (Mayring 2003: 47). Dieser Aspekt bezieht sich auf die Festlegung der Stichprobe. Die Umschreibung und Durchführung der Stichprobenauswahl wurde bereits im Kapitel 8.2.1.1 umfassend dargelegt. Lamnek hingegen fügt noch die inhaltsanalytische Auswertung hinzu. Diesbezüglich wird auf Grundlage der Interviewtranskripte das Material definiert, das für die Auswertung und die Beantwortung der Forschungsfrage relevant ist. Auf diese Weise wird unwesentliches Material nicht berücksichtigt (vgl. Lamnek

8.2 Experteninterviews mit Web-TV-Anbietern

2005: 518). Im Hinblick darauf werden jene Transkriptausschnitte verwendet, in denen sich die bedeutsamen Aussagen zu den qualitativen Dimensionen des Web-TV befinden.

(2) **Analyse der Entstehungssituation:** Dabei ist festzuhalten „von wem und unter welchen Bedingungen das Material produziert wurde" (Mayring 2003: 47). Die Entstehungssituation beschreibt u. a. die soziale und parasoziale Situation, das Verhältnis der handelnden Personen (Interviewer und Befragter) zueinander sowie den Handlungshintergrund (vgl. Lamnek 2005: 518). In dieser Studie wurden halbstandardisierte Interviews mit Experten durchgeführt, die im Umfeld des Web-TV tätig sind. Diese Experteninterviews wurden anhand von Leitfäden mit einer offenen Fragenstruktur umgesetzt. Die Interviewsituation basierte auf Telefoninterviews, die sich als neutral und wenig emotional festhalten lässt. Diese Entstehungssituation ist jedoch nicht negativ auszulegen, auch wenn keine direkte Face-to-Face-Situation vorliegt und die Kontrollmechanismen in der Interviewführung nur geringfügig vorhanden sind. Darüber hinaus sind in den Transkripten die Interviewer gelistet, die die jeweiligen Aussagen erhoben haben.

(3) **Formale Charakterisierung des Materials:** Der dritte Schritt kennzeichnet „in welcher Form das Material vorliegt" (Mayring 2003: 47). In diesem Fall steht die Vorgehensweise der Transkription im Vordergrund, also wie die aufgezeichneten Interviews verschriftlicht wurden. Die Form der Transkripte und ihre Entstehungsweise wurden bereits im Kapitel 8.2.2.1 erläutert und skizzieren eine transparente Umwandlung des Audiomaterials in die für diese Forschung angemessene Schriftform.

(4) **Richtung der Analyse:** Bevor man in die Phase zur Analyse und Interpretation von Texten gelangt, muss die Richtung bestimmt werden, d. h., auf welche Gesichtspunkte besonderer Wert gelegt werden soll. So kann die Analyse gegenstands- (auf den Untersuchungsgegenstand ausgerichtet), wirkungs- (auf eine Zielgruppe ausgerichtet) und personenbezogen (auf Informationen hinsichtlich des Befragten ausgerichtet) durchgeführt werden. Im Zuge dessen sind dann auch Aspekte wie der emotionale und kognitive Hintergrund sowie der Handlungshintergrund zu berücksichtigen, wobei dies wiederum von der Forschungsintention abhängig ist (vgl. Mayring 2003: 50). Die Befragung der hier ausgewählten Experten bezieht sich vorrangig auf kognitive Bereiche und den Handlungshintergrund. Das bedeutet, dass zum einen der Untersuchungsgegenstand Web-TV mit Fokus auf die Qualitätsdimensionen und zum anderen das

Wissen der befragten Experten zum Handlungsfeld im Vordergrund der Forschung stehen. Emotionale Hintergründe spielen an dieser Stelle keine Rolle und wurden hier auch nicht weiter berücksichtigt.

(5) Theoriegeleitete Differenzierung der Fragestellung: Dieser Schritt impliziert, „daß die Fragestellung der Analyse vorab genau geklärt sein muß, theoretisch an die bisherige Forschung über den Gegenstand angebunden und in aller Regel in Unterfragestellungen differenziert werden muß" (Mayring 2003: 52). Diese konkreten Überlegungen wurden zuvor bei der Aufstellung der Forschungsfragen vorgenommen und für den Leitfaden abgeleitet, damit die dimensionalen Bereiche des Untersuchungsgegenstands anhand des erhobenen Materials erkannt und aufgedeckt werden können.

(6) Bestimmung der Analysetechnik: Mayring schlägt drei Grundformen der Analyse vor, die „am alltäglichen Umgang mit sprachlichem Material orientiert sind" (2003: 44). Dabei handelt es sich um die Zusammenfassung, die Explikation und die Strukturierung. Während die Zusammenfassung auf die Reduktion des Gesamtmaterials abzielt, um „einen überschaubaren Corpus zu schaffen, der immer noch Abbild des Grundmaterials ist" (Mayring 2003: 58), ist die Explikation auf die Klärung von „fraglichen Textteilen (Begriffen, Sätzen, ...)" (ebd.) ausgerichtet. Durch Hinzunahme von weiteren Informationen, die entweder extern oder intern über den Kontext des Textes bezogen werden, können unklare Textpassagen genau beschrieben und erläutert werden. Die Strukturierung hingegen ist darauf ausgelegt, „bestimmte Aspekte aus dem Material herauszufiltern" (ebd.), um auf diese Weise das Material unter bestimmten Kategorien einzuschätzen (vgl. ebd.). Des Weiteren unterscheidet Mayring in formale, inhaltliche, typisierende und skalierende Strukturierung, wobei in dieser Studie lediglich die inhaltliche verwendet wird, da diese Form für die Auswertung besonders geeignet ist, um markante Textausschnitte genauer zu erörtern (vgl. Mayring 2003: 59).

(7) Definition der Analyseeinheit: Die Analyseeinheiten bestehen aus den Kodier-, Kontext- und Auswertungseinheiten, „um die Präzision der Inhaltsanalyse zu erhöhen" (Mayring 2003: 53). Sie stellen die Grundlage für das Analysegerüst dar, was in der Entwicklung eines Kategoriensystems mündet. Das für diese Studie entwickelte Kategoriensystem basiert auf der dimensionalen Struktur des Leitfadens und wurde induktiv anhand des Textmaterials ergänzt, sofern dies notwendig war.

8.2 Experteninterviews mit Web-TV-Anbietern

(8) **Analyseschritte mittels des Kategoriensystems:** In dieser Phase werden die Punkte (6) und (7) in Beziehung zueinander gesetzt. D. h., dass man die Analyse mittels des entworfenen Kategoriensystems und den jeweils ausgewählten Analysetechniken durchführt (vgl. Mayring 2003: 54). Ein Beispiel, wie dieses Verfahren in dieser Studie vorgenommen wird, wird im Anschluss an diese Ablaufbeschreibung entsprechend erläutert, um eine intersubjektive und transparente Nachvollziehbarkeit der Vorgehensweise zu ermöglichen.

(9) **Rücküberprüfung des Kategoriensystems:** Dieser Schritt geht mit der Durchführung der Analyse einher. In diesem Fall wird das Kategoriensystem während der Analyse im Hinblick auf Theorie und das erhobene Material erneut überprüft und gegebenenfalls angepasst – entweder erweitert oder gekürzt (vgl. Mayring 2003: 53).

(10) **Interpretation der Ergebnisse:** Im letzten Schritt werden die Ergebnisse auf Basis der vorangegangenen Punkte dargestellt und in Bezug zur Forschungsfrage sowie zu den differenzierten Subfragen gesetzt. Dabei ist es das Ziel, diese Forschungsfragen zu beantworten und dadurch das Handlungsumfeld der befragten Experten sowie die Sichtweisen zu den qualitativen Dimensionen im Web-TV aufzudecken. Dieser Schritt ist dann im Kapitel der Ergebnispräsentation vorzufinden.

(11) **Anwendung der inhaltsanalytischen Gütekriterien:** Unter diesem Aspekt werden die Gütekriterien, wie sie in der qualitativen Forschung verstanden werden, in Bezug zur Studie gesetzt. Durch die Beschreibung der Gütekriterien soll die Transparenz und Intersubjektivität der Studie gewährleistet werden. Im Kapitel 8.2.5 werden die Gütekriterien gesondert betrachtet.

Anhand eines Beispiels wird nun der Analysevorgang zur Auswertung der Experteninterviews geschildert, um ein anschauliches Bild der Vorgehensweise zu vermitteln. Wie zuvor erwähnt, orientiert sich das Vorgehen an Mayrings qualitativer Inhaltsanalyse und seiner Systematik. Mayring unterscheidet, wie in seinem Ablaufmodell unter Punkt (6) bereits angerissen, drei Grundformen: die Zusammenfassung, die Explikation und die Strukturierung. Diese drei Formen können als modulare Bausteine gesehen werden, die sowohl gemeinsam und miteinander ergänzend als auch einzeln und getrennt voneinander eingesetzt werden können. Um sich einer Materie ganzheitlich nähern zu können, ist es dabei sinnvoll die Grundformen zu kombinieren. Zwar werden in dieser Studie alle drei Grundformen berücksichtigt, dennoch liegt der Schwerpunkt auf der Zusammenfassung. Das ist darin begründet, dass das erhobene Interviewmaterial soweit gekürzt wird, dass nur noch die wesentlichen Textpassagen bestehen bleiben, die für die Forschungsintention relevant sind. Das bedeutet, dass im ersten Schritt eine Materialreduktion stattfindet, in dem die aussagekräftigen Informationen herausgefiltert werden. Durch Abstraktion entsteht jedoch eine überschaubare Zusammenstellung, die immer noch ein Abbild des Grundmaterials darstellt (vgl. Mayring 2002: 115). Dieser Prozess der Textreduktion auf seine eigentliche Bedeutung wird als Paraphrasieren bezeichnet. Der zweite sich daran anknüpfende Schritt ist das Kodieren. Greift man dazu auf die Definition aus der Grounded Theory zurück, so ist das Kodieren „die Analyse von Daten durch Bildung von Konzepten (oder Kategorien) und Zuordnung der Daten (Indikatoren) zu diesen Konzepten. Es handelt sich also nicht um eine einfache Subsumtion der Daten unter vorhandenen Kategorien wie im Prozess des in der standardisierten Forschung üblichen Codierens, vielmehr werden die Kategorien oder Codes erst im Verlauf des Codierprozesses gebildet und im Fortgang der Auswertung sukzessive erweitert und verfeinert" (Ludwig-Mayerhofer 2007). Dieser Vorgang wird hier jedoch nur zu einem gewissen Teil eingehalten. Aufgrund der Vorüberlegungen, der Auseinandersetzung mit dem Thema und der strukturellen Beschreibung ausgewählter Web-TV-Angebote bestand bereits vorab ein Grundgerüst an Kategorien, das ebenfalls als Grundlage für die dimensionale Strukturierung des Leitfadens diente. Dieses Gerüst ist jedoch nicht starr festgelegt, sodass neben der deduktiven Vorarbeit das Kategoriensystem induktiv entsprechend ergänzt wird. Das Kategoriensystem unterteilt sich letztlich in fünf Hauptsegmente: (1) Web-TV (im Allgemeinen), (2) inhaltliche Qualität, (3) technische Qualität, (4) formal-funktionale Qualität und (5) Qualität im organisationalen Kontext. Innerhalb jedes dieser Segmente sind weitere Unterkategorien vorhanden (s. auch Tab. 6). Dabei wird das Material unter Berücksichtigung des dimensionalen Qualitätsbezugs entsprechend definiert, sodass nur forschungsrelevante Passagen aus dem Textmaterial betrachtet werden. Mit der eingesetzten Software MaxQDA ist es möglich, solche Textstellen zu markieren und sie einem Kategoriensystem zuzuordnen, indem man sie mit Codes versieht. Die Codes bildeten sich aus den oben genannten Hauptsegmenten sowie den dazugehörigen Subcodes. Diese computergestützte Auswertung hat den Vorteil, dass sich die zweckmäßigen Textpassagen einer Kategorie in einer Datei gebündelt ausgeben lassen und sich die Reduktion doppelter oder irrelevanter Aussagen effizienter gestaltet. Die verbliebenen verknüpften Textpassagen wurden abschließend gegliedert und interpretiert.

Die Explikation hat im Vergleich zur Zusammenfassung einen entgegengesetzten Hintergrund. Das bedeutet, dass es dabei nicht um die Reduktion von Textpassagen geht, sondern „zu einzelnen interpretationsbedürftigen Textstellen wird zusätzliches Material herangetragen, um die Textstelle zu erklären, verständlich zu machen, zu erläutern, zu explizieren" (Mayring 2003: 77). Ziel ist es, unverständliche und unklare Textpassagen oder auch Begriffe durch weitere Informationen soweit zu ergänzen, dass ihre Aussagekraft eindeutig wird. Um die Eindeutigkeit einer Textstelle zu erreichen, hat der Forscher drei Möglichkeiten, wobei die Festlegung nach einer grammatikalisch-lexikalischen Definition der erste und grundlegende Schritt ist. Darauf folgend kann man sich nun entweder am vorliegenden Textmaterial orientieren (enge Kontextanalyse) und/oder externes Material, das sich auf Informationen zum interviewten Experten, die Erhebungssituation oder theoretische Vorüberlegungen beziehen kann, hinzuziehen (weite Kontextanalyse), um die erforderliche Textstelle zu erläutern (vgl. Mayring 2003: 78ff.). In dieser Studie bedurfte es kaum einer weiten explizierenden Analyse, da alle erhobenen Daten aus den Interviews bis auf wenige Ausnahmen verständlich waren. Wie die Explikation eingesetzt wurde, wird anhand eines folgenden Beispiels erläutert. Eine Textpassage enthielt den Begriff *Medium-Rectangles*[22]. Zwar ließ sich indirekt die Bedeutung des Begriffs erschließen, jedoch blieb der direkte Zugang unkonkret. Da der Begriff aus dem englischsprachigen Raum stammt und einem wirtschaftlichen Hintergrund zuzuordnen ist, konnte der Begriff nicht mit einer einfachen Übersetzung sowie über allgemeine Lexika näher bestimmt werden. Deshalb musste man auf weiterführende Fachliteratur zurückgreifen. Damit ließ sich der Begriff als ein auf Webseiten integrierter Werbebanner mit einer festgelegten Größe (300 x 250 Pixel) eindeutig beschreiben (vgl. Seebohn 2011: 166).

Den letzten Schritt in der Inhaltsanalyse bildet die Strukturierung, die sich in vier weitere Bereiche unterteilt: formal, inhaltlich, typisierend und skalierend. Hier wird jedoch nur die inhaltliche Strukturierung berücksichtigt, da diese Analyse das Ziel verfolgt, „bestimmte Themen, Inhalte, Aspekte aus dem Material herauszufiltern und zusammenzufassen" (vgl. Mayring 2003: 89). Über das erstellte Kategoriensystem wird festgelegt, welche Informationen aus dem Datenmaterial für die Auswertung und Interpretation relevant sind. Diese werden dann im Hinblick auf die jeweiligen Kategorien zusammengefasst (vgl. Mayring 2003: 89). Dabei ist es Ziel, die besonderen Qualitätsmerkmale von Web-TV-Angeboten aus dem Material zu ziehen, um daraus abschließend in einer Zusammenfassung die Potenziale für Web-TV aus Anbietersicht abzuleiten (s. Kapitel 8.2.4).

---

[22] Das Medium-Rectangle ist ein Werbebanner, der „im redaktionellen Bereich platziert [wird] und steht dadurch unmittelbar im Blickfeld des Nutzers" (Seebohn 2011: 166)

8.2.3 Ergebnisse der Experteninterviews

Die Ergebnisdarstellung der Experteninterviews orientiert sich an den bisher genannten Dimensionen (inhaltlich, technisch, formal-funktional und ökonomisch-rechtlich), deren Aussagen im Hinblick auf Gemeinsamkeiten und Unterschiede zusammengefasst werden. Diese Dimensionen werden noch durch eine Beschreibung der allgemeinen Situation von Web-TV sowie durch organisationale Produktionsprozesse ergänzt.

8.2.3.1 Die Situation von Web-TV aus Expertensicht

In diesem Abschnitt wird beschrieben, wie sich aus Expertensicht die allgemeine Gesamtlage bei Web-TV-Angeboten darstellt. Dazu stehen zunächst die Qualitätsansprüche im Vordergrund, die die Experten jeweils an ihre Angebote stellen. Über die folgenden Kategorien lassen sich weitere Aussagen zum Web-TV festhalten, die die Besonderheiten im Vergleich zum Fernsehen, zu Zielgruppenbeschreibungen und künftigen Entwicklungen herausstellen.

Qualitätsansprüche

Im Rahmen der Qualitätsansprüche lassen sich bereits verschiedene Perspektiven verzeichnen. Eine hebt die Qualität als ein Bewertungskriterium heraus, wobei der Begriff mit den Wertungen der Nutzer gleichzusetzen ist. Wenn Nutzeranforderungen perfekt realisiert werden, spricht dies aus Sicht der Experten für gute Qualität. Diese Qualitätsansprüche werden durch eine performante Technologie, hohe Usability und eine intuitive Nutzung der Angebote umgesetzt. Über Evaluationen von Kommentaren, Bewertungen, Posts in Foren, Filter des Customer Supports zu verschiedenen Problemstellungen und durch das Screening von Twitter- und Blogeinträgen werden die Qualitätsansprüche der Nutzer erhoben. Diese Nutzer-Feedbacks tragen somit erheblich zur Verbesserung des Contents bei, da so die Darstellungsqualität optimiert und Urheberrechtsverletzungen minimiert werden können. Zugleich führt das auch dazu, dass man den eigenen Ansprüchen gerecht wird.

Eine weitere Perspektive zeichnet sich im Hinblick auf die Professionalität bei der Content-Entwicklung ab. Um ein angemessenes Programm auf einem entsprechend hohem Niveau anzubieten, müssen Web-TV-Angebote auch eine gewisse Substanz aufweisen, um auf Dauer erfolgreich zu sein.

Ein zusätzlicher Aspekt ist noch im technischen Bereich zu sehen, der sich auf das Streaming bezieht. Dabei besteht der Anspruch, die Qualität der Streamings insofern zu optimieren, dass diese ohne Störungen laufen – es sollten keine Aussetzer oder Artefakte auftreten –, dass sie nicht zu lange und zu oft zwischendurch gepuffert werden oder dass der Nutzer die Anwendung nicht immer wieder neu starten muss.

8.2 Experteninterviews mit Web-TV-Anbietern 157

Es zeigt sich, dass die Anforderungen der Nutzer, die Entwicklung und Produktion des Contents sowie technische Bedingungen wie der sichere und saubere Datentransport der Streamings die Qualitätsansprüche bei den Anbietern bestimmen.

Web-TV in Konkurrenz zum klassischen TV
Eine Frage, die sich im Zuge der vermeintlichen Konkurrenzsituation zwischen Web-TV und TV ergibt, ist der darauf bezogene Kannibalisierungseffekt. Das heißt, welche Auswirkungen werden die Web-TV-Angebote künftig auf das konventionelle Fernsehen haben. In diesem Punkt sind sich viele Experten einig, dass klassisches Fernsehen nicht durch Web-TV abgelöst wird, sondern beide Medien nebeneinander koexistieren. Vor allem bei medialen Großereignissen wie bei einer Fußball-Weltmeisterschaft ist das klassische TV bei der gleichzeitigen Live-Ausstrahlung und Rezeption noch im Vorteil. Dazu zählt auch die Ausstrahlung von HD-Inhalten im klassischen Fernsehen, die stetig zunimmt. In diesem Punkt kann das Internet qualitativ nicht mithalten. Die Ursache liegt in der technischen Infrastruktur des Netzes, die weiterhin ausgebaut werden muss. Dennoch wird Web-TV nicht als direkte Konkurrenz betrachtet. Es sei vielmehr so, dass eine Orientierung von TV hin zu Web-TV zu beobachten ist. Dies bezieht sich auf jüngere Zielgruppen, die sich immer weniger mit den angebotenen Fernsehprogrammen identifizieren können.

Aber die Konvergenz zwischen TV und Internet ermöglicht dem Web-TV entscheidende Vorteile. So ist das zeitversetzte Sehen von Content eines der zentralen Argumente, die für ein Alleinstellungsmerkmal von Web-TV stehen. Man ist dadurch grundlegend unabhängig vom linearen Programm, sofern es sich um Video-on-Demand-Angebote und nicht um Live-Events handelt. Der Nutzer kann sich sein Programm selbst zusammenstellen und sich den Content nach seinen zeitlichen und räumlichen Wünschen anschauen.

Weitere Argumente zum Vorteil des Web-TV beziehen sich auf die Möglichkeit, Interaktivität einzubinden und die Rückkanal-Fähigkeit des Internets zu nutzen. Damit lässt sich die Kommunikation zwischen den Anbietern und Nutzern fördern. Dennoch bleibt Web-TV ein Lean-Back-Erlebnis, auch wenn der Nutzer bestimmt, wann er seine Inhalte abruft, sobald es sich um für das klassische TV produzierten Content handelt. Denn in diesem Zusammenhang wird Web-TV u. a. nur als weiterer Distributionsweg gesehen, um den Content Nutzern mit anderen Sehgewohnheiten zur Verfügung zu stellen. Des Weiteren sehen die Experten, die mit klassischen TV-Produktionen vertraut sind, im Vergleich zum Web-TV keine Unterschiede im Produktionsprozess, sodass die Inhalte unabhängig vom Distributionsweg vorbereitet und umgesetzt werden. Auch die Inhalte selbst bleiben identisch, sofern es sich nicht um exklusive Online-Inhalte handelt. Web-TV wird dabei um speziellen Content erweitert, der in der Regel nicht über das klassische TV ausgestrahlt werden kann. Als Beispiele wurden Beiträge zu *Hinter den Kulissen* oder *Outtakes* genannt. Verfolgt man diesen Gedanken weiter, so ist zu erkennen, dass sich Web-TV ebenso für Content-Nischen eignet, um so spezielle Nutzer- bzw. Zielgruppen anzusprechen.

Zielgruppen

Im Hinblick auf die Zielgruppen vertreten die Experten grundsätzlich die Meinung, dass es keine eindeutige Einschränkung gibt, wenn man einmal von Nischen- bzw. Special-Interest-Angeboten absieht. So wird bei Web-TV-Angeboten im Allgemeinen jeder angesprochen, der gern fernsieht und dazu unterwegs „connected devices" nutzt. Dennoch zeige sich eine Typisierung der Zielgruppe, die einem jungen und vorrangig männlichen Zielpublikum entspricht. Dies wird u. a. damit begründet, dass vor allem Jüngere eine höhere Online-Affinität besitzen. Eine Erklärung für das ungleiche Geschlechterverhältnis zu finden ist schwierig, da bei den Jugendlichen heutzutage kein *Internet-Gender-Gap* mehr vorhanden ist.

Zu ergänzen ist noch, dass auf der anderen Seite auch ältere Nutzer bis hin zu den sogenannten Silver Surfern[23] Web-TV-Angebote nutzen. Auch diese Zielgruppe nimmt stetig zu.

Zukunft

Die künftige Entwicklung von Web-TV bewerten die Experten als stark wachsend, was sich vor allem auf die Mobilität der Medieninhalte und auf die Nutzungsintensität auswirken wird. Denn besonders bei mobilen Endgeräten wird die Nutzung der Videos bedeutender und enorm zunehmen. Im Zuge dessen reagieren auch die großen TV-Sender und wenden sich diesem Trend zu. Als Folge daraus ergibt sich, dass auch sie ihr Programm zum zeit- und ortsunabhängigen Konsum verstärkt online zur Verfügung stellen. Diese Unabhängigkeiten gelten generell für alle Video-on-Demand-Angebote. Darüber hinaus wird sich die Konvergenz zwischen TV und Internet weiterhin verstärken. Möglicherweise kann sie in einer Konsole verschmelzen und wie ein Medienzentrum fungieren. An dieser Stelle wird HbbTV als künftiger Trend betrachtet, da mittels dieser Technologie Web-Content auf TV-Geräten (sogenannte Smart-TVs) verfügbar wird. Eine Hardware-Komponente, wie zum Beispiel ein PC, ist dann in diesem Fall nicht mehr notwendig und der Nutzer kann dann vom linearen zum nicht-linearen Programm hin und her wechseln.

---

[23] Dies ist die Bezeichnung für die Nutzergruppe, deren Nutzer älter als 50 Jahre sind.

Ein klassischer Programmablauf wird wohl im Sinne der Zuschauer weichen und stattdessen werden Mediatheken für eine unabhängige Rezeption weiter ausgebaut. Vor allem kann sich dadurch die Sehgewohnheit zum nicht-linearen Fernsehen ändern. Dennoch muss dies nicht gleichzeitig bedeuten, dass der klassische Weg der Fernsehrezeption, die Lean-Back-Situation, verschwinden wird. Es ist davon auszugehen, dass beide Formen koexistieren werden. Somit werden Dienste, die eine Mischung aus Video-on-Demand und Live-TV anbieten, wahrscheinlich einen hohen Zulauf erhalten. In Bezug auf den technischen Fortschritt wird die Bildqualität steigen und möglicherweise zu Kapazitätsproblemen im Internet führen. Die Entwicklung muss auch dahin gehen, dass Videos mit einer nicht so schnellen Internetverbindung durchgängig anzusehen sind. Dieser Aspekt spricht gleichzeitig die technische Zuverlässigkeit an, die künftig ein entscheidendes Kriterium für Web-TV-Angebote sein wird. Denn wenn die technische Zuverlässigkeit steigt und sich Havarie-Anfälligkeiten verringern, wird sich das auch positiv auf die Akzeptanz bei Nutzern auswirken und diese entsprechend steigern.

Ein weiterer Bereich stellt die Standardisierung dar. So wird in diesem Zusammenhang die Etablierung von Videoformaten wie Flash oder Ähnlichem innerhalb der nächsten zehn Jahre genannt. Das hat u. a. einen Vorteil auf Seiten der Nutzer, deren Plug-in-Management sich vereinfachen würde.

Darüber hinaus wird in Zukunft auch die Rechtslage eine wesentliche Rolle für die Entwicklung von Web-TV spielen, vor allem für jene Anbieter, die mit Urheberrechten bzw. Lizenzierungen zu tun haben. Experten hoffen dabei auf erleichternde Regulierungen. Aber auch Geschäftsmodelle werden entscheidend sein, um Angebote mittel- und langfristig zu halten. Dass der Bedarf an Angeboten da ist, darüber sind sich die Experten einig. Ein zusätzlicher Einfluss, der indirekt damit zusammenhängt, ist das Zeit- und Geldbudget der Nutzer. Denn letztlich werden sie bestimmen, wie viel Zeit und Geld sie in die Nutzung solcher Angebote investieren werden.

8.2.3.2 Inhaltliche Qualität

Im Rahmen der inhaltlichen Qualität konzentriert sich die Auswertung auf die Kategorien Programm, Exklusivität, Aktualität, Glaubwürdigkeit des Angebots, Spiellänge und die Präsentationsform. Aber auch die Geschichte bzw. der Nachrichtenwert (vor allem für journalistisch ausgerichtete Plattformen) werden hier teilweise angerissen.

Programm

Das Programm spielt als Blickfang eine wichtige Rolle. Aufgrund der Programmstruktur weiß der Nutzer, welchen Content er auf einer Plattform erwarten kann, sodass es selbst ein Qualitätsindikator für den Nutzer sein kann. Angesichts der enormen Vielfalt an Web-TV-Angeboten steht dem Nutzer ein vielfacher Fundus an Content zur Verfügung. In diesem Kontext ist vor allem der Bereich des Nischen- bzw. Special-Interest-Marktes von Bedeutung. Im Web-TV können bestimmte Nischen bedient werden, zumal der Bedarf an speziellen Themen durchaus vorhanden ist. Nur werden sie nicht durch das klassische Fernsehen bedient. An dem Punkt können Web-TV-Sender ansetzen.

Neben der Möglichkeit Nischen-Themen anzubieten, ist die Eins-zu-eins-Übernahme von klassischem TV-Programm ebenfalls ein Qualitätsindikator. Denn bei diesen Angeboten lässt sich feststellen, dass Content, der im TV funktioniert und entsprechende Quoten erzielt, auch im Web von den Nutzern angenommen wird. Vor allem Mediatheken profitieren vom klassischen TV-Angebot. Demgemäß werden sie weiter ausgebaut und erweitern so das inhaltliche Spektrum.

Bei Livestreaming-Angeboten wie Zattoo findet dagegen Vielfalt auf einer anderen Ebene statt. In diesem Kontext stellt die Sendervielfalt, d. h., welche Sender werden dem Nutzer angeboten, ein Qualitätskriterium dar. Dort ist die Qualität vom Senderausbau abhängig, indem das Angebot möglichst aus den meistgesehenen klassischen TV-Sendern besteht sowie mit internationalen Sendern erweitert wird. Denn das Potenzial der klassischen Sender ist ebenso für das lineare Web-TV interessant und wesentlich.

Des Weiteren können sich Web-TV-Angebote aus sogenannten Catch-up-Videos zusammensetzen, die eine besondere Form der Zusammenfassung von konventionellen TV-Sendungen sind. So lassen sich bspw. die Tore eines Fußballspiels wiederholt ansehen. Neben Catch-up-Videos und Film-Highlights sprechen auch interaktive Specials für die Qualität eines Angebots, die bislang ausschließlich im Web-TV vorzufinden sind.

Zudem wird die Programmqualität durch englischsprachigen Content aufgewertet und kann damit einen Vorteil im Wettbewerb erzielen. Jedoch finden sich dort besondere rechtliche Restriktionen, die eine Programmerweiterung dahingehend erschweren.

Geschichte/Nachrichtenwert

Nachrichtenwerte haben einen besonderen Stellenwert bei den journalistischen Web-TV-Angeboten, die jedoch zum Beispiel auch bei Markenfernsehen nicht auszuschließen sind. Nachrichtenwerte haben je nach Angebot verschiedene Ausrichtungen, die dennoch in informative und interessante Geschichten verpackt werden müssen. Ein wichtiger Bestandteil kann dabei die Emotionalität sein, die u. a. bei Markenfernsehen bzw. Unternehmens-Web-TV zu berücksichtigen ist. In diesem Fall äußert sich dies in

Betroffenheit aus. Denn Unternehmens-Web-TV wird bewusst genutzt und kann sich somit in fachlicher, emotionaler oder persönlicher Betroffenheit ausdrücken, wodurch wiederum Nachrichtenwerte entstehen. Markenfernsehen muss es gelingen, sowohl werbliche als auch redaktionelle Inhalte mit Nachrichtenwert zu verbinden, da diese das Interesse des Rezipienten am Angebot erhöhen. Im Rahmen von Nachrichtenseiten müssen Filme bzw. Videos die geschriebene Geschichte ergänzen und nicht wiederholen.

Professionalisierungsgrad

In Bezug auf den Professionalisierungsgrad unterscheiden sich die Angebote in professionellen und nutzergenerierten Content. Fasst man die Aussagen der Experten zusammen, so ist für die unterschiedlichen Web-TV-Angebote der professionelle Content und dessen Produktion das wichtigste Kriterium für die inhaltliche Qualität. Auch Videoplattformen setzen verstärkt auf professionelle Inhalte, wobei aber nutzergenerierte Videos nicht vernachlässigt werden. Dies hängt jedoch von der Ausrichtung der Plattformen ab. Ein Beispiel dafür ist die Sichtbarkeit nach außen hin. Bei den Plattformen in dieser Studie wird in Bezug auf die Startseite der professionelle Content in den Vordergrund gerückt, wonach der Community-Bereich lediglich eine weitere Rubrik darstellt. Dadurch werden eher professionelle Inhalte für diese populäre Platzierung ausgewählt, wobei ebenso die monetäre Bewertung eine wesentliche Rolle spielt.

Plattformen, die eigenen Content produzieren, legen der Professionalität wegen ihren Schwerpunkt auf handwerkliche Prinzipien, wie zum Beispiel Geschichten zu erzählen oder journalistische Beiträge aufzubereiten sind. So gehören gute Recherche und eine saubere Produktion (Vermeiden von unnötigen Kamerafahrten oder Achsensprüngen) zu den Eigenschaften bei redaktionellen Inhalten. Solche Inhalte können einen nicht ausgleichbaren Mehrwert für den User gegenüber nutzergenerierten Contentplattformen haben. Zwar bedeutet eine professionelle Contentproduktion einen höheren Aufwand, aber durch Erfahrung in der Bewegtbildproduktion steigt die inhaltliche Qualität und es wird hochwertiges Material produziert. Dies gilt auch für die anderen Bereiche des Web-TV. Dennoch kann Content von Nutzern Plattformen mit professionellen Inhalten bereichern. Z. B. bei Markenfernsehen kann das durchaus sinnvoll sein, wenn sich Nutzer in dieser Form mit der Marke beschäftigen und sich verwirklichen. Ob ein Unternehmen das Potenzial des nutzergenerierten Contents nutzt, hängt von den Merkmalen der Marke und deren Bewegtbildaffinität ab. Zwangsläufig trifft das nicht auf jede Marke bzw. jedes Unternehmen zu.

Exklusivität

Web-TV-Anbieter, die über exklusiven Content verfügen, können dadurch ihre Plattform attraktiver gestalten und den Content durch Specials als Besonderheit hervorheben. Dadurch hebt sich das eigene Angebot von anderen ab. Des Weiteren können Unternehmen aufgrund des exklusiven Contents auch entsprechende Vermarktungsstrategien aufziehen, mit denen sie die Nutzer in ihrem geschlossenen Bereich erreichen und langfristig an die eigene Plattform binden.

Aktualität

Der Bereich Aktualität hat bei den Experten einen hohen Stellenwert. So gehört Aktualität zu den wichtigsten Kriterien für hohe Qualität, da sie eine große Relevanz eines Ereignisses hervorruft. Aktuelle Ereignisse sind dadurch u. a. auch ein Katalysator, um die Nutzerzahlen zu erhöhen. Wird nämlich der Content nicht immer wieder aktualisiert, kann dies dazu führen, dass Nutzer das Web-TV-Angebot nicht mehr in Anspruch nehmen. Der Nutzer wird sich letztlich nach Angeboten richten, die seinen gewünschten Content bereitstellen und diesen auch aktuell halten. Zu viel Leerlauf wirkt sich negativ auf Web-TV-Angebote aus.

Glaubwürdigkeit des Angebots

Des Weiteren stellt die Glaubwürdigkeit ein besonderes Qualitätskriterium dar. Dies bezieht sich wiederum vorrangig auf journalistischen Content. Dabei können zudem die Zuschauer eine Rolle spielen, indem sie sich kritisch äußern und direkt über dazugehörige Foren auf journalistische Mängel hinweisen. Dabei liegt es an den Anbietern, wie ernst sie ihre Zuschauer nehmen und auf Hinweise reagieren. Je nach Involvement kann dadurch die Authentizität des Angebots gewährleistet werden.

Länge

Die Länge von Videos im Web kann ebenfalls ein Kriterium für die inhaltliche Qualität sein. Wenn der Content kurzweilig präsentiert wird und eine gewisse Substanz aufweist, dann halten die User länger als nur fünf Minuten vor dem Bildschirm aus. Entgegen zahlreicher Meinungen schauen sich sehr viele Menschen auch Videos an, die im Schnitt zwischen 30 und 45 Minuten dauern. Sieht man sich die Entwicklung der zahlreich entstandenen Livestreaming-Angebote an, so bestätigt sich dort dieser Punkt. Nichtsdestotrotz liegt die Ursache in der Art des Formats. Denn wie sich bei einigen Angeboten (z. B. Mercedes-Benz TV und FCB.tv) feststellen ließ, existieren auch Plattformen, die vornehmlich kurze Videos (weniger als fünf bis sechs Minuten) produzieren oder auf ihren Plattformen zulassen (z. B. nutzergenerierte Videos auf

MyVideo). Ein weiteres Argument ist, dass sich kurze Videos besser streamen lassen. So werden redaktionell entwickelte Sendungen, die vom konventionellen Fernsehen stammen, im Web-TV technisch verkürzt und in mehrere Teile getrennt.

Präsentationsform

Zu guter Letzt ist noch die Präsentationsform zu erwähnen, wenn der Schwerpunkt auf die Entwicklung multimedialer Geschichten ausgerichtet ist. In diesem Kontext werden eigene Formate wie Multimedia-Specials produziert, um mehrere Filme zu einer multimedialen Geschichte zu verknüpfen. Diese Möglichkeit Geschichten zu erzählen, obliegt in erster Linie dem Web-TV und kennzeichnet ein wesentliches Kriterium, das sowohl für die Produktion als auch die Rezeption einen besonderen Anspruch stellt. Denn auch weitere Medientypen und Interaktionen können Erzählstrukturen bereichern und das Erleben von Geschichten verändern.

8.2.3.3 Technische Qualität

Die technische Qualität bezieht sich auf Kriterien, die sich aus der technischen Aufbereitung der Plattformen sowie der angegliederten technischen Infrastruktur der Web-TV-Anbieter zusammensetzen. Dabei werden zum einen allgemeine Aussagen getroffen, sodass sich eine nicht funktionierende Technik negativ auf die Nutzung des Angebots auswirkt und auch ein schlechtes Bewegtbild für den Nutzer sehr anstrengend sein kann. Zum anderen kann die Unabhängigkeit auf technischer Seite wichtig sein. Das gelingt bspw. durch den Besitz eigener Server. Denn so besteht nicht die Gefahr einer Zensur, was der Fall wäre, wenn man auf fremde Server zurückgreifen muss.

Weitere Kriterien, auf die im Einzelnen eingegangen wird, sind die Quality of Service, Qualitätsstandards, Videoformate, die Video- bzw. Bildqualität – und damit einhergehend die Auflösung –, der Vollbildmodus und technische Flexibilität.

Quality of Service

Die Quality of Service steht in erster Linie für die Stabilität von Streams, d. h., dass ein Verbindungsaufbau und -abbau erfolgreich erfolgen und der Stream zuverlässig transportiert werden muss. Anders als beim IPTV, bei dem diese Stabilität gewährleistet wird, ist dies im Web nicht gegeben. Der Transport des Signals über das Internet ist jedoch essentiell und hängt vom Zulieferer ab. So ist auf dieser Basis das Tagesgeschäft ein ständiger Verbesserungsprozess, um ein stabiles System zu etablieren. Fehler wie das Ruckeln des Bildes, verlängerte Ladezeiten, ein unerwarteter Abbruch des Videos, falsche Ergebnissuche, Serverabsturz und kleinere Bugs sind weit verbreitet und müssen immer wieder behoben werden. Solche technischen Probleme können trotzdem immer wieder auftreten, wodurch einzelne Videos nicht abspielbar sind. Komplexität oder Neuartigkeit sind beispielsweise Gründe für klassische technische Fehler. Demnach ist es besonders wichtig, die Plattform und deren Funktionen regelmäßig zu überprüfen, dass sie nicht stocken. Des Weiteren müssen die Pufferzeiten kurz sein. Die Server müssen also ausreichend Kapazitäten, möglichst auch zu hoch frequentierten Zeiten, für alle Nutzer zur Verfügung stellen. Ansonsten können lange Ladezeiten entstehen, an denen die Nutzer verzweifeln. Im Allgemeinen treten laut der Experten eher wenige technische Probleme auf, die aber dann grundsätzlich schnell behoben werden. Da es sich um automatisierte Prozesse handelt, können ebenfalls falsch enkodierte Videos oder Videos mit fehlerhaftem Bild oder Ton erneut kodiert und veröffentlicht werden. Dies lässt sich jedoch nur in dieser Form bei On-Demand-Videos umsetzen. Darüber hinaus ist es beim Streaming noch nicht möglich, sehr viele Menschen gleichzeitig zu erreichen wie beim Fernsehen, da man einerseits aus Nutzersicht nicht überall ein Netz zur Verfügung hat und andererseits die Server bei erhöhtem Zugriff zusammenbrechen können. Es treten aber nicht nur technische Probleme bei den Anbietern auf. Auf Nutzerseite können die unterschiedlichen technischen Voraussetzungen hinsichtlich PC und Bandbreite ebenso eine Ursache sein. Dabei können die Anbieter die Anforderungen ihrer Streams für z. B. geringere Bandbreiten herabsetzen.

Außerdem muss die Distributionsform agnostisch sein, damit der Nutzer nicht von einem bestimmten Endgerät abhängig ist und das Web-TV-Angebot auf verschiedenen Geräten konsumieren kann. Dabei treten allerdings oft technische Fehler auf, die eine Lösung erfordern, damit es nicht zur verstärkten Nutzerabwanderung kommt.

Qualitätsstandards

Im Hinblick auf Qualitätsstandards sind sich die Experten weitestgehend einig, dass diese Web-TV positiv beeinflussen werden und die technische Qualität steigern kann. Wenn neue Technologien auf den Markt kommen, die dem Nutzer die Rezeption von Web-TV-Angeboten vereinfachen oder verbessern, dann werden es alle nutzen, da letztendlich nur eine Infrastruktur bzw. eine Technologie gebraucht wird. Des Weiteren kann eine technische Standardisierung, eine Aufwandsreduktion z. B. bei der Programmierung zur Folge haben und daher die Investmentkosten senken. Andererseits stärken eigene technische Entwicklungen die Reichweite und die Vertriebskanäle. Außerdem verbessern technische Qualitätsstandards die Infrastruktur des Web-TV. Denn je besser die Breitbandgeschwindigkeit und je höher die Anzahl der Kilobits zum Streamen sind, desto brillanter wird das Video angezeigt. So würden einheitliche Play-

8.2 Experteninterviews mit Web-TV-Anbietern

er nicht nur den Nutzern zugute kommen, sondern gleichzeitig Standards für die Werbung im Web-TV schaffen. Ferner ist der WaSP-Standard[24] einer von mehreren richtigen Schritten zum Entwickeln technischer Standards für die Werbung im Web-TV. Insgesamt wird darauf verwiesen, dass eine Orientierung am klassischen TV zur Sicherung der Qualität sinnvoll sei. Dennoch ist es generell bislang schwierig, einheitliche Qualitätsstandards für Web-TV umzusetzen.

Videoformate

Web-TV ist meist ein Kompromiss aus dem Anspruch möglichst perfekte technische Qualität anzubieten und den technischen Möglichkeiten der Nutzer. In diesem Kontext bestimmen auch die Videoformate mit den dazugehörigen Video-Codecs die technische Qualität. Würde bspw. immer der aktuelle und technisch beste Codec eingesetzt, so hätten viele Nutzer mit Fehlermeldungen zu kämpfen und könnten sich die entsprechenden Videos gar nicht ansehen.

Um dem Nutzer eine gute Wiedergabequalität zu ermöglichen, kommen beim Streaming generell Flash, HTML5 und H.264 zum Einsatz. Viele Anbieter setzen vor allem beim Internetstreaming auf Flash. Für das mobile Streaming sind HTML5 und H.264 wichtiger, da bspw. Apple kein Flash auf seinen mobilen Geräten zulässt. Mittlerweile berufen sich auch große Plattformen wie YouTube auf HTML5 als Streaming-Option, wodurch das Flash-Format vermehrt in den Hintergrund rückt. Denn bei Flash kann es passieren, dass das Angebot auf älteren Rechnern nicht flüssig abgespielt wird. Zwar kann die Onlinenutzung mehr Qualitätseinbußen verzeihen als das Fernsehen, dennoch sind die Anbieter angehalten, immer die besten Lösungen für die Nutzer anzubieten.

Video-/Bildqualität

Ohne Zweifel ist die Video- bzw. Bildqualität ein entscheidendes Kriterium im Web-TV. Da es keine einheitlichen Standards wie beim Fernsehen gibt, variiert die Bildqualität dementsprechend. Um eine verhältnismäßig gute Qualität zu erhalten, sind vor allem die Komponenten der Datenrate – wie stark wird ein Video komprimiert – sowie die Auflösungsgröße der Videos entscheidend. Auf Nutzerseite ist dann die zur Verfügung stehende Bandbreite von Bedeutung. Bei den befragten Experten zeigte sich, dass sich die Auflösungsgröße noch vorrangig im Standardbereich hält und sich die

---

[24] Das Web Standards Project (WaSP) setzt sich für einen einfachen und erschwinglichen Zugang zu Web-Technologien ein. Werden einerseits Websites entwickelt, die sich an den Web Standards orientieren, können Produktionen vereinfacht und Kosten gesenkt werden. Weiterhin beabsichtigt das Projekt, dass jedem Nutzer Websites uneingeschränkt zugänglich sind, auch unabhängig davon, welche Endgeräte er für das Aufrufen von Webseiten nutzt (vgl. Web Standards Project 2013).

Größen zwischen 352 und 640 Pixel in der Breite befinden, ohne dass die Videobilder zu sehr pixeln. HD-Auflösungen sind indes noch nicht so geläufig, da letztlich auch das Equipment bei Nutzern eine entsprechende Rolle spielt, um sich mit einem leistungsfähigen PC und einem dazugehörigen Prozessor HD-Videos ohne Störungen und Verzögerungen anzusehen. In Bezug auf die Bandbreite sind in der Branche die 6000 KBit ein anerkannter Qualitätsstandard für Videostreams in Standardauflösung. Bei HD-Streams werden allerdings mehr als 1000 KBit benötigt. Dass die Nutzung zu höheren Auflösungen tendiert, zeigte sich u. a. bei der ZDFmediathek. Dort lagen die Bandbreiten DSL1000 und DSL2000 nahezu gleichauf, während sich die Nutzungsrate bei der langsameren ISDN-Verbindung bei lediglich einem Prozent befand.

Dennoch führt es dazu, dass längere Videos geteilt werden, um einen Qualitätsverlust zu vermeiden und um den Nutzern auch ein schnelleres Laden der Videos zu ermöglichen. Mittlerweile findet eine solche Videoteilung auf gängigen Plattformen kaum noch statt, was u. a. mit der Erhöhung der Bandbreiten zusammenhängt, über die die Nutzer verfügen. Zum Schluss sei noch angemerkt, dass auch das technische Equipment zur Produktion für die Bildqualität entscheidend ist. So macht eine gute Kamera auch bei geringerer Auflösung ein besseres Bild. Des Weiteren sollte beim Rendern der fertigen Videos auf die Verwendung von Deinterlacing-Filtern geachtet werden, um kammartige Artefakte bei Bewegungen zu vermeiden, damit der Nutzer ein störungsfreies Video abrufen kann.

Vollbildfunktion

Im Zusammenhang mit der Auflösung ist der Vollbildmodus ebenfalls ein relevantes Kriterium. Denn erst die Auflösung erlaubt einen angemessenen Vollbild-Modus, sofern diese ausreichend groß ist, um ein Video auch im Vollbild entsprechend darzustellen. Wie sich bei der Beschreibung der ausgewählten Plattformen zeigte, bietet jede diese Option, obwohl die Vollbild-Funktion scheinbar nur teilweise genutzt wird. Annahmen, die man diesbezüglich treffen kann, sind, dass die Bildauflösung momentan doch nicht ausreicht, um Videos im Vollbild abspielen zu lassen, da der Stream nicht flüssig läuft oder das Videobild zu pixelig erscheint.

Flexibilität

Ein weiteres Kriterium, das durch die technischen Voraussetzungen bestimmt wird, ist die Flexibilität. Im Zusammenhang mit dem Angebot bzw. der Anwendung besteht zunächst eine zeitliche Flexibilität, da der Content zu jeder Zeit abrufbar ist. Der Nutzer erhält durch Web-TV eine Zeitsouveränität, sofern es sich um On-Demand-Angebote handelt. Weiterhin kann der Nutzer entscheiden, wo und auf welchem Endgerät er eine Plattform nutzen möchte. Das heißt, er kann zum einen zwischen verschiedenen Endgeräten wählen und zum anderen sich je nach Mobilitätsgrad Inhalte unterwegs und an unterschiedlichen Orten ansehen. Demnach bestimmt die Technik auch die flexible Nutzung im Hinblick auf Lokalität und Zeit.

8.2.3.4 Formal-funktionale Qualität

Die formal-funktionale Qualität setzt sich aus Darstellungsqualität, Nutzungserleben, Nützlichkeit, Servicefunktionen und Interaktion zusammen, die sich als besonders relevant für Web-TV-Angebote herausstellten.

Darstellungsqualität

Die Darstellungsqualität – oder auch Usability genannt – zeichnet sich laut der Experten durch zentrale Bestandteile aus, die jedes Web-TV-Angebot in der einen oder anderen Art berücksichtigen muss. Zu diesem Bereich gehören eine intuitive Bedienbarkeit, eine möglichst einfache Darstellung des Contents bzw. ein leicht verständlicher Aufbau der Web-TV-Site, die Verfügbarkeit und die Platzierung der Inhalte. Gleichzeitig wird eine Gewichtung hinsichtlich der genannten Punkte vorgenommen. Im Zuge dessen ordnen einige Experten dem Content teilweise eine wichtigere Rolle zu als die Handhabung der Plattform. So ist davon auszugehen, dass z. B. Nutzer von Unternehmens-Web-TV über eine schwache Usability hinwegsehen können, weil sie gezielt und bewusst nach Inhalten auf diesen Portalen suchen. Dennoch darf an dieser Stelle die Diskrepanz nicht allzu groß werden und eine Bedienbarkeit des Angebots sollte generell gegeben sein. Ansonsten könnten viele potenzielle Nutzer verprellt werden und die Seite verlassen. Dies ist eine Gratwanderung, denen die Anbieter ausgesetzt sind, sich aber durch Nutzerbefragungen und Usability-Tests in eine positive Richtung lenken lassen. Diesbezüglich zeigt sich auch, dass die Möglichkeiten von Usability-Tests nicht immer ausgeschöpft werden, um die Darstellungsqualität zu ermitteln und Verbesserungen am Angebot vorzunehmen. Auf der anderen Seite gibt es Anbieter, die sich sehr intensiv mit der Usability ihrer Plattform auseinandersetzen und auf das Feedback von Nutzern reagieren, um das Angebot so nutzerzentriert und -freundlich wie möglich zu gestalten bzw. auf Nutzer zuzuschneiden. Dabei geht es dann u. a. um Punkte, wie Nutzer mit der Plattform zurechtkommen und inwiefern eingesetzte Videoformate in Bezug auf eine angemessene technische Qualität zielführend sind.

Ein weiterer Faktor ist das Auffinden von Content. Bei gestellten Suchanfragen muss der Nutzer recht schnell und einfach an seinen gewünschten Content gelangen. Dies ist ebenfalls eine Bedingung, die die Experten an eine gute Darstellungsqualität knüpfen.

Neben dem Auffinden ist die Platzierung des Contents, wie sich das Angebot aufbaut, sehr entscheidend. Denn anhand von im Minutentakt aktualisierten Nutzungszahlen bzw. Abrufzahlen lässt sich erkennen, welche Inhalte wie oft gesehen werden. Die Anbieter können daraufhin ihr Angebot entsprechend steuern und den Content mit Rücksicht auf die Nutzer nach Belieben ändern.

Weiterhin spielt laut der Experten die Vernetzung der Plattformen in Bezug auf die Usability eine wichtige Rolle. Es ist sinnvoll, sich breit aufzustellen, um auch über die eigene Plattform hinaus sichtbar zu sein. So wird der Content auf diversen Plattformen ausgeweitet. Dadurch werden die Möglichkeiten des Web 2.0 ausgenutzt. Die Anbieter erreichen nicht nur die Kernzielgruppe, die ohnehin interessiert ist und regelmäßig das Angebot aufsucht, sondern sprechen auch weniger Involvierte an. Dazu gehören u. a. soziale Netzwerke wie Facebook und Twitter, um Content zu verbreiten und dessen Streuung zu erweitern. Jedoch wird dieser Aspekt nicht ausnahmslos positiv gesehen, da anhand dieser zusätzlichen interaktiven Funktionen die Gefahr besteht, Angebote unnötig aufzublähen, sodass diese in ihrem Aufbau und ihrer Darstellung unübersichtlich und überladen werden. Dort muss eine saubere Integration stattfinden.

Bei unzureichender Umsetzung dieser Ziele kann eine schlechte Darstellungsqualität monetäre Auswirkungen nach sich ziehen und dadurch eine Nutzerabwanderung zur Folge haben, die wiederum die Attraktivität für Werbetreibende senkt. Vor allem für werbefinanzierte Web-TV-Angebote ist es enorm wichtig, wie und welcher Content auf der Startseite dargestellt wird. Dort spielt die Attraktivität des Contents eine entscheidende Rolle, die Neugierde der Nutzer zu wecken. In diesem Fall ist es für die Anbieter wesentlich, sowohl Nutzer als auch Werbekunden zufriedenzustellen. Mit einer klaren, einfachen Oberfläche sowie einer intuitiven Bedienung und einer ansprechenden multimedialen Gestaltung lässt sich die Attraktivität eines Angebots erhöhen.

Nutzungserlebnis

Ein positives Nutzungserlebnis zu schaffen, gehört nach Aussage vieler Experten ebenfalls zu den Zielen der Web-TV-Anbieter. Dabei berufen sie sich auf unterschiedliche Aspekte, wie sich Nutzungsfreude bei der Rezeption erreichen lässt und greifen auf Bereiche der Usability zurück. So kann sich ein positives Nutzungserlebnis vor allem durch ein schnelles und leichtes Auffinden gesuchter Inhalte einstellen, ohne dass der Nutzer allzu viel Zeit in diese Tätigkeit investieren muss. Eine sinnvolle Verbindung von Hilfe- und Suchfunktionen ist indessen unerlässlich.

Darüber hinaus ist auch die Ästhetik nicht zu vernachlässigen. Das heißt, dass das Erscheinungsbild eines Web-TV-Angebots ebenfalls einen vielversprechenden Eindruck hinterlassen muss. Zwar kann man Ästhetik nicht mit Nutzerfreundlichkeit gleichsetzen, dennoch kann diese Komponente das Nutzungserlebnis im positiven Sinne beeinflussen. Neue Nutzungsszenarien zu erschließen kann ebenso zu einem besonderen Nutzungserlebnis führen. Die räumliche Unabhängigkeit bzw. die Mobilität ist ein Beispiel dafür, da man nicht mehr zwangsläufig auf das Fernsehen über das TV-Gerät angewiesen ist. Der Nutzer kann nun mittels Web-TV unterwegs seinen gewünschten Content rezipieren und erhält dadurch einen weiteren Mehrwert.

Ferner gibt es auch Web-TV-Angebote, bei denen ein bestimmtes Nutzungserlebnis hinsichtlich der Plattform nicht im Vordergrund steht. In diesem Fall handelt es sich vorrangig um Angebote mit dem Schwerpunkt Nachrichten. Denn dabei gibt die tägliche Nachrichtenlage den Takt vor. In diesem Kontext ist es unerheblich dem Nutzer ein bestimmtes Nutzungserlebnis zu verschaffen, da es dort in erster Linie auf die Verbreitung des Nachrichteninhalts ankommt. Trotzdem steht als genereller Aspekt die Unterhaltung im Vordergrund, wobei diese durch die Art des Contents festgelegt wird.

Nutzen

In dieser Kategorie werden Mechanismen dargelegt, die für die Web-TV-Angebote einen entsprechenden Nutzen stiften. Mithilfe sogenannter *added fingerclips*, die eine Zusammenfassung von kurzen, relevanten Videoclips darstellen, kann man dem Nutzer somit eine Art Agenda Setting im Miniaturformat anbieten. Des Weiteren kann durch eine Suchmaschinenoptimierung das Finden bevorzugter Sendungen bzw. Videos erleichtert werden. Oft werden die Archiv-Suchen noch durch Verticals[25] ergänzt. Um auch die Verweildauer zu verlängern, ist es mittlerweile üblich direkt im Anschluss an die Rezeption, zusätzliche vom Inhalt her ähnliche Videos weiterzuempfehlen.

Darüber hinaus stellen der PC bzw. die alternativen Endgeräte als Zweitgeräte eine nützliche Vereinfachung im Fernsehkonsum dar, da man auf den Fernseher nicht mehr zwingend angewiesen ist, um Fernsehinhalte zu rezipieren. Zudem obliegt es den Anbietern Funktionen freizuschalten, die dem Nutzer einen Vorteil bringen können. Beim Livestreaming bspw. wird bereits die Recording-Funktion zur Verfügung gestellt, sodass der Nutzer auch Livestreams über Web-TV aufzeichnen kann. Solche Funktionen können Angebote sinnvoll erweitern und steigern deren Attraktivität.

---

[25] Verticals sind spezialisierte Suchmaschinen, die auf bestimmte Themen oder Zielgruppen ausgerichtet sind. Die indexierten Inhalte können dadurch zu relevanteren Ergebnissen führen als dies bei allgemeinen Suchmaschinen möglich ist (vgl. Enge/Spencer et al. 2012: 453; ITWissen 2013b).

Ein weiterer Mehrwert für den Nutzer ist die gleichzeitige Nutzung mehrerer Dienste auf dem Rechner. Der Nutzer kann sich seine Inhalte über Live-Web-TV ansehen und zeitgleich E-Mails abrufen oder im Internet surfen, ohne dass dabei ein Medienbruch entsteht.

Servicefunktionen

In diesem Bereich sehen die Experten die Hilfe-, Such- und Informationsfunktionen im Vordergrund. Im Hinblick darauf ist die Stichwortsuche ein entscheidendes Kriterium. Vor allem auf Seiten der Anbieter ist dies keine einfache Aufgabe, ihre Videos mit geeigneten Tags zu versehen, da sie entsprechend einschätzen müssen, wonach die Nutzer suchen könnten. Des Weiteren ist auch der Einsatz von Filtermechanismen relevant. Damit kann der Nutzer auch ohne Eingabe von Suchbegriffen den Content auf ausgewählte Kategorien, Sender oder Marken eingrenzen.

Als weitere Hilfestellung dienen zudem kurze Inhaltsbeschreibungen, sodass sich jeder Nutzer vorab über den Inhalt der Videos informieren kann und im Zuge dessen eine zusätzliche Entscheidungsgrundlage hat.

Interaktionsoptionen

Die Interaktionsoptionen kennzeichnen die Mensch-Maschine-Mensch- sowie die Mensch-Maschine-Kommunikation. So sind zum einen Interaktionen zwischen Nutzern über das Web-TV-Angebot möglich, aber auch zwischen Nutzern und Anbietern. Zum anderen bestehen Interaktionen zwischen Nutzer und Web-TV-Angebot. Durch die Integration sozialer Netzwerke wie Facebook und Twitter können Nutzer zu Diskussionen und Meinungsäußerungen motiviert werden. Weitere Einbindungsmöglichkeiten sind das Verfolgen von Twitter-Feeds, das Weiterleiten von Videos und sofortiges Bookmarken[26] sowie Posten. Dabei steht der gegenseitige Austausch von und über den Content im Vordergrund, während Nutzer diese rezipieren. Dies wird künftig einen Mehrwert für Web-TV-Anbieter bieten. Kommentar- und Bewertungsfunktionen erfüllen ebenfalls die Empfehlungs- und Feedbackmöglichkeiten. Davon können dann auch z. B. Redaktionen profitieren, indem sie sich die Kommentare und Bewertungen zunutze machen und sich bei der künftigen Aufbereitung des Contents am Nutzer-Feedback orientieren. Geht man in dieser Art und Weise auf den Nutzer ein, kann dies vorteilhaft sein, da er das Gefühl bekommt, ernst genommen zu werden und sich indirekt an der Produktion zu beteiligen. Außerdem wirkt das Web-TV-Angebot dadurch transparent und authentisch. Des Weiteren lässt sich die Qualität des Contents verbessern, indem

---

[26] Darunter wird verstanden, Content als Lesezeichen abzulegen.

8.2 Experteninterviews mit Web-TV-Anbietern

Anbieter auf Kritik und Wünsche von Nutzern eingehen, die auch über Foren oder E-Mails geäußert werden. Sie können Rückschlüsse über die Interaktionsmöglichkeiten und Abrufzahlen auf die Likeability[27] der Inhalte ziehen.

Im Gegenzug werden die Aspekte der Interaktion, vor allem die Kommentare, ebenso skeptisch gesehen. Manche Web-TV-Anbieter distanzieren sich gezielt von Kommentar- und Bewertungsfunktionen sowie Communitys, um sich am Markt abzugrenzen. Dies wird u. a. von Lizenzgebern befürwortet, sofern die Anbieter auf diese angewiesen sind. Darüber hinaus werden auch der zu betreuende Aufwand sowie die weit auseinander klaffenden Bedürfnisse und unterschiedlichen Anforderungen als Argumente herangezogen, warum Web-TV-Anbieter auf Kommentarfunktionen verzichten.

In engem Zusammenhang mit sozialen Netzwerken steht die Empfehlungsfunktion. Momentan ist es so, dass die Empfehlungsfunktion vor allem beim Video-on-Demand relevant ist, sodass der Nutzer den Vorteil hat, Content nicht immer über Suchmaschinen suchen zu müssen. Bietet man Empfehlungslisten an, ist darauf zu achten, dass die Empfehlungen dezent erscheinen, damit sie den Nutzer nicht überfordern. Beim Live-TV ist diese Funktion indes noch nicht so wichtig. Dennoch sollen dem Nutzer auch dort künftig Empfehlungen auf Basis von gesehenen oder aufgezeichneten Sendungen angezeigt werden, was dem Prinzip von Amazon ähnelt (Personen, die etwas Bestimmtes gekauft haben, kauften auch jene Produkte).

Ein weiteres interaktives Element sind Playlisten, mit denen der Nutzer sein eigenes Programm aus seinen favorisierten Videos zusammenstellen kann. Mit dieser individuellen und personalisierten Nutzung haben die Anbieter einen zusätzlichen Einblick, wie ihre Plattform genutzt wird und mit welchem Content sie besonders erfolgreich sind.

Zusammenfassend lässt sich sagen, dass eine Einbettung von Web 2.0 Funktionen mittlerweile unabdingbar ist, da die Mediengeneration den regen Austausch mit den anderen Nutzern gewohnt ist. Aufgrund der Interaktivität können Nutzer auch an Web-TV-Angebote gebunden werden. Zusätzliche Funktionen wie die Aufzeichnung von Live-Content werden dabei noch eine wichtige Entwicklung nehmen. Nichtsdestotrotz bilden in erster Linie die Abrufzahlen das direkte Feedback und fungieren als harte Kennzahl. Zumal lässt sich darüber vielversprechender Content ablesen, an der sich die Anbieter orientieren und diese als Maßgabe für ihre fortlaufende Content-Ausrichtung hinzuziehen.

---

[27] Sympathie bzw. das Mögen

8.2.3.5 Ökonomisch-rechtliche Qualität

In dieser Dimension werden zunächst die wirtschaftlichen Punkte zusammengefasst, die die Experten als entscheidende Faktoren für Web-TV bewerten. Der zweite Bereich bezieht sich auf die rechtlichen Faktoren, die in Verbindung mit Web-TV von Bedeutung sind. So bilden aus wirtschaftlicher Sicht vor allem Werbung und Abonnement-Modelle die wesentlichen Kriterien. Unter dem Punkt alternative Erlösmodelle werden zudem anderweitige Finanzierungsoptionen dargestellt, die im Web-TV bereits eingesetzt werden. Aus rechtlicher Sicht spielen Urheberrecht/Lizenzrecht, Jugendschutz und Archivierungszeitraum eine entscheidende Rolle.

Werbung

Das Thema Werbung sehen die Experten eher zwiespältig. Grundsätzlich wird der Einsatz von Werbung befürwortet und eignet sich als langfristige und dauerhafte Quelle zur Finanzierung. Jedoch wird eine gänzliche Refinanzierung eines Web-TV-Angebots durch Werbung auch bezweifelt. Dennoch kann man damit die Lücke zwischen Aufwand und Ertrag gering halten.

Werbung kann ein Zeichen für Qualität sein, da sie vorrangig dort platziert wird, wo sich hochwertiger, professionell produzierter Content befindet. Das bedeutet zugleich, dass nutzergenerierter Content von Werbetreibenden eher gemieden wird, was sich aufgrund von ästhetischen und rechtlichen Sichtweisen begründen lässt. Ähnlich wie im technischen Bereich darf der Content nicht von allzu vielen Werbespots unterbrochen werden, wenn es sich um In-Stream-Werbung handelt, da ansonsten die Nutzerakzeptanz von Web-TV-Angeboten schwinden kann. Dieser Problematik sind sich die Anbieter bewusst. So werden innerhalb eines Videostreams lediglich bis zu drei Werbespots nacheinander oder maximal ein Spot (mit einer Dauer von 20 bis 30 Sekunden) zu Beginn eines Streams gezeigt. Solch ein Einsatz von Werbung als Pre- und Mid-Rolls ist laut Experten eine gängige Form. Mid-Rolls finden dabei nicht immer Verwendung, sofern Videostreams selbst eine kurze Laufzeit aufweisen. Eine weitere Werbemöglichkeit bieten Werbebanner. Dabei finanzieren sich die Anbieter durch TV-Site-Ads, die als Medium-Rectangles auf den jeweiligen Websites integriert sind. Abstand wird jedoch von sogenannten Layer-Ads[28] genommen, die manchem inhaltlich dubios erscheinen und deshalb nicht integriert werden.

---

[28] Layer-Ads sind Werbebanner, die sich in einem geöffneten Browserfenster über den Content legen, aber im Gegensatz zu Pop-up-Banner in keinem neuen, eigenen Fenster erscheinen (vgl. ITWissen 2013a).

Ein weiterer Punkt ist, welche Auswirkungen Werbung auf die Qualität von Web-TV-Angeboten hat. An dieser Stelle gehen die Meinungen auseinander. Es ist durchaus so, dass die Finanzierung durch Werbung die inhaltliche und technische Qualität beeinflusst. Aber umgekehrt steigern Wachstum und die Qualität der Angebote auch die Relevanz für die Werbetreibenden. Es existieren demnach wechselseitige Wirkungen. Auf der anderen Seite wird jedoch auch das Gegenteil angemerkt, sodass Werbung innerhalb von Streams weder Einfluss auf die technische noch die inhaltliche Qualität nimmt. Dennoch – und dies ist ein wesentliches Qualitätskriterium – kann Werbung bei Web-TV-Angeboten entweder direkt auf eine Zielgruppe abgestimmt oder auf das Thema des Contents ausgerichtet werden, dass u. a. die Aufmerksamkeit der Nutzer erhöhen kann. Dies ist vor allem dann möglich, wenn Nutzerdaten z. B. über registrierte Profile bekannt sind. Es zeigt sich, dass der Werbemarkt überdurchschnittliche Profite erzielt und auch künftig eine entscheidende Rolle für Web-TV-Angebote spielen wird, um die Qualität beibehalten zu können. Zusätzlich können die Anbieter noch alternative Erlösmodelle hinzuziehen.

Abonnement-Modelle

Als Alternative zur Werbefinanzierung können die Anbieter auf direkte Bezahlmodelle zurückgreifen, um den aus Nutzersicht eher negativ besetzten Begriff der Werbung zu umgehen. In der Regel eignet sich diese Form der Finanzierung, wenn die Anbieter über exklusiven Content verfügen und Nutzern dadurch etwas Besonderes bieten. In diesem Kontext können Alleinstellungsmerkmale aufgrund des Contents oder spezieller Funktionen zu einer Zahlungsbereitschaft auf Seiten der Nutzer führen. Jedoch ist laut der Experten der Umstand gegeben, dass viele Nutzer nicht bereit sind, für Content zu zahlen, obwohl Bezahlangebote als technisch und inhaltlich hochwertiger angesehen werden als werbefinanzierte Angebote. Insgesamt lässt sich festhalten, dass Deutschland bisher kein Markt für Bezahlangebote im Web-TV ist, da die Zahlungsbereitschaft durch den Nutzer selbst für hochwertigen Content nicht sicher ist. Dieser Aspekt ähnelt dem Pay-TV-Markt in Deutschland. Dennoch besteht Zuversicht, dass künftig verstärkt auf Bezahlmodelle gesetzt wird, wie dies bereits aktuelle Beispiele (Watchever, Maxdome etc.) zeigen.

Alternative Erlösmodelle

Neben Werbung und Abonnements sind zusätzliche Erlöskonzepte im Web-TV ersichtlich. Eine Tendenz, die mittlerweile festzustellen ist, ist dabei das sogenannte Freemium-Angebot, das den Nutzern neben einer kostenpflichtigen Nutzung auch einen kostenfreien – oftmals werbefinanzierten – Zugang zum Content bietet. Dadurch können sich die Nutzer mit den Angeboten vertraut machen, ohne dass sie zunächst die Hürde der Bezahlschranke überwinden müssen. Somit verschaffen sie sich einen ersten Eindruck vom Content. Die Anbieter können dabei die Nutzer bereits auf diese Weise an sich binden. Das Ziel ist es, Nutzer über das kostenfreie Angebot als Abonnenten zu gewinnen, da dieses vor allem für Gelegenheitsnutzer oder Tester gedacht ist. Bisherige Erfahrungen zeigen, dass sich dieses Modell positiv auf die zahlenden Nutzer auswirken kann und diese anzieht, obwohl die Anbieter kostenlosen Content zur Verfügung stellen.

Eine weitere Option besteht in der Integration sozialer Micropayments wie z. B. Flattr, das als zukunftsweisendes und interessantes Konzept gesehen wird. Die Nutzer zahlen freiwillig eine bestimmte Summe, sofern ihnen das entsprechende Web-TV-Angebot gefällt. Anhand dessen können Anbieter ebenfalls direkt ablesen, für welchen Content die Nutzer bereit sind etwas zu zahlen.

Als Ergänzung lassen sich noch anknüpfende Online-Shops anführen, die entweder das Merchandising oder anderweitigen Content betreffen. So kann bspw. bei einem Musikvideo gleichzeitig das dazugehörige Lied zum Kauf angeboten werden, wenn man die entsprechenden Rechte besitzt.

Urheberrecht/Lizenzierung

Es wurde bereits angedeutet, dass die rechtlichen Faktoren eine wichtige Rolle im Web-TV spielen. Web-TV existiert in der Regel – Ausnahmen stellen lediglich Eigenproduktionen dar – in Abhängigkeit von den Rechten an Inhalten. In dieser Hinsicht gibt es teilweise begrenzte Lizenzen, wodurch die Archivierungsdauer und Streaming-Möglichkeiten sehr unterschiedlich ausfallen. Weiterhin können sich Lizenzverhandlungen und die Rechtevergabe auch auf Endgeräte beziehen, d. h., dass nicht jeder Content auf jedem Endgerät zur Verfügung gestellt werden darf. Vor allem Web-TV-Anbieter, die vom Content von Dritten abhängig sind, müssen die rechtlichen Rahmenbedingungen einhalten, um Schwierigkeiten zu vermeiden. Ein Beispiel ist das Kalkofe-Urteil aus dem Jahr 2000, in dem die Verwendung von Fernsehmitschnitten geregelt ist. Zudem greift das Urheberrecht bei Sportberichten und Musikstücken in fiktionalem Content, sodass bei fehlenden Rechten entsprechende Passagen während des Streamings ausgeblendet oder im Hinblick auf die Musik andere Stücke eingesetzt werden müssen.

Des Weiteren kann es u. a. dazu kommen, dass nur zahlende Nutzer Zugang zu einem geschlossenen Contentbereich erhalten. In anderen Fällen muss die Werbefinanzierung greifen, damit die entsprechenden Kosten für den Erhalt von Lizenzen gedeckt werden. Die Lizenzierung bezieht sich jedoch nicht nur auf die inhaltliche Komponente, sondern betrifft auch technische Bereiche wie die Verwendung bestimmter Anwendungen (z. B. Player-Software), die für das Streaming eingesetzt werden. Auch der regionale Bezugsbereich muss geklärt sein. Das heißt, sobald sich ein Nutzer in einem entsprechenden Land befindet, kann er nur das dort vorhandene Programm abrufen. Das Angebot ist nicht profil-, sondern ortsabhängig. Diese Form der Distribution muss dann demgemäß umgesetzt werden und funktionieren. Die regionale Eingrenzung hinsichtlich des Streamings stützt sich nicht nur zwangsläufig auf Plattformen mit geschlossenen Nutzerkreisen, sondern trifft ebenso auf alle Angebote zu, die über Rechte an territorial festgelegten Content verfügen. Die Urheberrechte grenzen den Content auf den jeweiligen Markt ein, da bspw. TV-Sender nur die Rechte für den regionalen Markt einkaufen. Sie können den Content nur dort ausstrahlen, wofür sie die Rechte erhalten haben. Und dies wirkt sich demnach auch auf die Web-TV-Angebote aus, die davon betroffen sind.

Eine Integration eines Web-TV-Angebots in soziale Netzwerke wie Facebook ist ebenso abhängig von den Rechten. Dabei kann es zu starken Auflagen von Rechtegebern kommen, sodass Werbung (nur mit einigen Einschränkungen) nicht im Umfeld des Players angezeigt werden darf. Im Hinblick auf eine Facebook-Integration bedeutet das, dass keine Facebook-Ads um den Player zu sehen sein dürfen, da man ansonsten die Sender bzw. die Contentrechte verliert. Denn an Facebook-Ads verdient nur Facebook und nicht der Contentgeber oder Web-TV-Anbieter, was nicht gewollt ist. Zuletzt sei noch auf Plattformen hingewiesen, die mit nutzergeneriertem Content zu tun haben. Um die rechtlichen Rahmenbedingungen einzuhalten, müssen die Anbieter einen enormen Aufwand betreiben, da immens viele Urheberrechtsverletzungen – zum Teil durch die Unwissenheit der Nutzer – auftreten. Dies kann zu einem Problem werden, da entsprechende Strafen und Abmahnungen drohen.

Betrachtet man die Rechtesituation im Gesamten, so lässt sich festhalten, dass es grundsätzlich immer am einfachsten ist, wenn man ausschließlich über Eigenproduktionen verfügt. Man hält somit die Rechte am eigenen Material und hat den Vorteil, immer auf seinen Content zugreifen zu können und diesen uneingeschränkt sowie weltweit zu distribuieren. Falls Web-TV-Angebote nur auf Content von Dritten angewiesen sind, sind die rechtlichen Faktoren die Basis für das gesamte Geschäftsmodell, ohne die das Angebot nicht existieren kann.

Jugendschutz

Ein weiterer rechtlicher Faktor ist der Jugendschutz, der ebenfalls im Web-TV zu berücksichtigen ist. Laut der Befragten sind jugendgefährdende Inhalte bei Web-TV-Angeboten aktuell leicht zugänglich. Anders als beim klassischen Fernsehen gibt es dort keine statuierte Reglementierung für altersbeschränkten Content. Zudem fehlt eine standardisierte Filtertechnologie, sodass die Anbieter dies selbstregulierend aufarbeiten müssen. Dennoch zeigen sich in diesem Kontext unterschiedliche Auslegungen. Zum Beispiel lässt sich auf den meisten Video-on-Demand-Plattformen altersbeschränkter Content wie Serien, die erst ab 16 oder 18 Jahren freigegeben sind, jederzeit abrufen. An diesem Punkt sind keine Einschränkungen vorhanden. Ein anderes Beispiel zeigt wiederum, dass entsprechende Filter eingesetzt werden und funktionieren. Die ZDFmediathek und MyVideo schalten altersbeschränkten Content, wie dies auch bei der klassischen Fernsehausstrahlung der Fall ist, erst ab 22 bzw. 23 Uhr frei. Dieser Umstand steht dann jedoch wieder der eigentlichen Maxime des Web-TV entgegen, dass jeder Content zu jeder Zeit abrufbar ist. Anhand dessen lässt sich sehen, wie schwierig dieses Thema ist und wie unterschiedlich es gehandhabt wird. Ein einheitliches Verfahren kann demnach nicht so einfach umgesetzt werden, zumal die Konkurrenz- bzw. Wettbewerbssituation im Web weitaus größer ist als beim klassischen Fernsehen, da man dort auf keinen rein geschlossenen Markt trifft.

Weitere Anbieter gehen so vor, dass sie zweifelhaften Content erst gar nicht in ihr Programm aufnehmen und diesen generell ausschließen oder Jugendschutzbeauftragte einsetzen, die das Programm dementsprechend überprüfen. Manche Sender veröffentlichen diesbezüglich nicht jedes seiner klassischen TV-Formate über die eigene On-Demand-Plattform, um dieser Problematik zu entgehen. Ein anderes Argument nimmt hingegen die Eltern in der Pflicht, dass sie kontrollieren, welche Inhalte sich ihre Kinder im Web-TV ansehen, da die Filtermechanismen, wie bereits erwähnt, bislang unzureichend sind.

Archivierungszeitraum

Abschließend soll noch die Kategorie Archivierung näher betrachtet werden, die eng mit den Urheberrechten und der Lizenzierung zusammenhängt. Für Inhalte des klassischen Fernsehens bestimmt der sogenannte *Seven-Day-Catch-Up* die Archivierungszeit im Internet. Nach dieser rechtlichen Regelung können die Inhalte nur sieben Tage nach Ausstrahlung im TV online zur Verfügung gestellt werden.

Bei anderweitigen Inhalten obliegt die Entscheidung über die Archivierungslaufzeit wiederum dem Lizenzgeber. Dieser bestimmt über die Verwendung der Inhalte – also wie lange sein Content über Web-TV angeboten werden darf – und damit auch in gewisser Weise über deren Vermarktung.

Am günstigsten ist es, wenn es sich um Eigenproduktionen handelt. Denn dabei hat der Anbieter die Entscheidungsgewalt und kann seinen Content dauerhaft und jederzeit zum Abruf bereitstellen. Diese Form ist für Nutzer von Vorteil, da sie dann frei

8.2 Experteninterviews mit Web-TV-Anbietern

entscheiden können, zu welcher Zeit und an welchem Ort sie den Content sehen wollen, ohne dass sie weiteren Einschränkungen unterworfen sind.

8.2.3.6 Web-TV im organisationalen Kontext

Diese Dimension greift die Web-TV-Anbieter als Organisation auf. Insofern greift dieser Bereich die Organisationsstruktur, die technische Distribution und die Kooperation mit anderen Unternehmen auf.

Organisationsstruktur

Eine einheitliche Organisationsstruktur ist bei Web-TV-Anbietern nicht übergreifend vorzufinden, sodass an dieser Stelle markante, strukturelle Eigenschaften beispielhaft erörtert werden. Aufgrund ihrer Heterogenität werden Web-TV-Angebote auf der einen Seite von mehreren Unternehmen getragen, können aber auf der anderen Seite auch als Ein-Mann-Unternehmen existieren.

Beim Beispiel MyVideo setzt sich die Videoplattform aus einer Betreiberfirma, einem Dienstleister und Vermarkter sowie einer Holding Gesellschaft zusammen, die zum Konzernverbund der ProSiebenSat.1 Media AG gehört. Solch eine Struktur offeriert einem Web-TV-Anbieter einige Vorteile, da er bestimmte Tätigkeitsfelder ausgliedern kann. Betrachtet man den Produktionsbereich einmal näher, fällt auf, dass die meisten Produktionen entweder bei externen Unternehmen in Auftrag gegeben werden oder – und dies ist aus Kostensicht weitaus günstiger – dass auf viele konzerneigene Inhalte zurückgegriffen wird. Bezüglich der anderen involvierten Partner kommen Sharing-Modelle zum Tragen, die über eine Umsatzteilung abgeglichen werden. Auch beim Marketing profitiert ein Anbieter vom Konzernverbund. In diesem Fall ist es das Zusammenspiel mit dem klassischen Fernsehen, sodass bspw. Teaser im TV ausgestrahlt werden.

Im Gegensatz dazu trägt bei einem Ein-Mann-Unternehmen wie Fernsehkritik-TV fast ausschließlich eine Person die Verantwortung für die gesamte Produktion. Dies reicht von der Themenrecherche über die Aufnahme der Moderation bis hin zum Zusammenschnitt von Beiträgen. Lediglich bei der technischen Aufbereitung unterstützt ein Webmaster. Bezüglich des Marketings kommen bei kleinen Unternehmen vor allem die Möglichkeiten des Web 2.0 zum Einsatz. Eigenwerbung über Twitter, Newsletter und RSS-Feeds fördern die Vermarktung solcher Web-TV-Angebote. Dadurch zeigt sich, dass auch die Produktion eines erfolgreichen Web-TV-Angebots mit geringem Personalaufwand zu bewältigen ist. Vorteilhaft ist das in der Hinsicht, dass man grundsätzlich unabhängig von anderen Komponenten arbeiten kann. Nachteilig kann in so einer Situation das finanzielle Risiko sein, das auf der verantwortlichen Person lastet.

Man kann die beiden genannten Beispiele zwar nicht direkt miteinander vergleichen, aber sie deuten dennoch aufgrund ihrer Machart das Potenzial von Web-TV-Angeboten in den Bereichen Produktion und Marketing an.

Technische Distribution

Die technische Distribution ist einer der zentralen Prozesse im Web-TV. Da es sich dabei um die technischen Abläufe im Hintergrund handelt, ist dieser Bereich im organisationalen Kontext verankert. Dass dieser Vorgang äußerst komplex sein kann, lässt sich am konkreten Beispiel der ZDFmediathek aufzeigen. In diesem Prozess sind alle redaktionellen Abteilungen (neben der Online- und Sportredaktion auch die Offline-Redaktionen) eingebunden. Die Redaktionen sind dazu angehalten ihren Content in ein Management-System zu importieren und diesen der technischen Abteilung zur Verfügung zu stellen. Diese kümmert sich sowohl um das Streaming als auch um die Videoproduktionen und schaltet den Content für den Online-Abruf frei.

Zuvor wird das Material jedoch für das Web entsprechend vorbereitet. Dies bedeutet, dass die Videos z. B. in das H.264-Format konvertiert werden. Anschließend wird der Content über ein Vertriebsnetzwerk bereitgestellt. Die Flash-Versionen werden von externen Servern bezogen. Da die ZDFmediathek nicht nur aus abrufbarem Content besteht, bereitet die Multimedia-Abteilung sogenannte interaktive Specials vor, die den eigentlichen Content mit weiteren Videos, Audiodateien oder Texten verknüpft, sodass sich die Nutzer einen eigenen Zugang zu einem bestimmten Thema verschaffen können. Abgerundet wird der Prozess mit der Kontrolle und Weiterentwicklung der Plattform durch den Webmaster.

Kooperationen

In Bezug auf Kooperationen rücken verschiedene Bereiche in den Mittelpunkt. Innerhalb des Marketings zeichnen sich vor allem soziale Netzwerke aus. Sie sind als Kooperationspartner besonders wichtig für die Verbreitung bzw. Verknüpfung des Contents, da sie die Reichweitenstärke beeinflussen können.

Eine weitere Möglichkeit besteht darin, Kooperationen mit anderen Videoplattformen oder Livestreaming-Portalen wie z. B. YouTube und Zattoo aufzubauen. Solche strategischen Allianzen werden gewählt, um einerseits möglichst viele Menschen zu erreichen und andererseits den Kontakt mit der eigenen Website zu erhöhen. Auch in diesem Fall ist der Werbefaktor nicht unerheblich. Dabei muss man jedoch die Gratwanderung beachten, sodass die Nutzer nicht gänzlich zur alternativen Plattform abwandern.

Es muss immer das Ziel sein, die eigene Plattform in den Fokus zu rücken und als eigenes Web-TV-Angebot in den Köpfen der Nutzer präsent zu bleiben. Zudem lässt sich dadurch das autonome Handeln gewährleisten und man begibt sich nicht durchweg in die Abhängigkeit anderer. Dennoch sei es generell hilfreich externe Partner zur Vermarktung hinzuzuziehen, um die Reichweite zu erhöhen. Spezialisierte Vermarkter haben den Vorteil, das Marketing zielgruppengerecht gemäß der Web-TV-Angebote zu organisieren. Aber auch technische Dienstleister, die sich vor allem für das Streaming auszeichnen, sind von zentraler Bedeutung. Dabei sind Erfahrung und Professionalität des Dienstleisters ausschlaggebend, damit eine zuverlässige Web-TV-Anwendung angeboten werden kann. Im Rahmen dieser Kategorie ist festzuhalten, dass Kooperationen für jeden Web-TV-Anbieter unumgänglich sind, sofern ihr Angebot ein qualitatives und professionelles Niveau erreichen soll. Dies bezieht sich vordergründig auf die Vermarktung und die technische Verbreitung.

8.2.4 Zusammenfassung

Aufgrund der Datenauswertung der Expertenaussagen lassen sich neben den qualitativen Dimensionen bestimmte Erfolgspotenziale für Web-TV ableiten. In dieser Hinsicht bezogen sich die Experten nicht nur auf harte Kennzahlen wie Page Impressions, Views, Nutzerzahlen (zahlende und registrierte Nutzer, sondern es kamen darüber hinaus noch weiche Faktoren hinzu, die einen erfolgreichen Baustein im gesamten Komplex eines Angebots darstellen. Auf Grundlage der Auswertung werden nun mögliche Erfolgspotenziale zusammengefasst.

1. **Content als Erfolgsfaktor:** Ein entscheidender Erfolgsfaktor ist der Content selbst. Generell betrachtet hängen mit ihm die Auswahlgröße und die verfügbaren Formate zusammen. Vor allem professionelle Inhalte, die teils auch aus dem klassischen Fernsehen stammen, sind beliebt. So haben bspw. bei MyVideo Genres wie Comedy, Musik, Erotik und Anime sowie die TV-Formate *Germany's next Top Model* und *Switch Reloaded* eine starke Zugkraft.

2. **Angebotsvielfalt und Nischenprogramm:** Ebenso ist es unabdingbar die Vielfalt zu berücksichtigen und sein Web-TV-Angebot möglichst breit aufzustellen, dass die Interessen der Nutzer widerspiegelt. Dadurch lassen sich unterschiedliche Nutzergruppen ansprechen. Erreicht man zudem eine bestimmte Masse an Nutzern, so ist das Angebot auch einfacher zu refinanzieren. Demgegenüber kann es ebenso erfolgversprechend sein, wenn mit dem Content Nischenthemen bedient werden. Insbesondere Web-TV-Angebote, die sich mit ihrem Content an spezielle Zielgruppen richten, können einen gehörigen Zulauf erhalten, der im klassischen Fernsehen nicht umsetzbar wäre. Es muss dabei eine Ent-

scheidung zwischen zielgerichtetem oder massenorientiertem Content stattfinden.

3. **Exklusivität:** Mit dem Content einhergehend ist auch die Exklusivität zu nennen, die den Plattformen einen Vorteil im Vergleich zu Wettbewerbern verschaffen kann, die nicht über jene Inhalte im Portfolio verfügen. So kann sich ein Anbieter von allen anderen sichtbar abheben. Des Weiteren kann dadurch der Nutzer aufgrund des exklusiven Contents stärker an das Web-TV-Angebot gebunden werden.

4. **Live-Ereignisse:** Ein weiterer Punkt im Hinblick auf den Content sind Live-Ereignisse, wie z. B. Olympische Spiele, Fußballweltmeisterschaften oder aber auch das Tagesgeschehen, die bei Nutzern einen hohen Zuspruch genießen. Web-TV-Angebote, die in der Lage sind diese anzubieten, können aufgrund der Interessenlage entsprechend hohe Reichweiten bzw. Nutzerzahlen erzielen.

5. **Glaubwürdigkeit:** Der Aspekt Glaubwürdigkeit spielt u. a. bei Markenfernsehen eine wichtige Rolle. Dies bezieht sich auf die Präsentation und Integration der Marke innerhalb eines Web-TV-Angebots. Vor allem ist dabei auf eine authentische Präsentation zu achten, die der Nutzer auch als solche wahrnimmt.

6. **Quality of Service:** Des Weiteren ist ein erfolgreiches Angebot von der Technik abhängig. Dabei muss vor allem die Quality of Service gewährleistet werden, d. h., dass der Signaltransport technisch einwandfrei ablaufen muss. Dass dies nicht immer zweifelsohne möglich ist, wurde bereits festgehalten. Wird aber dennoch der Content nur unzureichend und unzuverlässig transportiert, sodass zu viele Abbrüche oder anderweitige Störungen auftreten, führt das letztlich dazu, dass Nutzer das Angebot nicht mehr in Anspruch nehmen. Der Anbieter muss sich demnach auch auf die technischen Möglichkeiten der Masse einstellen.

7. **Multimediales Design:** Der nächste erfolgversprechende Bereich betrifft die Gestaltung von Web-TV-Angeboten. In diesem Fall kann ein multimediales Design die Attraktivität der Angebote steigern, sodass sich z. B. Themen mit verschiedenen Mitteln (Videos, Text- und Audiobeiträge) ergänzen lassen.

8. **Einfachheit des Angebots:** Es ist sinnvoll Angebote einfach zu halten. Der Nutzer muss die Struktur eines Angebots ohne große Anforderungen erschließen können. Intuition und Verständlichkeit stehen dabei im Vordergrund. Denn je aufgeräumter eine Seite ist und je weniger sich darauf befindet, desto intuitiver und verständlicher wird das Angebot für den Nutzer. Demnach ist es vorteilhaft, Elemente, die den Nutzer ablenken oder stören könnten, zu vermeiden.

8.2 Experteninterviews mit Web-TV-Anbietern 181

9. **Einbindung der Nutzer:** Zum anderen – und dies ist eines der wesentlichen Erfolgspotenziale aus Anbietersicht – muss der Nutzer in das Angebot eingebunden werden. Diesbezüglich ist es empfehlenswert, dass sich Web-TV-Anbieter an das Nutzerverhalten im Web anpassen. Das bedeutet, dass sogenannte Web 2.0-Funktionen zu berücksichtigen sind. Damit kann der Nutzer durch seine Hinweise und seiner Beteiligung an den Plattformen Einfluss auf das Programm nehmen. Gewollte Interaktionen und Interaktivität können ein besonderes Erlebnis in der Rezeption hervorrufen, was wiederum zu Multiplikationseffekten führt, sodass sich das Angebot auch über seine Nutzer trägt.

10. **Nutzungsszenarien:** Darüber hinaus gehören auch Nutzungsszenarien zu erfolgsversprechenden Maßnahmen. Dazu zählt die Möglichkeit der zeit- und ortsunabhängigen Nutzung. Content zu jeder Zeit und an jedem Ort zu rezipieren, muss ein zentraler Bestandteil von Web-TV-Angeboten sein, vor allem wenn es sich um On-Demand-Angebote handelt. Das zeitversetzte Abrufen von Content ist ein Schlüssel zum Erfolg, insbesondere für klassische TV-Inhalte. Der Nutzer ist dadurch nicht mehr an die Linearität des Fernsehens gebunden. Große TV-Shows oder Serien, die bereits erfolgreich im TV laufen, profitieren zusätzlich von der Möglichkeit des zeitversetzten Abrufens im Web.

11. **Rechteakquise:** Einen weiteren Schwerpunkt für erfolgreiche Web-TV-Angebote stellen die Rechteakquise und die Berechtigung zur Vermarktung dar. Dieser Aspekt bezieht sich vorrangig auf Fremdproduktionen. Soll ein Angebot fremdproduzierten Content zur Verfügung stellen, so ist dies grundsätzlich von Lizenzrechten abhängig. In diesem Zusammenhang sind erfolgreiche Rechteverhandlungen eine Grundvoraussetzung und erfordern gute Beziehungen und Vertrauen zu den Rechteinhabern. Dies zählt insbesondere für Top-Formate des klassischen Fernsehens, die in Web-TV-Angebote übernommen werden. Den größten Vorteil hat ein Anbieter, wenn er aufgrund von Eigenproduktionen alle Rechte zur Verbreitung von vornherein besitzt. In diesem Fall kann derjenige immer auf sein eigenes Datenarchiv zurückgreifen.

12. **Werbeverkauf:** Der Bereich des Werbeverkaufs ist ebenfalls elementar, wenn keine direkten Erlöse über die Nutzer erzielt werden. Ein gut funktionierender Werbeverkauf ist erfolgsversprechend, wenn dadurch das Web-TV-Angebot angemessen zu monetarisieren ist und es langfristig auf dem Markt existieren kann.

13. **Sicherheitsstandards:** Ein weiterer Punkt ist die Gewährleistung von Sicherheitsstandards für Rechteinhaber. Die geografischen Einschränkungen oder der

Zugang nur für registrierte Nutzer sind Beispiele für solche Standards. Ist der Content nur auf einen festgelegten territorialen Raum begrenzt, so muss der Web-TV-Anbieter dafür sorgen, dass diese Bestimmungen eingehalten werden. Ansonsten verliert der Anbieter bei Missachtung der Vorgaben die Rechte am Content, was wiederum eine Minderung der Qualität hinsichtlich des Web-TV-Angebots nach sich zieht.

14. **Neue Distributionswege:** Abschließend sind noch die neuen Distributionswege zu erwähnen, was vielmehr bedeutet, dass dem Nutzer bereits bekannter Content auf verschiedenen Endgeräten zugänglich ist. Der Nutzer ist beim Web-TV also nicht mehr zwangsläufig auf den PC angewiesen, sondern kann inzwischen aufgrund neuer Geräteklassen wie Smartphones, Tablet-PCs oder Smart-TVs das Endgerät frei wählen. Dass Tendenzen in diese Richtung weisen, sieht man daran, dass bereits für viele Web-TV-Angebote native Applikationen auf diesen Endgeräten zur Verfügung stehen.

Anhand der angeführten Punkte zeigt sich, dass nicht ein Faktor alleine ausschlaggebend für den Erfolg eines Web-TV-Angebots ist, sondern mehrere Faktoren ineinandergreifen müssen, um ein Angebot erfolgreich zu gestalten. Auf der anderen Seite kann aber ein Faktor alleine für das Scheitern eines Angebots verantwortlich sein, wenn man bedenkt, dass gewisse Rechte fehlen oder die technische Infrastruktur nicht leistungsfähig ist. Deshalb ist es umso wichtiger auch die Nutzerseite, wie bereits in Kapitel 7 im Qualitätsmodell skizziert, in diesem Konstrukt zu berücksichtigen, da sie letztlich mitentscheidend sind, ob sie bestimmte Web-TV-Angebote akzeptieren oder nicht. Die Gründe dafür gilt es in den folgenden Kapiteln herauszustellen.

8.2.5 Gütekriterien

Eine kommunikationswissenschaftliche Forschung, der sozialwissenschaftliche Forschungsmethoden zugrunde liegen, muss sich im Hinblick auf die Erhebungs- und Auswertungsmethoden angemessenen Gütekriterien stellen. Dabei ist es jedoch nicht ohne Weiteres möglich, die klassischen Gütekriterien – die Zuverlässigkeit (Reliabilität) und die Gültigkeit (Validität) einer Messung – auf das qualitative Vorgehen zu übertragen. Dieser Diskurs (vgl. Mayring 2003; Lamnek 2005; Flick 2007) führte weitestgehend dazu, dass zu diesem Zweck eigenständige Gütekriterien entwickelt wurden (vgl. Mayring 2003: 111), die im Kontext dieser Studie angerissen werden. Es wird dadurch ebenfalls eine Bewertung vorgenommen, inwieweit jene Kriterien auf diesen Forschungsprozess zutreffen und wo sich problematische Gegebenheiten herauskristallisieren. Letztlich dient diese Aufarbeitung einer transparenten und möglichst nachvollziehbaren Darstellung der hier durchgeführten methodischen Vorgehensweise.

Die Gütekriterien, die sich in der qualitativen Forschung vornehmlich herausgebildet haben, beziehen sich auf die Verfahrensdokumentation, die argumentative Interpretationsabsicherung, die Regelgeleitetheit, die Nähe zum Gegenstand, die kommunikative Validierung und die Triangulation (vgl. Mayring 2003: 111). Das bedeutet jedoch nicht, dass diese Kriterien als allgemeingültig anzusehen sind, da weiterhin Alternativen vorgeschlagen werden, die ebenso eine Basis zur Bewertung qualitativer Forschung sein können. Lamnek beispielsweise verweist auf Küchler, der Prognostizierbarkeit und Steuerbarkeit sozialer Vorgänge als Gütekriterien vorzieht (vgl. Küchler 1983; zit. nach Lamnek 2005: 148). Steinkes Vorschlag ist von pragmatischer Natur, der „untersuchungsspezifisch – d. h. je nach Fragestellung, Gegenstand und verwendeter Methode – konkretisiert, modifiziert und gegebenenfalls durch weitere Kriterien ergänzt" (2007: 324) wird. Sie sieht Kriterien wie intersubjektive Nachvollziehbarkeit, Indikation des Forschungsprozesses, empirische Verankerung, Limitation, Kohärenz und Relevanz als zweckmäßig an, wenn es um die Bewertung qualitativer Forschung geht (vgl. Steinke 2007: 324ff.). Jedoch sind ihre Ansätze und Erläuterungen in dem von Mayring vorgeschlagenen Kriterienkatalog wiederzufinden. Trotz des schwierigen Diskurses einerseits zwischen quantitativen und qualitativen Gütekriterien und andererseits um die Aufstellung von Gütekriterien in der qualitativen Forschung lassen sich dennoch bestimmte Abläufe beschreiben, mit denen eine Wertung der qualitativen Vorgehensweise möglich ist. An dieser Stelle geht es nun darum entsprechende Kriterien zu erörtern und auf die vorliegende Studie zu beziehen.

Wie bereits angedeutet ist die Dokumentation eines Forschungsprozesses ein unumgänglicher Vorgang. Darunter wird die Offenlegung dieses Prozesses verstanden. Das heißt, alle wesentlichen Bereiche müssen nachvollziehbar beschrieben werden. Dies impliziert u. a. das Vorverständnis und den Gegenstandsbezug des Forschers, eine möglichst detaillierte Dokumentation der Erhebungs- und Auswertungsmethoden und die Begründung von Entscheidungen sowie die Erörterung von Problemen. Solch eine Verfahrensdokumentation dient der intersubjektiven Nachvollziehbarkeit (vgl. Steinke 2007: 324f.). Um diese auch hier zu gewährleisten, ist es ebenso zweckmäßig, dass die Vorgehensweise transparent dargestellt wird. Im Hinblick darauf ist es notwendig, dass der Aufbau der Interviews, die Transkriptionsregeln sowie die Systematik der Auswertung verständlich und klar formuliert sind. Darüber hinaus ist es wesentlich, die eigenen Interpretationen ausführlich zu dokumentieren, um einer möglichen Unterstellung von Willkür und Beliebigkeit zu entgehen (vgl. Lamnek 2005: 147).

Ein weiterer Aspekt, der daran anknüpft, ist die generelle Systematik des Forschungsprozesses. In diesem Zusammenhang ist ein Regelsystem erforderlich, nach dem der

Forschungsprozess abläuft. Auch qualitative Forschung bedarf eines systematischen Vorgehens (vgl. Lamnek 2005: 147). Dieser Bereich muss ebenso offengelegt werden, um das Verfahren nachvollziehbar zu beschreiben. Dabei spielt u. a. die Gegenstandsangemessenheit eine wichtige Rolle (vgl. Steinke 2007: 326ff.). Aufgrund dessen sind folgende Punkte zu berücksichtigen, die ebenfalls in dieser Studie Anwendung finden: Zum einen geht es darum, die qualitativen Verfahren angemessen in den Forschungskontext einzubinden sowie die Auswahl der Forschungsmethoden und Stichproben zu begründen. Zum anderen muss beschrieben werden, wie Transkriptionsregeln aufgestellt und in welcher Ausführlichkeit diese vorgenommen wurden. Auf diese Punkte wurde vor allem in den Kapiteln zur Beschreibung der Forschungsmethoden entsprechend eingegangen.

Ein wichtiges Prinzip, was hinsichtlich der qualitativen Forschung zu überprüfen ist, ist die Nähe zum Gegenstand. In diesem Fall ist der Bezug des Forschers zum Gegenstand von Bedeutung. Es muss erkennbar werden, wie sich der Forscher im Forschungsfeld bewegt hat und mit welchem Grundverständnis er in seiner Arbeit vorangegangen ist. Insbesondere zeichnet sich die qualitative Forschung aus, wenn „sie sich auf die natürliche Lebenswelt der Betroffenen [richtet] und deren Interessen und Relevanzsysteme [einbezieht]" (Lamnek 2005: 147).

Ein oftmals genanntes Kriterium stellt die kommunikative Validierung dar. Dabei wird eine Rückkopplungsstrategie verfolgt. D. h., dass Befragten das erhobene und ausgewertete Material gegenübergestellt wird, sodass eine erneute Auseinandersetzung hinsichtlich der Bedeutungsstrukturen stattfindet. Auf dieser Basis können vertiefende Rückschlüsse in Bezug auf die Ergebnisse gezogen werden (vgl. Mayring 2002: 106; zit. nach Lamnek 2005: 147; Steinke 2007: 329; Flick 2007: 495). Dieser Aspekt konnte jedoch in diesem Umfang nicht vorgenommen werden, da der Zugang zu den Experten nicht wiederholbar war.

Des Weiteren kann auch ein triangulatorischer Ansatz als Gütekriterium funktionieren. Die Triangulation, die bereits in Kapitel 8 beschrieben wurde, bezieht sich auf die methodische Vorgehensweise, um den Untersuchungsgegenstand Web-TV aus verschiedenen Perspektiven mittels unterschiedlicher Methoden betrachten zu können. Auf diese Weise lässt sich umfassendes Datenmaterial erheben und im Kontext der Forschungsfragen auswerten. Ein vollständiger Anspruch kann nicht gewährleistet werden. Dennoch soll die Erörterung dieser Kriterien einen intersubjektiven Aufbau und die Nachvollziehbarkeit dieser Studie ermöglichen.

8.3 Online-Befragung

Nachdem Web-TV bisher aus Sicht der bestehenden Angebote und Anbieter betrachtet wurde, befasst sich der quantitative Teil der Studie mit der dritten Perspektive – der Nutzerseite. In diesem Fall gilt es herauszuarbeiten, inwieweit Nutzer Qualitätsanforderungen an die Angebote stellen und inwieweit Web-TV als weiterer Distributionsweg bislang von Nutzern akzeptiert ist. Um sich diesen Gegebenheiten nähern zu können, wurde auf die Erhebungsmethode der Online-Befragung zurückgegriffen. Die Gründe für diese Form der Erhebung ergeben sich daraus, dass man zum einen eine Vielzahl an Personen in einem kurzen Zeitraum erreichen kann. Die damit zusammenhängende Kosten- und Zeitersparnis begründen „den zunehmenden Einsatz von Online-Methoden in den Sozialwissenschaften" (Kuckartz et al. 2009: 11f.). Zudem ergibt sich aufgrund der digitalen Umsetzung einer Befragung der Vorteil, dass der Digitalisierungsprozess einer auf Papier durchgeführten Variante entfällt und dadurch diese Phase einen effizienteren Arbeitsaufwand zur Folge hat. In diesem Zusammenhang spielt die Gestaltung und der Aufbau eines Fragebogens eine wichtige Rolle, da nunmehr besonders Wert auf ein optimales Layout zu legen ist (vgl. Faulbaum/Prüfer/Rexroth 2009: 69f.). Dieser Aspekt wird im Rahmen der eigenen Fragebogenkonstruktion gesondert beschrieben. Dass Online-Umfragen im wissenschaftlichen Diskurs noch skeptisch gesehen werden, begründet sich vor allem aufgrund einer willkürlichen Stichprobenziehung (vgl. Schnell et al. 2008: 377). Denn „willkürliche Auswahlen sind für statistisch kontrollierte wissenschaftliche Aussagen wertlos" (Kromrey 2006: 281). Dennoch bedeutet dies nicht zwangsläufig, dass Umfragen über das Web grundsätzlich auf einer willkürlichen Auswahl der Stichprobe beruhen. Das würde wiederum dem zunehmenden Einsatz dieses Online-Instruments widersprechen. Im folgenden Verlauf werden die wesentlichen Punkte der quantitativen Vorgehensweise veranschaulicht, denen die Darlegung und Beschreibung der aufgestellten Hypothesen, die Konstruktion und Pretests des Fragebogens sowie die Stichprobenbeschreibung zugrunde liegen. Daran anknüpfend werden abschließend die Ergebnisse präsentiert.

8.3.1 Hypothesen

Das Ziel in diesem quantitativen Forschungsteil ist es zu prüfen, inwieweit qualitative Eigenschaften von Web-TV-Angeboten für Nutzer im Hinblick auf die Akzeptanz ausschlaggebend sind. Es zeigte sich bereits, wie vielfältig die qualitativen Eigenschaften sind, die zu berücksichtigen sind. Des Weiteren deckten die vorangegangenen Analysen auf, dass bereits eine Typisierung von überwiegend männlichen Nutzern existiert. Ebenso können die Variablen Einkommen, Bildung und Webaffinität einen Einfluss auf die Akzeptanz von Web-TV haben. Vor allem die Webaffinität kann dabei als intervenierende Variable in Bezug auf Verhaltensweisen relevant sein.

Einen zusätzlichen Aspekt bildet die klassische Fernsehnutzung, mit der sich aufgrund der Stilpräferenzen von Nutzern Rückschlüsse auf die Web-TV-Nutzung ziehen lassen. Auf dieser Grundlage werden entsprechende Hypothesen aufgestellt, die im Kontext der Forschungsintention überprüft werden.

Der erste Bereich setzt sich mit dem Medienkonsum auseinander. Es ist zu klären, inwieweit Web-TV-Nutzung und die Qualitätsvorstellungen zusammenhängen. Dabei ist es naheliegend, dass Nutzer die regelmäßig Web-TV sehen, höhere Anforderungen an Web-TV-Angebote stellen als Wenigseher. Ebenso ist es plausibel, dass sie gegenüber Wenigsehern konkretere Aussagen über technische, formale und funktionale Qualitätskriterien machen können. Sie sind demnach auch eher in der Lage Defizite und Mängel zu erkennen. Neben der Nutzungsdauer ist es ebenfalls sinnvoll, die Formate zu berücksichtigen. Es stellt sich die Frage, welche Formate den Qualitätsansprüchen entsprechen. Es ist naheliegend, dass Nutzer von Serien oder Filmen (die meist verbreiteten Formate im Netz) mehr Wert auf technische Details oder Preisgestaltung legen als Nutzer anderer Formate. Zudem kann man davon ausgehen, dass sie auch eher bereit sind, dafür Geld zu bezahlen. Somit sind folgende Hypothesen möglich:

H1: Wenigseher von Web-TV legen weniger Wert auf technische Details als normale Web-TV-Seher.

H2: Wenigseher von Web-TV schätzen eher kostenlose und werbefinanzierte Web-TV-Angebote.

H3: Wenigseher sehen eher Defizite bei Navigation/Übersichtlichkeit, Erscheinungsbild, individuellen Funktionen und Verbreitungsmöglichkeiten als normale Seher.

H4: Zuschauer, die bestimmte Fernsehformate rezipieren, sehen sich dieselben Formate auch im Web-TV an.

Der zweite Bereich umfasst die Webaffinität der Nutzer. Bei webaffinen Nutzern kann man davon ausgehen, dass sie sich intensiv mit der Webwelt auseinandersetzen und dadurch die Handhabung von Web-TV-Angeboten leichter fällt, was sich sowohl auf die Nutzung als auch auf Angebotsvergleiche bezieht. So wird angenommen, dass sie im Allgemeinen weniger zufrieden mit Web-TV-Angeboten sind (in Bezug auf technische, preisliche, formale und funktionale Aspekte) und das Nutzungserleben negativer einschätzen als nicht oder weniger webaffine Nutzer. Damit lassen sich folgende Hypothesen formulieren:

8.3 Online-Befragung

> H5: *Webaffine Nutzer sehen eher Defizite in technischen und formal-funktionalen Kriterien als nicht oder weniger webaffine Nutzer.*
>
> H6: *Webaffine Nutzer schätzen das Nutzungserleben bei der Rezeption von Web-TV-Angeboten negativer ein als nicht oder weniger webaffine Nutzer.*
>
> H7: *Webaffine Nutzer sind zufriedener mit Web-TV-Angeboten als nicht oder weniger webaffine Nutzer.*

Der dritte Teil befasst sich mit den genutzten Web-TV-Angeboten und Endgeräten. Da es verschiedene Anbieter gibt, stellt sich die Frage, ob Nutzer verschiedener Web-TV-Angebote unterschiedliche Qualitätsvorstellungen haben. Haben z. B. Nutzer von Mediatheken andere Qualitätsvorstellungen als Nutzer von Videoplattformen wie YouTube und MyVideo? Welche Kriterien sehen die Nutzer unterschiedlicher Web-TV-Angebote als besonders wichtig an? Ebenso wird angenommen, dass die Wahl der Geräteklasse (PC, Tablet, Smartphone und Smart-TV) eine Rolle bei den Qualitätsvorstellungen spielt. Vor allem ist davon auszugehen, dass Nutzer von stationären Geräten wie einem PC eher mit der Qualität von Web-TV-Angeboten zufrieden sind. Auf der anderen Seite liegt es nahe, dass Nutzer, die Web-TV über einen mobilen Zugang nutzen, vor allem Defizite in der technischen Verfügbarkeit sehen. Die Hypothesen lauten deshalb:

> H8: *Nutzer von Mediatheken legen im Vergleich zu Nutzern anderer Web-TV-Angebote mehr Wert auf technische und formal-funktionale Kriterien.*
>
> H9: *Nutzer stationärer Geräte sind zufriedener mit Web-TV als Mobile-Nutzer.*
>
> H10: *Mobile-Nutzer sehen eher Mängel in der technischen Qualität als Nutzer stationärer Geräte.*

Der letzte Bereich schließt die soziodemografischen Merkmale mit ein. Es wird überprüft, inwieweit Alter, Einkommen, Geschlecht und Internetzugang im Haushalt mit den Qualitätskriterien zusammenhängen. Haben beispielsweise Männer andere Qualitätsvorstellungen als Frauen? Wie schätzen Nutzer mit einem höheren Einkommen die Qualitätskriterien ein? Legen jüngere Nutzer weniger Wert auf Qualitätskriterien als Ältere? Welche Rolle spielt der Internetzugang? So ist z. B. plausibel, dass ein schnellerer Internetzugang zu einer höheren Zufriedenheit und zu einer weniger negativen Bewertung technischer Defizite führen dürfte. Des Weiteren ist zu erwarten, dass eher Männer mehr Wert auf technische und formal-funktionale Qualitätskriterien legen. Demnach sind folgende Hypothesen möglich:

> *H11: Jüngere Nutzer sind mit Web-TV insgesamt zufriedener als Ältere.*
>
> *H12: Nutzer mit einem schnelleren Internetzugang legen größeren Wert auf technische und formalfunktionale Kriterien als Nutzer mit einem langsameren Zugang.*
>
> *H13: Nutzer mit einem höheren Einkommen legen größeren Wert auf technische und formalfunktionale Kriterien als Nutzer mit einem geringeren Einkommen.*
>
> *H14: Männliche Nutzer schätzen technische und formal-funktionale Kriterien wichtiger ein als weibliche Nutzer.*

Zum Abschluss wird zudem die Frage gestellt, welche Faktoren einen entscheidenden Einfluss auf die Qualitätsvorstellungen nehmen. Anhand einer Regressanalyse werden diese Faktoren herausgefiltert, um diese Frage für die vorliegende Stichprobe beantworten zu können.

8.3.2 Fragebogenkonstruktion

Die Beschreibung zur Konstruktion des Fragebogens setzt sich aus verschiedenen Bereichen zusammen. Zunächst werden allgemeine Konstruktionskriterien erörtert, die den Aufbau und die Dramaturgie des Fragebogens bestimmen. Darauf aufbauend werden die Voraussetzungen für ein mögliches Layout ausgearbeitet, die für die Online-Umfrage entsprechend abgeleitet werden. Die weiteren Abschnitte beziehen sich im Speziellen auf die einzelnen Blöcke der Online-Befragung. Dies betrifft die Einstiegsphase, die zentralen Themenblöcke, die soziodemografischen Fragen und den Schlussteil. Anhand von Beispielen werden hierbei die Konstruktion und die Konstellation von Fragen erläutert.

Konstruktionskriterien

Der Fragebogen muss Kriterien enthalten, die die Struktur und die Dramaturgie des Fragebogens fördern. Für diesen Zweck hat sich eine allgemeine Struktur aus einem Vorwort, Einleitungsfragen/Aufwärmfragen, thematischen Blöcken, soziodemografischen Fragen und einem Schlussteil ergeben (vgl. Raithel 2008: 75f.; vgl. Kuckartz et al. 2009: 36). Weiterhin ist die Anordnung von Fragen ein wesentliches Kriterium für die Konstruktion des Fragebogens. „Der Aufbau des Fragebogens ist in der Regel so zu wählen, dass die Fragenanordnung vom Allgemeinen zum Besonderen verläuft (Fragetrichter)" (Raithel 2008: 76). Dabei geht es zudem um eine innere Konsistenz der Fragenkomplexe. Die Fragen sollen so platziert werden, dass sie einer stringenten Struktur folgen, damit der Befragte nicht irritiert wird und er keinem Ausstrahlungseffekt[29] ausgesetzt ist (vgl. Schnell/Hill/Esser 2008: 342). Damit einhergehend ist es sinnvoll, dass der Fragebogen eine Spannungskurve enthält, um dadurch die Aufmerksamkeit der Befragten möglichst hoch zu halten (vgl. Raithel 2008: 76). Dieser Punkt wurde im Fragebogen so umgesetzt, dass zu Beginn des Fragebogens z. B. allgemeine Fragen zur Fernseh- und Internetnutzung zu beantworten waren. Im weiteren Verlauf kamen die zentralen Themenblöcke zu den Qualitätsdimensionen zum Tragen, die den Hauptteil des Fragebogens darstellten. Am Ende waren die sozialstatistischen Angaben platziert, da „sie [...] sich auch bei gesunkener Aufmerksamkeit noch leicht beantworten [lassen]" (Kuckartz et al. 2009: 36), obwohl sie in der Regel für den Befragten nicht unbedingt von großem Interesse sind.

Der Einsatz von Filterfragen kann ebenso notwendig wie nützlich sein, wenn es um die Führung des Befragten innerhalb des Fragebogens geht. So kann es vorkommen, dass Frageblöcke auf bestimmte Befragte nicht zutreffen. In diesem Fall „sollten Vorkehrungen getroffen werden, den Befragten von der Notwendigkeit zu entbinden" (Schnell/Hill/Esser 2008: 344) entsprechende Fragen beantworten zu müssen. Bei Online-Umfragen lassen sich solche Filterfragen recht einfach integrieren. Allerdings muss die dazugehörige Weiterleitung auch technisch einwandfrei funktionieren. Ansonsten kann dies zu Unmut auf Seiten der Befragten führen, die dann den Fragebogen nicht mehr weiter beantworten. Dieser Umstand ist möglichst zu vermeiden.

Wenn zu neuen thematischen Blöcken gewechselt wird, bietet es sich an, diese mit Übergangsformulierungen einzuleiten (vgl. Raithel 2008: 76; vgl. Schnell/Hill/Esser 2008: 344). Dadurch kann man den Befragten auf den jeweiligen Fragenkomplex vorbereiten. Neben diesen Übergangsformulierungen ist es ebenfalls ratsam, konkrete Ausfüllanweisungen – vor allem bei Online-Umfragen – anzugeben, um dem Befragten die Beantwortung zu erleichtern und um mögliche Missverständnissen vorzubeugen.

Ein weiteres entscheidendes Kriterium sind die Frageformulierungen selbst. Die Fragen müssen klar und einfach formuliert sein, sodass es erst gar nicht zu Unverständlichkeiten kommen kann. Vor allem Formulierungen bergen Gefahren, die u. a. zu verzerrten oder unerwünschten Antworten führen können. Welche Probleme auftreten können und wie man ihnen entgegenwirken kann, zeigt sich in der wissenschaftlichen Literatur. Dabei wird auf Fehlerquellen, wie z. B. soziale Erwünschtheit, unverständliche Formulierungen, Mehrdeutigkeit einer Frage, unverhältnismäßige Wissensvoraus-

---

[29] Vorangegangene Fragen und Antworten können einen Einfluss auf das nachfolgende Antwortverhalten eines Befragten nehmen, indem er sich an seine bisher gegebenen Antworten orientiert (vgl. Schnell/Hill/Esser 2008: 342).

setzungen bei Befragten und Suggestion von Fragen hingewiesen (vgl. Faulbaum/Prüfer/Rexroth 2009; vgl. Raithel 2008; vgl. Schnell/Hill/Esser 2008; vgl. Porst 2009; vgl. Raab-Steiner/Benesch 2008). Bei der Konstruktion des Online-Fragebogens wurde entsprechend darauf geachtet, die genannten Fehlerquellen auszuschließen.

Zu den Frageformulierungen gehört auch die Art und Weise der Fragestellung, wobei zwischen offenen und geschlossenen Fragen zu unterscheiden ist. Bei dieser Web-Umfrage wurde auf offene Fragen weitgehend verzichtet, da Befragte mehr Zeit zur Beantwortung offener Fragen benötigen (vgl. Faulbaum/Prüfer/Rexroth 2009: 81). Aufgrund dessen erhielten die Befragten überwiegend geschlossene Fragen mit einem dazugehörigen Antwortschema. Was zusätzlich zum Einsatz kam, war eine Mischform. In diesem Fall wurden die vorgegebenen Antwortkategorien um eine offene Kategorie ergänzt. Das kann dann vorteilhaft sein, wenn man bei komplexen Themen den Inhalt nicht komplett abdecken kann und dadurch Antwortalternativen übersieht (vgl. Raab-Steiner/Benesch 2008: 49). Um diesem Punkt entgegenzuwirken, ist es sinnvoll, an bestimmten Stellen dem Befragten eine offene Antwortkategorie anzubieten.

Ein weiterer wichtiger Aspekt im Rahmen der Fragebogenkonstruktion ist das Festlegen von Skalenniveaus. In diesem Fragebogen wurden überwiegend Ratingskalen mit einer fünfstufigen Skala eingesetzt, die bei bestimmten Fragen um die Kategorie „weiß nicht" ergänzt wurde, sofern dies als zweckmäßig erschien. Ratingskalen können für verschiedene Bereiche (Häufigkeiten, Intensitäten, Bewertungen und Wahrscheinlichkeiten) verwendet werden (vgl. Schnell/Hill/Esser 2008: 331). In dieser Umfrage handelte es sich um Häufigkeiten (nie, selten, gelegentlich, oft, sehr oft) und Bewertungen (von trifft gar nicht zu bis trifft voll und ganz zu). Bei den Bewertungsskalen wurde sich an einer verbalisierten Likert-Skala orientiert. Diese Skalen wiesen neben der Verbalisierung zugleich numerische Kennzeichnungen in unipolarer Richtung (1–5) auf. Ferner kamen noch dichotome Skalen (z. B. ja, nein), offene Antwortfelder sowie Mehrfachnennungen hinzu.

Auf Grundlage der durchgeführten Pretests wurden noch sogenannte Motivationsformulierungen ergänzt. Diese können ebenfalls dazu beitragen, dass der Befragte zum Durchhalten und Beenden des Fragebogens motiviert wird. Ähnliche und weitere Prinzipien, wie Fragebögen im Web sinnvoll zu konstruieren sind, schlägt u. a. Dillman (2007) vor.

Layout des Fragebogens

Das Layout eines Online-Fragebogens ist ein entscheidendes Kriterium für die erfolgreiche Durchführung einer Umfrage im Web. Demnach ist es notwendig, das Layout möglichst optimal zu gestalten. Grundsätzlich befindet sich vor den eigentlichen Fra-

8.3 Online-Befragung

gen das Deckblatt, in dem die wesentlichen Informationen zum Forschungsthema, Hinweise zur Gewährleistung der anonymen Behandlung von Daten sowie die Kontaktinformationen der verantwortlichen Person enthalten sind. Des Weiteren ist im Hinblick auf das Layout ebenfalls der Umfang des Fragebogens zu beachten, der generell kurz zu halten ist (vgl. Raithel 2008: 77). Vor allem bei Online-Umfragen spielt dieser Punkt eine wichtige Rolle, da die Flüchtigkeit im Web sehr groß ist und die Gefahr besteht, dass ein zu langer Fragebogen abgebrochen wird. Für Online-Befragungen wird demnach eine maximale Befragungszeit von bis zu 15 Minuten vorgeschlagen (vgl. Kuckartz et al. 2009: 37).

Darüber hinaus kann ebenso die Verteilung der Fragen relevant sein. Denn dabei muss der Forscher abwägen, ob sich mehrere Fragen auf einer Seite zusammenfassen lassen oder ob eine schnellere Bearbeitung vieler Seiten erfolgen kann (vgl. Raithel 2008: 77; vgl. Schnell/Hill/Esser 2008: 246f.). In dieser Online-Befragung wurden die Fragen in einem ausgewogenen Maß zusammengestellt. Da eine Fortschrittsanzeige eingebunden war, musste die Anzahl der Seiten gering gehalten werden, damit der Befragte den Eindruck erhält, dass sich die Bearbeitungszeit entsprechend verkürzt, um bei den Befragten „den Durchhaltewillen zu stärken" (Kuckartz et al. 2009: 37). Des Weiteren sind auf Orthografie und Layoutfehler zu achten sowie überflüssige Grafiken und Bilder zu vermeiden (vgl. ebd.). Damit die Befragten nicht abgelenkt werden, wurde dieser Aspekt ebenfalls berücksichtigt. Diesbezüglich wurde ebenso auf Bilder oder sonstige multimediale Elemente verzichtet.

Einstiegsphase

In der Einführungsphase wurde der Befragte zunächst mit generellen Fragen zu seiner Mediennutzung an das Thema herangeführt. Auf diese Weise fand ein allgemeiner Einstieg statt, der dem Befragten einen einfachen Zugang zum Thema verschaffte. Damit wurde das Ziel verfolgt, den Befragten nicht gleich zu Beginn des Fragebogens mit komplexen Fragen zu überfordern und damit möglicherweise einen Abbruch der Befragung hervorzurufen. Somit setzten sich die ersten Themen aus Fernseh- und Internetnutzung zusammen. Im Bereich der Fernsehnutzung war eine Filterfrage eingebaut, da angenommen wurde, dass es Befragte geben könnte, die nicht fernsehen. Mit dem Filter konnten sie die Fragen zur Fernsehnutzung überspringen und erhielten stattdessen einen Block, in dem sie auf die Gründe für das Nicht-Fernsehen eingehen sollten. Mittels des Blocks Webaffinität wurde zum eigentlichen Thema Web-TV übergeleitet. Die Itembatterien waren zudem in ähnlicher Weise aufgebaut, sodass die Formate des klassischen Fernsehens und des Web-TV auch vergleichbar sind. Die erste Frage zum Web-TV war ebenfalls eine Filterfrage, um Befragte, die dieses Merkmal nicht aufwiesen, im Fragebogen entsprechend weiterzuleiten, da die folgenden Fragen für diese Gruppe irrelevant waren. Aus inhaltlicher Sicht wurden vornehmlich die Formate herangezogen, um Stilpräferenzen der Befragten herauszukristallisieren. Dieser Aspekt wurde bereits bei der Hypothesendarstellung angerissen.

Zentrale Bausteine des Fragebogens
Das Kernstück des Fragebogens bildete anschließend die Spezialisierung des Themas. Dabei wurden schwerpunktmäßig die technischen, formal-funktionalen sowie rechtlichen und ökonomischen Qualitätsdimensionen mit Bezug zur Zufriedenheit und zu den Verhaltensweisen aufgegriffen. Die Aufstellung der Itembatterien wurde nicht einseitig gehalten. D. h., dass Aussagen, denen zugestimmt oder nicht zugestimmt werden sollte, nicht nur positiv, sondern auch negativ formuliert waren. Das hatte den Zweck, dass der Befragte keinem Muster folgen konnte und der Fragebogen nicht zu monoton aufgebaut war. Dadurch war immer wieder die Aufmerksamkeit des Befragten gefordert.

Eine Besonderheit im Hauptteil waren, wie bereits bei den Konstruktionskriterien angedeutet, die Motivationsformulierungen. Aufgrund des Umfangs der Itembatterien kam ihnen eine wesentliche Bedeutung zu, sodass der Befragte stets ein Lob für seinen Aufwand erhielt und immer wieder informiert wurde, dass er die Umfrage bald abgeschlossen habe.

Soziodemografische Merkmale
Im Anschluss an den Hauptteil des Fragebogens folgten die soziodemografischen Merkmale, um einerseits Erkenntnisse zur sozialen Einordnung der Befragten zu bekommen sowie andererseits davon ausgehend die Stichprobe anhand dieser Merkmale beschreiben zu können. Zu diesen Merkmalen gehörten Geschlecht, Alter, Bildung, Berufstätigkeit und Einkommen. Zum Abschluss wurde auch nach der verfügbaren Internet-Geschwindigkeit gefragt, da diese unter Umständen einen Effekt auf die Aussagen zur technischen Qualität haben kann. Denn steht einem Befragten z. B. eine zu geringe Geschwindigkeit zur Verfügung, so kann diese ein Grund für negative Aussagen im technischen Bereich sein.

Schlussteil
Der Schlussteil beinhaltete eine Danksagung für die Teilnahme an der Umfrage sowie die Möglichkeit zu einer freiwilligen Gewinnspielteilnahme, auf die bereits im Vorwort hingewiesen wurde, um ein zusätzliches Anreizsystem zu schaffen. Ein Gewinnspiel kann zwar auch die Gefahr bergen, dass der Befragte sich nur um des Gewinn-

spiels willen durch den Fragebogen klickt und damit die Fragen nicht mit der nötigen Ernsthaftigkeit und Aufmerksamkeit beantwortet. Dennoch wurde ein Gewinnspiel eingebunden, damit der Zeit- und Bearbeitungsaufwand belohnt wurde. Letztlich muss der Aspekt berücksichtigt werden, dass ein Fragebogen nie fehler- bzw. verzerrungsfrei sein wird, was u. a. mit der Entscheidung und Auswahl der Skalengröße zusammenhängt. Auch das Hinzufügen oder Weglassen einer „weiß nicht"-Kategorie, die zur Meinungslosigkeit tendieren kann, kann eine Fehlerquelle eines Fragebogens sein (vgl. Raithel 2008: 82). Demnach wird es von der Argumentation abhängen, warum welche Entscheidungen und Formulierungen für die Konstruktion des Fragebogens gewählt wurden, um Antwortverzerrungen möglichst gering zu halten. Der vollständige Fragebogen dieser Studie ist im Anhang (s. S. 279ff.) einzusehen.

8.3.3 Pretest

Nach der Fertigstellung des Fragebogens wurde dieser in einem zweimaligen Pretest geprüft. Für den ersten Pretest wurden sechs Personen herangezogen, die bereits Erfahrung mit der Erstellung von Fragebögen hatten. In diesem ersten Durchlauf ging es darum, die Struktur des Fragebogens sowie seine innere Logik zu bewerten. Über eine freigeschaltete Kommentarfunktion konnten die Pretester entsprechende Verständnisprobleme anmerken. Ebenso waren sie dazu angehalten, sowohl die Verständlichkeit von Fragen und Skalen zu überprüfen als auch fehlerhafte Antwortvorgaben, Rechtschreib- und Ausdrucksfehler aufzudecken. Zudem konnten Ergänzungen bezüglich weiterer Antwortmöglichkeiten angebracht werden. Im Zuge des ersten Pretests wurden dann folgende Änderungen vorgenommen:

- Die Einteilung der ersten Fragebogenversion sah für jede Frage eine eigene Webseite vor. Dabei merkten die Pretester an, dass es zu viele einzelne Seiten waren und dadurch die Fortschrittsanzeige nur geringfügig vorwärts sprang. Dies wirkte sich demotivierend auf die Bearbeitungszeit aus. Aus diesem Grund wurden mehrere Fragen, die inhaltlich zueinander passten, auf eine Webseite zusammengeführt. Zudem wurde darauf geachtet, ein mögliches Scrollen auf diesen Webseiten zu vermeiden. Letztlich hatte diese Maßnahme eine Verkürzung des Fortschrittsbalkens und weniger anzuklickende Seiten zur Folge, sodass daraus eine angenehmere Bearbeitung entstand.
- Ein weiterer Aspekt war die Ergänzung von „weiß nicht"-Kategorien, um dem Befragten das Ausweichen von Fragen zu ermöglichen. Diese Änderung bezog sich vor allem auf die Likert-Skalen, bei denen so eine Ergänzung aus logischer Betrachtung heraus sinnvoll war.

- Des Weiteren wurde die Skalenkennzeichnung überarbeitet. Die durchgängige Verbalisierung der Skalenpunkte wurde numerisch angepasst, damit in der Auswertung entsprechende statistische Berechnungen vorgenommen werden können. Andererseits konnte der Befragte nun von den beiden Extrempunkten aus die Abstufung mittels der Zahlen vornehmen, ohne dass er durch die Verbalisierung der einzelnen Stufen beeinflusst wurde.
- Aufgrund der Komplexität des Fragebogens und des Themas konnte davon ausgegangen werden, dass nicht alle Antwortmöglichkeiten abgedeckt waren. Mithilfe der Pretester wurden bei einigen Fragen Antwortmöglichkeiten ergänzt. Außerdem konnten ähnliche Antworten identifiziert und dementsprechend aus dem Fragebogen entfernt werden.
- Darüber hinaus wiesen die Pretester auf technische Fehler hin. Auf diese Weise wurde zum einen die Filterführung korrigiert und zum anderen das Eintragen von unangemessenen Werten verhindert. Zum Beispiel wurden bei den Zeitangaben die Minuten auf die Zahl 59 begrenzt, da es noch ein eigenes Antwortfeld für die Stunden gab.
- Aufgrund des Fragebogenumfangs schlugen einige Pretester vor, motivationsfördernde Texte hinzuzufügen, damit der Befragte vor allem im mittleren Teil nicht die Lust an der Umfrage verliert und dies dann zum Abbruch führt. Deshalb wurden für diesen Teil des Fragebogens angemessene Motivationstexte formuliert, die den Befragten für sein Engagement lobten und ihn an das baldige Ende erinnerten.
- Zudem ließen sich aufgrund der Anmerkungen der Pretester die Ausfüllanweisungen der Fragen konkretisieren. Auf diese Weise wurden ungenaue Beschreibungen anhand von konkreten Beispielen angepasst, sodass Fehler im Rahmen von Missverständnissen möglichst minimiert wurden.

Den zweiten Pretest führten 20 Studierende eines Seminars durch, die weniger Erfahrungen mit Fragebögen hatten. Auch dabei sollte der Fragebogen noch einmal im Hinblick auf die Verständlichkeit der Fragen, die Ausfüllanweisungen und die Antwortvorgaben überprüft werden. Der zweite Durchgang hatte dann jedoch keine weiteren Änderungen zur Folge.

8.3.4 Stichprobe

Der Fragebogen richtete sich vorwiegend an Internetnutzer, die deutschsprachige Web-TV-Angebote nutzen. Die Eingrenzung auf dieses Merkmal ist von wesentlicher Bedeutung, da nur jene Personen in der Lage sind, Aussagen über die Qualität von

Web-TV in Deutschland treffen zu können. Weitere Spezifizierungen der Stichprobe wie eine vorab abgesteckte Altersstruktur waren nicht vorgesehen und nicht zwingend erforderlich. Aufgrund der Verbreitung des Fragebogens musste man davon ausgehen, vorrangig eine jüngere Nutzergruppe anzusprechen. Denn zum einen wurde der Fragebogen über einen internen Verteiler an Studierende der TU Ilmenau gesendet. In diesem Fall lag eine zunächst geschlossene und klar abgegrenzte Kontaktgruppe vor. Zum anderen wurden jedoch soziale Netzwerke wie Facebook und Xing zur Verbreitung hinzugezogen, um den Einzugskreis möglicher Teilnehmer zu erhöhen. Außerdem wurden alle Befragten, die den Link zur Online-Umfrage erhielten, dazu aufgefordert, diesen über ihre Netzwerke weiterzuleiten, um auch mittels des Schneeballverfahrens die Reichweite der Online-Befragung zu erhöhen. Die Teilnahme am Fragebogen gestaltete sich selbstselektiv bzw. selbstadministrativ. Das heißt, die Nutzer konnten sich freiwillig entscheiden, ob sie den Fragebogen beantworten wollten oder nicht. Eine äußere Einflussnahme fand nicht statt. Dass sich diese Art der Stichprobenziehung und die dadurch erhobenen Daten nicht ohne Weiteres verallgemeinern bzw. auf die Allgemeinheit beziehen lassen, liegt auf der Hand. Dennoch erweist sich das Aufsetzen einer Online-Umfrage inklusive der vorgenommenen Stichprobenziehung als ein durchaus sinnvolles Instrument. Schließlich ist davon auszugehen, dass sich viele Internetnutzer auch Bewegtbildinhalten im Web zuwenden. Daraus lässt sich schließen, dass Web-TV im Allgemeinen eine hohe Zuwendung erfährt und somit die gesuchte Zielgruppe und geforderte Stichprobe in diesem Umfeld dementsprechend vorzufinden ist. Mit anderweitigen Erhebungsmethoden ließe sich dieser effiziente und effektive Weg der Datenerhebung aus forschungsökonomischer Sicht kaum realisieren. Der Zeit- und Kostenaufwand wäre in diesem Fall erheblich.

Für die Auswertung wurden die in Unipark erhobenen Daten als sav-Datei exportiert, sodass diese zur Weiterbearbeitung für die Statistiksoftware SPSS zur Verfügung standen. Anschließend wurde der Datensatz bereinigt, sodass zunächst unvollständig ausgefüllte Fragebögen entfernt wurden. Zudem wurden Fragebögen mit Extremwerten nicht berücksichtigt, um die Ergebnisse nicht zu verzerren. Des Weiteren wurden fehlende Werte entsprechend deklariert und Skalenwerte einer Umpolung in eine schlüssige Leserichtung unterzogen, soweit das notwendig war.

8.3.5 Ergebnisse der Online-Befragung

In den folgenden Kapiteln werden die Ergebnisse der quantitativen Datenerhebung ausgewertet. Dabei wird zunächst die Stichprobe beschrieben und die soziodemographische Struktur der Teilnehmer dargestellt. Darauf aufbauend folgt die deskriptive Statistik, in der die Mittelwerte, Häufigkeitsverteilungen und Standardabweichungen präsentiert werden. Im Anschluss daran werden die aufgestellten Hypothesen anhand der dazugehörigen Tests ausgewertet und interpretiert.

8.3.5.1 Stichprobenbeschreibung

Insgesamt haben sich 501 Personen die Online-Umfrage angesehen, wovon 375 Personen den Fragebogen beantworteten. Die Abschöpfungsquote liegt damit bei circa 75 Prozent. Die Befragung haben 261 Personen abgeschlossen, sodass sich daraus eine Beendigungsquote von etwa 52 Prozent ergab. Nach einer durchgeführten Datenbereinigung, in der noch ungültige Fragebögen ausgeschlossen wurden, reduzierte sich die Anzahl der Befragten auf 249 Personen.

Die meisten Abbrüche (126) fanden bereits zu Beginn der Umfrage statt, sodass diejenigen lediglich das Vorwort lasen. Insofern lässt sich vermuten, dass entweder das Interesse an der Thematik zu gering war oder die angegebene Befragungszeit von 15 bis 20 Minuten eine zu große Hürde darstellte, da sich diese Angabe am Rand der Akzeptanz befand (vgl. Kuckartz et al. 2009: 37). Die mittlere Bearbeitungszeit (Median) lag bei circa 20 Minuten. Obwohl der Fragebogen für eine Online-Befragung sehr umfassend war, brachen ihn verhältnismäßig wenige Teilnehmer im Hauptteil bzw. während des gesamten Verlaufs ab. Vor allem für den Hauptteil wurde aufgrund der Komplexität eine erhöhte Abbruchquote angenommen, die jedoch nicht eintrat. Eine Begründung ist wahrscheinlich darin zu sehen, dass die im Fragebogen formulierten Motivationspassagen an den entsprechenden Stellen den Durchhaltewillen der Teilnehmer steigerten und dadurch ihren Zweck erfüllten. Weitere Informationen zum Sample, zu Zugriffszeiten und einzelnen Abbruchraten sind dem Feldbericht im Anhang (s. S. 288f.) zu entnehmen.

Im Hinblick auf die erhobenen soziodemografischen Merkmale bezieht sich die Beschreibung der Stichprobe auf die Punkte Alter, Bildung, Berufstätigkeit, Einkommen, die in Abhängigkeit vom Geschlecht betrachtet werden. Anhand von Kreuztabellen werden diese Merkmale dem Geschlecht gegenübergestellt. Als weiteres Merkmal wird noch die zur Verfügung stehende Internet-Geschwindigkeit der Befragten hinzugezogen, die vor allem im Zusammenhang zu technischen Aussagen beim Web-TV eine besondere Relevanz hat. Denn bewertet ein Nutzer technische Bedingungen negativ, wie z. B. Verzögerungen beim Abspielen von Streams oder zu lange Pufferzeiten, so lässt sich dies auf die Umstände zurückführen, dass dem Nutzer die entsprechenden technischen Voraussetzungen (zu wenig Bandbreite für das Streaming von Videos) fehlen. Dadurch können negative Bewertungen begründet werden. Die folgenden Tabellen repräsentieren die Aufteilung der Stichprobe in die genannten Merkmale. Für die Beschreibung werden jedoch nur die augenscheinlichen Werte herangezogen. Der

8.3 Online-Befragung

Übersicht halber wurde vorab das Alter in Altersklassen umcodiert. Die Einteilung der Klassen orientiert sich dabei an denen der ARD/ZDF-Onlinestudie (vgl. 2013). Daraus ergibt sich folgende Struktur: bis 19 Jahre; 20–29 Jahre; 30–39 Jahre; 40–49 Jahre; 50–59 Jahre; ab 60 Jahre.

In der Auswertung der soziodemografischen Merkmale wurden weitere fünf Fälle ausgeschlossen, sodass sich die Stichprobenbeschreibung auf insgesamt 244 Fälle bezieht. Von den 244 Befragten waren 137 (56,1 Prozent) männlich und 107 (43,9 Prozent) weiblich. Somit ist es ein relativ ausgewogenes Verhältnis von männlichen und weiblichen Befragten.

Im Bereich der Altersstruktur kristallisieren sich zwei Altersklassen heraus, die vordergründig vertreten sind. Mit 185 der Befragten (75,8 Prozent) stellt die Altersklasse der 20–29-Jährigen die größte Gruppe dar, was auf die Rekrutierung der Befragten durch das Schneeballverfahren über E-Mail-Verteiler und soziale Netzwerke zurückzuführen ist. Die Aufteilung nach Geschlecht ist in dieser Klasse ausgewogen, sodass 53,5 Prozent männlich und 46,5 Prozent weiblich sind. Die Altersklasse der 30–39-jährigen spiegelt die zweite größere Gruppe (16,8 Prozent) wider. Da die Anzahl (41 Befragte) jedoch geringer ausfällt, fällt der prozentuale Anteil hinsichtlich des Geschlechts stärker ins Gewicht. Damit sind in dieser Altersklasse 68,3 Prozent männlich und 31,7 Prozent weiblich. Die anderen Altersklassen können in der weiteren Betrachtung vernachlässigt werden, da diese aufgrund ihres prozentualen Anteils zur Gesamtanzahl der Befragten keine aussagekräftigen Interpretationen zulassen.

Im Rahmen der Bildung lassen sich ebenso zwei Kernbereiche ablesen. So sind vor allem die Allgemeine Hochschulreife (43 Prozent) und der Hochschulabschluss (52 Prozent) die meistgenannten Bildungsabschlüsse. Ebenso gleichmäßig verteilen sich die Geschlechter innerhalb dieser beiden Bildungsabschlüsse. Während 56,7 Prozent der männlichen und 43,3 Prozent der weiblichen Befragten einen Hochschulabschluss besitzen, gaben 54,3 Prozent der Männer und 45,7 Prozent der Frauen die Allgemeine Hochschulreife als höchsten Bildungsabschluss an.

Von den 244 Befragten sind 89 Personen berufstätig, wovon der größte Anteil (70,8 Prozent) in einem Angestelltenverhältnis ohne Führungsposition ist. Dabei sind von den 89 Personen 56,2 Prozent Männer und 43,8 Prozent Frauen. Bei den Nicht-Berufstätigen handelt es sich hauptsächlich um Studierende (96,1 Prozent), was wiederum auf das Rekrutierungsverfahren zurückzuführen ist. Unter den Studierenden befinden 56,8 Prozent Männer sowie 43,2 Prozent Frauen. Somit gibt es auch dort eine ausgewogene Geschlechterverteilung.

Da die Frage nach dem Einkommen ein heikles Thema in einer Umfrage ist, wurden Einkommensklassen gebildet. Dies hat einerseits den Vorteil, dass der Befragte nicht sein konkretes Nettoeinkommen angeben muss und sich einer Klasse zuordnen kann, sodass sich dadurch die Möglichkeit der Beantwortung der Frage erhöht. Andererseits kann aufgrund dessen keine genaue Bestimmung des Mittelwertes erfolgen. Des Weiteren kann diese Variable einen Einfluss auf die Zahlungsbereitschaft haben, da Web-TV zum Teil kostenpflichtig ist. Im Hinblick auf die Entscheidung für die Erstellung von Einkommensklassen reduzierte sich die Anzahl der Antwortangaben nur geringfügig (n=221). Bezüglich der Einkommensklassen gaben 37,1 Prozent an, weniger als 500 Euro, 28,1 Prozent zwischen 500 und 1.000 Euro, 19,9 Prozent zwischen 1.000 und 2.000 Euro und 10,4 Prozent bis zu 3.000 Euro zur Verfügung zu haben. Bei den Geschlechtern zeigen sich innerhalb der Einkommensklassen kaum Unterschiede. Durch die Berechnung des Mittelwertes (2,18) stehen den Befragten im Schnitt etwas mehr als 1.000 Euro zur Verfügung.

Eine weitere Einflussvariable bildet der Zugang zum Internet und dessen Geschwindigkeit. Sie kann Auswirkungen auf die technischen Gegebenheiten des Web-TV haben bzw. Begründungen für eventuelle negative Äußerungen in dieser Hinsicht liefern. Das kann dann geschehen, wenn eine Person für datenintensive Streamings nicht über genügend Bandbreite verfügt. So gaben 38 Prozent der Befragten (n=187) an, einen Internetanschluss von weniger als 6.000 KBit zu haben, was die Grenze für eine einwandfreie Übertragung von Videodaten ist. Vor allem für HD-Material bzw. datenintensive Übertragungen sind 6.000 KBit eine Mindestanforderung. Weiterhin besitzen 43,9 Prozent einen Anschluss mit einer Geschwindigkeit von bis zu 16.000 KBit, was heutzutage einem der Standardzugänge entspricht. Eine kleine Ausnahme bildet dann noch die Gruppe (9,6 Prozent), der mehr als 50.000 KBit zur Verfügung stehen. Die weiteren Abgrenzungen zu 32.000 KBit und 50.000 KBit spielen eine eher untergeordnete Rolle. Insgesamt haben jedoch 18,1 Prozent der Befragten einen sehr schnellen Internetzugang, der über die 16.000 KBit hinausgeht.

8.3.5.2 Medienkonsum

Bevor die Hypothesen betrachtet werden, wird die Stichprobe im Hinblick auf ihren Medienkonsum beschrieben. Dies bezieht sich vor allem auf die Nutzungsdauer beim Internet sowie die Sehdauer beim Fernsehen. Des Weiteren werden die Vorlieben von Formaten im Web und im TV beleuchtet. Diesbezüglich wird auch geklärt, ob ein Zusammenhang zwischen Formaten aus den jeweiligen Bereichen besteht. Weiterhin sind die Zahlungsbereitschaft sowie die Einstellungen und Zufriedenheit zum Web-TV essenziell für den ersten Teil der deskriptiven Statistik.

8.3 Online-Befragung

Im Hinblick auf den Fernsehkonsum zeigt sich bei den Befragten (n=194[30]), dass die durchschnittliche tägliche Sehdauer werktags bei 2 Stunden liegt. Am Wochenende (n=201) beträgt der Wert im Durchschnitt etwas weniger als 3 Stunden. Im Internet hingegen verweilen die Nutzer (n=249) durchschnittlich 4,5 Stunden täglich, während am Wochenende (n=249) das Internet nur etwas geringfügiger, 4 Stunden und 16 Minuten, genutzt wird. Web-TV weist zurzeit noch die geringste Nutzungsdauer auf. So sehen die Befragten (n=208) werktags täglich im Schnitt 1 Stunde und 16 Minuten Web-TV-Angebote. Am Wochenende steigt die Sehdauer etwas an. Dort beträgt sie durchschnittlich 1 Stunde und 41 Minuten. Vergleicht man diese Zahlen einmal mit den Daten der ARD/ZDF-Onlinestudie im Bereich der Mediennutzung, zeigen sich im Gesamtergebnis über alle Altersgruppen hinweg einige Unterschiede. Dort liegen die durchschnittliche Sehdauer von Fernsehen bei 4 Stunden am Tag und die durchschnittliche Verweildauer im Internet bei 83 Minuten (ARD/ZDF-Onlinestudie 2012b). Diese Werte ergeben sich aufgrund der Altersgruppe ab 50 Jahre, die in dieser Studie kaum vertreten ist. Anders sieht das bei den Jüngeren (Altersgruppe von 14–29 Jahren) aus. In diesem Fall weisen die Ergebnisse vor allem bei der Fernsehnutzung ähnliche Tendenzen auf. Während bei der ARD/ZDF-Onlinestudie diese Altersgruppe täglich etwas mehr als 2 Stunden fernsieht und 2,5 Stunden im Internet unterwegs ist (vgl. 2012b), liegt die Fernsehnutzung in dieser Studie bei 2,5 Stunden und die Internetnutzung etwas mehr als 4,5 Stunden.

Die Nutzung von Bewegtbildern im Web gliedert sich bei der ARD/ZDF-Onlinestudie in Videoportale, Fernsehsendungen/Videos zeitversetzt, live fernsehen im Internet und Videopodcasts auf. Jedoch wird in diesem Bereich keine durchschnittliche Nutzungsdauer, sondern die Häufigkeit des Abrufs angegeben (vgl. ARD/ZDF-Onlinestudie 2012c). Die in dieser Studie erhobene Web-TV-Nutzung beträgt gegenüber dem Fernsehen und der allgemeinen Internetnutzung 1,5 Stunden durchschnittlich am Tag. Der Vergleich dieser drei Bereiche kristallisiert bereits eine Tendenz heraus. Die Altersgruppe bis 29 Jahre verlagert ihren Konsum verstärkt ins Web. Das zeigt sich in der ARD/ZDF-Onlinestudie und in dieser Studie. Das Fernsehen ist mit seiner hohen Gesamt-Sehdauer aufgrund der Altersgruppe ab 50 Jahre weiterhin das Leitmedium. Dennoch wird das Web mit seinen vielfältigen Möglichkeiten eine immer wichtigere Rolle im Bewegtbildkonsum einnehmen.

---

[30] Hier wurde sich nur auf die Stundenangabe bezogen, weil eine Diskrepanz zwischen den Fallzahlen von Stunden und Minuten auftrat. Diese Diskrepanz zwischen den beiden Werten ist vermutlich auf einen technischen Fehler entweder beim Speichern der Daten in Unipark, der beim Pretest jedoch nicht aufgetreten ist, oder auf den Export von Unipark in das SPSS-Format zurückzuführen.

8.3.5.3 Web-TV-Anbieter, Formate und Content

Im Hinblick auf die unterschiedlichen Web-TV-Anbieter kristallisieren sich bei den Befragten eindeutige Präferenzen heraus. Demnach bevorzugen die Nutzer (n=208) vor allem Content von Mediatheken der konventionellen TV-Sender (94,7 Prozent) und den gängigen Videoplattformen wie YouTube, MyVideo und Sevenload (98,1 Prozent). Weiterhin finden noch Web-TV-Portale wie Zattoo (33,2 Prozent) und Web-TV-Angebote von Verlagen (30,3 Prozent) sowie Non-Profit-Organisationen (23,6 Prozent) einen gewissen Zuspruch. Weniger bzw. kaum Beachtung finden die Angebote von Unternehmen (5,3 Prozent) und Vereinen (8,2 Prozent), Videopodcasts (19,2 Prozent), Videoblogs (15,4 Prozent) und reine Web-TV-Sender (5,8 Prozent).

Ein ähnliches Bild zeichnet sich bei der Nennung von Web-TV-Anbietern ab, die die Befragten (n=550, da Mehrfachnennungen möglich waren) selbst angeben sollten und die sie mehrmals in der Woche abrufen. Die Mediatheken (41,8 Prozent) und die Videoportale (35,8 Prozent) verzeichnen die meisten Nennungen. Mit Abstand folgen Web-TV-Portale (4,9 Prozent), Onlinevideotheken (4 Prozent), Web-TV von Verlagen (3,3 Prozent) sowie diverse weitere Angebote[31] (10,2 Prozent). Damit lässt sich eindeutig festhalten, dass die Befragten grundsätzlich auf Mediatheken der TV-Sender sowie auf Videoplattformen zurückgreifen. In Bezug auf Videoplattformen ist noch darauf hinzuweisen, dass einige ebenfalls zum Portfolio von TV-Sendern gehören. Das zeigt wiederum, dass die TV-Sender auch im Web eine Vormachtstellung einnehmen. Nichtsdestotrotz ist weiterhin Potenzial für andere, unabhängige Web-TV-Anbieter vorhanden, um abseits des Massengeschmacks Nischen-Formate zu veröffentlichen.

Die Beschreibung der Formate bezieht sich zunächst auf Web-TV. Anschließend werden die Fernsehformate zum Vergleich hinzugezogen, um eventuelle Gemeinsamkeiten oder Unterschiede festhalten zu können. Diese Daten sind ordinalskaliert und damit die Skala einfacher dargestellt werden kann, wird diese jeweils auf drei Kategorien reduziert. So werden „oft" und „sehr oft" sowie „ab und zu" und „selten" zusammengefasst. „Nie" bleibt als einzelne Kategorie bestehen.

Die Vorlieben der Nutzer (n=208) lassen sich auf vier wesentliche Bereiche einschränken. So sind vor allem TV-Serien (56,3 Prozent), Filme (39 Prozent), TV-Reportagen und Dokumentationen (30,3 Prozent) sowie Musikvideos (43,7 Prozent) die bevorzugten Formate, die sich die Befragten im Web ansehen. Weitere Themen, die bei den Nutzern gefragt sind, sind überregionale Nachrichten (23,1 Prozent) und Sport (17,8 Prozent). Dagegen meiden Nutzer vor allem Unternehmensvideos (63,9

---

[31] Darunter fielen Nennungen zu speziellen Genres wie Sport, Anime, Musik, Games und Nachrichten.

8.3 Online-Befragung

Prozent), Spielshows (82,7 Prozent) und Talkshows (77,9 Prozent). Zudem kommen noch Erotik (54,8 Prozent), Sport (49,5 Prozent) sowie TV-Magazine (38 Prozent) und regionale Nachrichten (39,4 Prozent) bei den Befragten ebenso wenig gut weg. Erstaunlich ist zudem, dass ausschließlich für das Web produzierte Serien (54,8 Prozent) und Magazine (51 Prozent) vom Publikum ebenfalls nicht angenommen werden. Diese haben demnach für mehr als die Hälfte der Befragten keine Bedeutung.

Vergleicht man nun dies mit Fernsehformaten, sind die im Web gern gesehenen Formate wie Serien, Filme und Sport auch im Fernsehen bei Nutzern beliebt und werden ebenfalls sehr oft geschaut. Weiterhin lässt sich festhalten, dass Streams mit Musikvideos und erotischen Inhalten im Gegensatz zum Fernsehen im Web öfter gesehen werden. Dies ist darin begründet, dass im Fernsehen weder Musikvideos noch erotische Inhalte so einfach zugänglich sind wie im Web. Formate wie Nachrichten, Magazine, Reportagen, Dokumentationen, Talk- und Spielshows werden sowohl im TV als auch im Web weniger gesehen. Lediglich nationale und internationale Nachrichten finden in beiden Medien einen stärkeren Zugang. Fasst man das Ergebnis zusammen, so ist der Unterschied zwischen den beiden Medien und der jeweils genutzten Formate nicht wesentlich, da diese sowohl im Fernsehen als auch im Web in ähnlichem Umfang von den Befragten gesehen oder nicht gesehen werden. Im Hinblick auf die Art des Contents, ob Nutzer eher professionell oder nutzergenerierten Content bevorzugen, zeigt das Ergebnis, dass sich etwa zwei Drittel der Befragten (60,6 Prozent) überwiegend professionell produzierten Content ansieht. Lediglich 6,8 Prozent tendieren zum nutzergenerierten Content, während die restlichen 32,7 Prozent keine der beiden Contentarten favorisieren. Obwohl das Videostreaming durch Videoportale und mit den Unmengen an nutzergeneriertem Content enorm gewachsen ist, stellt sich heraus, dass Nutzer trotzdem professionell produzierte Inhalte lieber sehen möchten. Für die Web-TV-Anbieter, die den professionellen Markt bedienen, sind das gute Voraussetzungen ihre Angebote demgemäß weiterzuentwickeln.

Blickt man auf die beiden Medien Web-TV und Fernsehen und stellt die Nutzer dabei vor die Wahl sich für eines dieser Medien entscheiden zu müssen, tendieren 37,8 Prozent der Befragten überwiegend zur Nutzung von Web-TV. Demgegenüber präferieren 28 Prozent immer noch eher das konventionelle Fernsehen. Die restlichen 34,3 Prozent bleiben unentschlossen und ziehen keines der beiden Medien vor. Das Ergebnis deutet auf eine Tendenz in Richtung Web-TV hin und legt eine Verlagerung des Medienkonsums dar. Es ist durchaus davon auszugehen, dass diese Entwicklung künftig weiter voranschreiten wird.

8.3.5.4 Technische Merkmale

Die technische Qualität gehört zu den wichtigsten Kriterien im Rahmen von Web-TV-Angeboten. Wie sich bei der Befragung herausstellte, bewerten die Befragten die vorhandenen technischen Funktionen durchaus positiv (s. Tab. 7).

Items	N	Mittelwert	Standardabw.
Die Bildauflösung der Videos empfinde ich als unzureichend.	206	2,84	1,045
Meine Internetgeschwindigkeit reicht aus, um Videos ruckelfrei anzusehen. (recodiert)	207	3,81	1,114
Wenn ich mir Videos anschaue, treten oft Verzögerungen beim Abspielen auf.	208	2,92	1,071
Ich stelle fest, dass Bild und Ton oftmals nicht parallel ablaufen.	208	2,25	,952
Das Steuern von Videos (Vor- und Zurückspringen, Pause) ist mir sehr wichtig.	206	4,09	,989
Ich nutze vorrangig Videos auf Abruf.	186	3,87	1,151
Ich schaue mir Videos häufig im Vollbildmodus an.	206	4,22	1,063
Eine automatische Anpassung der Audio- und Videoqualität an die Internetgeschwindigkeit halte ich für nützlich.	197	3,90	1,195
Ich sehe mir Videos in der höchstmöglichen Bildauflösung an.	197	3,92	1,135
Ich schaue mir die Videos in einem externen Player an, wenn es diese Funktion gibt.	193	2,31	1,248
Ich breche ein Video ab, wenn es meinem Empfinden nach zu lange lädt.	207	4,06	1,093
Kurz auftretende (nicht länger als eine Sekunde) Bild- und Tonfehler stören mich nicht.	206	3,26	1,129
Videos, die ich mir ansehen will, starten meistens ohne Probleme. (recodiert)	208	3,45	,910
Ich nutze, sofern es vorhanden ist, immer die eigenständige Softwareanwendung eines Web-TV-Angebots und nicht den Browser.	184	1,92	1,084
Bei Livestreams treten eher technische Probleme auf.	177	3,51	1,034
Bei zu häufig auftretenden Fehlern nutze ich die Web-TV-Angebote nicht mehr.	194	3,40	1,162

Tabelle 7: Bewertung technischer Merkmale
(die Beurteilung der Technik auf einer Skala von 1 (trifft gar nicht zu) bis 5 (trifft voll und ganz zu))

So sind den Nutzern die Steuerung von Videos, die Verwendung eines Vollbildmodus, die Video-on-Demand-Funktion, eine möglichst hohe Bildauflösung sowie die zuverlässige Übertragung von Videos besonders wichtig. Darüber hinaus befürworten die Nutzer eine automatische Anpassung von Audio- und Videoqualität an ihre vorhandene Internetgeschwindigkeit, sodass sie ein optimales Verhältnis von Bild-/Videoqualität und stabiler Übertragung vorfinden. In diesem Zusammenhang geben die Befragten an, dass sie selbst über eine ausreichende Internetgeschwindigkeit verfügen, um Web-TV-Angebote ohne Stocken ansehen zu können. Auf der anderen Seite bestätigen die Befragten, dass sie keine Geduld mit nicht funktionierenden Streams haben, sobald dieses Problem zu oft auftritt bzw. die Ladezeiten dem eigenen Empfinden nach zu lange dauern. In diesem Fall werden die Angebote auch nicht mehr weiter genutzt. Dennoch zeigen sich die Befragten tolerant gegenüber Störungen, solange diese nur kurzfristig auftreten. Die einzigen Funktionen, die von den Befragten außen vor gelassen werden, sind die Nutzung eines externen Players und native Software. Sie bevorzugen demnach das Abrufen von Web-TV im herkömmlichen Browser, anstelle alternative Zugangswege und Darstellungsoptionen zu verwenden.

8.3.5.5 Zahlungsbereitschaft und tatsächliche Ausgaben

Ein wichtiger Aspekt bei Web-TV-Angeboten ist die Finanzierung. Dabei ist ein elementares Puzzleteil der Nutzer, der entweder für direkte oder indirekte Einnahmen sorgt. In diesem Fall ist die Zahlungsbereitschaft ein besonderes Kriterium.

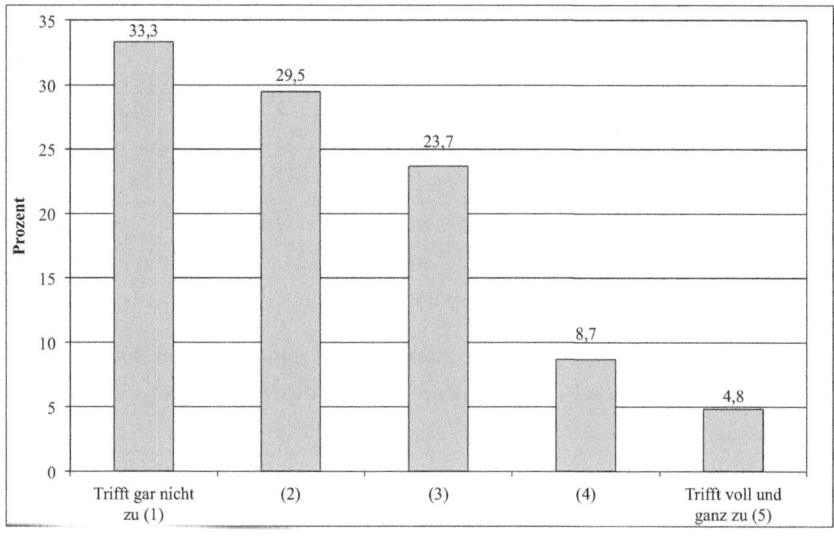

Abbildung 34: Zahlungsbereitschaft für Web-TV-Inhalte (n=207)

Schaut man sich das Item „Für Web-TV-Inhalte bin ich bereit etwas zu zahlen" genauer an, so erkennt man, dass die Zahlungsbereitschaft bei Nutzern nicht sonderlich hoch ist (s. Abb. 34). 62,8 Prozent der Befragten (kumulierter Wert: „trifft gar nicht zu" sowie „trifft nicht zu") sind nicht bereit, für solche Angebote zu zahlen. Lediglich 13,5 Prozent tendieren dazu, Geld für Web-TV auszugeben.

Vergleicht man die Zahlungsbereitschaft mit den tatsächlichen Ausgaben, so zeichnet sich dort ein ähnliches Bild ab. Für Web-TV zahlen monatlich nur 18,3 Prozent der Befragten. In der Abbildung 35 sind die tatsächlichen Ausgaben differenziert dargelegt, wobei ein Betrag weniger als fünf Euro noch am ehesten von Nutzern (9,1 Prozent) akzeptiert wird. Die Zahlungsbereitschaft zeigt deutlich, unter welchen Herausforderungen Anbieter stehen, um den Content zu refinanzieren.

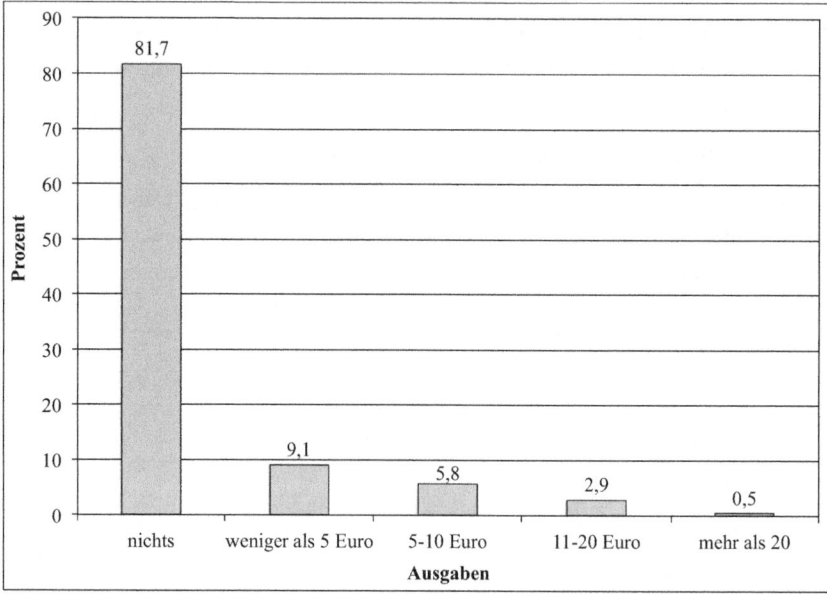

Abbildung 35: Monatliche Ausgaben für Web-TV (n=208)

Ein weiteres Anzeichen, die gegen eine direkte Finanzierung durch den Nutzer spricht, lässt sich in Bezug auf die Nutzung kostenpflichtiger Angebote ablesen (s. Abb. 36).

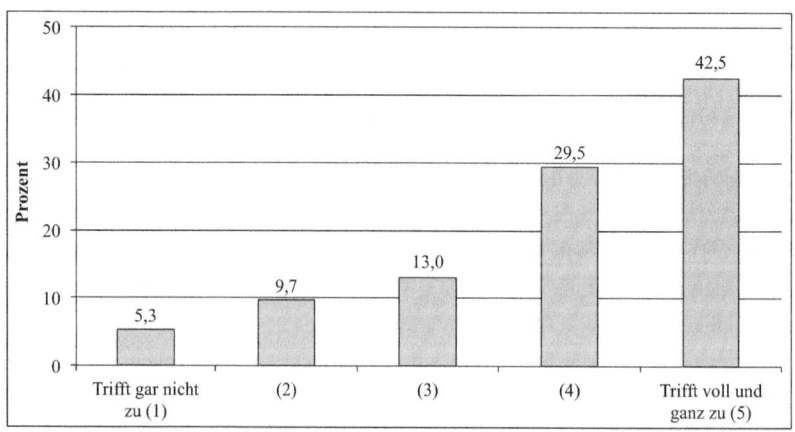

Abbildung 36: Nutzung kostenpflichtiger Web-TV-Angebote (n=207)

Dabei ist festzustellen, dass 72 Prozent der Befragten Angebote nicht nutzen, sobald sie für diese zahlen müssen. Auch dort zeigt sich eine starke Ablehnung kostenpflichtiger Web-TV-Angebote.

Eine andere Option, die Nutzern angeboten wird, sind Social Payments, also kleinere Spendenbeiträge, die sie selbst festlegen können. Aber auch dort zeigt sich, dass diese Art der Bezahlung ebenfalls keine Anziehungskraft auf Nutzerseite hat. Lediglich 4,4 Prozent der Befragten zahlen einen freiwilligen Beitrag, um Web-TV-Angebote zu unterstützen (s. Abb. 37).

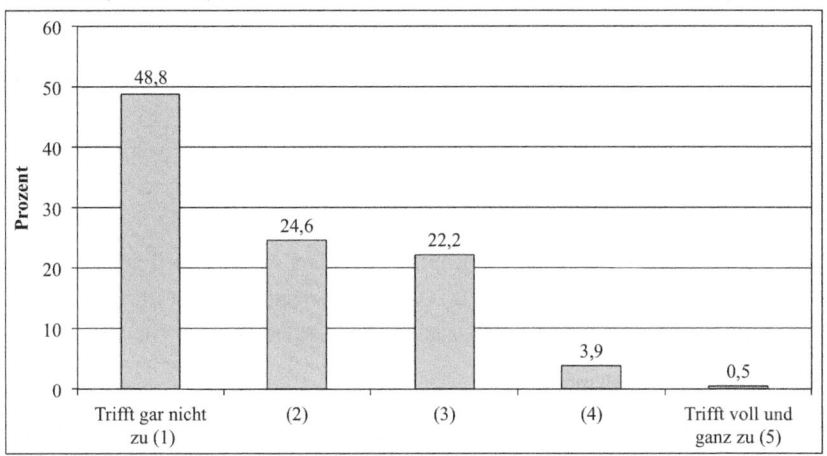

Abbildung 37: Nutzung von Social Payment (n=207)

Dadurch zeigt sich jedoch, dass sich zurzeit die Implementierung von Social Payment-Funktionen nicht rentiert. Demnach ist es für die Web-TV-Anbieter von Vorteil, wenn sie weiterhin vorwiegend die beiden klassischen Wege (Abonnements und Werbung) in Betracht ziehen.

Ein weiterer interessanter Aspekt ist die Einschätzung kostenpflichtiger Angebote im Hinblick auf ihre allgemeine Wertigkeit. Unter diesem Gesichtspunkt sehen 61,8 Prozent der Befragten Bezahlangebote nicht hochwertiger an als kostenlose Angebote (s. Abb. 38). Letztlich lässt sich daraus ableiten, dass die Nutzer für sich keinen Unterschied sehen, ob es sich um professionellen oder nutzergenerierten Content handelt. Demzufolge sind die Anbieter darauf angewiesen, ihre Angebote mit zusätzlichen Funktionen zu versehen, um einen Mehrwert für Nutzer zu schaffen. Denn nur den Content zur Verfügung zu stellen, überzeugt Nutzer nicht, Geld für Web-TV auszugeben. Betrachtet man die Aussagen der Befragten im Gesamten, lässt sich daraus schlussfolgern, dass Web-TV-Anbieter und Nutzer im Rahmen der finanziellen Situation in einem Dilemma stecken. Zwar wollen Nutzer Web-TV-Angebote nutzen, aber möglichst ohne dafür zu bezahlen.

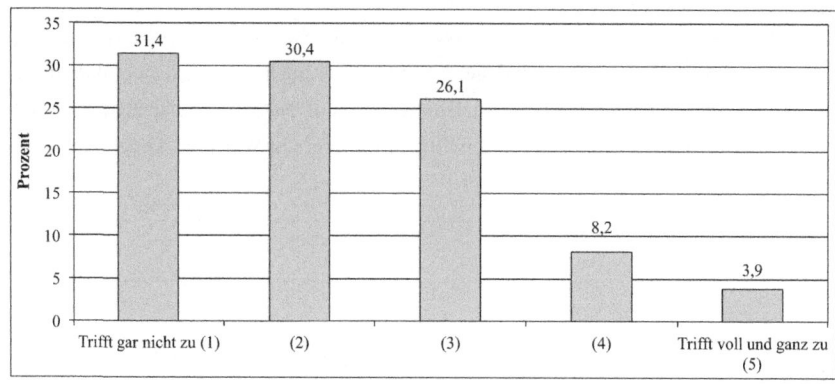

Abbildung 38: Wertigkeit kostenpflichtiger Angebote (n=207)

Diese Kostenlos-Mentalität ist in den Köpfen der Nutzer fest verankert und u. a. auch in anderen Bereichen des Webs (z. B. Onlinejournalismus) weit verbreitet. Dieses Problem kommt auch in ähnlicher Weise beim Thema Werbung zum Vorschein.

8.3.5.6 Das Werbe-Dilemma

Wie soeben ersichtlich wurde, sind die Nutzer nicht sehr zahlungsfreudig, wenn es um kostenpflichtige Web-TV-Angebote geht.

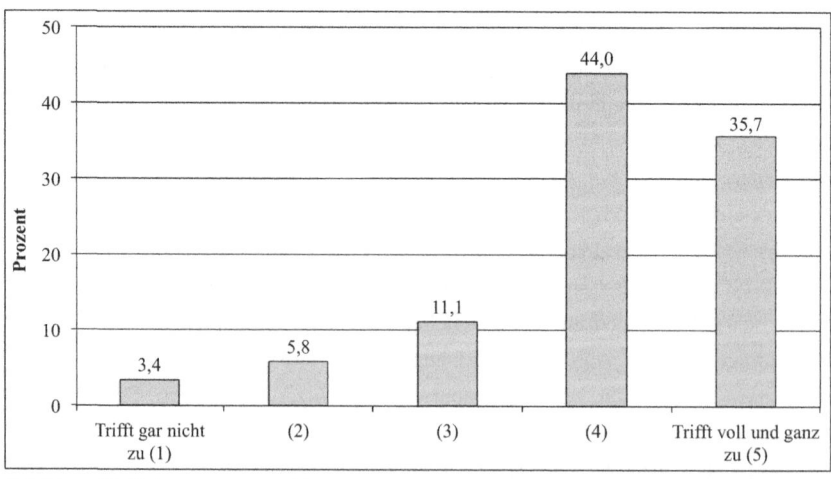

Abbildung 39: Befürwortung von Werbung zur Senkung der Nutzungskosten

8.3 Online-Befragung

Da die Kosten der Anbieter nicht zwangsläufig über die Nutzer zu decken sind, müssen die Anbieter auf verschiedene Formen der Werbung zurückgreifen, um indirekt Einnahmen generieren zu können. Aber auch dort zeichnet sich ein widersprüchliches Bild bei den Befragten ab. So sagen zwar 79,7 Prozent der Befragten, dass sie Werbung bevorzugen, wenn sich dadurch die Nutzungskosten für die Nutzer senken lassen (s. Abb. 39). Werbung wird also aufgrund dieser Argumentation akzeptiert.

Auf der anderen Seite zeigt sich jedoch gleichzeitig die widerwillige Akzeptanz von Werbung (Abb. 40). Denn fast genauso viele Nutzer (72 Prozent) stören sich an den Werbeunterbrechungen. Diese beiden Aspekte verdeutlichen das Dilemma, wobei den Nutzern bewusst sein dürfte, dass ein gänzlicher Verzicht auf Werbung nicht möglich ist, weil dann die Web-TV-Angebote wiederum nicht refinanzierbar sind. In diesem Fall bleibt die Alternative, den Content kostenpflichtig anzubieten.

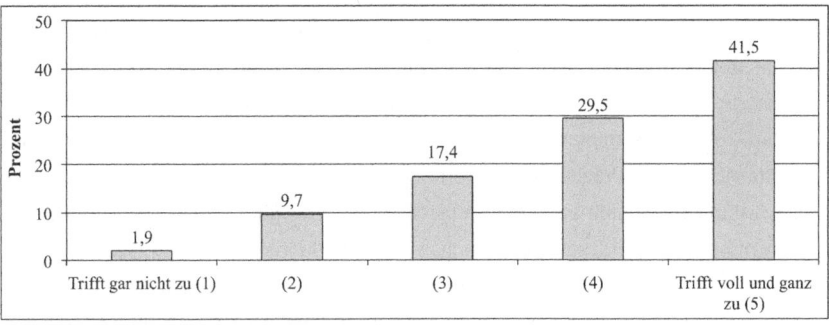

Abbildung 40: Störende Werbeunterbrechungen

Einen guten Mittelweg bietet das Freemium-Modell, da sich der Nutzer dabei entscheiden kann, ob er die kostenpflichtige oder die werbefinanzierte Version eines Angebots nutzen möchte. Ob sich Nutzer nicht in die Lage der Anbieter und Produzenten versetzen können oder wollen, lässt sich an dieser Stelle nicht erschließen. Eventuell werden den Nutzern die Kosten, die für den Betrieb eines Web-TV-Angebots entstehen, nicht transparent genug vermittelt. Dies wäre zumindest ein Umstand, den die Anbieter entsprechend beheben könnten. Dennoch lässt sich festhalten, dass Werbung eher von Nutzern akzeptiert wird als ein kostenpflichtiges Abonnement in Anspruch zu nehmen. Einen Kompromiss werden die Nutzer in dieser Hinsicht immer eingehen müssen.

8.3.5.7 Die Rolle rechtlicher Faktoren

Bei den rechtlichen Faktoren sind zwei Seiten erkennbar. Einerseits stehen die Befragten (Mittelwert von 4,34[32]) einem Anmelde- bzw. Registrierungsvorgang sehr skeptisch gegenüber. Rund 83,6 Prozent würden es gerne vermeiden, sich bei einem Web-TV-Angebot anmelden zu müssen. Bei den Datenschutzrichtlinien hingegen bildet sich keine eindeutige Meinung heraus. Der Mittelwert lag dort bei 3,03. Was wiederum zu klaren Tendenzen führt, sind die Bildrechte. Das ist ein Punkt, der viele der Befragten stört (Mittelwert von 4,11), wenn die Web-TV-Anbieter nicht die Lizenzrechte an Bildern oder Filmausschnitten haben und dadurch nur ein Hinweissignal streamen können, dass sie nicht im Besitz der Rechte sind.

8.3.5.8 Kommunikationstools bei Web-TV

Die Bewegtbilder im Web eröffnen Nutzern verschiedene Möglichkeiten der Kommunikation und Interaktion. Sie können Angebote bewerten, kommentieren und anderen empfehlen. Der Bedarf solche Kommunikationstools zu verwenden, hält sich jedoch in Grenzen. So sehen z. B. 57,2 Prozent (kumulierter Wert: „trifft zu" sowie „trifft voll und ganz zu") der Befragten die Bewertung von Videos als nutzlos an. Auf der anderen Seite stehen 23,6 Prozent der Bewertung von Videos positiv gegenüber. Ein ähnlicher Umstand findet sich bei der Kommentarfunktion. Dabei finden 47,2 Prozent das Kommentieren von Videos umständlich, während andererseits 35,1 Prozent der Befragten es nicht als umständlich betrachten. Bedeutsamer ist jedoch der Aspekt der Empfehlung. Dabei sehen die Befragten das Weiterleiten (59,1 Prozent) und Einbetten (61,6 Prozent) von Videos als einfach an. Die genannten Tools stellen zwar nur einen Ausschnitt dar, aber es zeigt sich, dass für Nutzer vor allem die Empfehlungsfunktionen beim Web-TV einen höheren Stellenwert einnehmen als die Bewertungs- und Kommentarfunktionen. Obwohl diese Funktionen standardmäßig in vielen Web-TV-Angeboten eingebunden sind, stellt sich für Anbieter immer die Frage nach deren Zweckmäßigkeit. Denn wie aufgezeigt, stehen Nutzer z. B. der Bewertungsfunktion skeptisch gegenüber, sodass man sich auf dieser Grundlage und je nach Web-TV-Angebot überlegen muss, ob es zwangsläufig notwendig ist, Videos bewerten zu lassen. Diese Überlegungen sind ebenso für die anderen Funktionen zu treffen.

---

[32] Die Beurteilung auf einer Skala von 1 (trifft gar nicht zu) bis 5 (trifft voll und ganz zu)

8.3.5.9 Endgeräte

Die Rezeption von Web-TV findet mittlerweile nicht mehr nur auf dem PC im Browser statt, sondern aufgrund der technischen Entwicklung auch auf neuartigen Endgeräten wie Smartphones, Tablet-PCs und Smart-TVs. Den Ergebnissen nach lassen sich klare Tendenzen abzeichnen. Nach wie vor ist der PC das bevorzugte Gerät für die Web-TV-Nutzung. 89,8 Prozent der Befragten sehen sich am PC oft oder sehr oft Web-TV-Angebote an. Anders sieht dies bei Smart-TVs aus. Mehr als die Hälfte der Befragten (53,2 Prozent) nutzen diese Fernsehgeräte nicht für Web-TV. Und gar 30,8 Prozent sehen sich Web-TV-Angebote nur selten bzw. ab und zu an. Damit spielt ein Smart-TV im Rahmen von Web-TV bei Nutzern eine untergeordnete Rolle. Ähnliches bildet sich beim Smartphone ab. So nutzen 36,1 Prozent das Smartphone gar nicht für Web-TV und 50,6 Prozent nur selten oder ab und zu. Lediglich der Tablet-PC ist noch bei den Befragten beliebt. Obwohl es auch dort eine große Anzahl (31 Prozent) an Nutzern gibt, die Tablet-PCs nicht für Web-TV nutzen. Auf der anderen Seite setzen 36,8 Prozent den Tablet-PC oft oder sehr oft für Web-TV ein. Daraus lässt sich bereits erkennen, dass der Tablet-PC künftig eine zunehmende Rolle in der Web-TV-Nutzung spielen wird.

8.3.5.10 Zufriedenheit

Die Zufriedenheit gehört zu den wichtigsten Faktoren im Rahmen der Web-TV-Nutzung, wobei sie sich in dieser Studie im Allgemeinen auf Web-TV und nicht auf spezielle Angebote bezieht. In einer nachfolgenden Übersicht (s. Tab. 8) sind alle Items zur Zufriedenheit mit dem Mittelwert sowie der dazugehörigen Standardabweichung festgehalten. Betrachtet man diese Items im Gesamten, so zeigt sich, dass die Befragten mit Web-TV überwiegend zufrieden sind. Vor allem die Aktualität (4,13) und die inhaltliche Vielfalt (4,08) stechen dabei heraus. Ebenso zeigen sich die Befragten ansatzweise mit der Bedienung (3,82), der Bildqualität (3,48), der Tonqualität (3,58), der Preisgestaltung (3,73) und Videosteuerung (3,58) zufrieden, wobei diese Punkte aufgrund der Durchschnittswerte weiterer Optimierung bedürfen. Zudem stehen die Befragten den Funktionen der sozialen Netzwerke positiv gegenüber. Dazu gehören das Bewerten (3,42), Kommentieren (3,38) und Einbetten (3,41) von Videos. Dagegen missfällt Nutzern der Einsatz von Werbung (2,71) und die Archivierungszeit (2,70). Bei der Archivierungszeit lässt sich das u. a. darauf zurückführen, dass viele Anbieter ihre Videos nur für eine bestimmte Dauer online zur Verfügung stellen können.

	N	Mittelwert	Standardabw.
Bedienung	208	3,82	,769
Aktualität	205	4,13	,776
Inhaltliche Vielfalt	207	4,08	,855
Bildqualität	208	3,48	,822
Tonqualität	208	3,58	,876
Navigation auf den Web-TV-Websites	201	3,15	,923
Übersichtlichkeit	207	3,20	,912
Ladezeiten	208	3,13	,883
Zuverlässigkeit/Stabilität	208	3,28	,845
Preisgestaltung	126	3,73	1,141
Archivierungszeit	158	2,70	1,120
Mobile Nutzungsmöglichkeit	170	3,19	,981
Einsatz von Werbung	199	2,71	1,170
Videosteuerung	205	3,58	,828
Einbettungsfunktion	158	3,41	,875
Kommentarfunktion	165	3,38	,852
Bewertungsfunktion	167	3,42	,838

Tabelle 8: Zufriedenheit mit Web-TV-Angeboten
(die Beurteilung der Zufriedenheit auf einer Skala von 1 (völlig unzufrieden) bis 5 (voll und ganz zufrieden)

In der heutigen Zeit werden solche Einschränkungen kaum akzeptiert, da aus Sicht der Nutzer in der Regel alles zu jederzeit verfügbar sein sollte. Jedoch bestehen auf Seiten der Anbieter Lizenzrechte oder anderweitige Regelungen, die eine dauerhafte Verfügbarkeit nicht zulassen.

8.3.5.11 Einschätzung der Usability und des Nutzungserlebens

Die Darstellungs- und Usabilitykriterien werden von den Befragten insgesamt positiv bewertet (s. Tab. 9). Vor allem eine einfache Bedienung (4,08), ein schnelles Zurechtfinden auf den Plattformen (3,84), eine schnelle Orientierung durch Vorschaubilder (3,93) und ein müheloses Auffinden von Inhalten (3,69) sehen die Nutzer bei Web-TV gut aufbereitet. Ihnen fällt es generell leicht, Web-TV-Angebote zu bedienen und deren Content abzurufen. Optimierungsbedarf gibt es dagegen beim Design und bei der Navigation, die laut der Befragten weniger durchdacht sind.

8.3 Online-Befragung

Items	Mittelwert	Standardabw.
Das Design ist oftmals ansprechend gestaltet.	3,33	,863
Die Navigation der meisten Web-TV-Angebote ist gut durchdacht.	3,24	,879
Ich finde mich bei Web-TV-Angeboten schnell zurecht.	3,84	,782
Die Bedienung der Web-TV-Angebote empfinde ich als schwierig. (recodiert)	4,08	,830
Ich finde es nutzlos Videos zu bewerten.	3,57	1,241
Das Weiterleiten von Videos (z. B. durch die E-Mail-Funktion oder direkte Linkangabe) an Freunde und Bekannte ist einfach. (recodiert)	3,74	,782
Es ist leicht, Videos auf Websites oder in sozialen Netzwerken einzubetten. (recodiert)	3,78	,906
Das Zusammenstellen von Videos anhand einer Playlist, sofern diese Funktion vorhanden ist, ist mir zu aufwendig.	3,53	1,219
Vorschaubilder von Videos bieten mir eine schnelle Orientierung.	3,93	,963
Ich finde meine Inhalte oftmals mühelos.	3,69	,829
Die Veröffentlichung eigener Videos ist nicht einfach.	2,59	,891
Mir ist es zu umständlich, Videos zu kommentieren.	3,24	1,351

Tabelle 9: Einschätzung der Usability (n=208)
(die Beurteilung der Usability auf einer Skala von 1 (trifft gar nicht zu) bis 5 (trifft voll und ganz zu))

Items	Mittelwert	Standardabw.
Mir macht es Spaß Web-TV-Angebote zu nutzen.	4,23	,743
Ich entspanne mich dabei.	3,78	,983
Ich sehe mir Web-TV-Angebote aufmerksam an.	3,74	,841
Web-TV-Angebote geben mir Anregungen und Stoff zum Nachdenken.	3,33	1,041
Durch Web-TV bekomme ich neue Informationen.	3,69	,954
Web-TV-Angebote sind mir eine wertvolle Hilfe, wenn ich mir eine eigene Meinung bilden will.	3,01	1,123
Ich erhalte viele Dinge, über die ich mich mit anderen unterhalte.	3,12	1,071
Web-TV-Angebote beruhigen mich, wenn ich Ärger habe.	2,22	1,084
Web-TV lenkt mich von Alltagssorgen ab.	2,70	1,199
Web-TV-Angebote zu nutzen, ist für mich Gewohnheit.	3,43	1,202
Ich erfahre durch Web-TV viel mehr über die Welt.	2,87	1,077
Ich nutze so meine Zeit sinnvoll.	2,46	1,011
Ich nehme am Leben anderer teil.	1,89	,926
Es hilft mir, mich im Alltag zurechtzufinden.	1,75	,831
Ich vertreibe so Langeweile.	3,43	1,169

Tabelle 10: Motive der Web-TV-Nutzung (n = 208)
(die Beurteilung der Motive auf einer Skala von 1 (trifft gar nicht z) bis 5 (trifft voll und ganz zu))

Die Motivation, sich Web-TV anzusehen, hat bei den Befragten unterschiedliche Gründe. Hohe Mittelwerte erreichen dabei die Motive Spaß, Entspannung, Aufmerksamkeit und Information (s. Tab. 10). Aber auch Gewohnheit, das Vertreiben von Langeweile und Anregungen zum Nachdenken werden als weitere Gründe für die Nutzung von Web-TV genannt. Dagegen stellen Alltagshilfe und die Teilnahme am Leben anderer keine bedeutsamen Motive dar. Ebenfalls spielen in dieser Hinsicht sinnvoller Zeitvertreib, Beruhigung und Ablenkung von Alltagssorgen eine eher untergeordnete Rolle. Die weiteren aufgeführten Motive zeigen keine bzw. kaum Tendenzen auf.

8.3.5.12 Reliabilitätsanalyse

Um die Zuverlässigkeit, die interne Konsistenz von Items, zu messen, wird eine Reliabilitätsanalyse durchgeführt. Damit wird geprüft, inwieweit sich Items zu neuen Indizes zusammenfassen lassen und inwieweit die Variablen zur Beschreibung der entsprechenden Dimension geeignet sind. Darüber hinaus ermittelt man die Trennschärfekoeffizienten für die jeweiligen Items. So lässt sich feststellen, ob ein Item zu einem neuen Index addiert werden kann. Zudem weist dieser Koeffizient darauf hin, dass ein Item bei einem negativen Wert neu zu polen ist (recodiert werden muss). Die aggregierten Items werden durch die neue Variable mit dem Cronbachs-Alpha-Wert beschrieben. Um eine neue Variable (Index) annehmen zu können, muss ein Wert zwischen 0,7 und 0,8 erreicht werden. Werte um 0,6 sind noch annehmbar, während Werte, die kleiner als 0,6 sind, je nach Fall gesondert betrachtet werden. Denn neben den aggregierten Items ist auch deren Anzahl zu berücksichtigen. In der Regel weist ein niedriger Cronbachs-Alpha-Wert auf eine nicht vorhandene Reliabilität hin, sodass die Items, die die vorgesehene Dimension beschreiben, nicht als neuer Index zusammengefasst werden dürfen.

Für diese Studie werden die Dimensionen Webaffinität, Gründe für das Schauen von Web-TV, technische Qualität, Nutzungserleben, Zufriedenheit, Recht, Ökonomie und Usability im Zuge der Reliabilitätsanalyse als neue Variable berechnet. Im folgenden wird auch darauf verwiesen, welche Items entsprechend des Trennschärfekoeffizienten weggelassen oder neu gepolt wurden. Die umgepolten Items sind mit der Kennzeichnung *recodiert* versehen. Die neuen Variablen werden mit der Methode, die Mittelwerte der Items zu addieren, berechnet. Dies hat den Vorteil, dass sich der Mittelwertindex auch dann berechnen lässt, wenn Variablen fehlende Werte (missing values) haben. Die Tabellen zu den einzelnen Dimensionen sind im Anhang (s. S. 301ff.) vorzufinden.

Die Dimension Webaffinität hat einen Cronbachs Alpha von 0,822 bei 13 Items. Aufgrund eines negativen Trennschärfekoeffizienten wurde das Item „Ich könnte leicht einige Tage aufs Web verzichten" neu gepolt. Das Item „Webanwendungen machen vieles umständlicher" konnte nicht zur neuen Variable addiert werden, da diese den Cronbachs-Alpha-Wert mit ihrem Eigenwert erhöhte.

Der Cronbachs-Alpha-Wert der Dimension **Gründe für das Schauen von Web-TV** liegt mit 13 Items bei 0,746. Items mussten dabei nicht neu recodiert werden. Die Items „...dass ich mir Web-TV-Angebote in der Regel zuhause ansehe" und „...dass ich Web-TV schauen kann, wenn ein anderes Mitglied in meinem Haushalt den Fernseher blockiert" wurden dagegen weggelassen.

Die Reliabilitätsanalyse der Dimension **technische Qualität** zeigt einen Cronbachs Alpha von 0,584 bei zehn Items. Obwohl der Wert unter 0,6 liegt, wurde entschieden mit ihm weiterzuarbeiten, auch wenn die Aussagekraft einzuschränken ist. Die Dimension musste von 16 auf 10 Items reduziert werden, da diese den Cronbachs-Alpha-Wert erhöhten. Folgende Variablen wurden dabei weggelassen: „Das Steuern von Videos (Vor- und Zurückspringen, Pause) ist mir sehr wichtig", „Ich nutze vorrangig Videos auf Abruf", „Ich sehe mir Videos in der höchstmöglichen Auflösung an", „Ich schaue mir Videos häufig im Vollbildmodus an", „Kurz auftretende (nicht länger als eine Sekunde) Bild- und Tonfehler stören mich nicht" und „Eine automatische Anpassung der Audio- und Videoqualität an die Internetgeschwindigkeit halte ich für nützlich". Darüber hinaus wurden die beiden Variablen „Meine Internet-Geschwindigkeit reicht aus, um Videos ruckelfrei anzusehen" und „Videos, die ich mir ansehen will, starten meistens ohne Probleme" recodiert.

Die Dimension **Nutzungserleben** hat einen Cronbachs-Alpha-Wert von 0,834 bei 14 Items. Dabei wurden keine Items neu gepolt. Lediglich das Item „Ich vertreibe so Langeweile" wurde für die Zusammenfassung zur neuen Variable entfernt.

Der Cronbachs-Alpha-Wert der Dimension **Zufriedenheit** lag mit 15 Items bei 0,760. Items wurden nicht neu gepolt, jedoch mussten für die aggregierte Variable die Items „Archivierungszeit" und „Preisgestaltung" gelöscht werden.

Für die Dimension **Usability** konnte kein Cronbachs-Alpha-Wert berechnet werden, da vereinzelt Items bei der mehrmaligen Addition zu einer neuen Index-Variable gelöscht werden mussten. Aufgrund dessen wurde mittels einer Faktorenanalyse nach Untergruppen gesucht. Die Faktorenanalyse (die berechnete Tabelle ist im Anhang S. 307 einzusehen) ergab vier Gruppierungen, die sich folgendermaßen aufteilen ließen: Erscheinungsbild (Cronbachs Alpha: 0,278), individuelle Funktionen (0,602), Navigation/Übersichtlichkeit (0,775) und Verbreitung (0,585). Obwohl die beiden Gruppen

„individuelle Funktionen" und „Verbreitung" einen Cronbachs-Alpha-Wert in der Nähe von 0,6 haben, wurden sie für die vorliegende Stichprobe in die weiteren statistischen Berechnungen einbezogen. Der Grund liegt darin, dass diese Items wesentliche Merkmale und Funktionen sozialer Medien darstellen, wie das Einbetten und Weiterleiten von Videos im Bereich Verbreitung sowie das Bewerten und Kommentieren von Videos im Bereich individueller Funktionen. Aufgrund eines negativen Trennschärfekoeffizienten wurden vor der Faktorenanalyse noch folgende Items neu gepolt: „Die Bedienung der Web-TV-Angebote empfinde ich als schwierig", „Das Weiterleiten von Videos (z. B. durch die E-Mail-Funktion oder direkte Linkangabe) an Freunde und Bekannte ist einfach" und „Es ist leicht, Videos auf Websites oder in sozialen Netzwerken einzubetten".

Die Dimensionen **Recht** und **Ökonomie** konnten zum einen aufgrund des niedrigen Cronbachs Alpha (0,586) nicht zusammengefasst werden. Zum anderen änderte sich mit jedem Weglassen von Items die Höhe des Cronbachs-Alpha-Wertes, sodass im Grunde keine neue Variablenberechnung möglich war. Dennoch mussten angesichts des negativen Trennschärfekoeffizienten die Items „Für Web-TV-Inhalte bin ich bereit etwas zu zahlen", „Kostenpflichtige Angebote finde ich generell hochwertiger als kostenlose", „Werbeunterbrechungen in Videos finde ich störend", „Wenn Web-TV-Anbieter Bilder aus rechtlichen Gründen nicht zeigen dürfen, dann stört mich das" und „Bei Web-TV-Angeboten, die Spendenmöglichkeiten anbieten, zahle ich freiwillig einen Betrag" recodiert werden. Da die Addition einer Index-Variable nicht möglich war, wurde auch an dieser Stelle eine Faktorenanalyse durchgeführt, um eventuelle untergeordnete Gruppierungen festzustellen. Durch die Faktorenanalyse ließen sich zwar weitere Gruppen bilden, jedoch wurde nur die Gruppierung „Zahlungsbereitschaft" (bestehend aus den beiden Items „Für Web-TV-Inhalte bin ich bereit etwas zu zahlen (recodiert)" und „Wenn ich für Web-TV-Angebote zahlen muss, nutze ich sie nicht") weiter verwendet, da dort Cronbachs Alpha einen Wert von 0,784 hatte. Die beiden anderen Gruppen, die sich mittels Faktorenanalyse zusammenfassen ließen, wurden aufgrund eines zu niedrigen Cronbachs-Alpha-Wertes (kleiner als 0,6) verworfen.

8.3.5.13 Hypothesenauswertung

Den ersten Hypothesen (in Kapitel 8.3.1 formuliert) liegt die Web-TV-Nutzungszeit als unabhängige Variable zugrunde. Dabei wurde eine Einteilung in Wenig-, Normal- und Vielseher vorgenommen, die sich unter anderem an die Einstufung der Fernsehnutzung nach Schulz orientierte. Er teilte die Vielseher im oberen Viertel und die Wenigseher im unteren Viertel einer Stichprobe ein (vgl. Schulz 1997: 93). Buß be-

8.3 Online-Befragung

zeichnete auf Grundlage seiner Langzeitstudie Vielseher als Personen, die mehr als 180 Minuten fernsehen, und Wenigseher, die weniger als 60 Minuten fernsehen (vgl. Buß 1997: 132). Die Fernsehnutzung der vorliegenden Studie ergab durch diese Vorgehensweise, dass Wenigseher weniger als 58 Minuten und Vielseher mehr als 193 Minuten fernsehen, was den Daten der genannten Studie nach Buß und der Einstufung nach Schulz annähernd entspricht. Mit dem adaptierten Vorgehen nach Schulz lassen sich bei Web-TV als Wenigseher, die weniger als 35 Minuten Web-TV sehen, und Vielseher, die mehr als 110 Minuten Web-TV sehen, festlegen[33].

Um festzustellen, inwieweit es einen signifikanten Unterschied zwischen den Mittelwerten mehrerer Gruppen gibt, werden die nichtparametrischen Tests, der Mann-Whitney-Test (bei zwei Gruppen) sowie der Kruskal-Wallis-Test (bei mehr als zwei Gruppen), berechnet. Darüber hinaus wird auch überprüft, ob ein Zusammenhang zwischen den Variablen besteht. Dafür wird die bivariate Korrelation durchgeführt, um die Einschätzung bzw. Bewertung der Nutzertypen (Wenig,- Normal- und Vielseher) im Rahmen der technischen, formal-funktionalen und ökonomischen Kriterien zu untersuchen. Es wurde auf nichtparametrische Tests zurückgegriffen, um der Ausreißer-Problematik kleinerer Stichproben entgegenzuwirken. Die ergänzenden Tabellen zu den Hypothesen befinden sich im Anhang (s. S. 308ff.)

Das Ergebnis der **1. Hypothese** (Wenigseher von Web-TV legen weniger Wert auf technische Details als Normal- bzw. Vielseher) stellt keine signifikanten Unterschiede (Kruskal-Wallis-Test mit p=0,447 und n=208) zwischen Nutzungsdauer und Einschätzung technischer Kriterien dar. Ebenso wenig konnte ein signifikanter Zusammenhang zwischen diesen beiden Variablen festgestellt werden, bestätigt durch den Rangkorrelationskoeffizienten nach Spearman (r=-0,06; p=0,392), womit die Nullhypothese beizubehalten ist. Egal wie intensiv jemand Web-TV sieht, es hat demnach keine Auswirkungen auf die Beurteilung technischer Kriterien.

In Bezug auf die **2. Hypothese** (Wenigseher von Web-TV schätzen eher kostenlose und werbefinanzierte Web-TV-Angebote als Normal- und Vielseher) lässt sich zwar festhalten, dass Wenigseher kaum bereit sind für Web-TV-Inhalte zu zahlen, wohingegen Vielseher eine Zahlungsbereitschaft für Angebote aufzeigen. Ihnen sind die Angebotsmöglichkeiten des Web-TV demgemäß etwas Wert, das jedoch nicht signifikant zu belegen ist (n=207; p=0,246). Ähnlich verhält es sich bei den tatsächlichen Ausgaben. Auch hier zeigte sich, dass Wenigseher im Gegensatz zu Vielsehern eher

---

[33] Da die Erhebung zur Einschätzung der Nutzungsdauer auf Wochentage und Wochenende aufgeteilt wurde, mussten diese addiert und durch sieben dividiert werden, um Durchschnittswerte für eine Woche zu erhalten.

nicht für Angebote zahlen. Das Ergebnis ist tendenziell zu sehen, da es ebenfalls nicht signifikant ist (n=208; p=0,115). Es konnte zudem keine Stärke eines Zusammenhangs hinsichtlich des Rangkorrelationskoeffizienten nach Spearman von Web-TV-Nutzung und Zahlungsbereitschaft (r= -0,106; p=0,128) nachgewiesen werden, sodass die Nullhypothese anzunehmen ist.

Anders sieht es bei der **3. Hypothese** mit der Web-TV-Nutzung hinsichtlich der Navigation/Übersichtlichkeit, der individuellen Funktionen und der Verbreitungsmöglichkeiten aus. Während Navigation/Übersichtlichkeit (n=208; r=0,124; p=0,074) und die Verbreitungsmöglichkeiten (n=208; r=-0,064; p=0,358) nicht mit der Web-TV-Nutzung auf Basis des Rangkorrelationskoeffizienten nach Spearman korrelieren, besteht ein signifikanter, wenn auch geringer, negativer Zusammenhang (n=208; r=-0,230; p=0,001) mit den individuellen Funktionen. Dadurch wird die dritte Hypothese (Wenigseher sehen eher Defizite bei Navigation/Übersichtlichkeit, individuellen Funktionen und Verbreitungsmöglichkeiten als normale Seher) zum Teil bestätigt. Es wird deutlich, dass die Nutzer, die sich intensiver mit Web-TV befassen, eher weniger bereit sind, Videos zu kommentieren oder zu bewerten.

Mit der **4. Hypothese** (Zuschauer, die bestimmte Fernsehformate rezipieren, sehen sich dieselben Formate auch im Web-TV an) wird geprüft, ob es einen Zusammenhang zwischen der Formatauswahl im Web und der im TV gibt. Denn es ist anzunehmen, dass Formate, die von Zuschauern im TV gesehen werden, auch vorrangig im Web rezipiert werden. Da die Variablen sowohl für Fernsehen als auch für Web-TV ordinalskaliert sind, wird die bivariate Korrelation mit dem Rangkorrelationskoeffizienten nach Spearman herangezogen. Die Tabelle 11 zeigt die jeweiligen Ergebnisse, wobei die Stärke des Zusammenhangs und die Signifikanz entsprechend gekennzeichnet sind. Lediglich die Bereiche Sport (r=0,727; p=0,000), TV-Reportagen/TV-Dokumentationen (r=0,559; p=0,000), lokale/regionale Nachrichten (r=0,528; p=0,000) sowie TV-Magazine (r=0,468; p=0,000) und Spielshows (r=0,457; p=0,000) weisen einen starken Zusammenhang auf.

Darüber hinaus korrelieren noch einige Formate übergreifend. Diese Zusammenhänge sind schwach ausgeprägt und basieren größtenteils auf einem Signifikanzniveau von p=0,05. So existiert z. B. ein Zusammenhang zwischen lokalen/regionalen Nachrichten und Web-TV-Magazinen (r=0,160; p=0,038), Webserien (r=0,212; p=0,006) und Unternehmensvideos (r=0,217; p=0,005). Weitere Korrelationen lassen sich zwischen TV-Magazinen und lokalen/regionalen Nachrichten (r=0,158; p=0,040), Web-TV-Magazinen (r=0,207; p=0,007), TV-Reportagen/TV-Dokumentationen (r=0,249; p=0,001) und Erotik (r=-0,168; p=0,030) festhalten.

8.3 Online-Befragung

Web-TV	TV		Nachrichten (lok., reg.)	Nachrichten (nat., int.)	Serien	Filme	Magazine	Talk-shows	Spiel-shows	Sport	Reportagen, Dokumentationen	Musik	Erotik
Spearman-Rho	Nachrichten (lok., reg.)	Korrelationsk.	,528**	,157*	-,053	,017	,158*	,104	,120	,006	,128	,099	,090
		Sig. (2-seitig)	,000	,042	,497	,827	,040	,181	,121	,942	,099	,201	,245
		N	168	168	168	168	168	168	168	168	168	168	168
	Nachrichten (int., nat.)	Korrelationsk.	,054	,235**	-,172*	,039	,012	,025	-,078	,090	,062	-,044	,000
		Sig. (2-seitig)	,491	,002	,026	,619	,876	,744	,315	,244	,427	,572	1,000
		N	168	168	168	168	168	168	168	168	168	168	168
	TV-Serien	Korrelationsk.	-,106	-,089	,376**	,164*	-,030	,084	,104	,048	-,155*	,009	-,126
		Sig. (2-seitig)	,171	,249	,000	,034	,697	,278	,179	,540	,045	,904	,104
		N	168	168	168	168	168	168	168	168	168	168	168
	Filme	Korrelationsk.	-,003	-,028	,050	,345**	-,068	,013	,067	,046	-,115	,039	,078
		Sig. (2-seitig)	,969	,722	,520	,000	,382	,870	,389	,555	,137	,612	,318
		N	168	168	168	168	168	168	168	168	168	168	168
	TV-Magazine	Korrelationsk.	,127	,029	-,013	,216**	,468**	,185*	,117	,127	,086	-,030	,065
		Sig. (2-seitig)	,100	,708	,870	,005	,000	,016	,130	,100	,268	,702	,402
		N	168	168	168	168	168	168	168	168	168	168	168
	Web-TV-Magazine	Korrelationsk.	,160*	,169*	,012	,063	,207**	,050	-,005	,143	,114	,038	,124
		Sig. (2-seitig)	,038	,029	,879	,417	,007	,522	,952	,064	,139	,625	,109
		N	168	168	168	168	168	168	168	168	168	168	168
	Web-Serien	Korrelationsk.	,212**	,103	,092	,046	-,056	-,046	,041	,002	,059	,049	,050
		Sig. (2-seitig)	,006	,185	,237	,553	,474	,556	,600	,975	,451	,529	,519
		N	168	168	168	168	168	168	168	168	168	168	168
	Talkshows	Korrelationsk.	-,027	-,027	-,059	-,018	,086	,392**	,054	,051	,097	,143	,146
		Sig. (2-seitig)	,727	,732	,451	,821	,268	,000	,486	,515	,211	,065	,059
		N	168	168	168	168	168	168	168	168	168	168	168
	Spielshows	Korrelationsk.	,133	-,019	,070	,027	,030	,110	,457**	,181*	,187*	,125	-,020
		Sig. (2-seitig)	,086	,811	,369	,731	,699	,156	,000	,019	,015	,105	,799
		N	168	168	168	168	168	168	168	168	168	168	168
	Sport	Korrelationsk.	-,040	,029	-,047	-,046	-,067	,057	,145	,727**	-,053	,025	,134
		Sig. (2-seitig)	,606	,710	,545	,553	,388	,465	,060	,000	,497	,750	,084
		N	168	168	168	168	168	168	168	168	168	168	168
	Reportagen, Dokumentationen (TV)	Korrelationsk.	,080	,133	,061	,023	,249**	,093	-,002	-,008	,559**	-,028	,076
		Sig. (2-seitig)	,300	,086	,433	,772	,001	,230	,975	,917	,000	,716	,328
		N	168	168	168	168	168	168	168	168	168	168	168
	Musikvideos	Korrelationsk.	,007	,092	,115	,099	-,150	-,082	-,129	,117	-,050	,356**	,148
		Sig. (2-seitig)	,925	,234	,139	,204	,052	,293	,095	,132	,520	,000	,056
		N	168	168	168	168	168	168	168	168	168	168	168
	Unternehmensvideos	Korrelationsk.	,217**	,041	-,013	,092	,115	,145	,042	,110	,041	,307**	,240**
		Sig. (2-seitig)	,005	,597	,866	,238	,139	,061	,590	,157	,601	,000	,002
		N	168	168	168	168	168	168	168	168	168	168	168
	Erotik	Korrelationsk.	-,016	,048	,115	-,094	-,168*	-,072	-,081	,117	-,013	,088	,332**
		Sig. (2-seitig)	,833	,535	,139	,227	,030	,355	,298	,132	,863	,256	,000
		N	168	168	168	168	168	168	168	168	168	168	168

Tabelle 11: Korrelationen von Formaten im TV und Web-TV
(* Die Korrelation ist auf dem 0,05 Niveau signifikant (zweiseitig). ** Die Korrelation ist auf dem 0,01 Niveau signifikant (zweiseitig).)

Zusammenhänge, die sich auf reine Web TV-Formate beziehen, sind nur rudimentär vorzufinden. Im Hinblick darauf korrelieren Web-TV-Magazine mit lokalen/regionalen Nachrichten, inter-/nationalen Nachrichten sowie TV-Magazinen und Web-Serien mit lokalen/regionalen Nachrichten und Unternehmensvideos mit Erotik. Insgesamt weisen die Zusammenhänge darauf hin, dass sich die Zuschauer TV-Inhalte sowohl über das Fernsehen als auch über Web-TV ansehen. Damit wird die vierte Hypothese zum Teil bestätigt.

In Bezug auf die **5. Hypothese** (webaffine Nutzer sehen eher Defizite in den technischen und formal-funktionalen Kriterien als nicht oder weniger webaffine Nutzer) besteht lediglich ein geringer, gegenläufiger Zusammenhang zwischen Webaffinität und den individuellen Funktionen (n=208; r=-0,209; p=0,002), womit diese Hypothese zum Teil bestätigt wird. Des Weiteren gibt es in dieser Beziehung einen signifikanten Unterschied zwischen webaffinen und nicht webaffinen Nutzern, der nicht zufällig entstanden ist (n=208; p=0,003). Das bedeutet, dass sich webaffine Nutzer weniger mit den individuellen Funktionen beschäftigen bzw. ihnen diese bei der Rezeption von Web-TV weniger wichtig sind. Hinsichtlich der technischen Qualitätskriterien und der Webaffinität liegt keine signifikante Korrelation vor, sodass in diesem Fall die Nullhypothese beizubehalten ist.

Die Webaffinität korreliert darüber hinaus mit dem Nutzungserleben von Web-TV-Angeboten, wobei sich diese **6. Hypothese** auf Web-TV im Allgemeinen und nicht auf einzelne, spezielle Angebote bezieht. Die Korrelation ist zwar schwach ausgeprägt, aber signifikant (n=208; r=0,211; p=0,002). Aufgrund dieses Ergebnisses wird die Nullhypothese abgelehnt. Auch die Mittelwerte zwischen der webaffinen und nicht webaffinen Gruppe sind signifikant (n=208; p=0,002). Damit lässt sich festhalten, dass vor allem webaffine Nutzer die Erlebnisqualität höher einschätzen als nicht webaffine Nutzer. Dies ist darin zu begründen, dass webaffine Nutzer auch immer wieder etwas Neues ausprobieren, um ihre Web-TV-Rezeption angenehmer zu gestalten.

Hinsichtlich Webaffinität und Zufriedenheit gibt es bei der **7. Hypothese** keinen Zusammenhang (n=208; r=-0,040; p=0,566). Ebenso ist kein Unterschied zwischen den beiden Gruppen – webaffine und nicht webaffine Nutzer – vorzufinden (n=208; p=0,565). Demnach wird diese Hypothese nicht bestätigt und die Nullhypothese beibehalten. Die Webaffinität hat somit keine Auswirkungen auf die generelle Zufriedenheit von Web-TV-Angeboten. Die Korrelationen der Hypothesen 5–7 wurden durch den Rangkorrelationskoeffizienten nach Spearman und die Unterschiede in den Mittelwerten der Gruppe durch den Mann-Whitney-Test ermittelt.

Die **8. Hypothese** befasst sich mit den Nutzern verschiedener Web-TV-Angebote. Dabei wird angenommen, dass die Nutzer von Mediatheken im Vergleich zu Nutzern anderer Web-TV-Anbieter mehr Wert auf technische Kriterien, individuelle Funktionen, eine gute Navigation/Übersichtlichkeit und variable Verbreitungsmöglichkeiten legen. Dazu wurde ein Mittelwertvergleich der genutzten Web-TV-Anbieter durchgeführt. In Tabelle 12 sind die entsprechenden Ergebnisse zusammengefasst, wovon jedoch nur die Anbieter mit n>50 berücksichtigt wurden, um geeignete Berechnungen vollziehen zu können. Ein signifikantes Ergebnis lässt sich nur bei den Web-TV-Portalen (n=69; p=0,027) festhalten. Dort ist den Nutzern die Verwendung individueller Funktionen wichtig.

8.3 Online-Befragung

	Mediathek	Videoplatt-formen	Web-TV (Verlage)	Web-TV-Portale
Technische Kriterien	2,92	2,92	2,90	2,96
Individuelle Funktionen	3,48	3,45	3,25	3,24*
Navigation/Übersichtlichkeit	3,72	3,50	3,69	3,80
Verbreitung	2,36	2,50	2,34	2,34
N (n>50)	197	204	63	69

Tabelle 12: Mittelwertvergleich genutzter Web-TV-Angebote
(Skala von 1 (trifft gar nicht zu) bis 5 (trifft voll und ganz zu)); * Signifikanzniveau p<0,05

Obwohl die weiteren Ergebnisse nicht signifikant sind und sich nicht verallgemeinern lassen, zeigt sich tendenziell, dass einerseits die technischen Kriterien leicht negativ beurteilt werden, während andererseits die Navigation/Übersichtlichkeit äußerst positiv gesehen wird. Dennoch ist nicht festzustellen, dass sich die Nutzer von Mediatheken im wesentlichen von den Nutzern anderer Anbieter unterscheiden, womit die Hypothese nicht bestätigt wird und die Nullhypothese anzunehmen ist.

Die **9. Hypothese** befasst sich mit dem Zusammenhang genutzter Gerätetypen und der generellen Zufriedenheit mit Web-TV sowie der Erlebnis-situation. Des Weiteren wird geprüft, ob sich Nutzer stationärer und mobiler Geräte in ihrer Zufriedenheit unterscheiden. Denn es wird angenommen, dass genutzte Web-TV-Inhalte über stationäre Geräte eher eine Zufriedenheit auslösen und ein positiveres Nutzungserleben hervorrufen als über mobile Geräte. Wie das Ergebnis zeigt, bestehen schwache, aber äußerst signifikante Korrelationen (Rangkorrelationskoeffizient nach Spearman) zwischen Desktop-PC/Laptop, Tablet-PC und Smartphone in Bezug auf die Erlebnissituation. Zudem gibt es einen schwachen, signifikanten Zusammenhang zwischen Tablet-PC und Zufriedenheit (s. Tab. 13).

		Erlebnissituation	Zufriedenheit
Fernsehgerät mit Internet-anschluss	Korrelationskoeffizient	,129	,113
	Sig. (2-seitig)	,064	,106
	N	208	208
Desktop-PC/Laptop	Korrelationskoeffizient	,236**	,063
	Sig. (2-seitig)	,001	,368
	N	208	208
Tablet-PC	Korrelationskoeffizient	,182**	,181**
	Sig. (2-seitig)	,009	,009
	N	208	208
Smartphone	Korrelationskoeffizient	,180**	,090
	Sig. (2-seitig)	,009	,194
	N	208	208

Tabelle 13: Korrelationen von genutzten Gerätetypen und Zufriedenheit
** Signifikanzniveau p>0,01

Nutzer, die also über Desktop-PC/Laptop Web-TV sehen, erleben die Angebote etwas positiver als Nutzer mit mobilen Geräten. In diesem Fall lässt sich die Hypothese bestätigen, wodurch die Nullhypothese anzunehmen ist Auf der anderen Seite ist anzumerken, dass Nutzer von Tablet-PCs generell zufriedener mit Web-TV-Angeboten sind. In Bezug auf diesen Teil ist die Hypothese abzulehnen.

Die Einschätzung technischer und formal-funktionaler Kriterien weist bei der **10. Hypothese** lediglich eine signifikante Korrelation (Rangkorrelationskoeffizient nach Spearman) hinsichtlich der Geräteauswahl auf. Es gibt demnach einen schwachen, signifikanten Zusammenhang zwischen der Desktop-PC-/Laptop-Nutzung und den individuellen Funktionen (s. Tab. 14).

		Technische Kriterien	Individuelle Funktionen	Navigation/ Übersichtlichkeit	Verbreitung
Fernsehgerät mit Internetanschluss	Korrelations- koeffizient	-,004	,015	,034	-,093
	Sig. (2-seitig)	,957	,834	,622	,181
	N	208	208	208	208
Desktop-PC/ Laptop	Korrelations- koeffizient	,000	,165	,063	,046
	Sig. (2-seitig)	,998	,017*	,365	,508
	N	208	208	208	208
Tablet-PC	Korrelations- koeffizient	,003	-,013	,105	-,105
	Sig. (2-seitig)	,965	,855	,133	,131
	N	208	208	208	208
Smartphone	Korrelations- koeffizient	-,022	,010	,052	-,076
	Sig. (2-seitig)	,750	,883	,452	,275
	N	208	208	208	208

Tabelle 14: Korrelationen von genutzten Gerätetypen und technischen Kriterien, individuellen Funktionen, Navigation/Übersichtlichkeit und Verbreitung
* Signifikanzniveau p>0,05

Was also das Bewerten oder Kommentieren von Web-TV betrifft, wird dies vorzugsweise über den Desktop-PC/Laptop erledigt. In allen anderen Fällen gibt es keine Zusammenhänge, sodass die Hypothese für diese nicht zu bestätigen ist.

Im Hinblick auf die **11. Hypothese** und damit das Alter betreffend ließ sich keine Korrelation (Rangkorrelationskoeffizienten nach Spearman) mit der Zufriedenheit von Web-TV feststellen (n=208; r=-0,025; p=0,723). Auch zwischen den Gruppen der jüngeren (unter 30 Jahre) und älteren Nutzer (ab 30 Jahre) konnte mittels des Kruskal-Wallis-Tests kein signifikanter Unterschied (n=208; p=0,722) beobachtet werden, womit die Nullhypothese anzunehmen ist. Dadurch zeigt sich, dass die generelle Zufriedenheit von Web-TV-Angeboten alters- bzw. altersgruppenunabhängig ist.

Ein weiterer Faktor, wie in der **12. Hypothese** formuliert, der technische und formal-funktionale Kriterien prägen kann, ist der Internetzugang. Es wird einerseits angenommen, dass es einen Zusammenhang zwischen diesen Variablen gibt. Andererseits wird auch davon ausgegangen, dass es einen Unterschied zwischen Nutzern mit einem langsameren (kleiner als 6.000 KBit/s), mittleren (zwischen 6.000 und 16.000 KBit/s) und schnelleren (mehr als 16.000 KBit/s) Internetzugang gibt. Das Ergebnis der Zusammenhangshypothese wird nur zum Teil bestätigt, da die Internetgeschwindigkeit lediglich mit den technischen Kriterien signifikant korreliert (n=162; r=-0,214; p=0,006). Die individuellen Funktionen, die Navigation/Übersichtlichkeit und die Verbreitungsmöglichkeiten weisen dagegen keinen Zusammenhang auf. Bei den gruppierten Internetgeschwindigkeiten ist ebenfalls nur ein signifikanter Unterschied (n=162; p=0,025) im Bereich der technischen Kriterien zu erkennen. Nutzer mit einem langsameren Internetzugang bewerten die technischen Kriterien negativer und haben demnach eher Probleme mit einem einwandfreien, technischen Zugang. Dies trifft vor allem dann zu, wenn höhere Bitraten für qualitativ höher aufgelöstes Bildmaterial notwendig sind.

Bei der **13. Hypothese** korrelierte die unabhängige Variable Einkommen weder mit den technischen Kriterien (n=185; r=0,137; p=0,064), den individuellen Funktionen (n=185; r=-0,022; p=0,763), der Navigation/Über-sichtlichkeit (n=185; r=-0,102; p=0,165) noch mit den Verbreitungsmöglichkeiten (n=185; r=0,026; p=0,722). Für die Betrachtung der Mittelwerte unterschiedlicher Gruppen wurde die Variable Einkommen folgendermaßen unterteilt: kleiner 500 Euro, zwischen 500 und 1.000 Euro und mehr als 1.000 Euro. Aber auch dort zeigten sich keine signifikanten Unterschiede, sodass die Nullhypothese beizubehalten ist. Die verschiedenen Einkommensstufen spielen demnach keine Rolle bzw. sie üben keinen Einfluss aus, wenn es um die Beurteilung technischer und formal-funktionaler Kriterien geht.

Zum Schluss wurde noch in der **14. Hypothese** das Geschlecht als unabhängige Variable mit den technischen und den formal-funktionalen Kriterien in Zusammenhang gesetzt. Dort zeigte sich, dass das Geschlecht mit den technischen Kriterien (n=204; r=0,248; p=0,000) sowie mit den individuellen Funktionen (n=204; r=0,139; p=0,047) korreliert. Darüber hinaus unterscheiden sich auch signifikant die Mittelwertsberechnungen der Männer und Frauen hinsichtlich der Einschätzung technischer Kriterien (n=204; p=0,000) und individueller Funktionen (n=204; p=0,048). Das Ergebnis deutet darauf hin, dass sich eher Männer mit den technischen Aspekten des Web-TV befassen als Frauen. Gleiches ist ebenfalls in Bezug auf die individuellen Funktionen festzustellen. Für diese beiden Variablen wird die Hypothese bestätigt.

8.3.5.14 Regressionsanalyse

Über die Berechnung der multiplen linearen Regression soll zum Abschluss noch festgestellt werden, welche konkreten Variablen einen Einfluss auf die Qualität des Web-TV nehmen. In der Regressionsanalyse flossen als abhängige Variablen die technischen Kriterien, das Nutzungserleben und die individuellen Funktionen ein, die bereits durch die Reliabilitäts- und Faktorenanalysen ermittelt und beschrieben wurden. Als unabhängige Variablen wurden folgende Faktoren erfasst:

- **Soziodemografische Faktoren**
  Geschlecht, Alter, Einkommen, Internetzugang
- **Web-TV-Nutzung**
  Gründe/Motivation, Anbieter, Formate, Geräteauswahl
- **Sonstiges**
  Ausgaben für Web-TV, Webaffinität

Die Analyse erfolgte mit SPSS über die Methode der schrittweisen multiplen Regression, da mittels dieser Methode nicht alle unabhängigen Variablen berücksichtigt werden, sondern nur die relevanten. Um die Residuen auf das Abweichen der beobachteten von den theoretisch zu erwartenden Werte zu überprüfen, wurde das Histogramm der standardisierten Residuen ausgegeben. Anhand dessen lässt sich erkennen, ob die Residuen nicht systematisch auftreten und normalverteilt sind. Darüber hinaus wurde der Durban-Watson-Test herangezogen, mit dem ebenfalls systematische Verbindungen von Residuen benachbarter Fälle auszuschließen sind. Die Koeffizienten des Tests liegen zwischen 0 und 4. Befindet sich ein Wert in der Nähe von 2, besteht keine sogenannte Autokorrelation. Zusätzlich wurde noch eine Kollinearitätsdiagnose durchgeführt, um eine „Beurteilung der Stärke der Multikollinearität, d. h. der Abhängigkeit der erklärenden Variablen untereinander" (Janssen/Laatz 2013: 413), vorzunehmen. Ein hoher Multikollinearitätswert verschlechtert die Ergebnisse der Schätzwerte für die Regressionskoeffizienten. Bei einem Konditionsindex zwischen 10 und 30 hat man eine moderate bis starke und bei Werten über 30 eine sehr starke Multikollinearität (vgl. Janssen/Laatz 2013: 413f.). Für die folgende Analyse wurden zudem das Bestimmtheitsmaß korrigiertes R-Quadrat und der Beta-Koeffizient herangezogen. Das korrigierte R-Quadrat bezieht neben der Anzahl der erklärenden Variablen auch die Anzahl der Beobachtungen in das Regressionsmodell ein. Dadurch ist es ein „besseres Maß für die Güte der Vorhersagequalität der Regressionsgleichung" (Janssen/Laatz 2013: 408). Der Beta-Koeffizient weist dagegen auf die Bedeutsamkeit der unabhängigen Variablen hin, die am ehesten die abhängige Variable erklären. Bei allen drei abhängigen Variablen liegt eine Normalverteilung vor.

Technische Kriterien

Die Dimension der technischen Kriterien wird von vier unabhängigen Variablen signifikant bestimmt. Mit ungefähr 20 Prozent (korr. R^2) erklären diese die gesamte Streuung der Werte der abhängigen Variablen. Insbesondere die Variablen Geschlecht, die mobile Nutzung von Web-TV-Angeboten und die Internetgeschwindigkeit beeinflussen die technischen Kriterien maßgeblich. Während das Geschlecht und die mobile Nutzung einen positiven Zusammenhang aufweisen, bestehen bei der Internetgeschwindigkeit und den Web-TV-Inhalten negative Zusammenhänge (s. Tab. 15). Der Durban-Watson-Test schließt dabei eine Autokorrelation nahezu aus und aufgrund des Konditionsindex – dieser liegt zwischen 1 und 12 – ist auch eine eher schwache Multikollinearität vorhanden.

Korrigiertes R^2 = 0,191	
Durban-Watson-Test = 1,948	
	Beta-Koeffizient
Geschlecht	0,285
Web-TV-Angebote werden vorrangig unterwegs angesehen.	0,248
Internetgeschwindigkeit	-0,219
Mir stehen beim Web-TV Inhalte zur Verfügung, die ich beim herkömmlichen Fernsehprogramm nicht bekommen kann.	-0,176

Tabelle 15: Regressionsmodell – abhängige Variable „Technische Kriterien"

Damit zeigt sich, dass vor allem für Männer und für die mobile Web-TV-Nutzung technische Kriterien von entscheidender Bedeutung sind, ebenso wie eine zu langsame Internetgeschwindigkeit. Inhalte, die nicht über das Fernsehprogramm rezipiert werden können, sondern nur über das Web zu sehen sind, müssen ebenfalls den technischen Kriterien genügen.

Nutzungserleben

Die Dimension Nutzungserleben wird von sechs Variablen mit knapp 35 Prozent (korr. R^2) signifikant erklärt. Vor allem die Schnelligkeit an Inhalte zu gelangen, das Einkommen, Nutzer von TV-Reportagen/TV-Dokumentationen und die Webaffinität haben einen starken Einfluss auf das Nutzungserleben. Alle unabhängigen Variablen – bis auf das Einkommen – weisen dabei einen positiven Zusammenhang auf (s. Tab. 16). Der Durban-Watson-Wert liegt in der Nähe von 2. Dadurch ergibt sich eine sehr geringe Autokorrelation. Der Konditionsindex liegt zwischen 1 und 21, womit eine moderate Multikollinearität vorhanden ist.

Korrigiertes R^2 = 0,344	
Durban-Watson-Test = 2,203	
	Beta-Koeffizient
Über Web-TV gelange ich schneller an meine gewünschten Inhalte.	0,253
Einkommen	-0,262
Nutzer von TV-Reportagen/TV-Dokumentationen	0,217
Webaffinität	0,205
Ich kommentiere Videos.	0,160
Nutzer von Web-Serien	0,152

Tabelle 16: Regressionsmodell – abhängige Variable „Nutzungserleben"

Mit diesem Ergebnis zeigt sich, dass den Nutzern, die schneller an ihre Inhalte gelangen, die über geringeres Einkommen verfügen, die webaffin sind, Videos kommentieren, TV-Reportagen/TV-Dokumentationen und Web-Serien sehen, ein entsprechendes Nutzungserleben bei ihrer Rezeption von Web-TV wichtig ist.

Individuelle Funktionen

Die Dimension der individuellen Funktionen wird von fünf Variablen mit 33 Prozent (korr. R^2) signifikant erklärt. Dies trifft vor allem auf das Kommentieren von Videos, die Webaffinität, die Nutzung von Web-TV-Magazinen und die Verwendung des Desktop-PCs/Laptops zu. Hinsichtlich dieser Dimension besteht lediglich bei den genutzten Geräten ein positiver Zusammenhang. Die restlichen Variablen korrelieren negativ (s. Tab. 17). Auch in diesem Fall besteht laut des Durban-Watson-Tests kaum eine Autokorrelation. Der Konditionsindex liegt zwischen 1 und 22 und weist ebenfalls eine schwache Multikollinearität aus.

Korrigiertes R^2 = 0,330	
Durban-Watson-Test = 1,957	
	Beta-Koeffizient
Ich kommentiere Videos.	-0,370
Webaffinität	-0,208
Nutzer von Web-TV-Magazinen	-0,212
Genutzte Geräte (Desktop-PC/Laptop)	0,219
Web-TV-Nutzung von Non-Profit-Organisationen	-0,153

Tabelle 17: Regressionsmodell – abhängige Variable „Individuelle Funktionen"

Dieses Ergebnis zeigt zum einen, dass Nutzer nicht webaffin sind, wenn es um den Einsatz der individuellen Funktionen geht. Gleiches gilt für das Nicht-Kommentieren von Videos und die geringere Nutzung von Web-TV-Magazinen sowie Web-TV von Non-Profit-Organisationen. Zum anderen hängen die individuellen Funktionen insbesondere von der Verwendung des Desktop-PCs/Laptops ab. Dies kann darin begründet sein, dass Web-TV-Angebote eher über den Desktop-PC/Laptop kommentiert und bewertet werden als über andere Geräte.

8.3.6 Zusammenfassung

Die Ergebnisse der quantitativen Auswertung zeigen einige beobachtbare Zusammenhänge der technischen Qualitätskriterien, der Erlebnisqualität und der individuellen Funktionen (ein Teilaspekt der formal-funktionalen Qualitätskriterien) zu bestimmten unabhängigen Variablen. Obwohl sich die Aussagekraft der Daten lediglich auf die vorliegende Stichprobe bezieht und keiner allgemeinen Generalisierung unterliegen kann, werden diese korrelierenden Faktoren im Rahmen des Web-TV zusammengefasst.

Die *technischen* Qualitätskriterien wiesen dabei eine Korrelation mit den Variablen Geschlecht und Geschwindigkeit des Internetzugangs auf. Wie sich herausstellte, legen vor allem männliche Nutzer Wert auf technische Aspekte wie z. B. Video- und Audioqualität. Aber auch die Internetgeschwindigkeit nimmt Einfluss auf die Technik, zumal dadurch eine bessere Übertragung der Live- oder On-Demand-Videos zu gewährleisten ist. Nutzer, die über eine höhere Leistung verfügten, bestätigten dies.

Die *Erlebnisqualität* hingegen korrelierte mit den Variablen Gerätenutzung (Desktop-PC/Laptop, Tablet-PC und Smartphone) und Webaffinität. Webaffine Nutzer, die sich öfter mit neuen Web-Technologien befassen, sind besonders darauf bedacht, ein positives Nutzungserleben zu erfahren. Dabei spielen Spaß, Unterhaltung und der Erhalt vieler, neuer Informationen, die sie u. a. durch das Ausprobieren von Web-Tools bekommen können, eine übergeordnete Rolle. Aber auch die entspannende Wirkung, die Web-TV auslöst, und das Abschalten vom Alltag gehören zur Erlebnisqualität. Des Weiteren zeigte sich, dass verschiedene Geräteklassen mit der Erlebnissituation zusammenhängen. So wurde in dieser Hinsicht überwiegend die Nutzung von Desktop-PC/Laptop favorisiert. Der Grund liegt darin, dass die unterschiedlichen Browser dieser Geräteklasse die Web-TV-Angebote nicht einschränken. Damit ist quasi jedes Angebot konsumierbar, sofern nicht länderspezifische oder technische (Einsatz von nichtunterstützten Videoformaten wie Flash) Reglementierungen vorliegen. Die Verfügbarkeit von Web-TV kann dagegen bei den Geräteklassen wie Tablet-PC und Smartphone durch die App-Stores der Geräte-/Betriebssystem-Hersteller begrenzt sein. Dennoch haben diese Geräteklassen den Vorteil einer einfachen mobilen Nutzung. Nutzer können dadurch Web-TV unterwegs sehen, was die Nutzungssituationen und die Erlebnisqualität dementsprechend erweitert.

Die *individuellen* Funktionen (wie Videokommentare und -bewertung) korrelierten mit den Variablen Geschlecht, Desktop-PC-/Laptop-Nutzung, Nutzung von Web-TV-

Portalen, Webaffinität und Web-TV-Nutzungsdauer. Dabei wurde festgestellt, dass eher Männer und generell Nutzer von Web-TV-Portalen diese Funktionen für wichtig erachten und verwenden. Im Kontrast dazu legen webaffine Nutzer und Vielseher von Web-TV weniger Wert auf die individuellen Funktionen, da es ihnen eher um die angebotenen Inhalte geht. Diejenigen, die jedoch Bewertungen und Kommentare abgeben, setzen dafür vorwiegend den Desktop-PC/Laptop ein.

Interessanterweise wiesen das Alter und die Verbreitungsmöglichkeiten (wie das Einbetten bzw. Verlinken über Social-Media-Kanäle) keinen Zusammenhang mit den getesteten Variablen auf, obwohl sich Web-TV im Allgemeinen an ein junges Publikum richtet. Jedoch sind die Daten an dieser Stelle nicht aussagekräftig genug. Dafür müsste die Stichprobe u. a. eine größere Altersspanne umfassen. Diese Aspekte wären bei weiteren Web-TV-Studien zu berücksichtigen.

9 Übergreifende Betrachtung der Ergebnisse

Betrachtet man nun die qualitativen und quantitativen Ergebnisse übergreifend, so hat jede Perspektive einen wesentlichen Teil zur Beschreibung von Web-TV und zu den zugehörigen Qualitäts- und Akzeptanzkriterien beigetragen. Im Kontext des erstellten Qualitätsmodells (s. Kapitel 7) lassen sich die Beziehungen zwischen Nutzer, Angebot und Anbieter unter den folgenden Punkten zusammenführen.

Der inhaltliche Aspekt bleibt dabei im Hintergrund, was bereits in vorangegangenen Kapiteln begründet wurde. Zum einen liegt das an der Heterogenität des Contents, der aufgrund seiner verschiedenen Formate und Genres unterschiedliche Qualitätsspektren bedient. Zum anderen sind die Anbieter nicht immer gleichzeitig die Produzenten des Contents, sondern erhalten diesen teilweise auch durch Dritte (z. B. MyVideo und Zattoo). Dadurch können sie auf dieser Basis eigene inhaltliche Qualitätsansprüche und -kriterien nicht direkt umsetzen. An ihre Stelle rücken deshalb Richtlinien, die zur Aufnahme des Contents führen. Nichtsdestotrotz sind die Professionalisierung und die Exklusivität zu nennen, da diese beiden Faktoren einen Vorteil für Anbieter haben können. Durch Exklusivität grenzen sich die Anbieter über ihren Content voneinander ab. Vor allem die Verfügbarkeit von speziellem Content (Nischen- bzw. Special-Interest-Inhalte wie exklusive Serien oder Let's-play-Videos[34]) kann die Bedürfnisse und die Ansprüche von Nutzern befriedigen und sie zu langfristigen Kunden machen. Die Professionalisierung ist ein Kennzeichen für nutzergenerierten und professionellen Content, wobei vornehmlich professionelle Produktionen kostenpflichtig oder mit Werbung versehen sind. Auf Nutzerseite tritt vor allem das Werbe-Dilemma (s. Kapitel 8.3.5.6) in den Vordergrund, da ein Großteil der Nutzer weder für den Content zahlen noch Werbeunterbrechungen sehen möchte. Dennoch stellte sich in dieser Studie heraus, dass knapp 20 Prozent der Nutzer durchaus bereit sind, für die Verfügbarkeit gewünschter Inhalte zu bezahlen.

In Bezug auf die Technik sind die generellen Steuerungsfunktionen sowie optionalen Einstellungsmöglichkeiten (Lautstärke, weitere Tonspur, Vollbildfunktion, Bildqualität/-format etc.) bedeutend, da sie dem Web-TV eine individuelle Nutzungscharakteristik verleihen, die auch für Nutzer relevant sind. Vor allem die Anpassungsmöglichkeiten des Bildformats tragen zu einer optimalen Datenübertragung und Rezeptionssituation bei. Damit ist die sogenannte Quality of Service ein unabdingbares Qualitätskriterium, um ein sicheres und zuverlässiges Streaming zu gewährleisten. Für Nutzer

---

[34] Dabei handelt es sich um Shows, in denen PC- oder Konsolenspiele für den Zuschauer vorgespielt und kommentiert werden.

ist dies insofern wichtig, dass sie Streams ohne Störungen oder Verzögerungen abrufen können. Dabei lässt sich die Video-/Bildqualität von Standardformaten bis zu HD-Formaten (und teilweise auch schon in 4K) auf den Plattformen verwenden. Ein weiterer Punkt, der in allen untersuchten Perspektiven Berücksichtigung findet, ist Flexibilität/Mobilität. Web-TV-Angebote werden nicht nur Zuhause auf stationären Endgeräten, sondern auch unterwegs auf mobilen Endgeräten gesehen. Die Freiheit, wo und wann Inhalte geschaut werden können, ist sowohl für Anbieter als auch für Nutzer ein wesentlicher Punkt in diesem Spannungsdreieck.

Bei den formal-funktionalen Qualitätskriterien nimmt die Darstellungsqualität eine zentrale Position ein. Diese äußert sich zum einen über die Navigation, zum anderen im Aufbau. Während die Web-TV-Angebote relativ einheitlich aufgebaut sind (oftmals ein typisches Websitelayout bestehend aus Header, Body und Footer – Ausnahmen bildeten zum Teil Flashseiten), hat die Navigation verschiedene Formen. In der Regel kommt dabei eine Hauptnavigation entweder im Header oder am oberen Rand des Bodys vor. Alternativ sind noch Seiten-, Cover-Flow- und Thumbnail-Navigationen vorhanden. Für Anbieter und Nutzer stehen diesbezüglich eine einfache Bedienbarkeit, Übersichtlichkeit und ein schnelles Auffinden des gesuchten Contents im Vordergrund. Weitere Aspekte sind in diesem Bereich die Empfehlungs- und Servicefunktionen (Weiterleiten und Einbetten von Videos, Bewertungs- sowie Kommentarfunktionen, Hilfe-/Such-funktionen und das Erstellen von Favoriten- und Playlisten), die in nahezu jedem Web-TV-Angebot integriert sind. Für die Anbieter sind neben den allgemeinen Servicefunktionen die Interaktionsoptionen (Bewertung, Kommentare und Social-Media-Verbreitung) besonders wichtig, da diese den Austausch mit den Nutzern fördern. In ähnlicher Art und Weise sehen Nutzer Qualitätskriterien in diesen individuellen und personalisierbaren Funktionen, wobei das Kommentieren von Videos bei vielen Nutzern nicht so sehr ins Gewicht fällt. Zudem hat das Nutzungserleben einen hohen Stellenwert. Abhängig vom Content spielen Spaß haben, unterhalten und informiert werden ein erhebliche Rolle. Die Anbieter heben darüber hinaus das Nutzungserleben durch die Ästhetik ihrer Plattformen hervor. Somit sind nicht nur die Inhalte maßgebend für die Akzeptanz einer Plattform, sondern auch die Aufbereitung des Gesamtkonzeptes muss ein positives Erscheinungsbild haben.

In ökonomischer Hinsicht wird man von den Web-TV-Anbietern immer die Aussage erhalten, dass Qualität Geld kostet. Und diese Qualität lässt sich aktuell entweder über kostenpflichtige Abonnements (z. B. Monats- oder Jahresabonnement) oder Werbung (In-Stream-Werbespot, Overlay-Einblendungen, Werbebanner etc.) monetarisieren. Diesen Ansätzen steht die Mehrheit der Nutzer konträr gegenüber. Die meisten möchten weder für Web-TV zahlen noch, dass die Streams durch Werbespots unterbrochen werden. Auf lange Sicht wird sich der Web-TV-Content jedoch nur über diese Formen finanzieren lassen, da die Inhalte – vor allem auch exklusive Titel – ansonsten wirtschaftlich nicht tragbar sind und nicht mehr angeboten werden können. Dennoch hat sich in dieser Studie herausgestellt, dass ein kleiner Anteil an Nutzern bereit ist, für Web-TV zu zahlen.

Der Bereich des Rechtlichen ist gekennzeichnet durch Lizenzrechte und Archivierungszeiten. Das Lizenzrecht hat einen immensen Einfluss auf das Angebot der Plattformbetreiber. Nur bei entsprechendem Besitz der Rechte, kann er den Content streamen. Für den Nutzer bedeutet das, dass nicht jeder Content über alle Plattformen bezogen werden kann. Damit spielt auch an dieser Stelle die Exklusivität wieder eine wesentliche Rolle. Eine weitere einschränkende Maßnahme im Lizenzrecht ist die sogenannte Geo-IP, die den Standort bzw. das Land der Nutzer erkennt, sodass Angebote länderspezifisch nicht verfügbar sind. Dies ist z. B. beim amerikanischen Anbieter Hulu der Fall, dessen gesamtes Angebot in Deutschland nicht gestreamt wird. Umgekehrt verhält es sich mit deutschsprachigen Plattformen wie der ZDFmediathek, die zwar weltweit abrufbar ist, wobei dennoch bestimmte Inhalte aufgrund lizenzrechtlicher Rahmenbedingungen nur im deutschsprachigen Raum bzw. europaweit gestreamt werden können. Ein zusätzlicher Punkt ist die Archivierungszeit des Contents. Dieser reicht teilweise von einer Woche bis zu einem Jahr, was wiederum auf lizenzrechtliche Gründe zurückzuführen ist. Vor allem eingekaufter Content von Dritten (z. B. Filme und Serien) hat oftmals eine kürzere Archivierungsdauer als eigenproduzierte Formate. Die Nutzer haben dadurch den Nachteil, dass sie nicht langfristig und nicht immer auf den Content zugreifen können.

Abschließend ist festzuhalten, dass die am eigenen konstruierten Qualitätsmodell orientierte Vorgehensweise eine breite Datenbasis durch die verschiedenen Perspektiven (Angebot, Anbieter und Nutzer) und entsprechenden Erhebungsmethoden hervorgebracht hat. Mit der Bündelung der dadurch erhaltenen Ergebnisse konnten die Forschungsfragen über diese Perspektiven beantwortet werden. Das entwickelte Modell ist als Grundlageninstrument für das Forschungsfeld Web-TV zu sehen. Damit lassen sich nachfolgende Forschungsarbeiten auf bestimmte Ebenen bzw. Schwerpunkte reduzieren und diese im Detail bearbeiten. Da auf diesem Gebiet nach wie vor überwiegend marktwirtschaftliche Studien zu vereinzelten Angeboten vorliegen, ist es notwendig, den Bereich Web-TV als Teil der Internetforschung auch auf anderen Ebenen voranzubringen. Diese Arbeit soll mit dem dazugehörigen Basismodell weitere Anregungen zu solchen Vorhaben beisteuern.

10 Potenziale des Web-TV

Anhand der bisherigen Erkenntnisse, Ergebnisse und der Beschreibung des Web-TV-Marktes lassen sich die Potenziale des Web-TV auf der inhaltlichen, technischen, formal-funktionalen, ökonomischen und rechtlichen Ebene wie folgt zusammenfassen.

Das **inhaltliche** Potenzial spiegelt sich in der Vielfalt wider. Viele verschiedene Inhalte, von klassischen Filmen und Serien bis hin zu Nischen- und Special-Interest-Angeboten, werden bedient. Es werden Zielgruppen angesprochen, die bereits über das klassische Fernsehen gar nicht mehr zu erreichen waren. Inhalte wie die Let's-play-Videos werden für jüngere Generationen im Web-TV produziert, weil für die hiesige Fernsehlandschaft nicht interessant genug bzw. zu spezifisch ist, obwohl es sich dabei um einen Milliardenmarkt handelt. Zum Beispiel kaufte 2014 Amazon die Plattform Twitch für knapp eine Milliarde US-Dollar (vgl. Postinett 2014).

Auch die Exklusivität hat ein besonderes Potenzial für Web-TV. Anbieter wie Netflix und Amazon beginnen eigene professionelle Serien zu produzieren und greifen vornehmlich die TV-Sender auf diesem Feld an. Bei deutschsprachigen Plattformen werden ebenfalls erste Ansätze gestartet. Darüber hinaus zeichnet sich die Exklusivität über die Einzigartigkeit des Contents aus, wodurch der Anbieter ein Alleinstellungsmerkmal besitzt. Damit lassen sich Vorteile in der Vermarktung und Distribution erzielen.

Die Aktualität hat ebenfalls eine entscheidende Bedeutung bei Web-TV-Angeboten mit nachrichtlichen Merkmalen. Informationen müssen dabei schnell und zu jeder Zeit abrufbar sein. Deshalb ist Web-TV in diesem Punkt ein geeignetes Medium, sofern es sich nicht um einen 1-zu-1-Stream eines TV-Senders (wie bei Zattoo) handelt.

Das **technische** Potenzial liegt in der Quality of Service. Zuverlässigkeit und störungsfreie Übertragungen gehören zu den wichtigsten Qualitätskriterien, um neben dem klassischen Fernsehen bestehen zu können. Auch wenn im Web-TV (im Gegensatz zum IPTV) die Quality of Service nicht gewährleistet werden kann, schreitet die Entwicklung zu hochauflösenden Videobildern im Web voran. HD bzw. sogenannte High-Quality-Auflösungen sind bereits auf vielen Plattformen Usus. Selbst das 4K Format existiert bereits auf einigen Plattformen. Aber dabei sind noch weitere Faktoren ausschlaggebend, die eine erfolgreiche Weiterentwicklung bedingen. So müssen die technische Infrastruktur, der Zugang der Haushalte zum Breitbandnetz, stetig verbessert und die Endgeräte angepasst werden, um die entstehenden Datenmengen zu verarbeiten. Auch der Fortschritt bei Komprimierungstechnologien wird auf diesem Gebiet noch eine relevante Rolle spielen und für Web-TV essenziell sein.

Das **formal-funktionale** Potenzial äußert sich in der personalisierten und individualisierten Nutzung von Web-TV. Neben einem einfachen Zugang zu den Inhalten und einer schnellen, übersichtlichen Navigation ist die Frage nach dem zusätzlichen Mehrwert von besonderem Stellenwert. Denn vor allem in diesem Bereich kann sich Web-TV vom klassischen Fernsehen abgrenzen, so wie auch die Web-TV-Anbieter untereinander. Die Wechselwirkung zwischen Anbieter, Angebot und Nutzer kommt durch interaktive Optionen zustande. Die Bereitstellung von Funktionen wie Favoritenlisten, Videokommentare und -bewertungen fördern diese Austauschmöglichkeiten. Und genau an diesem Punkt sehen die Anbieter, was Nutzern gefällt bzw. nicht gefällt, und können darauf entsprechend reagieren. Künftig wird zudem die Partizipation der Nutzer ein zusätzlicher Aspekt sein. Damit geht die Interaktion auch über das Abrufen von Zusatzinformationen hinaus. Die Nutzer werden selbst zu Teilnehmern und steuern eigene neue, erfolgreiche Formate bei, wie dies die Generation der heutigen YouTube-Stars bereits zeigt. Aber auch auf professioneller Ebene können z. B. interaktive, filmähnliche Geschichten einen weiteren direkten Austausch über den IP-Rückkanal mit Nutzern ermöglichen.

Wirtschaftlich gesehen werden beim Web-TV die Abonnements und Werbung weiterhin die entscheidenden Strömungen sein, um Content zu finanzieren. Vor allem im Abonnementbereich können die Anbieter auf die individuellen Bedürfnisse mit abgestuften Preis- und Contentpaketen eingehen und damit die Nutzer langfristig an sich binden. Die meisten Anbieter setzen auf dieses Erlösinstrument, weil sie dadurch auch mehr über die Nutzungsgewohnheiten ihrer Kunden erfahren. Bisher werden jedoch nur zeitlich abgestimmte Abonnements angeboten. Eventuell ist es sinnvoller Abonnements auf Zielgruppen (z. B. Studenten) anzupassen, so ähnlich wie es bei Software-Produkten gehandhabt wird.

Trotzdem sind die Werbung und ihr Potenzial beim Web-TV nicht zu unterschätzen, auch wenn Nutzer Werbeunterbrechungen, die als Pre-, Middle- oder Post-Rolls eingesetzt werden, als störend empfinden. Allein neben der In-Stream-Werbung können Anbieter auf vielfältige Alternativen wie Werbebanner, Product-Placement bei eigenen Videoproduktionen oder Overlays im Videoplayer zurückgreifen.

Der **rechtliche** Rahmen ist von geografischen Begebenheiten und dem Lizenzrecht geprägt. So kann dem Nutzer nicht generell jeder Content weltweit zur Verfügung gestellt werden. Deshalb versuchen vor allem internationale Web-TV-Anbieter mit ihren Plattformen auf die jeweiligen nationalen Märkte zu gelangen, um auf diese Weise die geografischen Einschränkungen zu umgehen, um so ihren Content zugänglich zu machen. Für Anbieter, die ausschließlich auf Content von Dritten angewiesen sind, ist das

Lizenzrecht ein äußerst wichtiges Qualitätskriterium. Denn sie müssen immer den bestmöglichen Content für ihre Kunden bereitstellen, damit diese das Angebot auch weiterhin nutzen.

11 Fazit und wissenschaftlicher Beitrag der Studie

Web-TV ist im Medium Internet zu einem Trend geworden und hat sich in den vergangenen Jahren zu einer gewichtigen Alternative zum konventionellen Fernsehen aufgeschwungen. Dass dieser Trend andauern wird, zeigen diverse Marktprognosen, u. a. von Goldmedia und PriceWaterhouseCoopers, und die hier erläuterten Potenziale des Web-TV. Mittlerweile haben sich verschiedene Formen des Web-TV etabliert, wie anhand der aktuellen Entwicklungen z. B. im Live-Web-TV (Zattoo und MagineTV) und im On-Demand-Bereich (Netflix und Maxdome) zu sehen ist. Auch Veränderungen in der klassischen Wertschöpfungskette werden zunehmen. Video-on-Demand-Plattformen werden selbst zu Produzenten und nehmen dadurch bereits vereinzelt die Stellung der TV-Sender ein (z. B. produzierte der Anbieter Netflix die Serien *House of Cards* und *Orange is the new Black*). Neben den kommerziellen Angeboten wird es im Web-TV aber auch weiterhin Nischen- und Special-Interest-Märkte geben. Es bewegt sich in einem dynamischen Umfeld, das immer wieder neue und innovative Formate hervorbringen wird.

Web-TV überall da zu rezipieren, wo man sich gerade befindet, und nicht mehr nur an einem Gerät gebunden zu sein, ist zu einem wesentlichen Alleinstellungsmerkmal geworden. Ebenso wird die Kommunikation zwischen Anbieter und Nutzer zu neuem Input führen, sofern die Anbieter ihre Nutzer ernst nehmen und sie nicht nur als passiven Rezipienten betrachten. In diesem Zusammenhang werden vor allem soziale Netzwerke einen wichtigen Teil in der Distributionskette einnehmen, wenn es um das Weiterleiten, Kommentieren und Bewerten von Inhalten geht.

Möglicherweise wird sich auch die Altersstruktur künftig verschieben, da die kommenden Generationen mit diesen Technologien aufwachsen und mit ihnen vertraut sind. Die Zielgruppe wird breiter, sodass sich die Angebote nicht mehr nur auf ein junges Publikum ausrichten.

Die Zahlungsbereitschaft der Nutzer lässt sich nur schwer prognostizieren. Die Bereitschaft wird jedoch da sein, wenn Funktionalität, technische Zuverlässigkeit und insbesondere die Inhalte dem Nutzer einen erkennbaren Mehrwert bieten.

Dennoch ist Web-TV abhängig vom Ausbau der technischen Infrastruktur und von Komprimierungstechnologien. Das Zusammenspiel von schnellen Internetzugängen und verbesserten Komprimierungsmechanismen werden Web-TV künftig weiter voranbringen. Denn der Anspruch, den gestreamten Content in hochauflösenden Bildern zu sehen, wird ebenso vermehrt auftreten. Damit Web-TV auch mobil ohne größere Probleme gestreamt werden kann, sind ähnliche Entwicklungen im Mobilfunkbereich zu erwarten.

Web-TV wird das Fernsehen nicht verdrängen, sich aber als Vertriebskanal für Videocontent etablieren und den Medienmarkt in den nächsten Jahren weiter verändern. Es wird ferner ein interessantes und spannendes Forschungsfeld bleiben. Demnach möchte ich an dieser Stelle auf den wissenschaftlichen Beitrag dieser Studie eingehen. Sie ist als Grundlagenforschung im Bereich des Web-TV und im Sinne des triangulatorischen Methodenansatzes angelegt, die einerseits verschiedene Qualitäts-/ Akzeptanzebenen (inhaltlich, technisch, formal-funktional und ökonomisch-rechtlich) betrachtet und andererseits mehrere Perspektiven (Anbieter, Angebot und Nutzer) berücksichtigt. Dabei wurde zuvor eine umfassende Begriffsdefinition erarbeitet, für die sowohl wissenschaftliche als auch praxisnahe Beschreibungen herangezogen wurden. Die verschiedenen Perspektiven und Ebenen tragen somit zu einem gesamtheitlichen Bild des Web-TV-Begriffs bei.

Die Begriffe Qualität und Akzeptanz wurden unter der Einordnung und Hinzunahme bisheriger Sichtweisen in Bezug auf Web-TV diskutiert. Aufgrund der unterschiedlichen perspektivischen Ausrichtung der Studie wurden Qualität und Akzeptanz nicht nur aus Rezeptionssicht, sondern auch aus Sicht der Medienprodukte und der Web-TV-Anbieter betrachtet, um ein vielfältiges Spektrum in der Forschungsarbeit darlegen zu können.

Auf Basis verschiedener Qualitäts- und Akzeptanzmodelle und im Rahmen des transaktionalen Ansatzes wurde ein eigenes Qualitätsmodell für den Untersuchungsgegenstand entwickelt, das als Leitlinie für den weiteren Forschungsablauf und als erkenntnisleitendes Modell fungierte. Der transaktionale Ansatz bot sich für die Forschungsintention als geeigneter Ausgangspunkt an, da dieses die drei Bereiche Medienprodukt, Anbieter und Rezipient in den Fokus rückt. Damit war es möglich, Web-TV in einen gesamten Forschungskontext zu setzen. Bisherige Forschungsarbeiten bezogen sich allenfalls auf Einzelfallanalysen.

Mit diesem Vorgehen wird auch ein Beitrag zum Diskurs der Dimensionen und Kriterien der Qualitäts- und Akzeptanzforschung geleistet, der sich auf den vorliegenden Forschungsgegenstand bezieht und in dieser Form so noch nicht erörtert wurde.

Mittels des triangulatorischen Methodenansatzes wurden mehrere Forschungsmethoden eingesetzt, sodass dies eine Verknüpfung der verschiedenen Perspektiven ermöglichte. Dieser Vorgang trug dazu bei, die unterschiedlichen Varianten des Web-TV (VoD, Livestreaming-Portale, professionelle und nutzerorientierte Plattformen) und die involvierten Akteure gemeinsam auf den Qualitätsebenen zu betrachten und zu untersuchen.

11 Fazit und wissenschaftlicher Beitrag der Studie

Die Einordnung der Qualitätsdimensionen wurde in allen Erhebungsmethoden eingehalten, damit eine übergreifende Ergebnisdarstellung möglich ist. Zwar unterliegt die Stichprobe der quantitativen Analyse keiner Repräsentativität, die an dieser Stelle bei der Thematik jedoch auch nicht vorausgesetzt wurde. Dieser praktikable und ökonomische Weg wurde auf diese Weise vorgenommen, um entsprechende Probanden, die auch Web-TV-Angebote nutzen, aufzufinden und so erste Erkenntnisse hinsichtlich Web-TV zu gewinnen. Damit generalisierte Aussagen möglich werden, kann künftig die Durchführung weiterer Replikationsstudien konstruktiv sein. Alternative Möglichkeiten sind auch fokussierte Rezipientenstudien mit Web-TV-Nutzern.

Dennoch war die ganzheitliche Herangehensweise zur Bewertung der Qualität und Akzeptanz neuer Medienprodukte wichtig für das Erschließen und Auseinandersetzen mit dem Thema Web-TV. Demnach soll diese Arbeit zur weiteren Forschung an diesem Thema motivieren. Vor allem wissenschaftliche Disziplinen wie die Medienökonomie, Medientechnologie und die Kommunikations- und Medienwissenschaft können in ihren Teilgebieten weitere und detailliertere Erkenntnisse erzielen. So wird der zukunftsträchtige Bereich Web-TV verstärkt in den forschungswissenschaftlichen Fokus gerückt.

Literaturverzeichnis

4-Seasons.TV (2013): Über uns // 4-Seasons.TV – Web TV für Outdoor und Abenteuer. URL: http://4-seasons.tv/ueber-uns-4-seasonstv-web-tv-fuer-outdoor-und-abenteuer [29.06.2013]

Adam, Marc A. (2008): Internet-TV – das Fernsehen der Zukunft. In: Kaumanns, Ralf/Siegenheim, Veit/Sjurts, Insa (Hrsg.): Auslaufmodell Fernsehen? Perspektiven des TV in der digitalen Medienwelt. Wiesbaden: Gabler Verlag, S. 67–79

Albers, Robert (1992): Quality in Television. From the Perspective of the Professional Program Maker. In: Studies of Broadcasting, 28/1992, S. 7–75.

Albers, Robert (1994): Quality In Television From The Perspective of the Professional Program Maker. A Canadian View and Suggested Evaluation Criteria. Studies In Broadcasting, 30/1994, S. 49–86.

Alisch, Katrin/**Arentzen**, Ute/**Winter**, Eggert (Hrsg.) (2004a): Akzeptanz. Gabler Wirtschaftslexikon. Wiesbaden: Gabler. (16., aktualisierte und überarbeitete Aufl.)

Alisch, Katrin/**Arentzen**, Ute/**Winter**, Eggert (Hrsg.) (2004b): Akzeptanztheorie. Gabler Wirtschaftslexikon. Wiesbaden: Gabler. (16., aktualisierte und überarbeitete Aufl.)

Alisch, Katrin/**Arentzen**, Ute/**Winter**, Eggert (Hrsg.) (2004c): Dauerqualität. Gabler Wirtschaftslexikon. Wiesbaden: Gabler. (16., aktualisierte und überarbeitete Aufl.)

Alisch, Katrin/**Arentzen**, Ute/**Winter**, Eggert (Hrsg.) (2004d): Funktionale Qualität. Gabler Wirtschaftslexikon. Wiesbaden: Gabler. (16., aktualisierte und überarbeitete Aufl.)

Alisch, Katrin/**Arentzen**, Ute/**Winter**, Eggert (Hrsg.) (2004e): Integralqualität. Gabler Wirtschaftslexikon. Wiesbaden: Gabler. (16., aktualisierte und überarbeitete Aufl.)

Alisch, Katrin/**Arentzen**, Ute/**Winter**, Eggert (Hrsg.) (2004f): Qualität. Gabler Wirtschaftslexikon. Wiesbaden: Gabler. (16., aktualisierte und überarbeitete Aufl.)

ALM (Arbeitsgemeinschaft der Landesmedienanstalten in der Bundesrepublik Deutschland) (Hrsg.) (2010): Staatsvertrag für Rundfunk und Telemedien (Rundfunkstaatsvertrag - RStV) vom 31.08.1991, in der Fassung des Dreizehnten Staatsvertrages zur Änderung rundfunkrechtlicher Staatsverträge vom 10. März 201, in Kraft getreten am 01.04.2010

Amnesty International Deutschland – YouTube (2013): Amnesty International Deutschland. URL: https://www.youtube.com/user/AmnestyDeutschland?hl=de&gl=DE [27.06.2013]

ARD intern (2011): Telemedienkonzepte. URL: http://www.ard.de/home/intern/pro gramm/onlineangebote/Telemedienkonzepte/343172/index.html [31.08.2015]

ARD intern (2012): Dreistufentest. URL: http://www.ard.de/home/intern/gremien/ aus-der-gvk-arbeit/Dreistufentest/69796/index.html [31.08.2015]

ARD/ZDF-Onlinestudie (2012a): Audio/Video.
URL: http://www.ard-zdf-onlinestudie.de/index.php?id=349 [25.10.2012]

ARD/ZDF-Onlinestudie (2012b): Mediennutzung.
URL: http://www.ard-zdf-onlinestudie.de/index.php?id=353 [25.10.2012]

ARD/ZDF-Onlinestudie (2012c): Videonutzung.
URL: http://www.ard-zdf-onlinestudie.de/index.php?id=359 [25.10.2012]

ARD/ZDF-Onlinestudie (2012d): Genutzte Anwendungen.
URL: http://www.ard-zdf-onlinestudie.de/index.php?id=onlinenutzunganwend0 [28.10.2012]

ARD/ZDF-Onlinestudie (2013): Internetnutzer.
URL: http://www.ard-zdf-onlinestudie.de/index.php?id=421 [20.07.2015]

Arnold, Klaus (2009): Qualitätsjournalismus. Die Zeitung und ihr Publikum Konstanz: UVK.

Baumann, Ulrich (2007): Mercedes startet Web-TV. URL: http://www.auto-motor-und-sport.de/news/mercedes-startet-web-tv-730806.html [25.08.2013]

Beißwenger, Achim/ **Frank**, Gernold P. (2008): Corporate TV- Excellence in Emotion. In: Marketing Review St. Gallen, 1/2008, S. 26–30.

Beißwenger, Achim (Hrsg.) (2010): Audiovisuelle Kommunikation in der globalen Netzwerkgesellschaft. In: YouTube und seine Kinder. Wie Online-Video, Web TV und Social Media die Kommunikation von Marken, Medien und Menschen revolutionieren. Nomos: Baden-Baden, S. 13–36.

Bergert, Denise (2006): Deutscher Multimedia Award: ZDF-Mediathek beste IPTV-Lösung. URL: http://www.pcwelt.de/news/Deutscher-Multimedia-Award-ZDF-Media thek-beste-IPTV-Loesung-309470.html?redirect=1 [25.08.2013]

Berghaus, Margot (1995): Zuschauer für interaktives Fernsehen. Ergebnisse einer qualitativen Befragung. In: Rundfunk und Fernsehen, 4/1995, S. 506–517.

Berwanger, Jörg/**Wichert**, Joachim (o. J): Unternehmung. Gabler Wirtschaftslexikon. URL: http://wirtschaftslexikon.gabler.de/Archiv/2675/unternehmung-v11.html [27.06.2013]

Bell, Martin (2008): Rasur im Mercedes. In: W&V Innovation, 3/2008, S. 27–29.

Bevan, Nigel (1997): Quality in Use. Incorporating Human Factors into Software Engineering Lifecycle. In: 3rd International Software Engineering Symposium (ISESS), S. 169–179.

BITKOM (2010): Presseinformation. Jeder zweite Internetnutzer schaut WebTV. URL: http://www.bitkom.org/files/documents/BITKOM_Presseinfo_IPTV_Summit_22_06_2010.pdf [15.11.2012]

BITKOM (2011): Presseinformation. Internet auf dem Fernsehgerät wird zum Standard. URL: http://www.bitkom.org/files/documents/BITKOM_Presseinfo_Internetfaehige_TV-Geraete_17_07_2011.pdf [15.11.2012]

BITKOM (2012): Presseinformation. Olympia 2012: Durchbruch für Internet-TV. URL: http://www.bitkom.org/files/documents/BITKOM_Presseinfo_Olympia-Livebilder_10_08_2012.pdf [15.11.2012]

Blumler, Jay (1991): In Pursuit of Programme Range and Quality. In: Studies of Broadcasting, 27/1991, S. 191–208.

Bogner, Alexander /**Menz**, Wolfgang (2002): Das theoriegenerierende Experteninterview. Erkenntnisinteresse, Wissensformen, Interaktion. In: Bogner, Alexander/Littig, Beate/Menz, Wolfgang (Hrsg.): Das Experteninterview. Theorie, Methode, Anwendung. Opladen: Leske u. Budrich, S. 33–70

Bogner, Alexander/**Littig**, Beate/**Menz**, Wolfgang (Hrsg.) (2002): Das Experteninterview. Theorie, Methode, Anwendung. Opladen: Leske u. Budrich.

Bolik, Sibylle /**Schanze**, Helmut (1997): Qualitätsfernsehen - Fernsehqualitäten. Arbeitsheft Bildschirmmedien 67. Siegen.

Bonfadelli, Heinz (2000): Medienwirkungsforschung II. Anwendungen in Politik, Wirtschaft und Kultur. Konstanz: UVK.

Bortz, Jürgen/**Döring**, Nicola (2006): Forschungsmethoden und Evaluation. Für Human- und Sozialwissenschaftler. Heidelberg: Springer-Medizin-Verlag. (4., überarbeitete Aufl.)

Breide, Stephan/**Glusa**, Stefan (2007): IPTV – Fernsehen nicht für jedermann?!. In: FKT, 10/2007, S. 523–530

Breunig, Christian (1999): Programmqualität im Fernsehen. Entwicklung und Umsetzung von TV-Qualitätskriterien. In: Media Perspektiven, 3/1999, S. 95-110.

Brockhaus (1996): Qualität. Brockhaus-Enzyklopädie in 24 Bänden. Band 17. Leipzig, u. a.: Brockhaus, S. 657. (20., überarbeitete und aktualisierte Aufl.)

Brockhaus (2006a): Qualität. Brockhaus-Enzyklopädie in 30 Bänden. Band 22. Leipzig, u. a.: Brockhaus, S. 341. (21., völlig neu bearbeitete Aufl.)

Brockhaus (2006b): Akzeptanz. Brockhaus-Enzyklopädie in 30 Bänden. Band 1. Leipzig, u. a.: Brockhaus, S. 432. (21., völlig neu bearbeitete Aufl.)

Brosius, Hans-Bernd/**Staab**, Joachim-Friedrich/**Gassner**, Hans-Peter (1991): Stimulusrezeption und Stimulusmessung. Zur dynamisch-transaktionalen Rekonstruktion wertender Sach- und Personendarstellungen in der Presse. In: Früh, Werner: Medienwirkungen. Das dynamisch-transaktionale Modell. Theorie und empirische Forschung. Opladen: Westdeutscher Verlag, S. 215–236.

Brosius, Hans-Bernd (1995): Alltagsrationalität in der Nachrichtenrezeption. Ein Modell zur Wahrnehmung und Verarbeitung von Nachrichteninhalten. Opladen: Westdeutscher Verlag.

Bucher, Hans-Jürgen (2000): Publizistische Qualität im Internet. Rezeptionsforschung für die Praxis. In: Altmeppen, Klaus-Dieter/Bucher, Hans-Jürgen/Löffelholz, Martin (Hrsg.): Online-Journalismus. Perspektiven für Wissenschaft und Praxis. Wiesbaden: Westdeutscher Verlag, S. 153–172.

Bucher, Hans-Jürgen/**Barth**, Christof (2003): Qualität im Hörfunk. Grundlagen einer funktionalen und rezipientenorientierten Evaluierung. In: Bucher, Hans-Jürgen /Altmeppen, Klaus-Dieter (Hrsg.): Qualität im Journalismus. Grundlagen, Dimensionen, Praxismodelle. Wiesbaden: Westdeutscher Verlag, S. 223–246.

Burns Melican, Debra/**Dixon**, Travis L. (2008): News on the net. Credibility, selective exposure, and racial prejudice. In: Communication Research 35, 2/2008, S. 151–168.

Busemann, Katrin/**Tippelt**, Florian (2014): Second Screen: Parallelnutzung von Fernsehen und Internet. In: Media Perspektiven, 7-8/2014, S. 408–416

Buß, Michael (1997): Fernsehen in Deutschland. Vielseher 1979/1980 und 1995 im Vergleich. In: Fünfgeld, Hermann/Mast, Claudia (Hrsg.): Massenkommunikation. Ergebnisse und Perspektiven. Opladen: Westdeutscher Verlag, S. 125–154

Busse, Caspar/**Riehl**, Katharina/**Widmann**, Marc (2012): Gemeinsam sind wir schwach. URL: http://www.sueddeutsche.de/medien/scheitern-von-ftd-und-frankfurter -rundschau-gemeinsam-sind-wir-schwach-1.1530838 [07.12.2012]

Campanella Bracken, Cheryl (2006): Perceived source credibility of local television news: The impact of television form and presence. In: Journal of Broadcasting & Electronic Media 50, 4/2006, S. 723–741.

CampusTV Mainz (2013): Über uns. URL: http://www.campus-tv.uni-mainz.de/wordpress/uber-uns [27.06.2013]

CLUB TV (2013): CLUB TV – 1. FC Nürnberg.
URL: http://www.fcn.de/club-tv/ [29.06.2013]

Corporate TV Association e.V. (2013): Begriffsdefinition "Corporate TV"
URL: http://www.ctva.de/de/corporate-tv/definition.html [27.06.13]

Dahinden, Urs/**Kaminski**, Piotr/**Niederreuther**, Raoul (2004): 'Content is King' – Gemeinsamkeiten und Unterschiede bei der Qualitätsbeurteilung aus Angebots- vs. Rezipientenperspektive. In: Beck, Klaus/Schweiger, Wolfgang/Wirth, Werner (Hrsg.): Gute Seiten – schlechte Seiten. Qualität in der Online-Kommunikation. München: Fischer, S. 103–126.

Dahm, Hermann/**Rössler**, Patrick/**Schenk**, Michael (1998): Vom Zuschauer zum Anwender. Akzeptanz und Folgen digitaler Fernsehdienste. Münster: LIT.

Darschin, Wolfgang/**Horn**, Imme (1997): Die Informationsqualität der Fernsehnachrichten aus Zuschauersicht. Ausgewählte Ergebnisse einer Repräsentativbefragung zur Bewertung der Fernsehprogramme. In: Media Perspektiven, 5/1997, S. 269–275.

Daschmann, Gregor (2009): Qualität von Fernsehnachrichten – Dimensionen und Befunde. Ein Forschungsüberblick. In: Media Perspektiven, 5/2009, S. 257–266.

Davis, Fred D. (1989): Perceived Usefulness, Perceived Ease of Use, and User Acceptance of Information Technology. In: MIS Quarterly, 9/1989, S. 319–340.

Degenhardt, Werner (1986): Akzeptanzforschung zu Bildschirmtext: Methoden und Ergebnisse. München: Fischer.

Dillman, Don A. (2007): Mail and internet surveys. The tailored design method. New Jersey: Wiley. (2. Aufl.)

DIN 66272 (1994): Informationstechnik – Bewerten von Softwareprodukten – Qualitätsmerkmale und Leitfaden zu ihrer Verwendung. Deutsches Institut für Normung e. V. Berlin: Beuth.

DIN EN ISO 8402-08 (1995): Qualitätsmanagement. Begriffe. Deutsches Institut für Normung e. V. Berlin: Beuth.

DIN EN ISO 9000 (2000): Qualitätsmanagement und Statistik. Deutsches Institut für Normung e. V. Berlin: Beuth.

DIN EN ISO 9241-11 (1998): Ergonomische Anforderungen für Bürotätigkeiten mit Bildschirmgeräten. Teil 11: Anforderungen an die Gebrauchstauglichkeit – Leitsätze. Deutsches Institut für Normung e. V. Berlin: Beuth.

DIPTV (2008a): Zuschauerpreis. URL: http://www.diptv.org/award-2013/deutscher-iptv-award-2008/der-zuschauerpreis.html [25.08.2013]

DIPTV (2008b): Sonderpreis. URL: http://www.diptv.org/award-2013/deutscher-iptv-award-2008/der-sonderpreis.html [25.08.2013]

DIPTV (2009): Die Gewinner des Deutschen IPTV Awards in diesem Jahr. URL: http://www.diptv.org/award-2013/deutscher-iptv-award-2009/die-gewinner.html [25.08.2013]

Doelker, Christian (1991): Kulturtechnik Fernsehen. Analyse eines Mediums. Stuttgart: Klett-Cotta. (Rev. Fassung der Ausg. 1989)

Donsbach, Wolfgang (1991): Medienwirkung trotz Selektion. Einflussfaktoren auf die Zuwendung zu Zeitungsinhalten. Köln, u. a.: Böhlau.

Eichhorn, Wolfgang (2000): Der Begriff der Transaktion im Wandel. In: Brosius, Hans-Bernd (Hrsg.): Kommunikation über Kulturen und Grenzen. Konstanz: UVK, S. 29–42.

Eichsteller, Harald/**Wiech**, Nina (2010): Untersuchung zur Bekanntheit und Nutzung von Corporate-Video Inhalten im Internet. In: Beißwenger, Achim (Hrsg.): YouTube und seine Kinder: wie Online-Video, Web TV und Social Media die Kommunikation von Marken, Medien und Menschenrevolutionieren. Baden-Baden: Nomos, S. 45–66.

Eilders, Christiane (1997): Nachrichtenfaktoren und Rezeption. Eine empirische Analyse zur Auswahl und Verarbeitung politischer Information. Opladen: Westdeutscher Verlag.

Eimeren van, Birgit/**Frees**, Beate (2008): Bewegtbildnutzung im Internet. In: Media Perspektiven, 7/2008, S. 350–355.

Endruweit, Günter (2002): Akzeptanz und Sozialverträglichkeit. In: Endruweit, Günter/Trommsdorff, Gisela (Hrsg.): Wörterbuch der Soziologie. Stuttgart: Lucius & Lucius, S. 6. (2., völlig neubearbeitete und erweiterte Aufl.)

Enge, Eric/**Spencer**, Stephan/**Stricchiola**, Jessica/ **Fishkin**, Rand (2012): Die Kunst des SEO. Strategie und Praxis erfolgreicher Suchmaschinenoptimierung. Köln: O'Reilly Verlag. (2. Aufl.)

Fabris, Hans Heinz/**Renger**, Rudi (2003): Vom Ethik- zum Qualitätsdiskurs. In: Bucher, Hans-Jürgen/Altmeppen, Klaus-Dieter (Hrsg.): Qualität im Journalismus. Grundlagen, Dimensionen, Praxismodelle. Wiesbaden: Westdeutscher Verlag, S. 79–92.

Faulbaum, Frank/**Prüfer**, Peter/**Rexroth**, Margit (2009): Was ist eine gute Frage. Die systematische Evaluation der Fragequalität. Wiesbaden: VS Verlag.

fcbayern.de (2006): Vorhang auf für FCB.tv.
URL: http://www.fcbayern.de /de/news/news/2006/08681.php [25.08.2013]

fcbayern.de (2013): Die FCB-Online-Welt erstrahlt in neuem Glanz. URL: http://www.fcbayern.de/de/news/news/2013/relaunch-homepage-die-fc-bayern-online-welt-erstrahlt-in-neuem-glanz.php [26.08.2013]

FCB.tv (2013a): Abos und Infos. URL: http://www.fcb.tv/de/ueber-fcb-tv/abos-und-infos/ [29.06.2013]

FCB.tv (2013b): Steuerungsoptionen. URL: http://www.fcb.tv/de [22.07.2013]

FCB.tv (2013c): Obere Menüstruktur und Videoplayer. URL: http://www.fcb.tv/de [22.07.2013]

FCB.tv (2013d): Thumbnail- und Seitennavigation. URL: http://www.fcb.tv/de [22.07.2013]

Fernsehkritik-TV (2013a): TV-Magazin-Seite. URL: http://fernsehkritik.tv /tv-magazin [22.07.2013]

Fernsehkritik-TV (2013b): Videostartseite. URL: http://fernsehkritik.tv /folge-80 [22.07.2013]

Fernsehkritik-TV (2013c): Steuerungsoptionen. URL: http://fernsehkritik.tv/folge-80 [22.07.2013]

Flattr (2012): How Flattr works. URL: http://flattr.com/howflattrworks [07.11.2012]

Flick, Uwe (2007): Qualitative Sozialforschung. Eine Einführung. Rowohlt Verlag: Hamburg bei Reinbek. (Vollständig überarbeitete und erweiterte Neuausgabe)

Flick, Uwe (2008): Triangulation. Eine Einführung. VS Verlag: Wiesbaden. (2., Aufl.)

Flick, Uwe/**von Kardorff**, Ernst/**Steinke**, Ines (Hrsg.) (2007): Qualitative Forschung. Ein Handbuch. Reinbek bei Hamburg: Rowohlt Verlag. (5., Aufl.)

Früh, Werner (1980): Lesen, Verstehen, Urteilen. Untersuchungen über den Zusammenhang von Textgestaltung und Textwirkung. Mit einem Vorwort von Winfried Schulz. München: Verlag Karl Alber.

Früh, Werner (2001): Der dynamisch-transaktionale Ansatz. Ein integratives Paradigma für Medienrezeption und Medienwirkungen. In: Rössler, Patrick/Hasebrink, Uwe/Jäckel, Michael (Hrsg.): Theoretische Perspektiven der Rezeptionsforschung. München: Fischer, S. 11–34.

Früh, Werner/**Wirth**, Werner/**Stiehler**, Hans-Jörg/**Wünsch**, Carsten (Hrsg.) (2007): Dynamisch-transaktional denken. Theorie und Empirie der Kommunikationswissenschaft. Köln: Halem.

Früh, Werner/ **Schönbach**, Klaus (1991): Der dynamisch-transaktionale Ansatz II. In: Früh, Werner (Hrsg.): Medienwirkungen. Das dynamisch-transaktionale Modell. Theorie und empirische Forschung. Opladen: Westdeutscher Verlag, S. 41–84.

Früh, Werner/**Schönbach**, Klaus (2005): Der dynamisch-transaktionale Ansatz III: Eine Zwischenbilanz. In: Publizistik, 50/1 S. 4–20.

Gehrau, Volker (2008): Fernsehbewertung und Fernsehhandlung. Ansätze und Daten zu Erhebung, Modellierung und Folgen von Qualitätsurteilen des Publikums über Fernsehangebote. Reihe Rezeptionsforschung, Band 15. München: Fischer.

Geiger, Walter/**Kotte**, Willi (2008): Handbuch Qualität. Grundlagen und Elemente des Qualitätsmanagements: Systeme – Perspektiven. Wiesbaden: Vieweg. (5., vollständig überarbeitete und erweiterte Aufl.)

Gerhards, Claudia/**Pagel**, Sven (2009): Internetfernsehen von TV-Sendern & User Generated Content. Berlin: Friedrich-Ebert-Stiftung.

Gertis, Hubert (2006): Schrumpfkur für „Old Media"? In: tendenz. Magazin für Funk und Fernsehen der Bayerischen Landeszentrale für neue Medien. 3/2006, S. 4–9.

Giegler, Helmut/**Wenger**, Christian (2003): Unterhaltung als soziokulturelles Problem. In: Früh, Werner/Stiehler, Hans-Jörg (Hrsg.): Theorie der Unterhaltung. Ein interdisziplinärer Diskurs. Köln: Halem, S. 105–135.

Gindl, Kathrin/**Grether**, Verena (2009): Die Nutzung von Web-TV. Ergebnisse einer qualitativen Befragung zur Nutzung von Web-TV und den bevorzugten Programmangeboten. In: Scolik, Reinhard/Wippersberg, Julia (Hrsg.): WebTV – Fernsehen auf neuen Wegen. Beiträge zu Bewegtbildern im Internet. LIT Verlag: Wien, Berlin. S. 57–71.

Gläser, Jochen/**Laudel**, Grit (2009): Experteninterviews und qualitative Inhaltsanalyse. Wiesbaden: VS Verlag. (3., überarbeitete Aufl.)

Gleich, Uli (2008): Medienqualität. In: Media Perspektiven, 12/2008, S. 642–646

Global internetTV (2013): Freier Zugang zu 8652 TV-Stationen aus der ganzen Welt. URL: http://www.global-itv.com/de [30.07.2013]

GMX (2013): GMX. URL: http://www.gmx.net [29.06.2013]

Goertz, Lutz (1995): Wie interaktiv sind Medien? Auf dem Weg zu einer Definition von Interaktivität. In: Rundfunk und Fernsehen, 43, S. 477–493.

Goldhammer, Klaus/**Link**, Christine (2012): BLM Web-TV-Monitor 2012 Internetfernsehen – Nutzung in Deutschland. URL: http://www.webtvmonitor.de/uber/studie-2012/ [14.11.2012]

Goldhammer, Klaus/**Zerdick**, Axel (2000): Rundfunk online. Entwicklungen und Perspektiven des Internets für Hörfunk- und Fernsehanbieter. Berlin: VISTAS Verlag. (2., aktualisierte Auflage)

Goodhue, Dale L./**Thompson**, Ronald L. (1995): Task-Technology Fit and Individual Performance. In: MIS Quarterly, 6/1995, S. 213–236.

Gottschlich, Maximilian (1985): Ökologie und Medien. Ein Neuansatz zur Überprüfung der Thematisierungsfunktion von Medien. In: Publizistik, Jg. 30, S. 314–329.

Grant, Tina (2003): RealNetworks. In: International Directory of Company Histories, 53, S. 280–282.

Greenberg, Bradley S./**Busselle**, Rick (1992): Television quality from the audience perspective. In: Studies of Broadcasting, Jg. 28, S. 157–194.

Greenberg, Bradley S./**Busselle**, Rick (1994): Audience dimensions of quality in situation comedys and action programs. In: Studies of Broadcasting, Jg. 30, S. 17–48.

Grimme Online Award (2013): Preisträger 2010.
URL: http://www.grimme-institut.de/html/index.php?id=988 [03.09.2013]

Groth, Otto (1960): Die unerkannte Kulturmacht: Das Wesen des Werkes. Bd.1. Berlin: de Gruyter

Gunter, Barrie (1997): An audience based approach to assessing programme quality. In: Winterhoff-Spurk, Peter/van der Voort, Torn H. a. (Hrsg.): New Horizons in Media Psychology. Research Cooperations and Projects in Europe. Opladen: Westdeutscher Verlag, S. 11–34.

Haas, Hannes/**Lojka**, Klaus (1998): Qualität auf dem Prüfstand. Bedingungen einer kommunikativen Leistungsdiagnostik für Journalismus und Öffentlichkeitsarbeit. In: Duchkowitsch, Wolfgang/Hausjell, Fritz/Hömberg, Walter/Kutsch, Aarnulf/Neverla, Irene (Hrsg.): Journalismus als Kultur. Analysen und Essays. Opladen, Wiesbaden: Westdeutscher Verlag, S. 115–132.

Hadeler, Thorsten/**Winter**, Eggert (Hrsg.) (2000): Ökologische Qualität Gabler Wirtschaftslexikon. Gabler Verlag: Wiesbaden (15. Aufl.)

Hagen, Lutz M. (1995): Informationsqualität von Nachrichten. Meßmethoden und ihre Anwendung auf die Dienste von Nachrichtenagenturen. Opladen: Westdeutscher Verlag.

Halberschmidt, Tina (2015): Netflix-CEO sieht fürs Fernsehen schwarz. URL: http://www.handelsblatt.com/unternehmen/it-medien/reed-hastings-auf-der-re-publica-netflix-ceo-sieht-fuers-fernsehen-schwarz/11734536.html [06.05.2015]

Halff, Gregor (1998): Die Malaise der Medienwirkungsforschung. Transklassische Wirkungen und klassische Forschung. Opladen, u.a.: Westdeutscher Verlag.

Haller, Michael (2003): Qualität und Benchmarking im Printjournalismus. In: Bucher, Hans-Jürgen/Altmeppen, Klaus-Dieter (Hrsg.): Qualität im Journalismus. Grundlagen - Dimensionen - Praxismodelle. Wiesbaden: Westdeutscher Verlag. S. 181–202.

Hayes, Steven. C. (2001): Psychology of acceptance and change. In: Smelser, H. J./Baltes, P. W. (Hrsg.): International encyclopedia of the social & behavorial science. Oxford, UK: Elsevier Sciences, S. 27–30.

Heijnk, Stefan (2002): Texten fürs Web. Grundlagen und Praxiswissen für Online-Redakteure. Heidelberg: dpunkt-Verlag.

Hein, David (2011): Telekom stellt Videoportal 3min.de ein. URL: http://www.horizont.net/aktuell/digital/pages/protected/Telekom-stellt-Videoportal-3mindeein_100216.html [07.11.2013]

Hein, Jan-Philipp (2008): Landesmedienanstalten wollen Netz-Sendungen kontrollieren. URL: http://www.spiegel.de/netzwelt/web/lizenzen-fuer-livestreams-landesmedienanstalten-wollen-netz-sendungen-kontrollieren-a-566234.html [06.11.2012]

Heinrich, Jürgen (2011): Publizistische Qualität. In: Sjurts, Insa (Hrsg.): Gabler Lexikon Medienwirtschaft. Wiesbaden. (2., aktualisierte und erweiterte Aufl.)

Hermes, Sandra (2006): Qualitätsmanagement in Nachrichtenredaktionen. Köln: Halem.

Hohlfeld, Ralf (2003): Objektivierung des Qualitätsbegriffs. Ansätze zur Bewertung von Fernsehqualität. In: Bucher, Hans-Jürgen/Altmeppen, Klaus-Dieter (Hrsg.): Qualität im Journalismus. Grundlagen - Dimensionen - Praxismodelle. Wiesbaden: Westdeutscher Verlag. S. 203–222.

Hooffacker, Gabriele/**Goldmann**, Martin (2001): Online publizieren. Für Web-Medien texten, konzipieren, gestalten. Reinbek bei Hamburg: Rowohlt Verlag.

Hopf, Christl (1978): Die Pseudo-Exploration – Überlegungen zur Technik qualitativer Interviews in der Sozialforschung. In: Zeitschrift für Soziologie, 7, S. 97–115.

Horn, U. (1992): Von der Qualitätskontrolle zur Qualitätsphilosophie. Der Organisator, das Schweizer Magazin für Management und Informatik 74, Heft 10, S. 11–13.

Horak, Christian (1995): Controlling in Non-Profit-Organisationen. Erfolgsfaktoren und Instrumente. DUV: Wiesbaden. (2., Aufl.)

Horstmann, Reinhold (1991): Medieneinflüsse auf politisches Wissen. Zur Tragfähigkeit der Wissenskluft-Hypothese. Wiesbaden: Dt. Univ.-Verlag.

Hubona, Geoffrey S./**Geitz**, Sarah (1997): External Variables, Beliefs, Attitudes and Information Technology Usage Behavior. In: Nunamaker, J. F./ Sprague, R. H. (Hrsg.): Proceedings of The Thirtieth Annual Hawaii International Conference on System Sciences, Los Alamitos, et al. IEEE Computer Society Press, S. 22.
URL: http://www.computer.org/csdl/proceedings/hicss/1997/7734/03/7734030021.pdf [30.03.2013]

Hündgen, Markus (2011): Goodbye, Sendelizenz. URL: http://blog.zdf.de/hyperland /2011/08/goodbye-sendelizenz/ [06.11.2012]

Huth, Lutz /**Sielker**, Klaus(1988): TV-Nachrichten im Wettbewerb. Der kontrollierte Einsatz von Unterhaltung als Marketing-Strategie. In: Rundfunk und Fernsehen, 34/1988, S. 456.

Internet Archive (2013): About the Internet Archive.
URL: http://archive.org/about/ [27.07.2013]

ITWissen (2013a): Layer-Ad. URL: http://www.itwissen.info/definition/lexikon/Lay er-Ad-layer-ad.html [06.03.2014]

ITWissen (2013b): Vertikale Suchmaschine. URL: http://www.itwissen.info/definit ion/lexikon/Vertikale-Suchmaschine-vertical-search-engine.html [06.03.2014]

ITWissen (2015a): Revenue-Sharing. URL:http://www.itwissen.info/definition/lexi kon/Revenue-Sharing-revenue-sharing.html [31.08.2015]

ITWissen (2015b): MPEG (moving picture expert group). URL:http://www.itwissen .info/definition/lexikon/moving-picture-experts-group-MPEG-MPEG-Standard.html [28.07.2015]

IVW (2013a): Online-Nutzungsdaten. SPIEGEL ONLINE.
URL: http://ausweisung.ivw-online.de/online/i.php?s=2&a=140091 [20.07.2015]

IVW (2013b): Titelanzeige. Der Spiegel (woe).
URL: http://ivw.de/aw/print/qa/titel/122 [20.07.2015]

IVW (2013c): Online-Nutzungsdaten. Clipfish.
URL: http://ausweisung.ivw-online.de/online/i.php?s=2&a=135849 [20.07.2015]

IVW (2013d): Online-Nutzungsdaten. MyVideo.
URL: http://ausweisung. ivw-online.de/online/i.php?s=2&a=136334 [20.07.2015]

Jaron, Rafael/**Thielsch**, Meinald T. (2009): Die dritte Dimension: Der Einfluss der Ästhetik auf die Bewertung von Websites. planung & analyse, 1/2009, S. 22–25.

Jungbeck, Karlheinz/**Ritter**, Sabine/**Goedhart**, Jan P. (1998). Business-TV in Deutschland: Marktpotentiale und Perspektiven. Münchner Reihe Medienentwicklung Bd. 2. Schulz Verlag: Starnberg.

Kraetzer, Philipp/**Schüür**, Klaas (2010): Videostreaming in IP-basierten Netzen. In: FKT, 4/2010, S. 143–146

Kaumanns, Ralf/**Siegenheim**, Veit/**Neumüller**, Gerald/ **Krautsieder**, Martin (2007): Videoportale in Deutschland. Im Spannungsfeld zwischen Fernsehen und Internet. Accenture, SevenOneMedia: Unterföhring.

Klimsa, Paul/**Krömker**, Heidi (2005): Handbuch Medienproduktion. Produktion von Film, Fernsehen, Hörfunk, Print, Internet, Mobilfunk und Musik. Wiesbaden: VS Verlag.

Kloppenburg, Gerhard/**Simon**, Erk/**Vogt**, Melanie/**Schmeisser**, Daniel (2009): Der flexible Zuschauer? – Zeitversetztes Fernsehen aus Sicht der Rezipienten. In: Media Perspektiven, 1/2009, S. 2–8

Kollmann, Tobias (1998): Akzeptanz innovativer Nutzungsgüter und -systeme. Konsequenzen für die Einführung von Telekommunikations- und Multimediasystemen. Wiesbaden: Gabler.

Krannich, Bernd Michael (2012): Spartacus: Vengeance wird vorab online bei MyVideo gezeigt. URL: http://www.serienjunkies.de/news/spartacus-vengeance-vorab-myvideo-41193.html [am 05.11.2012]

Kromrey, Helmut (2006): Empirische Sozialforschung. Lucius & Lucius: Stuttgart. (11. Aufl.)

Kuckartz, Udo/**Ebert**, Thomas/**Rädiker**, Stefan/ **Stefer**, Claus (2009): Evaluation online. Internetgestützte Befragung in der Praxis. VS Verlag: Wiesbaden.

Kuckartz, Udo (2010): Einführung in die computergestützte Analyse qualitativer Daten. Wiesbaden: VS Verlag. (3., aktualisierte Aufl.)

Kunzcik, Michael/**Zipfel**, Astrid (2001): Publizistik. Ein Studienhandbuch. Köln, u. a.: UTB.

Kübler, Hans-Dieter (1997): Medienqualität – was macht sie aus? Zur Qualität einer nicht beendeten, aber wohl verstummenden Debatte. In: Wunden, Wolfgang (Hrsg.): Wahrheit als Medienqualität. Frankfurt: Gemeinschaftswerk der Evang. Publizistik, S. 193–209.

Küchler, Manfred (1983): „Qualitative Sozialforschung – ein neuer Königsweg? In: Garz, D./Kraimer, L. (Hrsg.): Brauchen wir andere Forschungsmethoden? Beiträge zur Diskussion interpretativer Verfahren. Cornelsen Verlag Scriptor: Frankfurt am Main, S. 9–30.

Künkel, Tobias (2001): Streaming Media. Technologien, Standards, Anwendungen. München [u.a.]: Addison-Wesley.

Kutschera, Norbert (2001): Fernsehen im Kontext jugendlicher Lebenswelten. Eine Studie zur Medienrezeption Jugendlicher auf der Grundlage des Ansatzes der kontextuellen Mediatisation. München: KoPäd-Verlag.

Lamnek, Siegfried (2005): Qualitative Sozialforschung. Beltz Verlag: Weinheim. (4., vollständig überarbeitete Aufl.)

Lang, Maria et al. (2005): Vermittlungskompetenz zwischen „sender" und „user quality". In: Rau, Harald: Wie individuell ist journalistische Qualität, Projektseminar im Hauptstudium, Universität Leipzig, Institut für Kommunikations- und Medienwissenschaft, Wintersemester 2005/2006, grafische Umsetzung, unveröffentlicht, Leipzig.

Lee, Hwa-Haeng (2001): Deutsche TV-Anbieter im Internet : eine empirisch-analytische Untersuchung der Online-Aktivitäten von RTL und ZDF. Hagen: ISL-Verlag.

Leggatt, Timothy (1991): Identifying the Undefinable. An Essay on Approaches to Assessing Quality in Television in the UK. In: Studies of Broadcasting, Jg. 27, S. 113–132.

Leggatt, Timothy (1993): Quality in Television. The Views of Professionals. In: Studies of Broadcasting, Jg. 29, S. 37–69.

Lohr, Jürgen (2009): High Definition Media Services. Zukunft des Rundfunks im Internet: Technologien und Anwendungsperspektiven. Fachverlag Schiele & Schön: Berlin

Lucke, Doris (2010): Akzeptanz und Legitimation. In: Kopp, Johannes/Schäfers, Bernhard (Hrsg.): Grundbegriffe der Soziologie. Wiesbaden: VS Verlag. (10. Aufl.), S. 12–17.

Ludwig-Mayerhofer, Wolfgang (2007): Codieren. Internet-Lexikon der Methoden der empirischen Sozialforschung. URL: http://wlm.userweb.mwn.de/ein_voll.htm [09.08.2010]

Luzar, Katrin (2004): Inhaltsanalyse von webbasierten Informationsangeboten. Norderstedt: Books on Demand GmbH.

Lyng, Robert/**von Rothkirch**, Michael/**Klein**, Stefan (Hrsg.) (2004): Lexikon der Entertainment-Industrie. Bergkirchen: PPVMedien.

Magine TV (2015): Magine TV. URL: https://magine.com/de/splash/ [28.07.2015]

Massengeschmack-TV (2013): Massengeschmack-TV. URL: http://massengeschmack.tv [05.09.2013]

Maurer, Torsten/**Trebbe**, Joachim (2006): Fernsehqualität aus der Perspektive des Rundfunkprogrammrechts. In: Weischenberg, Siegfried/Loosen, Wiebke/Beuthner, Michael (Hrsg.): Medien-Qualitäten. Öffentliche Kommunikation zwischen ökonomischem Kalkül und Sozialverantwortung. Schriftenreihe der Deutschen Gesellschaft für Publizistik- und Kommunikationswissenschaft. Konstanz: UVK. Bd. 33, S. 37–52

Mayer, Horst Otto (2009): Interview und schriftliche Befragung. Entwicklung, Durchführung, Auswertung. München: Oldenbourg. (5., überarbeitete Aufl.)

Mayring, Philipp (2000): Qualitative Inhaltsanalyse. Forum Qualitative Sozialforschung/Forum: Qualitative Social Research. (Online Journal), Vol. 1/Nr. 2. URL: https://www.ph-freiburg.de/fileadmin/dateien/fakultaet3/sozialwissenschaft/Quasus/Volltexte/2-00mayring-d_qualitativeInhaltsanalyse.pdf [10.06.2010]

Mayring, Philipp (2002): Einführung in die qualitative Sozialforschung. Eine Anleitung zu qualitativem Denken. Weinheim, Basel: Beltz. (5. Aufl.)

Mayring, Philipp (2003): Qualitative Inhaltsanalyse. Grundlagen und Techniken. Weinheim, Basel: Beltz. (8. Aufl.)

McQuail, Denis (1992): Media Performance. Mass Communication and the Public Interest. London: Sage

Medienanstalten, Die (2013): Checkliste der Medienanstalten für Veranstalter von Web-TV. URL:http://www.die-medienanstalten.de/fileadmin/Download/Rechtsgrundlagen/Richtlinien/Checkliste_Web-TV.pdf [03.02.2013]

Meier, Holger (2008): Ein verdammt guter Fernseher: die neue ZDFmediathek. URL: http://www.zdf-jahrbuch.de/2007/grundlagen/meier.html [26.08.2013]

Meier, Klaus (Hrsg.) (2002b): Internet-Journalismus. Konstanz: UVK. (3., überarbeitete und erweiterte Aufl.)

Meier, Klaus (2003): Qualität im Online-Journalismus. In: Bucher, Hans-Jürgen/Altmeppen, Klaus-Dieter (Hrsg.): Qualität im Journalismus. Grundlagen, Dimensionen, Praxismodelle. Wiesbaden: Westdeutscher Verlag, S. 247–266.

Meier, Klaus (2011): Journalistik. Konstanz: UVK. (2., überarbeitete Aufl.)

Meier, Stefan/**Pentzold**, Christian (2010): Theoretical Sampling als Auswahlstrategie für Online-Inhaltsanalysen. In: Welker, Martin/Wünsch, Carsten (Hrsg). Die Online-Inhaltsanalyse. Herbert von Halem Verlag: Köln, S. 124–143

Mercedes-Benz TV (2013a): Mercedes-Benz international.
URL: http://www5.mercedes-benz.com/de/tv/ [29.06.2013]

Mercedes-Benz TV (2013b): Header.
URL: http://www5.mercedes-benz.com/de/tv/ [22.07.2013]

Mercedes-Benz TV (2013c): Auszug zur Startseite in der Magazin-Ansicht.
URL: http://www5.mercedes-benz.com/de/tv/ [22.07.2013]

Mercedes-Benz TV (2013d): Empfehlungsfunktionen.
URL: http://www5.mercedes-benz.com/de/tv/ [22.07.2013]

Merkens, Hans (2007): Auswahlverfahren, Sampling, Fallkonstruktion. In: Flick, Uwe/von Kardorff, Ernst/Steinke, Ines (Hrsg.): Qualitative Forschung. Ein Handbuch. Hamburg bei Reinbek: Rowohlt Verlag, S. 286–298. (5., Aufl.)

Merten, Klaus (2007): einführung in die Kommunikationswissenschaft. Berlin: LIT Verlag. (3. Aufl.)

Meulemann, Heiner (2011): Akzeptanz. In: Fuchs-Heinritz, Werner/Klimke, Daniela/Lautmann, Rüdiger/Rammstedt, Otthein/Stäheli, Urs/Weischer, Christoph/Wienold, Hanns (Hrsg.): Lexikon der Soziologie. Wiesbaden: VS Verlag (5., überarbeitete Aufl.), S. 25

Meuser, Michael/**Nagel**, Ulrike (2009): Das Experteninterview – konzeptionelle Grundlagen und methodische Anlage. In: Pickel, Susanne/Pickel, Gert/Lauth, Hans-Joachim/Jahn, Detlef (Hrsg.) (2009): Methoden der vergleichenden Politik- und Sozialwissenschaft. Neue Entwicklungen und Anwendungen. Wiesbaden: VS Verlag, S. 465–480.

Mieg, Harald A. /**Näf**, Matthias (2006): Experteninterviews in den Umwelt und Planungswissenschaften. Eine Einführung und Anleitung. Lengerich: Papst.

Miles, Matthew B./**Huberman**, A. Michael (1994): Qualitative Data Analysis – An Expanded Sourcebook. Thousand Oaks, London, New Delhi: Sage. (2. Aufl.)

MPEG (2015): Welcome to MPEG. URL: http://mpeg.chiariglione.org/ [28.07.2015]

MSN TV (2009): MSN TV. URL: http://www.webtv.com/pc/ [30.10.2012]

Mühlfeld, Claus/**Windolf**, Paul/**Lampe**, Norbert/**Krüger**, Heidi (1981): Auswertungsprobleme offener Interviews. In: Soziale Welt, Jg. 33. 716–734.

MySpass.de (2013): MySpass.de. URL: http://www.myspass.de [29.06.2013]

MyVideo (2006): MyVideo.de startet Deutschlands erste Video-Community. URL: http://www.myvideo.de/Presse/MyVideo_de_startet_Deutschlands_erste_Video-Community [10.07.2013]

MyVideo (2013a): Lustige Videos, Musik, TV-Serien und kostenlose Filme – MyVideo. URL: http://www.myvideo.de [29.06.2013]

MyVideo (2013b): Allgemeines zu Video – Wie lang darf mein Video sein? URL: http://www.myvideo.de/Hilfe?topic=14&question=6 [23.07.2013]

MyVideo (2013c): Playlist und Merkliste verwalten – Was ist eine Merkliste? URL: http://www.myvideo.de/Hilfe?topic=8&question=7 [24.07.2013]

MyVideo (2013d): Startseite. URL: http://www.myvideo.de [22.07.2013]

MyVideo (2013e): Videoplayer und Empfehlungsfunktionen. URL: http://www.myvideo.de [22.07.2013]

Neckermann, Isabell (2003): Business TV als Medium der internen Unternehmenskommunikation in Deutschland. Aachen: Shaker Verlag.

Neuberger, Christoph (1997): Was ist wirklich, was ist wichtig? Zur Begründung von Qualitätskriterien im Journalismus. In: Bentele, Günter/Haller, Michael (Hrsg.): Aktuelle Entstehung von Öffentlichkeit. Akteure – Strukturen – Veränderungen. Konstanz: UVK, S. 311–322.

Neuberger, Christoph (2002): Berufsbild Online-Journalist. In: Meier, Klaus (Hrsg.): Internet-Journalismus. Konstanz: UVK, S. 175–186. (3. Aufl.)

Neuberger, Christoph (2004): Qualität im Onlinejournalismus. In: Beck, Klaus/ Schweiger, Wolfgang/Wirth, Werner (Hrsg.): Gute Seiten – schlechte Seiten. Qualität in der Online-Kommunikation. München: Fischer, S. 32–57.

Neudorfer, Reinhard (2004): Geschäftsmodelle für den Mobilfunk. Analyse der Leistungserstellung und des Leistungsabsatzes. Graz: Deutscher Universitäts-Verlag.

Nielsen, Jakob (2000): Designing Web Usability. Indianapolis: New Riders Publishing

Oliver, Kevin (2007): Test- und Mess-Strategie bei IPTV. In: FKT, 1–2/2007, S. 42–44

Patton, Michael Quinn (2002): Qualitative Evaluation and Research Methods. London: Sage. (3. Aufl.)

Persson, Christian (1999): NetAid: Im Web kein Genuss.
URL: http://www.heise.de/newsticker/meldung/NetAid-Im-Web-kein-Genuss-19981. html [28.07.2015]

Postinett, Axel (2014): Amazon kauft Twitch. Von Null auf eine Milliarde in drei Jahren. URL: http://www.handelsblatt.com/unternehmen/it-medien /amazon-kauft-twitch-von-null-auf-eine-milliarde-in-drei-jahren-/v_detail_tab_print/10607794.html [26.08.2014]

ProSieben (2013a): ProSieben Connect.
URL: http://connect.prosieben.de [29.06.2013]

ProSieben (2013b): Videohilfe.
URL: http://www.prosieben.de/service/videohilfe/aeltere-sendungen-sehen-archiv-1.2 222450 [29.06.2013]

ProSiebenSat1 Media AG (2013): Geschichte. 2006-2010.
URL: http://www.prosiebensat1.de/de/unternehmen/prosiebensat1-media-se/geschichte/2006-2010 [28.08.2013]

Przyborski, Aglaja/**Wohlrab-Sahr**, Monika (2009): Qualitative Sozialforschung. Ein Arbeitsbuch. München: Oldenbourg. (2., korrigierte Aufl.)

Pürer, Heinz (2003): Publizistik- und Kommunikationswissenschaft. Ein Handbuch. Konstanz: UVK.

Quandt, Thorsten (2004): Qualität als Konstrukt. Entwicklung von Qualitätskriterien im Onlinejournalismus. In: Beck, Klaus/Schweiger, Wolfgang/Wirth, Werner (Hrsg.): Gute Seiten – schlechte Seiten. Qualität in der Online-Kommunikation. München: Fischer, S. 58–79.

Raab-Steiner, Elisabeth /**Benesch**, Michael (2008): Der Fragebogen: von der Forschungsidee zur SPSS-Auswertung. Wien: Facultas.

Raithel, Jürgen (2008): Quantitative Forschung. Ein Praxiskurs. VS Verlag: Wiesbaden. (2., durchgesehene Aufl.)

Rajani, Rakhi/**Rosenberg**, Duska (1999): Usable?...Or not?...Factors Affecting the Usability of Websites. In: CMC Computer-Mediated Communication Magazine. Volume 6, No. 1. URL: http://www.december.com/cmc/mag/1999/jan/rakros.html [11.03.2013]

Rau, Harald (2007): Qualität in einer Ökonomie der Publizistik. Betriebswirtschaftliche Lösungen für die Redaktion. Wiesbaden: VS Verlag.

Reinders, (2005): Qualitative Interviews mit Jugendlichen führen. Ein Leitfaden. München: Oldenbourg.

Renckstorf, Karsten (1989): Mediennutzung als soziales Handeln: Zur Entwicklung einer handlungstheoretischen Perspektive der empirischen (Massen-) Kommunikationsforschung. In: Kaase, Max/Schulz, Winfried (Hrsg.): Massenkommunikation. Theorien, Methoden, Befunde. Opladen: Westdeutscher Verlag, S. 314–336.

Referenzfilm (2007): Definition Business-TV / Corporate TV. URL: http://www.referenzfilm.de/service/definitionfilmproduktionen/business-tv.html [06.09.2010]

Reißmann, Ole (2011): Kein Erfolg: Telekom schließt Web-Serienportal 3min. URL: http://www.spiegel.de/netzwelt/web/kein-erfolg-telekom-schliesst-web-serienportal-3min-a-763291.html [07.11.2013]

Reißmann, Ole (2013): Gema-Streit: YouTube sperrt jedes zweite angesagte Video. URL: http://www.spiegel.de/netzwelt/netzpolitik/gema-streit-youtube-sperrt-61-5-prozent-der-angesagtesten-videos-a-880005.html [29.06.2013]

Rogers, Everett M. (2003): Diffusion of innovations. New York: Free Press. (5. Aufl.)

Röper, Horst (1994): Das Mediensystem der Bundesrepublik Deutschland. In: Merten, Klaus/Schmidt, Siegfried J./Weischenberg, Siegfried (Hrsg,): Die Wirklichkeit der Medien. Eine Einführung in die Kommunikationswissenschaft. Opladen: Westdeutscher Verlag, S. 506–543.

Rössler, Patrick (1997): Agenda-Setting. Theoretische Annahmen und empirische Evidenzen einer Medienwirkungshypothese. Opladen: Westdeutscher Verlag.

Rössler, Patrick (1998): Information und Meinungsbildung am elektronischen „Schwarzen Brett". Kommunikation via Usenet und mögliche Effekte im Licht klassischer Medienwirkungsansätze. In: Prommer, Elizabeth/ Vowe, Gerhard (Hrsg.): Computervermittelte Kommunikation. Öffentlichkeit im Wandel. Konstanz: UVK, S. 113–140.

Rössler, Patrick (2004): Qualität aus transaktionaler Perspektive. Zur gemeinsamen Modellierung von ‚User Quality ' und ‚Sender Quality ': Kriterien für Online-Zeitungen. In: Beck, Klaus/Schweiger, Wolfgang/Wirth, Werner (Hrsg.): Gute Seiten – schlechte Seiten. Qualität in der Online-Kommunikation. München: Fischer, S. 127–145.

Rössler, Patrick/**Legrand**, Marie (2012): Multiperspektivische Mediennutzungsforschung zum Social Web. Kumulative Evidenzen durch eine dynamisch und transaktional angelegte Methodenkombination. In: Loosen, Wiebke/ Scholl, Armin (Hrsg.): Methodenkombinationen in der Kommunikationswissenschaft. Methodologische Herausforderungen und empirische Praxis. Köln: Halem Verlag, S. 350–370.

Rössler, Patrick/**Wirth**, Werner (2001): Inhaltsanalysen im World Wide Web. In: Wirth, Werner/Lauf, Edmund (Hrsg.): Inhaltsanalyse. Perspektiven, Probleme, Potentiale. Köln: Halem Verlag, S. 280–302.

RTL NOW (2013): Angebotsstruktur. URL: http://rtl-now.rtl.de/hilfe_angebotsstruktur.php [29.06.2013]

Ruß-Mohl, Stephan (1992): Am eigenen Schopfe... Qualitätssicherung im Journalismus – Grundfragen, Ansätze und Näherungsversuche. In: Publizistik, 37/1992, S. 83–96.

Saito, Junichi (2008): Case 02. In: Wiedemann, Julius (Hrsg.): Web Design. Video Sites. Köln, London: Taschen

Sander, Ingo (1997): How violent is TV violence? An empirical investigation of factors influencing viewers' perception of TV violence. In: European Journal of Communication, 12. Jg., S. 43–98.

Scharf, Wilfried (1988): Politisch überfordert. Kleiner Gang durch die Medienwirkungsforschung. In: Medium, Nr. 2, S. 17–20.

Schatz, Heribert/**Schulz**, Winfried (1992): Qualität von Fernsehprogrammen. Kriterien und Methoden zur Beurteilung von Programmqualität im dualen Fernsehsystem. In: Media Perspektiven, 11/1992, S. 690–712.

Schauz, Michael (1996): Video on Demand und sein Substitutionspotential für das Verleihgeschäft der Videotheken. Dissertation. Universität Münster.

Schenk, Michael/**Gralla**, Susanne (1993): Qualitätsfernsehen aus der Sicht des Publikums. In: Media Perspektiven, 1/1993, S. 8–15.

Scherer, Helmut (1990): Massenmedien, Meinungsklima und Einstellung. Eine Untersuchung zur Theorie der Schweigespirale. Opladen: Westdeutscher Verlag.

Schering, Sidney (2012): Auch «Spartacus: Vengeance» vorab bei MyVideo. URL: http://www.quotenmeter.de/cms/?p1=n&p2=57532&p3 [05.11.2012]

Schnell, Rainer/**Hill**, Paul B./**Esser**, Elke (2008): Methoden der empirischen Sozialforschung. München, Wien: Oldenbourg Verlag. (8., unveränderte Aufl.)

Schnell, Michael (2009): Einführung in die Akzeptanzforschung am Beispiel von Web-TV. In: Wissen Heute, 62, 1/2009, S. 4-12. URL: http://www.michael schnell.de/pdf/veroeffentlichungen/Akzeptanz.pdf [30.04.2010]

Schulz, Winfried/**Hagen**, Lutz/**Lutz**, Brigitta/**Kindelmann**, Klaus/**Scherer**, Helmut (1991): Zeitschriften-Gratifikationen. Entwicklung von Medien-Planungskriterien zur spezifischen Werbeträgerleistung von Zeitschriftentiteln. Universität Erlangen-Nürnberg. Unveröffentlichtes Manuskript.

Schulz, Winfried (1997): Vielseher im dualen Rundfunksystem. In: Media Perspektiven, 2/97, S. 92–102

Schwarz, Peter (1996): Management in Non-Profit-Organisationen. Stuttgart: Verlag Paul Haupt. (2., Aufl.)

Schweibenz, Werner/**Thissen**, Frank (2003): Qualität im Web. Benutzerfreundliche Websites durch Usability Evaluation. Berlin, Heidelberg: Springer Verlag.

Seebohn, Joachim (2011): Onlinewerbeformen. Gabler Kompaktlexikon Werbung. Wiesbaden: Gabler Verlag. (4., neu durchgearbeitete Aufl.)

Seidler, Christoph/**Büchner**, Wolfgang (2001): SPIEGEL ONLINE rettet die Trojan-Room-Kaffeemaschine. URL: http://www.spiegel.de/netzwelt/web/internet-historie-spiegel-online-rettet-die-trojan-room-kaffeemaschine-a-148112.html [31.10.2012]

Simon, Bernd (2001): Wissensmedien im Bildungssektor – Eine Akzeptanzuntersuchung an Hochschulen. Wien

Sjurts, Insa (Hrsg.) (2011a): Corporate TV. Gabler Lexikon Medienwirtschaft. Wiesbaden: Gabler Verlag. (2., aktualisierte und erweiterte Aufl.)

Sjurts, Insa (Hrsg.) (2011b): Ökonomische Qualität. Gabler Lexikon Medienwirtschaft. Wiesbaden: Gabler Verlag. (2., aktualisierte und erweiterte Aufl.)

Sjurts, Insa (Hrsg.) (2011c): Page Impression. Gabler Lexikon Medienwirtschaft. Wiesbaden: Gabler Verlag. (2., aktualisierte und erweiterte Aufl.)

Sjurts, Insa (Hrsg.) (2011d): Verlage. Gabler Lexikon Medienwirtschaft. Wiesbaden: Gabler Verlag. (2., aktualisierte und erweiterte Aufl.)

Sjurts, Insa (Hrsg.) (2011e): Visit. Gabler Lexikon Medienwirtschaft. Wiesbaden: Gabler Verlag. (2., aktualisierte und erweiterte Aufl.)

SPIEGEL-Gruppe (2013): Konzept. Der SPIEGEL auf Sendung.
URL: http://www.spiegelgruppe.de/spiegelgruppe/home.nsf/Navigation/3D9BC2D231 8B2785C1256F5F00350B81?OpenDocument [03.09.2013]

SPIEGEL.TV (2013a): SPIEGEL.TV – Web-TV der SPIEGEL Gruppe.
URL: http://www.spiegel.tv [29.06.2013]

SPIEGEL.TV (2013b): Gehobene Zielgruppe und lange Verweildauer bei wachsender Reichweite. URL: http://www.spiegelqc.de/uploads/Factsheets/RoteGruppeOnline/SPTV_factsheet.pdf [03.09.2013]

SPIEGEL.TV (2013c): Kanalauswahl.
URL: http://www.spiegel.tv /kanaele/magazin [16.12.2013]

SPIEGEL.TV (2013d): Menüstruktur. URL: http://www.spiegel.tv [16.12.2013]

SPIEGEL.TV (2013e): Videosteuerung.
URL: http://www.spiegel.tv /filme/st-peterburg/ [16.12.2013]

SPIEGEL.TV (2013f): Themenübersicht und –auswahl.
URL: http://www. spiegel.tv/themen/putin/ [16.12.2013]

SPIEGEL.TV (2013g): Obere Menüstruktur.
URL: http://www.spiegel.tv/filme/st-peterburg/ [16.12.2013]

Springer Gabler Verlag (Hrsg.) (o. J.), Gabler Wirtschaftslexikon: Freemium. URL: http://wirtschaftslexikon.gabler.de/Archiv/576005970/freemium-v2.html [27.06.2013]

Stafford-Frasier, Quentin (2001): The Life and Times of the First Web Cam. When convenience was the mother of invention. In: Communications of the ACM, 44 (7), S. 25-26. URL: http://www.cl.cam.ac.uk/coffee/qsf/ cacm200107.html [31.10.2012]

Stavrositu, Carmen/**Sundar**, S. Shyam (2008): If internet credibility is so iffy, why the heavy use? The relationship between medium use and credibility. In: CyberPsychology & Behavior 11, 1/2008, S. 65–68

Steinke, Ines (2007): Gütekriterien qualitativer Forschung. In: Flick, Uwe/von Kardorff, Ernst/Steinke, Ines (Hrsg.): Qualitative Forschung. Ein Handbuch. Hamburg bei Reinbek: Rowohlt Verlag, S. 319–331. (5., Aufl.)

Stipp, Horst (2009): Verdrängt Online-Sehen die Fernsehnutzung?. In: Media Perspektiven, 5/2009, S. 226-232

Telekom (2012): Unterhaltung – Fernsehen.
URL: http://www.telekom.de/privatkunden/fernsehen/unterhaltung [07.11.2012]

Vesper, Sebastian (1998): Das Internet als Medium. Auftrittsanalysen und neue Nutzungsoptionen. Bardowick: Wissenschaftler-Verlag.

Vogel, Ines (2007): Emotionen im Kommunikationskontext. In: Six, Ulrike/Gleich, Uli/Gimmler, Roland (Hrsg.): Kommunikations- und Medienpsychologie. Weinheim, Basel: Beltz Verlag, S. 135–157.

von Frentz, Clemens (2003): Die Chronik einer Kapitalvernichtung. URL: http://www.manager-magazin.de/finanzen/artikel/0,2828,186368-2,00.html [02.11.2012]

Vowe, Gerhard/**Wolling**, Jens (2004): Radioqualität – was die Hörer wollen und was die Sender bieten. Vergleichende Untersuchung zu Qualitätsmerkmalen und Qualitätsbewertungen von Radioprogrammen in Thüringen, Sachsen-Anhalt und Hessen. TLM Schriftenreihe. Band 17. Kempten: kopaded.

Weber, Rene (1993): Nachrichtennutzung. Der Einfluss herausragender Ereignisse auf die Einschaltquoten der Tageschau vor dem Hintergrund des dynamisch-transaktionalen Modells. Diplomarbeit Hochschule der Künste Berlin.

Web Standards Project (2013): WaSP: Für Standards kämpfen. URL: http://www.webstandards.org/about/mission/de/ [05.03.2014]

Weiber, Rolf (1992): Diffusion von Telekommunikation. Problem der Kritischen Masse. Wiesbaden: Gabler.

Weihe, Christiane (2003): Der Adolf Grimme Preis: Zwischen Volkshochschule und Medienelite. Möglichkeiten und Grenzen von Fernsehauszeichnungen zur Überprüfung von Programmqualität. Magisterarbeit, Freie Universität Berlin. Berlin

Weil, Nancy (1999): NetAid takes concerts online to end poverty. URL: http://edition.cnn.com/TECH/computing/9908/16/netaid.idg/ [31.10.2012]

Weischenberg, Siegfried (1985): Bei diesen Zeitungsschreibern lese ich alles zweimal. Was Journalistenimages mit Medienwirkungen zu tun haben. In: Pürer, Heinz (Hrsg.): Medienereignisse – Medienwirkungen? Zur Wirkung der Massenmedien. „Hainburg", „Holocaust" und andere Medienereignisse. Eine Tagungsdokumentation. Heft 7, Hefte des Kuratoriums für Journalismusausbildung. Salzburg, S. 80–106.

Weischenberg, Siegfried (2006): Medienqualitäten. Zur Einführung in den kommunikationswissenschaftlichen Diskurs über Maßstäbe und Methoden zur Bewertung öffentlicher Kommunikation. In: Weischenberg, Siegfried/Loosen, Wiebke/Beuthner, Michael (Hrsg.): Medien-Qualitäten. Öffentliche Kommunikation zwischen ökonomischem Kalkül und Sozialverantwortung. Konstanz: UVK. 2006, S. 9–36.

Weiß, Ralph (1997): Läßt sich über "Qualität" streiten? Versuche in der Kommunikationswissenschaft zur Verobjektivierung des Qualitätsbegriffs. In: Weßler, Hartmut/Matzen, Christiane/Jarren, Otfried/Hasebrink, Uwe (Hrsg.): Perspektiven der Medienkritik. Opladen: Westdeutscher Verlag, S. 185–199.

Wiedemann, Peter (1995): Gegenstandsnahe Theoriebildung. In: Flick, Uwe/von Kardorff, Ernst/Keupp, Heiner/von Rosenstiel, Lutz/Wolff, Stephan (Hrsg.): Handbuch Qualitative Sozialforschung. Grundlagen, Konzepte, Methoden und Anwendungen (2. Aufl.). Weinheim: Beltz Verlag, S. 440–445.

Wippersberg, Julia/**Scolik**, Reinhard (Hrsg.) (2009): Einleitung: Web-TV – Fernsehen auf neuen Wegen In: WebTV – Fernsehen auf neuen Wegen. Beiträge zu Bewegtbildern im Internet. Wien, Berlin: LIT Verlag. S. 7–30.

Wirth, Werner (1997): Von der Information zum Wissen. Die Rolle der Rezeption für die Entstehung von Wissensunterschieden. Ein Beitrag zur Wissenskluftforschung. Opladen [u.a.]: Westdt. Verl.

Witte, Eberhard. (1995): Die Akzeptanz von Tele-Shopping. München: Projektbericht Universität. München.

Witzel, Andreas (1985): Das problemzentrierte Interview. In: Jüttemann, Gerd (Hrsg.): Qualitative Forschung in der Psychologie. Grundfragen, Verfahrensweisen, Anwendungsfelder. Heidelberg: Asanger, S.227–256.

Wolling, Jens (2003): Medienqualität, Glaubwürdigkeit und politisches Vertrauen. In: Donsbach, Wolfgang/Jandura Olaf (Hrsg.): Chancen und Gefahren der Mediendemokratie. Konstanz: UVK, S. 333–349.

Wolling, Jens (2004): Qualitätserwartungen, Qualitätswahrnehmungen und die Nutzung von Fernsehserien. Ein Beitrag zur Theorie und Empirie der subjektiven Qualitätsauswahl von Medienangeboten. In: Publizistik, 49/2, S. 171-193.

Wyss, Vinzenz (2002): Redaktionelles Qualitätsmanagement. Ziele Normen, Ressourcen. Konstanz: UVK.

Wyss, Vinzenz/**Studer**, Peter/**Zwyssig**, Toni (2012): Medienqualität durchsetzen. Qualitätssicherung in Redaktionen - Ein Leitfaden. Zürich: Orell Füssli.

YouTube (2012): InStream-Videoanzeigen.
URL:http://support.google.com/youtube/bin/static.py?hl=de&topic=1046213&guide=1046211&page=guide.cs&answer=1046246 [07.11.2012]

YouTube (2013): Statistics.
URL: http://www.youtube.com/yt/press/statistics.html [17.02.2013]

Zattoo (2013a): Unternehmen.
URL: http://corporate.zattoo.com/de/unternehmen/ [29.06.2013]

Zattoo (2013b): Press Kit.
URL: http://corporate.zattoo.com/de/media-center/press-kit/ [26.08.2013]

Zattoo (2013c): Startseite. URL: http://zattoo.com [03.01.2014]

Zattoo (2013d): Steuerungsoptionen.
URL: http://zattoo.com/watch/daserste [03.01.2014]

ZDF (2013): Geschichte des ZDF. 2005.
URL: http://www.zdf.de /geschichte-des-zdf-26199326.html [25.08.2013]

ZDFmediathek (2013a): Das ZDF im Livestream.
URL: http://www.zdf.de/ZDFmediathek#/hauptnavigation/live [29.06.2013]

ZDFmediathek (2013b): Hilfe.
URL: http://www.zdf.de/ZDFmediathek/hilfe?flash=off [29.06.2013]

ZDFmediathek (2013c): Steuerungs- und Einstellungsfunktionen.
URL: http://www.zdf.de/ZDFmediathek#/hauptnavigation/startseite [22.07.2013]

ZDFmediathek (2013d): Startseite.
URL: http://www.zdf.de/ZDFmediathek#/hauptnavigation/startseite [22.07.2013]

ZDFmediathek (2013e): Merkliste und Suchfeld.
URL: http://www.zdf.de/ZDFmediathek#/hauptnavigation/startseite [22.07.2013]

Zeller, Frauke/**Wolling**, Jens (2010): Struktur- und Qualitätsanalyse publizistischer Onlineangebote. Überlegungen zur Konzeption der Online-Inhaltsanalyse. In: Media Perspektiven, 3/2010, S. 143–153

Stichwortverzeichnis

2

2+6 Strategie- und Integrationsmodell, 42

A

Abonnement, *17*, *20*, *21*, 31, 32, 71, 104, 119, 126, 128, 133, 137, 139, 147, 172, 173, 205, 207, 228, 232
added fingerclips, 169
Adoptionstheorie, 73, 75
Affiliate-Marketing, 17
Aktivation, 36, 37, 43, 86, 90
Aktivationsniveau, 35, 38
Aktualität, 53, 56, 61, 63, 64, 67, 68, 69, 71, 159, 162, 209, 210, 231
Akzeptanz, 2, 4, 6, 25, 44, 54, 57, 58, 73, 74, 75, 77, 78, 83, 84, 85, 87, 88, 89, 90, 92, 93, 104, 159, 185, 196, 207, 228, 236, 237
Akzeptanzfaktorenmodell, 87
Akzeptanzforschung, 4, 6, 44, 73, 75, 78, 83, 84, 87, 236
Akzeptanzmodell, 6, 78, 80, 82
Akzeptanzprozess, 4, 86, 89
Akzeptanzverhalten, 74
Ansatz
   dynamisch-transaktionaler, 3, 5, 6, 33, 36, 38, 39, 40, 41, 42, 43, 44, 86, 89
   dynamisch-transaktionaler, 42
   journalistisch-analytischer, 45
   multiperspektivischer, 91
   normativ demokratietheoretischer, 45
   publikumsorientierter, 45
Applikation, 13, 65, 102, 135, 140
Archivierung, 63, 64, 71, 95, 105, 124, 147, 176
Archivierungsdauer, 71, 174, 229
Archivierungszeit, 104, 110, 114, 134, 137, 176, 209, 210, 213, 229
Attraktivität, 53, 55, 168, 169, 180
audiovisuelle Mediendienste, 17
Ausgewogenheit, 49, 54

Ausstrahlung, terrestrisch, 13
awareness-knowledge, 75

B

Bannerwerbung, 71, 104, 133, 137, 139
Bedienbarkeit, 67, 83, 167, 228
Benchmarking, 3, 6, 55
Benutzerakzeptanz, 73
Benutzerfreundlichkeit, 23, 71, 78
Bewegtbild, 18, 29, 42, 163
Bewegtbildangebot, 100
Bewegtbildinhalte, 24, 103
Bewegtbildintegration, 43
Bewegtbildkommunikation, 42
Bewegtbildkonsum, 199
Bewegtbildstrategie, 42
Bewertungsprozess, 86
Blogsoftware, 14
Business-TV, 28

C

Campus TV, 31
Catch-up-Phase, 28
Catch-up-Video, 160
Channel Switch Ad, 16, 104
Client, 10, 11, 94
Codebuch, 101
connected device, 158
Containerformat, 21
Content
   interessenbezogener, 23
   journalist generated, 25
   nutzergenerierter, 13, 14, 17, 106, 172, 175, 201
   professioneller, 13, 23
   user generated, 25, 26
Corporate Video, 24, 25
Corporate Web-TV, 26, 28, 29, 30, 99, 119, 144
Cover Flow, 122
Cronbachs Alpha, 212
Crossmedialität, 63

D

Darstellungsqualität, 68, 147, 156, 167, 168, 228
Datenpaket, 11
Datensatz, 195
Datenstrom, 11
Dauerqualität, 47
Deinterlacing, 166
Design
　multimediales, 180
Diffusionstheorie, 74, 75
Digitalkanal, 28
Dimension
　formal-funtional, 70, 101
　inhaltliche, 45, 68, 69
　ökonomisch-rechtliche, 101, 104
　technische, 70, 120
Durban-Watson-Test, 222

E

Echtzeit, 11
Effects on viewer, 61
Einfachheit, 180
Einflussfaktor, 50, 73, 83, 88, 147
Empfehlungsfunktion, 102, 108, 113, 117, 118, 121, 123, 127, 133, 138, 171, 208
Encoder, 11
encodieren, 11
Endgeräte, 209
Entscheidungsphase, 77
Erfolgsfaktor, 179
Erfolgspotenziale, 5, 92, 144, 179, 181
Erkenntnisgewinn, 39
Erlösmodell, 4, 16, 44, 71, 104, 109, 124, 137, 139, 147, 172, 173
Etablierungsphase, 87
Exklusivität, 55, 159, 162, 180, 227, 229, 231
Experteninterview, 141, 156

F

Facebook-Ad, 175
Fairness, 53, 60
FCB.tv, 31, 99, 124
Feedbackprozess, 80, 82, 89, 90
Fehlertoleranz, 67, 86
Fernseh-Erleben, 85
Fernsehklassifizierung, 21
Fernsehkritik-TV, 14, 31, 100, 129, 140, 144
Fernsehpreisverleihungen, 62
Fernsehqualitätsforschung, 57
Finanzierung, 21, 172, 173, 203, 204
Flash, 12, 95, 107, 111, 112, 113, 114, 120, 126, 129, 130, 131, 135, 137, 159, 165, 178, 225
Flattr, 17, 105, 132, 133, 139, 174
Flexibilität, 11, 41, 140, 146, 163, 166, 228
Forschungsdesign, 6, 40
Forschungsgegenstand, 22, 62, 236
Forschungsintention, 6, 44, 59, 94, 97, 151, 154, 186, 236
Fragebogen, 94, 188, 189, 190, 191, 192, 193, 194, 196
Freemium-Angebot, 17, 32, 173
Free-TV, 13
Funktionalität, 57, 65, 66, 67, 80, 235
Funktionen
　asynchrone, 90
Funktions-Bewusstsein, 51

G

Gatekeeper-Forschung, 38
Gegenstandsangemessenheit, 184
Gegenstandssensitivität, 57
Geschäftsmodell, 32, 159, 175
Gewinnerzielung, 29
Gewinnmaximierung, 29, 30
Gewohnheitsaspekt, 74
Glaubwürdigkeit, 54, 60, 68, 159, 162, 180
Gratifikationen, 58
Gratismentalität, 52
Grounded Theory, 154
Gütekriterien, 153, 182

H

Handlungsumfeld, 92, 143, 150, 153
Heterogenität, 13, 61, 64, 68, 177, 227
homogene Qualitätskriterien, 3
Hosting, 14
how-to-knowledge, 76
Hybridmedium, 35
Hypertextualität, 41

I

Imagefilm, 16
Indikatorenkatalog, 61
Informationsgenre, 60
Informationsjournalismus, 53, 55
Informationssystem, 80, 81, 82
Inhaltsanalyse
  qualitative, 148
Inhaltsqualität, 67
Innovation, 61, 74, 75, 77, 78, 79, 83, 115
Innovations-Entscheidungs-Modell, 75
In-Stream-Anzeige, 16
In-Stream-Werbung, 71, 109, 133, 139, 172, 232
Integralqualität, 47
Interaktionsebene, 11
Interaktionsmöglichkeit, 171
Interaktionsoption, 170
Interaktionsqualität, 67, 68
Interaktivität, 1, 20, 21, 41, 53, 63, 67, 71, 95, 157, 171, 181
interessenbezogener Content (IGC), 23
Interface, 12
Internetfernsehen, 9
Internet-Gender-Gap, 158
Internetzugang, 21, 70, 71, 187, 198, 221, 222
Inter-Transaktion, 36
Intra-Transaktion, 36, 37, 38
Investmentkosten, 164

J

Jugendschutz, 58, 110, 115, 140, 147, 172, 175

K

Kannibalisierungseffekt, 1, 157
Kausalitätsbeziehung, 33
Klassifizierung, 24, 66
klassisches Corporate-TV, 28
Kohärenz, 183
Kollinearitätsdiagnose, 222
Kommunikation
  bidirektionale, 1, 90
Kommunikationsbeziehung, 36
Kommunikationsportal, 24, 26
Kommunikationswissenschaft, 40, 45
Kommunikativität, 140
Kommunikatorperspektive, 33
Komprimierungsalgorithmen, 21
Konstruktionskriterien, 188, 192
Kontextfaktoren, 36
Kreismodell, 50
Kundenbindung, 29

L

Layer-Ad, 172
Lean-Back, 157, 159
Leitfaden, 144
Likeability, 171
Linearität, 11, 20, 79, 181
Live-Analysetechnik, 60
Livestream, 11, 13, 21, 23, 24, 28, 30, 31, 32, 99, 102, 108, 111, 114, 115, 120, 121, 123, 134, 135, 169, 202
Livestreaming, 5, 11, 100, 102, 105, 107, 111, 120, 121, 122, 125, 134, 137, 138, 160, 162, 169, 178, 236
Lizenzierung, 27, 71, 159, 174, 176
Lokalisierung, 94

M

Magine TV, 32
Makroebene, 58, 64, 75
Marketinginstrument, 29, 119
Marktforschung, 53
Mediathek, 25, 27, 41, 95, 99, 111, 112, 114

Medienakteure, 50, 51
Medienaussage, 33, 50
Medienbotschaft, 33, 34, 36, 37, 39, 40
Medienkonsum, 198
Mediennutzungsentscheidung, 56
medienpolitische Regulation, 69
Medienqualität, 46, 48, 49, 51
Mediensystem, 50
Medienwirkung, 33
Medienwirkungsforschung, 4, 40
Medienwirkungsstudien, 33
Medium-Rectangle, 155, 172
Meinungsvielfalt, 57
Mensch-Maschine-Interaktion, 71
Mercedes-Benz TV, 29, 99, 115, 138, 144, 162
Merchandising, 174
Mesoebene, 58, 64
Methodentriangulation, 3
Mid-Roll, 16, 104, 109, 124, 133, 139, 172
Mikroebene, 36, 37, 58, 64, 75
Mikrozahlsystem
 soziales, 17
Mobilität, 20, 70, 71, 158, 169, 228
Monetarisierung, 71
Motivationsformulierungen, 190, 192
Multikollinearität, 222
Multimedialität, 41, 67, 68
MySpass.de, 27
MyVideo, 98, 106, 144, 163, 177, 179, 187, 200, 227

N

Nachrichtenwert, 38, 159, 160, 161
Nachrichtenwerttheorie, 58, 59
Navigation, 63, 67, 70, 102, 107, 108, 112, 113, 117, 121, 122, 127, 129, 130, 131, 132, 137, 210, 213, 216, 218, 219, 221, 228, 232
Navigationshilfe, 65
Netzwerk
 soziales, 20, 108, 113, 127, 133, 138, 168, 175, 178, 195, 235
 soziales, 197
Neutralität, 49, 54, 67

Newsgroup, 39
Nicht-Akzeptanz, 74, 76
Nichtlinearität, 20
Nicht-Normativität, 57
Nischenangebot, 1
Nischenprogramm, 13, 179
Non-Profit-Organisation, 30, 200, 224
Nutzerakzeptanz, 3, 82, 83, 85, 172
Nutzer-Erfahrung, 43, 65, 69
Nutzer-Evaluation, 25, 80, 82
nutzergenerierter Content, 23, 25
Nutzertypologie, 4
Nützlichkeit (Utility), 65, 69, 74, 75, 78, 79, 82, 83, 167
Nutzungsmotive, 25, 58
Nutzungsstudien, 58, 84
Nutzungsverhalten, 23
Nutzwert, 53, 54, 63

O

Objektivität, 45, 49, 68
Offenheit, 44, 140, 145, 146
On-Demand-Angebot, 13, 166, 181
On-Demand-Streaming, 10, 107, 111, 115, 120, 121, 125, 128, 140
Online-Befragung, 185
Online-First, 13, 14
Onlinejournalismus, 52, 62, 63, 64, 206
Onlinevideo, 1
Operationalisierung, 40, 59, 145
Originalität, 53, 60, 61, 62, 63, 64
Overlay-Einblendung, 16, 228
Overlay-Werbung, 71

P

Page Impressions, 98, 99, 100, 179
Para-Feedback, 35, 39, 42
Passivität, 23, 35
Pay-per-View, 71, 104
Pay-TV-Markt, 173
Performance, 65
Periodizität, 13

Stichwortverzeichnis 267

Pop-up-Banner, 172
Postproduktion, 90
Post-Roll, 16, 71, 104, 232
Preproduktion, 90
Pre-Roll, 104, 109, 133
Pressekonzentration, 45
Pretest, 193
principles-knowledge, 76
Printjournalismus, 52, 55, 63
Produktinnovation, 74
Produktion, 14, 19, 30, 51, 53, 61, 90, 157, 161, 163, 166, 170, 177
Produktionskette, 13
Produktionsprozess, 51, 90, 157
Produktionsquote, 58
Produktionstechnik, 13, 14
Produktqualität, 46, 47, 48, 85
Prognostizierbarkeit, 183
Programmanalyse, 59
Programmangebot, 56
Programmqualität, 57, 59, 160
Programmspartenanalyse, 59
Programmstruktur, 21, 159
Provisionssystem, 16
Publikumsperspektive, 58

Q

Qualität, 45, 47
   funktionale, 47
   objektive, 46, 47, 48, 77
   ökologische, 47
   relative, 46
   subjektive, 46, 48
Qualitätsbeurteilung, 67
Qualitätsbewertung, 46, 49, 60
Qualitäts-Bewusstsein, 51
Qualitätsdimensionen, 4, 44, 55, 56, 71, 89, 90, 146, 151, 189, 192, 237
Qualitätsfaktoren, 2, 3, 4, 5
Qualitätsforschung, 6, 45, 50, 55, 57, 60, 62, 68, 101
Qualitätsindikator, 59, 104, 105, 160

Qualitätskriterien, 5, 47, 48, 49, 50, 51, 52, 53, 54, 55, 56, 57, 58, 59, 60, 61, 63, 64, 65, 66, 67, 68, 69, 70, 85, 147, 186, 187, 218, 225, 228, 231
Qualitätsmaßstab, 50
Qualitätsmerkmal, 46, 55, 60, 65, 66, 68, 75, 155
Qualitätsmodell, 89, 182, 229, 236
Qualitätsstandards, 52, 53, 60, 147, 163, 164
Qualitätswahrnehmung, 56
quality in use, 65
Quality of Service, 20, 21, 70, 71, 163, 180, 227, 231
Quasi-Experiment, 67

R

Rangindikatoren, 48
Rechteakquise, 181
Regelgeleitetheit, 183
Regressionsanalyse, 222
Relevanz, 49, 53, 54, 57, 59, 60, 61, 62, 67, 183
Relevanzniveau, 58
Reliabilität, 182, 212
Reliabilitätsanalyse, 212
Revenue-Sharing, 16
Rezeptionsforschung, 36
Rezeptionssituation, 38, 41, 227
Rezeptionsverhalten, 1, 38
Rezipientenperspektive, 33, 67
RSS-Feed, 103, 139
Rückkanal, 42, 157, 232
Rückkopplungsmechanismen, 79
Rückkopplungsmodell, 83
Rückkopplungsstrategie, 184
Rundfunk, 17, 18, 21, 22, 28, 31, 45, 55
Rundfunkprogrammrecht, 59, 60
Rundfunkstaatsvertrag, 17, 58, 59, 115

S

Samplingstrategie, 98
Scannability, 67

Second Screen, 22
Sehdauer, 1, 19, 24, 198, 199
Sendelizenz, 18, 31
Sender Quality, 54, 97
Seriosität, 60
Set-Top-Box, 9, 10, 20, 21
Seven-Day-Catch-Up, 176
Sevenload, 14, 27, 200
Sharing-Modell, 177
Sicherheitsstandards, 181
Smart-TV, 6, 12, 19, 21, 102, 128, 158, 182, 187, 209
Social Payment, 17, 133, 205
Social Web, 41
Social-Media-Tools, 90
Social-Payment, 105
Softwarequalität, 70, 85
Special-Interest, 25, 158, 160, 227, 231, 235
Spiegel.TV, 30, 99, 119, 144
Sponsoring, 58, 147
Stichprobe, 195
Stichprobenauswahl, 93, 96, 98, 142, 150
Stimmung, 37
Stimulus-Response-Modell, 33
Streaming-Methoden, 10
Strukturanalyse, 94, 98

T

Task-Technology-Fit-Modell, 80
Technology-to-Performance Chain, 80
Telemedien, 17, 18, 21
Telemediendienst, 17, 21
Telemediengesetz, 17
Theoretical Sampling, 91
Thumbnail, 71, 102, 107, 108, 112, 113, 117, 122, 127, 130, 131, 136, 137, 228
Touchscreen, 13
Traffic, 14
Transaktion, 33, 34, 36, 44
Transkription, 148
Transparenz, 53, 63, 153
Triangulation, 41, 91, 183, 184
TV-Ausstrahlung, 28, 110, 111, 113, 114

TV-Sender, 5, 13, 24, 26, 27, 28, 31, 32, 95, 99, 134, 144, 158, 160, 175, 200, 231, 235
TV-Site-Ad, 172

Ü

Übersichtlichkeit, 23, 65, 70, 213, 216, 218, 219, 221, 228
Übertragungsdienstleister, 32
Übertragungsweg, 19, 21
Umfeldanalyse, 93, 94, 97
Universalität, 40, 67
Unterhaltung, 23, 25, 49, 54, 60, 68, 70, 110, 169, 225
Unterhaltungsproduktion, 60
Urheberrecht, 159, 172, 174, 175, 176
Usability, 25, 43, 63, 65, 69, 138, 156, 167, 168, 212, 213
User Experience, 65
User Quality, 54, 97
Uses-and-Gratification-Ansatz, 33
Utility, 65, 147

V

Validität, 182
Verfahrensdokumentation, 183
Verfahrensinnovation, 74
Verlags-TV, 1
Verleihgeschäft, 85
Veröffentlichungszyklus, 15
Verstehensprozess, 34
Verticals, 169
Verwertungsrecht, 27
Verwertungsweg, 13
Videoclip, 15, 23, 169
Videonutzung, 10, 23, 24
Videoplattform, 5, 12, 13, 14, 25, 27, 41, 99, 161, 177, 178, 187, 200
Videoportal, 1, 11, 13, 14, 16, 24, 25, 26, 27, 28, 32, 98, 99, 144, 199, 200, 201
Video-Sharing-Plattform, 24
Videothek, 85
Visit, 27, 98, 99, 100

W

Web-Analyse, 25
Webdesign, 63
Web-only-Sender, 26, 31, 144
Webqualität, 65
Web-Sender, 100
Websitegestaltung, 95
Web-TV-Portal, 16, 26, 32, 100, 144, 200, 218, 226
Web-TV-Produkt, 1, 3, 4, 5, 7, 19
Werbeverkauf, 181
Werbung, 16, 17, 21, 29, 47, 58, 64, 68, 71, 74, 104, 109, 114, 124, 128, 130, 133, 137, 139, 147, 165, 172, 173, 175, 205, 206, 207, 209, 227, 228, 232
Wertvorstellung, 74
Wissensänderung, 38
Wissenszuwachs, 38

World Wide Web, 41

Y

YouTube, 1, 10, 12, 14, 16, 27, 31, 165, 178, 187, 200

Z

Zahlungsbereitschaft, 64, 173, 198, 203, 214, 215
Zattoo, 16, 17, 32, 100, 134, 138, 139, 140, 144, 160, 178, 200, 227, 231, 235
ZDFmediathek, 28, 99, 110, 138, 139, 140, 144, 166, 176, 178, 229
Zugänglichkeit, 54
Zugangsgerät, 70
Zugangsgeschwindigkeit, 65
Zweitverwertung, 14

Anhang

Codebuch zur Website-Analyse

Codebuch - Kategorienschema			
0100	**Formalia**		**Ausprägungen**
	0110	**Name des Web-TV-Angebotes:** Hier wird der eindeutige Name des Web-TV-Angebots festgehalten, der auf der Startseite des jeweiligen Angebots abzulesen ist.	
	0120	**URL:** Die URL beschreibt die eindeutige Zuordnung der IP-Adresse des Web-TV-Angebots, die in der Regel mit der Adressierung http(s):// beginnt. Die Start- und die Videounterseite können dabei variieren, wenn die Videoseite nicht mit der Startseite identisch ist. An dieser Stelle wird jedoch die Einstiegsseite festgehalten.	
	0121	**Datum:** Mit dem Datum wird der Tag der Analyse festgehalten.	
0200	**Dimension - Inhalt**		
	0210	**Aktualisierung:** Die Aktualisierung beschreibt den Veröffentlichungsrhythmus des Content auf den Plattformen der Web-TV-Angebote. Der Veröffentlichungsrhythmus unterscheidet sich in regelmäßigen oder in variablen Zeitabständen.	0211	**regelmäßig und einheitlich:** Der Content wird zu bestimmten, regelmäßigen Zeitpunkten veröffentlicht. Die Zeiträume verlaufen einheitlich, d. h. die Veröffentlichungen können dabei täglich, wöchentlich oder monatlich stattfinden.g
			0212	**variabel:** Bei der variablen Aktualisierung existiert ein unregelmäßiger Veröffentlichungsrhythmus. Hier ist kein bestimmtes System erkennbar. Der Nutzer kann sich nicht nach festgelegten Veröffentlichungszeiten richten.
	0220	**Länge:** Die Länge beschreibt die Dauer der Videostreams. Diese können zeitlich genau abgestimmt sein oder in variabler Form vorliegen.	0221	**einheitlich:** Der Content befindet sich in der Regel in einer vordefinierten Länge, die keinen größeren Abweichungen unterliegen.
			0222	**variabel:** Die Länge der Videos ist unterschiedlich und flexibel gehalten. Sie lassen sich in diesem Fall keinem Schema zuordnen.
	0230	**Rubriken/Themenliste:** Die Rubriken bzw. Themenliste kennzeichnet die inhaltliche Breite des Contents. Sie fungieren bei Web-TV-Angeboten als horizontale oder vertikale Navigationsleiste. Zudem ermöglichen die Rubriken dem Nutzer eine Auswahl- bzw. Selektionsmöglichkeit, sodass sich dadurch das Programm bestimmen lässt.		
	0240	**Art des Inhalts:** Die Art des Inhalts bezieht sich auf die Professionalisierung des Content. Hierbei wird zwischen professionellen Contentanbietern und nutzergeneriertem Content unterschieden.	0241	**PGC:** Professioneller Content ist in erster Linie Content, der unter professionellen Rahmenbedingungen produziert wird und in der Regel größere Produktionen beschreibt. Hierzu gehören u. a. Serien, Filme, Dokumentationen, Reportagen, Werbespots und Live-Events.
			0242	**UGC:** Nutzergenerierter Content hat hingegen den Charakter einer clipartigen und laien- bzw. amateurhaften Produktion. In der Regel stehen hierbei kein Unternehmen oder Agenturen hinter diesen Produktionen, sodass diese auch oftmals handwerkliche Fehler aufweisen.
0300	**Dimension - Technik**		
	0310	**Auflösung:** Die Auflösung beschreibt die Bildpunkte je Zeile mal die Bildpunkte je Spalte. Da eine Vielzahl an Videoformaten existieren, werden in dieser Studie die beiden gängigsten Formate - Standard Definition (SD) und High Definition (HD) - herangezogen. Abweichungen werden unter Sonstiges gekennzeichnet.	0311	**SD:** SD bezeichnet die Standardauflösung von Videostreams. Grundsätzlich wird SD in 720 (Breite) x 576 (Höhe) Pixel angegeben. Sie entsprechen damit der Fernsehstandardnorm.
			0312	**HD:** HD bezeichnet hochauflösende Videostreams. Hierbei werden zwei Auflösungsgrößen verwendet. Diese Pixelangaben sind 1980 (Breite) x 1080 (Höhe) und 1280 (Breite) x 720 (Höhe), und entsprechen der Norm des HDTV.

			0313	**Sonstige:** Alle weiteren Bildauflösungen werden unter dieser Merkmalsausprägung zusammengefasst.
	0320	**Art der Übertragung:** Das Videostreaming bezeichnet den Transport von audiovisuellen Datenpaketen, die in zwei Übertragungsarten unterschieden werden. Diese sind das Video-on-Demand-Streaming (VoD) und das Livestreaming.	0321	**VoD:** Unter VoD wird generell das zeitunabhängige bzw. -versetzte Abrufen von Videos verstanden. Der Nutzer hat dadurch die Möglichkeit sich die Videostreams nach seinem Belieben und seinen Bedürfnissen auszuwählen und anzusehen.
			0322	**Livestream:** Das Livestreaming bedeutet nichts anderes als Echtzeitstreaming und ist im Gegensatz zum VoD an Live-Events oder an zeitlich fixierte Programmabläufe gekoppelt.
	0330	**Datenrate:** Die Datenrate beschreibt die Übertragung einer bestimmten Datenmenge in einer bestimmten Zeit. Somit ist die Datenrate eng verbunden mit der Bildauflösung, da das Videostreaming von SD-Videos kleinere Datenraten benötigt als das von HD-Videos. Die Datenrate der Web-TV-Angebote in KBit/s oder MBit/s wird angegeben, sofern diese bestimmbar ist. Zuweilen kann die Datenrate unkonkreter als niedrig oder hoch gekennzeichnet sein.		
	0340	**Bildmodus:** Beim Bildmodus werden bestimmte Darstellungsmöglichkeiten der Videos innerhalb eines Players beschrieben. Hierbei werden zwei zentrale Modi unterschieden. Der erste Modus kennzeichnet die Wiedergabemöglichkeit in einem externen Fenster, während der zweite Modus die Vollbilddarstellung beschreibt. Weitere Modi werden unter Sonstiges aufgefasst.	0341	**Externes Fenster:** Beim externen Fenster wird das zu streamende Video ausgegliedert, sodass das Video in einem sogenannte Pop-up-Fenster wiedergegeben wird. Dadurch ist das Video nicht mehr direkt in die Website implementiert ist.
			0342	**Vollbild:** In diesem Fall wird das Video auf die entsprechende Größe des genutzten Monitors erweitert. Die anderen Elemente der dazugehörigen Website werden in den Hintergrund gesetzt.
			0343	**Sonstiges:** Alternative Modi, die nicht den gängigen Strukturen folgen, werden unter dieser Residualkategorie zusammengefasst.
	0350	**Steuerungsoptionen:** Die Steuerungsoptionen beinhalten die sogenannten Mensch-Maschine-Interaktionen. In diesen Bereich fallen vor allem die Kontrollmechanismen, über die der Nutzer bei der Nutzung des Web-TV-Angebots verfügt. Hierzu gehören die folgenden Optionen: Start/Stopp, Wiedergabe/Pause und Vor-/Zurückspringen. Hierzu werden in den Videoplayern ikonografische Symbole eingesetzt, die schon bei konventionellen Videorekordern verwendet wurden.	0351	**Start/Stopp:** Die beiden Funktionen werden zusammen angeführt, weil beide auf dem gleichen Button implementiert sind. Die Startfunktion führt den erstmaligen Beginn eines Streams aus - je nach Einstellung kann dies auch automatisch nach Aufruf einer Videoseite beginnen. Die Stopfunktion führt zur kompletten Beendigung eines Streams, der jedoch kontinuierlich weiterläuft, weil diese Funktionen in erster Linie Livestreaming-Angebote kennzeichnen.
			0352	**Wiedergabe/Pause:** Die beiden Funktion sind vor allem bei VoD-Angeboten vorzufinden. Der wesentliche Unterschied zur Start-/Stopfunktion ist der, dass hier der Videostream nur unterbrochen wird und bei Betätigung des Wiedergabe-Button an gleicher Position fortgeführt wird.
			0353	**Vor-/Zurückspringen:** Bei VoD-Angeboten besteht zudem die Möglichkeit mittel einer horizontalen Playerleiste innerhalb des Video vor- oder zurückzuspringen. Auf diese Weise können bestimmte Stellen in einem Videostream ausgelassen werden.
			0354	**Erneutes Laden:** Diese Funktion kann den Stream, der durch eine unfreiwillige Verzögerung oder einen ungewollten Abbruch gestoppt wurde, innerhalb des Videoplayers entsprechend aktualisieren ohne den Browser erneut laden zu müssen.

Anhang

0360	**Endgerät:** Die Endgeräte bezeichnen die Geräteklassen, mit denen die Nutzer den Content abrufen können. Hierbei wird überprüft, auf welchen Endgeräten die Anbieter ihre Web-TV-Angebote platzieren.	0371	**PC/Laptop:** Hierunter werden leistungsstarke Rechner verstanden, die eine Vielzahl an Anwendungsmöglichkeiten bieten. Während PCs als Desktop-Rechner für den Heim- oder Arbeitsplatz fungieren, sind Laptops vor allem für die mobile Nutzung konzipiert worden. Die gängigsten Betriebssysteme sind Windows (XP, Vista, 7 und 8), Mac OS X und Linux.
		0372	**Smartphone:** Diese Geräte klassifizieren Handys mit einem eigenständigen Betriebssystem. Die geläufigsten Betriebssysteme sind hierbei iOS, Windows RT und 8 sowie Android. Besonderes Kennzeichen dieser Geräte sind eingabefähige Touchscreens.
		0373	**Tablet-PC:** Diese Geräte entsprechen im Großen und Ganzen den Eigenschaften der Smartphones, außer das ihnen die konventionelle Telefonfunktion fehlt und das sie im Unterschied zu den Smartphones in der Regel ein größeres Display besitzen.
		0374	**Smart-TV:** Als Smart-TVs werden internetfähige TV-Geräte bezeichnet. Über einen zugänglichen Store können kleinere Anwendungen von Mediatheken oder Videoportalen installiert werden, sodass auch hier zeitunabhängiges Fernsehen ermöglicht wird. Das Wechseln zwischen konventionellem TV und Webanwendungen wird über den sogenannten Red Button durchgeführt.
0380	**Software:** Die Software bezieht sich in dieser Studie vorrangig auf den Browser als Präsentationswerkzeug für Web-TV, da Browser die gängigste Software zum Rezipieren von Web-TV-Angeboten sind. Dennoch werden nativen Applikationen, soweit sie vorhanden sind, ebenfalls berücksichtigt, da sie eng mit den Endgeräten verknüpft sind.	0381	**Browser:** Der Browser ist die Anwendung, die den Zugang zum Web und somit das Abrufen von Videos ermöglicht. Unter Umständen müssen zusätzlich Plug-ins installiert werden.
		0382	**Native Applikation:** Eine native Applikation ist eine eigenständige, auf ein bestimmtes System zugeschnittene Software. Diese Applikationen ermöglichen dann den Zugriff auf die entsprechenden Web-TV-Angebote.
0400	**Dimension - Form/Funktion**		
0410	**Navigation:** Mittels dieser Funktion kann sich der Nutzer einerseits einen Überblick über das Angebot verschaffen und andererseits innerhalb des Angebots navigieren, um die gewünschten Videos abzurufen. Die Navigation kann in Form von Thumbnails oder anhand einer Rubrikenliste dargestellt sein. Alternative Formen werden unter Sonstige eingeordnet. Unter Umständen können auch mehrere Navigationsmöglichkeiten im Web-TV-Angebot implementiert sein.	0411	**Thumbnails:** Thumbnails sind bildlich angeordnete Navigationselemente, die grundsätzlich ein Standbild des eigentlichen Contents aufzeigen. Bei einigen Web-TV-Angeboten werden vereinzelt auch weitere Auszüge aus dem Bewegtbildmaterial bzw. das Video selbst angezeigt.
		0412	**Rubrikenliste:** Die Rubrikenliste stellt eine Auswahlleiste dar, die je nach Web-TV-Angebot unterschiedlich ausgeprägt und positioniert sein kann. Zudem orientiert sich diese Liste an den Rubriken des Contents.
		0413	**Sonstige:** Hier werden alternative Navigationsmöglichkeiten beschrieben, die aufgrund des Theoretical Sampling nicht aufgetreten waren.
0420	**Empfehlungsfunktion:** Mit dieser Art von Funktionen haben die Nutzer die Möglichkeit Web-TV-Content anderen Nutzer weiterzuempfehlen. Dadurch wird die Mensch-Maschine-Mensch-Interaktion beschrieben. Der Content kann Nutzer auf verschiedenen Wegen erreichen. Hierzu gehören das Versenden einer Mail, die Verlinkung	0421	**Mail:** Das Web-TV-Angebot stellt eine Verknüpfung mit einem auf dem Endgerät installierten E-Mailprogramm her, sobald man diese Verbindung aufruft. Diese Funktion ist grundsätzlich mit dem ikonografischen Symbol eines Briefumschlags gekennzeichnet.
		0422	**Verlinkung:** Hiermit ist das Setzen von Links gemeint, die in der Regel Nutzer auf das externe Angebot weiterleiten.

		und die Einbettung als direkter Verweis auf den Content. In indirekter Form kann die Empfehlung von Content über die Bewertungs- und/oder die Kommentarfunktion vorgenommen werden.	0423	**Einbettung (in soziale Netzwerke):** Mittlerweile ist es häufiger anzutreffen, dass Content von Web-TV-Anbietern bspw. in soziale Netzwerke eingebettet wird. Im Gegensatz zur Verlinkung werden die Nutzer dabei nicht auf das externe Angebot weitergeleitet, sondern können den Content direkt im Netzwerk betrachten. Generell sind hier die bekanntesten Netzwerke wie Facebook, Google+ und Twitter mit ihren ikonografischen Logos vertreten.
			0424	**Bewertung:** Eine weitere Empfehlungsoption stellt die Bewertung des Contents dar. Prinzipiell können die Nutzer hierbei eine Abstufung von eins bis fünf - oftmals in Form von Sternen - vornehmen.
			0425	**Kommentierung:** Ist bei einem Web-TV-Angebot zusätzlich ein Kommentarfeld freigeschaltet, können Nutzer ebenfalls ihre Meinungen und Einstellungen zu dem entsprechenden Angebot vermitteln. Das Kommentarfeld befindet sich generell direkt unter dem Videoplayer.
	0430	**Servicefunktionen:** Die Servicefunktionen sind als Organisations- und Orientierungsfunktion zu verstehen. Sie bieten den Nutzern einerseits die Möglichkeit das Web-TV-Angebot zu personalisieren und nach eigenen Bedürfnissen zu strukturieren sowie andererseits Hilfemaßnahmen zur Nutzung des Angebots zu erhalten.	0431	**Hilfe/FAQ:** Die Hilfefunktion soll Nutzern bei Problemen oder Fragen, die hinsichtlich der Nutzung oder Bedienung auftreten, unterstützen. Hierbei besteht Möglichkeit, dass sie entweder mit Schlagworten nach Problemlösungen suchen können oder über häufig gestellte Fragen, die vorab katalogisiert sind, ihr Problem lösen können. Diese Funktionen sind sehr unterschiedlich innerhalb des Web-TV-Angebots positioniert. Sie sind sowohl im Header als auch im Footer vorzufinden.
			0432	**Suche:** Die Suchfunktion bietet Nutzern durch entsprechende Schlagworte nach ihrem gewünschten Content zu suchen und können dadurch die Auswahl eingrenzen. Auch die Position der Suche ist nicht standardisiert.
			0433	**RSS:** Über einen RSS-Feed können sich Nutzer automatisch über neuen Content benachrichtigen lassen. RSS-Feed-Reader lassen sich in E-Mailprogrammen oder im Browser implementieren.
			0434	**Favoritenliste (Playlist):** Die Favoritenliste ermöglicht das Personalisieren eines Web-TV-Angebots. Nutzer können hier bspw. Videoclips in einer eigens erstellten Liste zusammenfassen und abspielen lassen. Um diese Funktion jedoch nutzen zu können, ist jedoch eine Registrierung bei dem jeweiligen Angebot notwendig. Darüber hinaus ist diese Funktion lediglich bei Video-On-Demand-Angeboten nutzbar.
			0435	**Sprache (Originalton):** Eine weiterer Service ist das zur Verfügung stellen einer Sprachoption, sodass Nutzer neben der deutschsprachigen Version ebenso den Originalton des Contents wählen können.
	0440	**Anordnung:** Die Anordnung kennzeichnet den Aufbau der Website. Hier wird noch einmal im Allgemeinen festgehalten, was für ein Layout die Website aufweist. Beispielsweise werden hier Spalten beschrieben sowie die relevantesten HTML-Elemente (Header, Footer, Navigationsleiste und Videoframes).		

Anhang

0500	Dimension - Ökonomie/Recht		
	0510	**Werbung:** Die Werbung beschreibt einen der wichtigsten Einnahmequellen von Web-TV-Angeboten. So greifen die Anbieter auf verschiedene Erlösmodelle zurück. In dieser Studie werden die folgenden vier Möglichkeiten betrachtet: Bannerwerbung, Overlays, In-Streams und Channel Switch Ads.	
		0511	**Banner (Website):** Die Bannerwerbung ist das älteste Werbemittel im Web und wird auch bei Web-TV-Angeboten eingesetzt. Die Bannerwerbung wird auf der Website des Angebots und prinzipiell um den Videoplayer platziert. Zudem handelt bei Banner um anklickbare Flächen (Hyperlinks), die Nutzer zu dem beworbenen Produkt und der dazugehörigen Website weiterleiten.
		0512	**Overlays:** Overlays hingegen befinden im Videoplayer. Bei dieser Form der Werbung handelt es sich um Einblendungen, die an bestimmten Stellen innerhalb eines Streams erscheinen. Auch diese Einblendungen sind mit Hyperlinks versehen, sodass Nutzer ebenfalls auf die entsprechenden Websites weitergeleitet werden.
		0513	**In-Stream:** Bei der In-Stream-Werbung handelt es sich um einen kurzen - meistens um einen 15-30sekündigen - Werbespot der vor (Pre-Roll) in der Mitte (Mid-Roll) oder nach (Post-Roll) einem Stream geschaltet wird. Eine Kombination mehrerer In-Stream-Werbespots ist dabei ebenfalls möglich.
		0514	**Channel Switch Ad:** Diese Form der Werbung tritt bei einem Kanal- oder Videowechsel auf. In der Regel wird auch hier ein kurzer Videospot (15-30 Sekunden) zwischen den Wechsel gezeigt. Diese Spot-Streams sind ebenso mit Hyperlinks hinterlegt.
		0515	**Sonderwerbeform:** Hier werden sämtliche Werbeformen aufgeführt, die nicht den bereits oben genannten Merkmalen zugeordnet werden können.
	0520	**Abonnement:** Der zweite große Bereich Erlöse zu generieren, sind Abonnements. Abonnements erfordern grundsätzlich eine Registrierung der Nutzer, sodass eine anonyme Nutzung ausgeschlossen ist. Sie können sich entweder auf das Gesamtangebot eines Web-TV-Senders beziehen und dadurch unterschiedlich große Zeiträume einnehmen oder auf Einzelangebote ausgerichtet sein, die einen sehr kurzen Zeitraum beanspruchen. Darüber hinaus können dem Nutzer mehrere Optionen angeboten werden.	
		0521	**Nach Zeitraum:** Abonnements werden in den gängigen Intervallen monatlich, vierteljährlich, halbjährlich und jährlich angeboten. Dabei kann ein Web-TV-Angebot zugleich mehrere Abonnementarten anbieten.
		0522	**Nach Einzelangebot:** Beim Einzelangebot liegt der Fokus auf einem bestimmten Content, der per einmaligen Einzelabruf (Pay-per-View) oder per mehrmaligen Abruf in einem kurzen Zeitraum (Pay-per-Time) - meistens ein bis zwei Tage - betrachtet werden kann.
	0530	**Alternative Erlösmodelle:** Neben den beiden etablierten Erlösmodellen existieren noch weitere Alternativen, die weder dem Abonnement noch der Werbung zugeordnet werden können. Hierbei wird jedoch die Partizipation der Nutzer oder die Unterstützung weiterer Unternehmen vorausgesetzt.	
		0531	**Sponsoring, Spenden:** Web-TV-Angebote werden durch Dritte (Unternehmen, Personen oder sonstige Institutionen) mit Geld- oder Sachmittel unterstützt. Da aufgrund der Angebotsanalyse die Schwierigkeit besteht, eine dazugehörige Gegenleistung (vgl. Gabler Wirtschaftslexikon 2013) zu identifizieren, sofern diese nicht konkret erwähnt wird, wird keine Unterscheidung zwischen Sponsoring und Spende unternommen. Es werden lediglich Aktivitäten in diesem Bereich festgehalten.
		0532	**Social Payment (z. B. Flattr):** Mit dieser Form des freiwilligen Bezahlens können Nutzer ebenfalls Contentanbieter unterstützen, die einem Online-Spendensystem gleichen. Diese werden aufgenommen, wenn solche Plug-Ins wie Flattr in den Websites integriert sind.

	0540	Lizenzrechtliche Einschränkung: Diese Einschränkung durch Lizenzrechte kann sich zum einen auf den geografischen Raum des Nutzers, d. h., der Nutzer kann z. B. nicht auf internationale Angebote bzw. nicht auf deutschsprachige Angebote - wenn er sich im Ausland befindet - zurückgreifen. Zum anderen kann es am Content liegen, für den der jeweilige Anbieter nicht die Streamingrechte/Bildrechte erworben hat. In diesem Fall kann ein Bild mit dem lizenzrechtlichen Hinweis in den Videostream eingebunden sein. Sollte ein Angebot von Lizenzrechten nicht betroffen sein, so liegen dementsprechend keine Einschränkungen vor.
	0550	Archivierungszeit: Die Archivierung des Content hängt ebenfalls mit den Lizenzrechten zusammen, die oftmals den Zeitraum bestimmen, wie lange der Content online verfügbar sein darf. Die Zeitspanne kann dabei sehr stark variieren. Sie kann dabei kürzere (von einer Woche bis zu zwei Wochen) oder längere Zeiträume (von einem Monat bis zu einem Jahr) einnehmen. Des Weiteren kann es ebenso vorkommen, dass Web-TV-Angebote kein Archiv haben oder aber der Content in einem Archiv auf unbestimmte Zeit online zur Verfügung gestellt wird. Die Zeitspanne der Zugänglichkeit hängt zudem davon ab, ob es sich bei den Web-TV-Anbietern um Fremd- oder Eigenproduktionen handelt. Durch die Vermischung des Contents können demnach verschiedene Variationen bestehen.
600		**Besonderheiten** In diesem Bereich werden Aspekte festgehalten, die keinem der bisherigen Merkmale zugeordnet werden können, aber dennoch eine besondere Stellung im Web-TV-Angebot einnehmen. Diese Kategorie dient der Vervollständigung der bestehenden Strukturanalyse.

Leitfaden für die Experteninterviews

Themenkomplex mit Leitfadenfragen	Anmerkungen/weitere Gedankenanstöße
Einführung	
- Welche Position nehmen Sie in Ihrem Unternehmen ein? - Wie lange arbeiten Sie schon hier? - Was hat Sie dazu bewogen ein Web-TV-Angebot anzubieten?	
- Wie hat sich die Bekanntheit Ihres Web-TV-Angebotes in den letzten Jahren entwickelt? - Wie viele Nutzer haben Sie täglich?	- Angabe von konkreten Zahlen - Welche Reaktionen von Nutzern erhalten?
- Auf welche Erfolgsfaktoren führen Sie diese Entwicklung zurück? - *bei negativer Entwicklung*: Auf welche Ursachen führen Sie diese Entwicklung zurück?	- Inwieweit spielt Qualität dabei eine Rolle?
- Was verstehen Sie unter Qualität? - Welche Qualitäts-ansprüche haben Sie, an Ihr Web-TV-Angebot?	
Inhaltliche Faktoren	
- Wo setzen Sie Ihre inhaltlichen Schwerpunkte?	
- Durch welche inhaltlichen Qualitätskriterien unterscheidet sich Ihr Angebot von anderen Möglichkeiten Web-TV zu konsumieren?	- UGC, reine Web-TV-Portale, Unternehmens-TV
- Inwieweit denken Sie ist der Zugang zu jugendgefährdenden bzw. entwicklungsstörenden Inhalten für Kinder und Jugendliche beim WebTV im Vergleich zum herkömmlichen TV einfacher?	- Zugang zu Gewalt- oder pornografischen Videos - inhaltliches Niveau des Angebots
- Inwieweit unterscheiden sich klassische TV-Inhalte von WebTV-Inhalten hinsichtlich der Förderung bzw. Beeinträchtigung der Entwicklung von Kindern und Jugendlichen?	
- Welche inhaltlichen Dimensionen halten Sie für erfolgsversprechend (z. B. Humor, Originalität …)	

Anhang

Technische Faktoren	
- Bitte beschreiben Sie uns, wie Sie die Inhalte für die Onlinenutzung aufbereiten und auf Ihre Web-TV-Plattform stellen? - Welche technischen Kriterien müssen beachtet werden? - Bitte schätzen Sie ein, wie oft bei Ihrem Web-TV-Angebot technische Probleme auftreten? - Wie gehen Sie damit um?	- Inwiefern spielt die Sorge um mögliche Qualitätseinbußen eine Rolle? - Auflösung, Sicherheit, Stabilität, Lade-zeit, Übertragung - Inwieweit hat dies Auswirkungen auf die Qualität des Angebots?
- Wie werden die Inhalte auf Ihrem Web-TV-Angebot archiviert? - Welche Möglichkeiten werden den Nutzern geboten, um bestimmte Inhalte zu suchen?	
- Welche Rolle spielen Videoformate?	- Mov, flv, mp4, etc.
- Inwieweit könnten einheitliche technische Qualitätsstandards das WebTV verbessern?	- Welche technischen Eigenschaften setzen Sie voraus? - Auf welche wird besonderen Wert gelegt?

Formal-funktionale Faktoren	
- Welche Zielgruppen sprechen Sie mit ihrem Angebot an? - Inwieweit haben Sie Ihr Web-TV-Angebot nutzerorientiert gestaltet? - Welche Möglichkeiten individueller Einstellungen bietet Ihr Web-TV-Angebot Ihren Nutzer? - Inwieweit nutzen die User Ihres Web-TV-Angebots die vorhandenen Interaktionsmöglichkeiten wie z. B. Chat, Kommentarfunktion? - Ist dies für Sie eine Möglichkeit Qualitäts-ansprüche der User zu erheben?	- Inwieweit berücksichtigen Sie die Usability, Nützlichkeit und den Nutzerspaß? - Auswahl, Motivation, Dauer, Zeitpunkt, Aufmerksamkeit, Ort - Welche anderen Möglichkeiten der Usereinbindung verfolgen Sie? - Wie evaluieren Sie Ihr Web-TV-Angebot?
- Was sind die wichtigsten Kriterien für eine optimale Darstellungsqualität?	
- Wie schätzen Sie die User Experience ein?	
- Inwieweit fließen die Bewertungen/Kommentare der Nutzer zur Verbesserung des Inhalt mit ein?	

Organisationale Faktoren	
- Beschreiben Sie die Organisationsstruktur.	
- Wer ist alles für die Betreuung Ihrer Web-TV-Plattform zuständig? - Welche Aufgabenbereiche lassen sich unterscheiden?	- Wie gestaltet sich Ihr konkreter Aufgabenbereich?
- Wie sieht der Produktionsalltag aus?	- Preproduktion, Produktion, Postproduktion von Videos
- Wie gestaltet sich die Programmplanung Ihres Web-TV-Angebots? - Welche Rolle spielen Kooperationen/Sponsoren?	- Ablauf, redaktionelle Arbeit

Ökonomische/Rechtliche Faktoren	
- Inwieweit entstehen durch das Web-TV dem Angebot zusätzliche Produktionskosten? - Bitte beschreiben Sie, wie sich die Finanzierung Ihres Web-TV-Angebots im Konkreten zusammensetzt. - Inwieweit hat diese Art der Finanzierung Auswirkungen auf die Qualität? - Wie vermarkten Sie Ihr Web-TV-Angebot?	- z. B. Unterbrechung durch Werbung - Werden Ihre Formate noch auf weiteren Distributionskanälen wie z.B. einem Web-TV-Angebot der Programmfamilie zur Verfügung gestellt?

- Inwieweit sehen Sie einen Zusammenhang zwischen Finanzierung (Abonnement, Werbung etc.) des Web-TV-Angebots und technischer sowie inhaltlicher Qualität?	- Bezahlangebote technisch und inhaltlich hochwertiger?
- Inwiefern spielen rechtliche Faktoren wie Urheberrecht, Lizenzerwerb und Jugendschutz beim Web-TV eine Rolle?	- Inwiefern gibt es Einschränkungen?

Ausblick	
- Wie sehen Sie die Entwicklung von Web-TV in den nächsten 1-2 Jahren? - Welche Tendenzen sind zu erwarten?	

Ergänzende Fragen für die einzelnen Web-TV-Anbieter:

Verlage	Videoportale	Unternehmen
- Wie sind die Anteile des Contents gelegt? - Nach welchen Kriterien suchen Sie die Beträge aus?	- Wie viele Videos werden täglich neu auf die Plattform hochgeladen? - Wie würden Sie ihr Themenspektrum beschreiben? - Welche Inhalte werden nach welchen Kriterien auf die Startseite gestellt? - Welche Inhalte werden am stärksten abonniert?	- Inwieweit berücksichtigen Nachrichtenwerte bei der Erstellung von Content - Welche rechtlichen Rahmenbedingungen sind für den erfolgreichen Betrieb einer Online-Video-Plattform wichtig? - Welchen Einfluss hat Ihrer Meinung nach die Quellenauswahl der Beiträge auf ihren jeweiligen Erfolg?

Mediatheken	Vereine
- Inwiefern gibt es z.B. Formate, die für das Internet anders aufbereitet werden sollten? - Vielfalt, Aktualität, zeitversetzte Nutzung, Länge - Inwieweit ist es überhaupt sinnvoll die konventionellen TV-Formate auch Online anzubieten? - Inwiefern betreiben Sie Benchmarking mit anderen Web-TV-Angeboten?	- Welche journalistischen Normen sind dabei ihrer Meinung entscheidend in Bezug auf die spätere Qualität des WebTV-Angebots? - Gibt es unterschiedliche Abstufungen in der Wichtigkeit?

Anhang 279

Fragebogen

Vorwort

Herzlich willkommen zu einer Umfrage rund um das Thema Web-TV
Im Rahmen meiner Dissertation führe ich am Fachgebiet Kommunikationswissenschaft der Technischen Universität Ilmenau zurzeit eine wissenschaftliche Studie zur Qualität und Akzeptanz von Web-TV-Angeboten durch, um mögliche Erfolgspotentiale des Web-TV offenzulegen. Unter Web-TV wird grundsätzlich das Fernsehen über das World Wide Web verstanden. Im Rahmen dieses Forschungsprojekts habe ich diesen Online-Fragebogen entwickelt.

Bitte seien Sie so freundlich und unterstützen Sie mich bei meiner wissenschaftlichen Arbeit, indem Sie diesen Online-Fragebogen ausfüllen. Alle Ihre Angaben werden streng vertraulich behandelt und völlig anonym ausgewertet. Ihr Name wird an keiner Stelle gespeichert oder genannt. Die Ergebnisse der Untersuchung dienen allein wissenschaftlichen Zwecken.

Der Online-Fragebogen beginnt, wenn Sie auf "Weiter" klicken. Sie können bei der Beantwortung der Fragen nichts falsch machen, denn es geht bei den meisten Fragen um Ihre persönlichen Ansichten und Ihre Einschätzungen. Für das Ausfüllen benötigen Sie etwa 15-20 Minuten.

Im Zuge dieser Studie werden unter allen Teilnehmenden 5 Amazon-Gutscheine im Wert von 20,- Euro sowie 10 Amazon-Gutscheine im Wert von 10,- Euro verlost. Sie werden am Ende des Fragebogens nochmals auf die Teilnahmemöglichkeit zur Verlosung hingewiesen.

Für Fragen und Anregungen stehe ich Ihnen gerne jederzeit zur Verfügung.

Herzlichen Dank für Ihre Mithilfe!

Technische Universität Ilmenau
FG Kommunikationswissenschaft
Dipl.-Medienwiss. Oliver Klosa
Ehrenbergstraße 29
98693 Ilmenau
E-Mail: oliver.klosa@tu-ilmenau.de

Frage 1 (Fernsehen)

Im nun folgenden Abschnitt geht es zunächst um allgemeine Informationen über Ihre Fernseh- und Internetnutzung.
Sehen Sie fern?
Mit Fernsehen ist hier das herkömmliche TV-Programm über ein TV-Gerät gemeint.

○ Ja
○ Nein

Frage 2b (Gründe_Nicht_Fernsehen)
Bitte geben Sie die Gründe an, warum Sie nicht fernsehen?
Mehrfachnennungen sind möglich.

☐ Mir gefällt das Fernsehprogramm nicht.
☐ Ich habe keinen Zugang zu einem Fernsehgerät in meinem Haushalt.
☐ Fernsehen interessiert mich nicht.
☐ In meinem Haushalt gibt es kein Fernsehgerät.
☐ Ich habe keine Zeit um fernzusehen.
☐ Sonstiges, und zwar:

Frage 2a (Gründe_Fernsehen)
Wie ist das, wenn Sie fernsehen? Was ist Ihnen wichtig?
Markieren Sie die Gründe, die auf Sie zutreffen oder nicht zutreffen. Sie können Ihr Urteil zwischen 1 "trifft gar nicht zu" und 5 "trifft voll und ganz zu" abstufen. Es ist mir wichtig,...

	trifft gar nicht zu (1)	(2)	(3)	(4)	trifft voll und ganz zu (5)
... dass ich Inhalte zu gewohnten Zeiten sehe.	○	○	○	○	○
... dass ich professionelle Inhalte zu sehen bekomme.	○	○	○	○	○
... dass ich vom Fernsehprogramm berieselt werde.	○	○	○	○	○
... dass ich vom Fernsehprogramm unterhalten werde.	○	○	○	○	○
... dass ich erfahre, was in der Welt geschieht.	○	○	○	○	○
... dass ich mir damit die Zeit vertreibe.	○	○	○	○	○
... dass ich mich nicht allein fühle.	○	○	○	○	○
... dass es mich entspannt.	○	○	○	○	○
...sonstiges, und zwar:	○	○	○	○	○

Frage 3 (Fernsehnutzungsdauer)

Schätzen Sie bitte ein, wie lange Sie durchschnittlich am Tag aufmerksam fernsehen? Gemeint ist damit nicht die Zeit, in der der Fernseher nur nebenbei läuft.

Schätzen Sie getrennt für Wochentage und Wochenenden. Bitte nehmen Sie die Angaben in ganzen Zahlen vor.

Beispiel: Wenn Sie wochentags 3 Stunden fernsehen, tragen Sie die Zahl 3 bei Stunden und die Zahl 0 bei Minuten ein. Wenn Sie am Wochenende nur eine halbe Stunde fernsehen, dann tragen Sie die Zahl 0 bei Stunden und die Zahl 30 bei Minuten ein. Es müssen immer alle Felder ausgefüllt sein, bevor Sie zur nächsten Frage gelangen.

Wochentags (Montag-Freitag) [_____] Stunden [_____] Minuten pro Tag

Wochenende (Samstag und Sonntag) [_____] Stunden [_____] Minuten pro Tag

Frage 4 (Fernsehsendungen)

Wie oft sehen Sie folgende Fernsehsendungen?

	nie	selten	gelegentlich	oft	sehr oft
Nachrichten (lokal, regional)	○	○	○	○	○
Nachrichten (national, international)	○	○	○	○	○
Magazine	○	○	○	○	○
Serien	○	○	○	○	○
Filme	○	○	○	○	○
Talkshows	○	○	○	○	○
Spielshows	○	○	○	○	○
Sport	○	○	○	○	○
Reportagen, Dokumentationen	○	○	○	○	○
Musik	○	○	○	○	○
Erotik	○	○	○	○	○
Sonstiges, und zwar:	○	○	○	○	○

Frage 5 (Internetnutzungsdauer)

Schätzen Sie bitte ein, wie viel Zeit Sie durchschnittlich am Tag aktiv im Internet verbringen? Ich meine damit nicht die Zeit, in der der PC oder ein anderes internetfähiges Gerät nur nebenbei online ist.

Die Zeit bezieht sich dabei auf Ihre private Internetnutzung und schätzen Sie diese getrennt für Wochentage und Wochenenden. Bitte nehmen Sie die Angaben in ganzen Zahlen vor.

Beispiel: Wenn Sie wochentags 3 Stunden im Internet verbringen, tragen Sie die Zahl 3 bei Stunden und die Zahl 0 bei Minuten ein. Wenn Sie am Wochenende nur eine halbe Stunde im Netz sind, dann tragen Sie die Zahl 0 bei Stunden und die Zahl 30 bei Minuten ein. Es müssen immer alle Felder ausgefüllt sein, bevor Sie zur nächsten Frage gelangen.

Wochentags (Montag-Freitag) [_____] Stunden [_____] Minuten pro Tag

Wochenende (Samstag und Sonntag) [_____] Stunden [_____] Minuten pro Tag

Frage 6 (Angebote_Internet)

Es gibt im Internet verschiedene Dienste und Webanwendungen (Kleine Anwendungsprogramme, die im Browser ablaufen bzw. dargestellt werden.). In welchem Umfang nutzen Sie die folgenden Dienste und Anwendungen?

Anhang

	nie	selten	gelegentlich	oft	sehr oft
E-Mail	○	○	○	○	○
Newsgroups/Foren	○	○	○	○	○
Chat	○	○	○	○	○
Onlinespiele	○	○	○	○	○
Videostreams/Podcasts	○	○	○	○	○
Informationssuche/Surfen	○	○	○	○	○
Downloads	○	○	○	○	○
Homebanking	○	○	○	○	○
Online-Shopping	○	○	○	○	○
Blogs	○	○	○	○	○
Online-Speicherdienste (Dienste wie Dropbox, Skydrive, SugarSync, etc.)	○	○	○	○	○
Social Networks/Microblogs	○	○	○	○	○
Sonstiges, und zwar:	○	○	○	○	○

Frage 7 (Webaffinität)

Im Folgenden möchte ich erfahren, wie Sie persönlich zum Web und zu Webanwendungen stehen.

Bitte schätzen Sie ein, inwiefern diese Aussagen auf Sie zutreffen oder nicht zutreffen. Sie können Ihr Urteil zwischen 1 "trifft gar nicht zu" und 5 "trifft voll und ganz zu" abstufen.

	trifft gar nicht zu (1)	(2)	(3)	(4)	trifft voll und ganz zu (5)
Ich freue mich, wenn ich etwas Neues über das Web oder Webanwendungen erfahre.	○	○	○	○	○
Es macht mir Spaß, Webanwendungen auszuprobieren.	○	○	○	○	○
Es fällt mir leicht, die Bedienung einer Webanwendung zu lernen.	○	○	○	○	○
Ich kenne mich im Bereich des World Wide Web aus.	○	○	○	○	○
Webanwendungen erleichtern mir den Alltag.	○	○	○	○	○
Über das Web verstärke ich den persönlichen Kontakt zu meinen Mitmenschen.	○	○	○	○	○
Im Web unterwegs zu sein, ist für mich nicht stressig.	○	○	○	○	○
Webanwendungen machen vieles umständlicher.	○	○	○	○	○
Ich stehe dem Web und Webanwendungen aufgeschlossen gegenüber.	○	○	○	○	○
Ich könnte leicht einige Tage aufs Web verzichten.	○	○	○	○	○
Ich surfe lieber im Web, anstatt etwas anderes zu tun.	○	○	○	○	○
Ohne das Web würde ich mich verloren fühlen.	○	○	○	○	○
Wenn ich nicht online bin, vermisse ich das Surfen im Web.	○	○	○	○	○
Im Web aktiv zu sein, gehört für mich zu den wichtigsten Dingen am Tag.	○	○	○	○	○
Sonstiges, und zwar:	○	○	○	○	○

Frage 8 (Web-TV-Angebot)

Der folgende Abschnitt ist der Hauptteil der Umfrage und beschäftigt sich mit **Web-TV**, also mit Videoangeboten, die im Web zur Verfügung gestellt werden und abgerufen werden können. Hierzu zählen Angebote von Unternehmen, Videoportalen, Web-TV-Portalen (z.B. Zattoo), Videoblogs, reinen Web-TV-Sendern und herkömmlichen TV-Sendern (z.B. Mediatheken, RTLnow).

Sehen Sie sich Web-TV-Angebote an?

○ Ja
○ Nein

Frage 9a (Web-TV_Gründe_Nutzung)

Warum sehen Sie sich Web-TV-Angebote an?

Treffen Sie Ihre Aussage allgemein auf die Angebote, die Sie nutzen und teilen Sie mit, was Ihnen wichtig ist. Bitte markieren Sie die Gründe, die auf Sie zutreffen oder nicht zutreffen. Sie können Ihr Urteil zwischen 1 "trifft gar nicht zu" und 5 "trifft voll und ganz zu" abstufen.

Mir ist wichtig,...

	trifft gar nicht zu (1)	(2)	(3)	(4)	trifft voll und ganz zu (5)
... dass ich mir auf mich zugeschnittene Angebote ansehe.	○	○	○	○	○
... dass ich die Möglichkeit nutze, Inhalte zeitversetzt anzusehen.	○	○	○	○	○
... dass ich eine Ergänzung zum Fernsehen habe.	○	○	○	○	○
... dass mir beim Web-TV Inhalte zur Verfügung stehen, die ich beim herkömmlichen Fernsehprogramm nicht bekommen kann.	○	○	○	○	○
... dass ich mir mein Programm individuell zusammenstelle.	○	○	○	○	○
... dass ich die Videos meistens so steuere, wie ich das möchte.	○	○	○	○	○
... dass ich Web-TV schauen kann, wenn ein anderes Mitglied in meinem Haushalt den Fernseher blockiert.	○	○	○	○	○
... dass ich beim Abruf von Videos an keine Zeit gebunden bin.	○	○	○	○	○
... dass ich mir Web-TV-Angebote in der Regel zuhause ansehe.	○	○	○	○	○
... dass ich Videos meinen Freunden und Bekannten weiterempfehle.	○	○	○	○	○
... dass ich die Möglichkeit nutze, Videos zu bewerten.	○	○	○	○	○
... dass ich Videos kommentiere.	○	○	○	○	○
... dass ich mir Web-TV-Angebote vorrangig unterwegs ansehe.	○	○	○	○	○
... dass ich über Web-TV schneller an meine gewünschte Inhalte gelange.	○	○	○	○	○
... dass Web-TV-Angebote kontinuierlich aktualisiert werden.	○	○	○	○	○
Sonstiges, und zwar:	○	○	○	○	○

Frage 10 (Web-TV_Angebote)

Welche dieser Web-TV-Angebote nutzen Sie?

Mehrfachnennungen sind möglich.

- ☐ Mediatheken (Angebote von TV-Sendern)
- ☐ Videoplattformen (Beispiele: Youtube, MyVideo, Sevenload, Clipfish, Vimeo, etc.)
- ☐ Web-TV von Unternehmen (Beispiele: Mercedes Benz TV, Audi TV, etc.)
- ☐ Web-TV von Verlagen (Beispiele: Spiegel TV, Handelsblatt Video, Hamburger Morgenpost Video, etc.)
- ☐ Web-TV von Vereinen (Beispiele: Fußballvereine, ADAC TV, NRWsport TV, etc.)
- ☐ Web-TV von Non-Profit Organisationen (Beispiel: Hochschulen)
- ☐ Reine Web-TV-Sender (Beispiel: 4-Seasons-TV)
- ☐ Videoblogs
- ☐ Videopodcasts
- ☐ Web-TV-Portale (Beispiel: Zattoo)
- ☐ Sonstige, und zwar:

Frage 11 (Web-TV_Formate)

Wie oft sehen Sie sich folgende Formate im Web-TV an?

	nie	selten	ab und zu	oft	sehr oft
Nachrichten (lokal, regional)	○	○	○	○	○
Nachrichten (international, national)	○	○	○	○	○
TV-Magazine	○	○	○	○	○
Web-TV-Magazine (Magazinsendungen, die nur im Web abrufbar sind)	○	○	○	○	○
TV-Serien	○	○	○	○	○
Web-Serien (Serien, die nur im Web abrufbar sind)	○	○	○	○	○
Filme	○	○	○	○	○
Talk-Shows	○	○	○	○	○
Spiel-Shows	○	○	○	○	○
Sport	○	○	○	○	○
TV-Reportagen, TV-Dokumentationen	○	○	○	○	○
Musikvideos	○	○	○	○	○
Unternehmensvideos	○	○	○	○	○
Erotik	○	○	○	○	○

Anhang

Sonstiges, und zwar:
[_____]   ○   ○   ○   ○   ○

Frage 12_13 (Web-TV-Nutzungsdauer_Geräte)

Schätzen Sie bitte ein, wie viel Zeit Sie am Tag durchschnittlich mit dem Ansehen von Web-TV-Angeboten verbringen?

Schätzen Sie die Zeit bitte getrennt für Wochentage und Wochenenden. Bitte nehmen Sie die Angaben in ganzen Zahlen vor.
Beispiel: Wenn Sie sich wochentags 3 Stunden Web-TV-Angebote ansehen, tragen Sie die Zahl 3 bei Stunden und die Zahl 0 bei Minuten ein. Wenn Sie sich am Wochenende nur eine halbe Stunde Web-TV-Angebote ansehen, dann tragen Sie die Zahl 0 bei Stunden und die Zahl 30 bei Minuten ein. Es müssen immer alle Felder ausgefüllt sein, bevor Sie zur nächsten Frage gelangen.

Wochentags (Montag-Freitag) [_____] Stunden [_____] Minuten pro Tag
Wochenende (Samstag und Sonntag) [_____] Stunden [_____] Minuten pro Tag

In welchem Umfang nutzen Sie die folgenden Geräte, um sich Web-TV-Angebote anzusehen?

	nie	selten	ab und zu	oft	sehr oft	habe ich nicht
Fernsehgerät mit Internetanschluss	○	○	○	○	○	○
Desktop-PC, Laptop	○	○	○	○	○	○
Tablet-PC	○	○	○	○	○	○
Smartphone	○	○	○	○	○	○

Sonstige, und zwar:
[_____]   ○   ○   ○   ○   ○   ○

Frage 14 (technische Qualität - Verhalten)

Die nächsten 4 Blöcke sind etwas umfangreicher, aber Sie werden auch diese zügig beantworten können. Die folgende Liste beinhaltet Aussagen zu technischen Aspekten von Web-TV.

Bitte markieren Sie, inwieweit die folgenden Aussagen auf Sie zutreffen oder nicht zutreffen. Sie können Ihr Urteil zwischen 1 "trifft gar nicht zu" und 5 "trifft voll und ganz zu" abstufen.

	trifft gar nicht zu (1)	(2)	(3)	(4)	trifft voll und ganz zu (5)	Weiß ich nicht
Die Bildauflösung der Videos empfinde ich als unzureichend.	○	○	○	○	○	○
Meine Internet-Geschwindigkeit reicht aus, um Videos ruckelfrei anzusehen.	○	○	○	○	○	○
Wenn ich mir Videos anschaue, treten oft Verzögerungen beim Abspielen auf.	○	○	○	○	○	○
Ich stelle fest, dass Bild und Ton oftmals nicht parallel ablaufen.	○	○	○	○	○	○
Das Steuern von Videos (Vor- und Zurückspringen, Pause) ist mir sehr wichtig.	○	○	○	○	○	○
Ich nutze vorrangig Videos auf Abruf.	○	○	○	○	○	○
Ich schaue mir Videos häufig im Vollbildmodus an.	○	○	○	○	○	○
Eine automatische Anpassung der Audio- und Videoqualität an die Internetgeschwindigkeit halte ich für nützlich.	○	○	○	○	○	○
Ich sehe mir Videos in der höchstmöglichen Bildauflösung an.	○	○	○	○	○	○
Ich schaue mir die Videos in einem externen Player an, wenn es diese Funktion gibt.	○	○	○	○	○	○
Ich breche ein Video ab, wenn es meinem Empfinden nach zu lange lädt.	○	○	○	○	○	○
Kurz auftretende (nicht länger als eine Sekunde) Bild- und Tonfehler stören mich nicht.	○	○	○	○	○	○
Videos, die ich mir ansehen will, starten meistens ohne Probleme.	○	○	○	○	○	○
Ich nutze, sofern es vorhanden ist, immer die Eigenständige Softwareanwendung eines Web-TV-Angebots und nicht den Browser.	○	○	○	○	○	○
Bei Livestreams treten eher technische Probleme auf.	○	○	○	○	○	○
Bei zu häufig auftretenden Fehlern nutze ich die Web-TV-Angebote nicht mehr.	○	○	○	○	○	○

Frage 15 (Web-TV_Zufriedenheit)

Im Folgenden möchte ich wissen, wie zufrieden Sie mit den bisherigen Web-TV-Angeboten sind, die Sie nutzen. Geben Sie Ihren allgemeinen Eindruck wieder.
Gehen Sie die genannten Aspekte der Reihe nach durch. Bei Ihrem Urteil können Sie Abstufungen von 1 "völlig unzufrieden" bis 5 "voll und ganz zufrieden" vornehmen.

	völlig unzufrieden (1)	(2)	(3)	(4)	voll und ganz zufrieden (5)	Gibt es in den Angeboten, die ich nutze, nicht
Bedienung	○	○	○	○	○	○
Aktualität	○	○	○	○	○	○
Inhaltliche Vielfalt	○	○	○	○	○	○
Bildqualität	○	○	○	○	○	○
Tonqualität	○	○	○	○	○	○
Navigation auf den Web-TV-Websites	○	○	○	○	○	○
Übersichtlichkeit	○	○	○	○	○	○
Ladezeiten	○	○	○	○	○	○
Zuverlässigkeit/Stabilität	○	○	○	○	○	○
Preisgestaltung	○	○	○	○	○	○
Archivierungszeit	○	○	○	○	○	○
Mobile Nutzungsmöglichkeit	○	○	○	○	○	○
Einsatz von Werbung	○	○	○	○	○	○
Videosteuerung	○	○	○	○	○	○
Einbettungsfunktion	○	○	○	○	○	○
Kommentarfunktion	○	○	○	○	○	○
Bewertungsfunktion	○	○	○	○	○	○
Sonstiges, und zwar:	○	○	○	○	○	○

Frage 16 (Web-TV_Nutzungerleben)

Im Folgenden finden Sie einige Aussagen, die mögliche Erlebnissituationen beim Ansehen von Web-TV-Angeboten beschreiben.
Bitte markieren Sie, ob die Aussagen auf Sie eher zutreffen oder eher nicht zutreffen. Sie können Ihr Urteil zwischen 1 "trifft gar nicht zu" und 5 "trifft voll und ganz zu" abstufen.

	trifft gar nicht zu (1)	(2)	(3)	(4)	trifft voll und ganz zu (5)
Mir macht es Spaß Web-TV-Angebote zu nutzen.	○	○	○	○	○
Ich entspanne mich dabei.	○	○	○	○	○
Ich sehe mir Web-TV-Angebote aufmerksam an.	○	○	○	○	○
Web-TV-Angebote geben mir Anregungen und Stoff zum Nachdenken.	○	○	○	○	○
Durch Web-TV bekomme ich neue Informationen.	○	○	○	○	○
Web-TV-Angebote sind mir eine wertvolle Hilfe, wenn ich mir eine eigene Meinung bilden will.	○	○	○	○	○
Ich erhalte viele Dinge, über die ich mich mit anderen unterhalte.	○	○	○	○	○
Web-TV-Angebote beruhigen mich, wenn ich Ärger habe.	○	○	○	○	○
Web-TV lenkt mich von Alltagssorgen ab.	○	○	○	○	○
Web-TV-Angebote zu nutzen, ist für mich Gewohnheit.	○	○	○	○	○
Ich erfahre durch Web-TV viel mehr über die Welt.	○	○	○	○	○
Ich nutze so meine Zeit sinnvoll.	○	○	○	○	○
Es hilft mir, mich im Alltag zurechtzufinden.	○	○	○	○	○
Ich vertreibe so Langeweile.	○	○	○	○	○

Frage 17 (Usability_Verhaltensfragen)

Sie haben es gleich geschafft. Das waren jetzt die größten Blöcke. Im Folgenden erhalten Sie Aussagen über die Darstellung und Funktionsmöglichkeiten zu Web-TV- Angeboten.
Bitte markieren Sie, was auf Sie zutrifft oder nicht zutrifft. Sie können Ihr Urteil zwischen 1 "trifft gar nicht zu" und 5 "trifft voll und ganz zu" abstufen.

Anhang

	trifft gar nicht zu (1)	(2)	(3)	(4)	trifft voll und ganz zu (5)
Das Design ist oftmals ansprechend gestaltet.	○	○	○	○	○
Die Navigation der meisten Web-TV-Angebote ist gut durchdacht.	○	○	○	○	○
Ich finde mich bei Web-TV-Angeboten schnell zurecht.	○	○	○	○	○
Die Bedienung der Web-TV-Angebote empfinde ich als schwierig.					
Ich finde es nutzlos Videos zu bewerten.	○	○	○	○	○
Das Weiterleiten von Videos (z.B. durch die E-Mail-Funktion oder direkte Linkangabe) an Freunde und Bekannte ist einfach.	○	○	○	○	○
Es ist leicht, Videos auf Websites oder in sozialen Netzwerken einzubetten.	○	○	○	○	○
Das Zusammenstellen von Videos anhand einer Playlist, sofern diese Funktion vorhanden ist, ist mir zu aufwendig.	○	○	○	○	○
Vorschaubilder von Videos bieten mir eine schnelle Orientierung.	○	○	○	○	○
Ich finde meine Inhalte oftmals mühelos.	○	○	○	○	○
Die Veröffentlichung eigener Videos ist nicht einfach.	○	○	○	○	○
Mir ist es zu umständlich, Videos zu kommentieren.	○	○	○	○	○
Sonstiges, und zwar:					
	○	○	○	○	○

Frage 18_19 (UGC_PGC_Bezahlen)

Bei Web-TV gibt es neben professionell generierten Inhalten auch nutzergenerierte Inhalte (User Generated Content: Inhalte, die von Nutzern selbst erstellt und im Web veröffentlicht werden).

Markieren Sie bitte, welche Inhalte Sie (bevorzugt) schauen. Ich schaue...

- ○ nur professionell generierte Inhalte
- ○ überwiegend professionell generierte Inhalte
- ○ teils / teils
- ○ überwiegend nutzergenerierte Inhalte
- ○ nur nutzergenerierte Inhalte

Wie viel Geld geben Sie im Monat für Web-TV-Angebote aus?

- ○ nichts
- ○ weniger als 5 Euro
- ○ 5-10 Euro
- ○ 11-20 Euro
- ○ mehr als 20

Frage 20 (Ök_Recht)

Im Folgenden werden Ihnen Aussagen genannt, die sich auf die Kosten und rechtlichen Faktoren von Web-TV-Angeboten beziehen.

Bitte markieren Sie, was auf Sie zutrifft oder nicht zutrifft. Sie können Ihr Urteil zwischen 1 "trifft gar nicht zu" und 5 "trifft voll und ganz zu" abstufen.

	trifft gar nicht zu (1)	(2)	(3)	(4)	trifft voll und ganz zu (5)
Ich halte Werbung bei Web-TV-Angeboten für sinnvoll, wenn dadurch Kosten für den Nutzer vermieden werden.	○	○	○	○	○
Ich nutze Web-TV-Angebote nicht so gerne, wenn ich mich anmelden muss.	○	○	○	○	○
Kostenpflichtige Angebote finde ich generell hochwertiger als kostenlose.	○	○	○	○	○
Ich achte auf die Datenschutzrichtlinien eines Web-TV-Angebots, wenn ich mich registriere.	○	○	○	○	○
Für Web-TV-Inhalte bin ich bereit etwas zu zahlen.	○	○	○	○	○
Werbeunterbrechungen in Videos finde ich störend.	○	○	○	○	○
Wenn ich für Web-TV-Angebote zahlen muss, nutze ich sie nicht.	○	○	○	○	○
Wenn Web-TV-Anbieter Bilder aus rechtlichen Gründen nicht zeigen dürfen, dann stört mich das.	○	○	○	○	○
Bei Web-TV-Angeboten, die Spendenmöglichkeiten anbieten, zahle ich freiwillig einen Beitrag.	○	○	○	○	○

Frage 21_22 (Nenn_Auswahl)

Bitte nennen Sie mir hier konkret Web-TV-Angebote, die Sie regelmäßig und mehrmals in der Woche nutzen.
Sie können bis zu 5 Angebote nennen.

1. [_____]
2. [_____]
3. [_____]
4. [_____]
5. [_____]

Sie haben nun einige Fragen zu Web-TV und Fernsehen beantwortet. Bitte markieren Sie, über welches Medium Sie (bevorzugt) Bewegtbilder schauen?

○ nur über Web-TV
○ überwiegend über Web-TV
○ teils/teils
○ überwiegend über herkömmliches Fernsehen
○ nur über das herkömmliche Fernsehen

Frage 9b – Filter (Web-TV_Gründe_Nichtnutzung)

Warum sehen Sie sich keine Web-TV-Angebote an?

Bitte markieren Sie, was auf Sie zutrifft oder nicht zutrifft. Sie können Ihr Urteil zwischen 1 "trifft gar nicht zu" und 5 "trifft voll und ganz zu" abstufen.

	trifft gar nicht zu (1)	(2)	(3)	(4)	trifft voll und ganz zu (5)
Die Angebote im Web-TV sind zu unübersichtlich.	○	○	○	○	○
Die Bildauflösung ist mir zu gering.	○	○	○	○	○
Mir gefallen die Inhalte nicht.	○	○	○	○	○
Meine Internet-Geschwindigkeit ist zu gering.	○	○	○	○	○
Ich mag es lieber, vor dem Fernseher zu entspannen.	○	○	○	○	○
Es ist mir zu aufwendig nach Inhalten zu suchen.	○	○	○	○	○
Ich halte Web-TV-Angebote für Zeitverschwendung.	○	○	○	○	○
Sonstiges, und zwar: [_____]	○	○	○	○	○

Frage 23_24_25 (Geschlecht_Alter_Bildung)

Abschließend habe ich noch ein paar Fragen zu Ihrer Person.

Was ist Ihr Geschlecht?

○ Männlich
○ Weiblich

Wie alt sind Sie?

[_____] Jahre

Welcher ist Ihr höchster Bildungsabschluss?

○ kein Abschluss
○ bin noch Schüler
○ Volksschule/ Hauptschule
○ Mittlere Reife/ POS
○ Fachschulabschluss
○ Fachabitur / Fachhochschulreife
○ Abitur / Allgemeine Hochschulreife / EOS
○ Hochschulabschluss (Universität, Hochschule, Fachhochschule, Akademie etc.)
○ Promotion
○ anderer Schulabschluss, und zwar: [_____]

Anhang 287

Frage 26 (Berufstätigkeit)

Sind Sie berufstätig (Haupttätigkeit)?

○ Ja
○ Nein

26a Ja

Sind Sie:

○ Arbeiter/Facharbeiter
○ Angestellter
○ Leitender Angestellter
○ Beamter
○ Selbständig oder in freiem Beruf
○ Wehrdienst-/Zivildienstleistender
○ Azubi
○ Sonstiges, und zwar:

26b Nein

Sind Sie:

○ Schüler
○ Student
○ Hausfrau/Hausmann
○ Rentner/Vorruheständler
○ arbeitslos
○ aus anderen Gründen nicht berufstätig

Frage 27_28 (Einkommen_Internetgeschwindigkeit)

Welches Nettoeinkommen haben Sie im Monat? Ich meine damit nur Ihr persönliches Einkommen, nicht das anderer Haushaltsmitglieder.
Sortieren Sie sich bitte in eine der untenstehenden Kategorien ein.

○ Unter 500 Euro
○ 500-1000 Euro
○ 1000-2000 Euro
○ 2000-3000 Euro
○ 3000-4000 Euro
○ 4000-5000 Euro
○ 5000-6000 Euro
○ >6000 Euro
○ keine Angabe

Wie hoch ist die von Ihrem Internet-Provider zugesicherte Internet-Geschwindigkeit in Ihrem Haushalt?

○ kleiner gleich DSL 6000
○ kleiner gleich DSL 16000
○ kleiner gleich DSL 32000
○ kleiner gleich DSL 50000
○ mehr als DSL 50000
○ Weiß ich nicht

Verlosung

Wenn Sie an der Verlosung der Gutscheine teilnehmen möchten, tragen Sie hier eine gültige E- Mail-Adresse ein. Die E-Mail-Adresse wird unabhängig von Ihren bisher angegeben Daten gespeichert. Sollten Sie nicht teilnehmen wollen, können Sie über den Button "weiter" die Umfrage abschließen.

Endseite

Vielen Dank, dass Sie an dieser Umfrage teilgenommen haben. Sie können dieses Fenster nun einfach schließen.

Feldbericht

Feldbericht: Qualität und Akzeptanz von Web-TV

Die angezeigten Daten beziehen sich auf die Feldzeit vom 30.04.2013 bis 16.06.2013 - Aktiv seit 47 Tagen

	Absolute Zahlen	Prozent
Gesamtsample (Brutto 1)	501	100,00%
Bereinigtes Gesamtsample (Brutto 2)	501	100,00%
Nettobeteiligung	375	74,85%
Ausschöpfungsquote		74,85%
Beendigungsquote		52,10%
Variable Quote		52,50%
Statistische Kennzahlen		
Mittlere Bearbeitungszeit (arithm. Mittel)		1h 14m 27.08s
Mittlere Bearbeitungszeit (Median)		0h 19m 29.5s
Tageszeit mit den meisten Zugriffen		Stunde 7 Anzahl 71
Durchschnittliche Teilnehmeranzahl pro Tag		16.70
Durchschnittliche Teilnehmeranzahl pro Woche		71.57
Seite mit meisten Abbrüchen		Seite: Vorwort Anzahl 126

Gesamtsample (Brutto 1)

	Code	Absolute Zahlen	Prozent
Gesamt		501	100,00%
Abgewiesen (Quote geschlossen)	36	0	0,00%
Ausgescreent	37	0	0,00%
Stichprobenneutrale Ausfälle		0	0,00%

Bereinigtes Gesamtsample (Brutto 2)

	Code	Absolute Zahlen	Prozent
Gesamt		501	100,00%
Aktiv	12	0	0,00%
Noch nicht begonnen	20	126	25,15%
Stichprobenrelevante Ausfälle	12,20	126	25,15%

Nettobeteiligung

	Code	Absolute Zahlen	Prozent
Gesamt		375	100,00%
Beendet	31,32	261	69,60%
Antwortet gerade	21,23	0	0,00%
Unterbrochen	22	114	30,40%

Abbrüche nach Seite

Seite:	Abbrüche	fortgeschritten bis Seite
Vorwort	126 (25.15%)	501 (100.00%)
Frage 1 (Fernsehen)	10 (2.00%)	375 (74.85%)
Frage 2b (Gründe_Nicht_Fernsehen)	0 (0.00%)	365 (72.85%)
Frage 2a (Gründe_Fernsehen)	23 (4.59%)	365 (72.85%)
Frage 3 (Fernsehnutzungsdauer)	11 (2.20%)	342 (68.26%)
Frage 4 (Fernsehsendungen)	2 (0.40%)	331 (66.07%)
Frage 5 (Internetnutzungsdauer)	7 (1.40%)	329 (65.67%)
Frage 6 (Angebote_Internet)	9 (1.80%)	322 (64.27%)
Frage 7 (Webaffinität)	12 (2.40%)	313 (62.48%)
Frage 8 (Web-TV-Angebot)	3 (0.60%)	301 (60.08%)
Frage 9a (WebTV_Gründe_Nutzung)	9 (1.80%)	298 (59.48%)
Frage 10 (Web-TV_Angebote)	1 (0.20%)	289 (57.68%)
Frage 11 (Web-TV_Formate)	0 (0.00%)	288 (57.49%)
Frage 12_13 (Web-TV-Nutzungsdauer_ Geräte)	3 (0.60%)	288 (57.49%)
Frage 14 (technische Qualität - Verhalten)	8 (1.60%)	285 (56.89%)
Frage 15 (Web-TV_Zufriedenheit)	5 (1.00%)	277 (55.29%)
Frage 16 (Web-TV_Nutzungerleben)	0 (0.00%)	272 (54.29%)
Frage 17 (Usability_Verhaltensfragen)	3 (0.60%)	272 (54.29%)
Frage 18_19 (UGC_PGC_Bezahlen)	0 (0.00%)	269 (53.69%)
Frage 20 (Ök_Recht)	1 (0.20%)	269 (53.69%)
Frage 21_22 (Nenn_Auswahl)	3 (0.60%)	268 (53.49%)
Frage 9b (Web-TV_Gründe_Nichtnut-zung)	2 (0.40%)	265 (52.89%)
Frage 23_24_25 (Geschlecht_Alter_Bildung)	0 (0.00%)	263 (52.50%)
Frage 26 (Berufstätigkeit)	0 (0.00%)	263 (52.50%)
26a Ja	0 (0.00%)	263 (52.50%)
26b Nein	0 (0.00%)	263 (52.50%)
Frage 27_28 (Einkommen_Internetgeschwindigkeit)	0 (0.00%)	263 (52.50%)
Verlosung	2 (0.40%)	263 (52.50%)
Endseite	0 (0.00%)	261 (52.10%)
Gesamt	Abgebrochen	240 (47.90%)
Gesamt	Beendet	242 (48.30%)
Gesamt	Beendet nach Unterbrechung	19 (3.79%)

Ergebnistabellen der Online-Umfrage

Tabellen zur deskriptiven Statistik

Altersklasse * Geschlecht – Kreuztabelle

		Frage 23 (Geschlecht)		Gesamt
		Männlich	Weiblich	
Altersklasse	bis 19	5	2	7
	20–29	99	86	185
	30–39	28	13	41
	40–49	4	2	6
	50–59	1	3	4
	ab 60	0	1	1
Gesamt		137	107	244

Bildung * Geschlecht – Kreuztabelle

		Frage 23 (Geschlecht)		Gesamt
		Männlich	Weiblich	
Bildung	Volksschule/ Hauptschule	1	0	1
	Mittlere Reife/ POS	4	1	5
	Fachschulabschluss	0	1	1
	Abitur / Allgemeine Hochschulreife / EOS	57	48	105
	Hochschulabschluss (Universität, Hochschule, Fachhochschule, Akademie etc.)	72	55	127
	Promotion	3	2	5
Gesamt		137	107	244

Berufstätige * Geschlecht – Kreuztabelle

		Frage 23 (Geschlecht)		Gesamt
		Männlich	Weiblich	
Berufstätige	Arbeiter/Facharbeiter	1	0	1
	Angestellter	33	30	63
	Leitender Angestellter	5	3	8
	Beamter	0	1	1
	Selbständig oder in freiem Beruf	7	1	8
	Sonstiges, und zwar:	4	4	8
Gesamt		50	39	89

Nicht-Berufstätige * Geschlecht – Kreuztabelle

		Geschlecht		Gesamt
		Männlich	Weiblich	
Nein	Student	84	64	148
	Hausfrau/Hausmann	0	1	1
	arbeitslos	1	2	3
	aus anderen Gründen nicht berufstätig	2	0	2
Gesamt		87	67	154

Einkommen * Geschlecht – Kreuztabelle

		Geschlecht		Gesamt
		Männlich	Weiblich	
Einkommen	Unter 500 Euro	47	35	82
	500–1000 Euro	37	25	62
	1000–2000 Euro	22	22	44
	2000–3000 Euro	13	10	23
	3000–4000 Euro	8	0	8
	4000–5000 Euro	1	1	2
Gesamt		128	93	221

Internet-Geschwindigkeit * Geschlecht – Kreuztabelle

		Geschlecht		Gesamt
		Männlich	Weiblich	
Internet-Geschwindigkeit	<= DSL 6000	44	27	71
	<= DSL 16000	54	28	82
	<= DSL 32000	6	3	9
	<= DSL 50000	5	2	7
	> DSL 50000	14	4	18
Gesamt		123	64	187

Fernsehnutzung (gesamt)

		Wochentags (Mo.–Fr.)	Wochentags (Mo.–Fr.)	Wochenende (Sa.–So.)	Wochenende (Sa.–So.)
N	Gültig	194	167	201	159
	Fehlend	55	82	48	90
Mittelwert		2,03	13,18	2,81	10,38
Median		2,00	,00	2,00	,00
Standardabweichung		2,174	14,477	2,068	15,315
Varianz		4,724	209,594	4,277	234,542
Minimum		0	0	0	0
Maximum		15	45	12	60

Fernsehnutzung nach Altersklassen (in Min.)

Altersklassen	Mittelwert	Standardfehler des Mittelwertes	N
<= 29	150,9121	10,19160	117
30–39	107,7597	16,66863	22
40–49	109,2857	29,35532	4
50+	116,4286	39,59618	3
Insgesamt	142,5607	8,69115	146

Internetnutzung (gesamt)

		Wochentags (Mo.–Fr.) (in Std.)	Wochentags (Mo.–Fr.) (in Min.)	Wochenende (Sa.–So.) (in Std.)	Wochenende (Sa.–So.) (in Min.)
N	Gültig	249	249	249	249
	Fehlend	0	0	0	0
Mittelwert		4,43	4,87	4,19	5,06
Median		4,00	,00	4,00	,00
Standardabweichung		3,030	11,374	2,833	11,181
Varianz		9,182	129,365	8,027	125,008
Minimum		0	0	0	0
Maximum		20	50	16	45

Internetnutzung nach Altersklassen (in Min.)

Altersklassen	Mittelwert	Standardfehler des Mittelwertes	N
<= 29	281,8787	11,89788	192
30–39	225,5226	23,98529	41
40–49	200,7143	47,70338	6
50+	175,1429	40,56388	5
Insgesamt	268,2260	10,40335	244

Web-TV-Nutzung (gesamt)

		Wochentags (Mo.–Fr.) (in Std.)	Wochentags (Mo.–Fr.) (in Min.)	Wochenende (Sa.–So.) (in Std.)	Wochenende (Sa.–So.) (in Min.)
N	Gültig	208	208	208	208
	Fehlend	41	41	41	41
Mittelwert		1,06	13,15	1,55	8,77
Median		1,00	5,00	1,00	,00
Standardabweichung		1,602	14,650	1,626	13,596
Varianz		2,567	214,614	2,645	184,855
Minimum		0	0	0	0
Maximum		15	57	10	50

Web-TV-Nutzung nach Altersklassen (in Min.)

Altersklassen	Mittelwert	Standardfehler des Mittelwertes	N
<= 29	91,6459	7,11465	163
30–39	57,3377	6,82606	33
40–49	41,7857	10,40629	4
50+	54,1071	18,66819	4
Insgesamt	84,3824	5,88652	204

Statistiken zu TV-Formaten

		Nachrichten (lokal, regional)	Nachrichten (inter-/national)	Magazine	Serien	Filme
N	Gültig	206	206	206	206	206
	Fehlend	43	43	43	43	43
Mittelwert		2,68	3,74	2,54	3,52	3,47
Standardfehler des Mittelwertes		,079	,067	,067	,086	,071
Median		2,50	4,00	3,00	4,00	4,00
Standardabweichung		1,136	,962	,961	1,240	1,015
Varianz		1,290	,926	,923	1,539	1,031
Perzentile	25	2,00	3,00	2,00	3,00	3,00
	50	2,50	4,00	3,00	4,00	4,00
	75	3,00	4,25	3,00	5,00	4,00

		Talkshows	Spielshows	Sport	Reportagen, Dokumentationen	Musik	Erotik
N	Gültig	206	206	206	206	206	206
	Fehlend	43	43	43	43	43	43
Mittelwert		1,79	1,84	2,61	3,31	1,83	1,26
Standardfehler des Mittelwertes		,060	,059	,087	,073	,068	,034
Median		2,00	2,00	3,00	3,00	2,00	1,00
Standardabweichung		,861	,841	1,251	1,055	,970	,491
Varianz		,742	,707	1,566	1,113	,942	,241
Perzentile	25	1,00	1,00	2,00	3,00	1,00	1,00
	50	2,00	2,00	3,00	3,00	2,00	1,00
	75	2,00	2,00	3,00	4,00	2,00	1,00

Web-TV-Anbieter

Mediatheken (Angebote von TV-Sendern)

		Häufigkeit	Prozent	Gültige Prozente	Kumulierte Prozente
Gültig	not quoted	11	4,4	5,3	5,3
	quoted	197	79,1	94,7	100,0
	Gesamt	208	83,5	100,0	
Fehlend	-77	41	16,5		
Gesamt		249	100,0		

Videoplattformen (Beispiele: YouTube, MyVideo, Sevenload, Clipfish, Vimeo, etc.)

		Häufigkeit	Prozent	Gültige Prozente	Kumulierte Prozente
Gültig	not quoted	4	1,6	1,9	1,9
	quoted	204	81,9	98,1	100,0
	Gesamt	208	83,5	100,0	
Fehlend	-77	41	16,5		
Gesamt		249	100,0		

Web-TV von Unternehmen
(Beispiele: Mercedes Benz TV, Audi TV etc.)

		Häufigkeit	Prozent	Gültige Prozente	Kumulierte Prozente
Gültig	not quoted	197	79,1	94,7	94,7
	quoted	11	4,4	5,3	100,0
	Gesamt	208	83,5	100,0	
Fehlend	-77	41	16,5		
Gesamt		249	100,0		

Web-TV von Verlagen
(Beispiele: SPIEGEL.TV, Handelsblatt, Hamburger Morgenpost etc.)

		Häufigkeit	Prozent	Gültige Prozente	Kumulierte Prozente
Gültig	not quoted	145	58,2	69,7	69,7
	quoted	63	25,3	30,3	100,0
	Gesamt	208	83,5	100,0	
Fehlend	-77	41	16,5		
Gesamt		249	100,0		

Anhang 295

Web-TV von Vereinen
(Beispiele: Fußballvereine, ADAC TV, NRWsport TV etc.)

		Häufigkeit	Prozent	Gültige Prozente	Kumulierte Prozente
Gültig	not quoted	191	76,7	91,8	91,8
	quoted	17	6,8	8,2	100,0
	Gesamt	208	83,5	100,0	
Fehlend	-77	41	16,5		
Gesamt		249	100,0		

Web-TV von Non-Profit-Organisationen (Beispiel: Hochschulen)

		Häufigkeit	Prozent	Gültige Prozente	Kumulierte Prozente
Gültig	not quoted	159	63,9	76,4	76,4
	quoted	49	19,7	23,6	100,0
	Gesamt	208	83,5	100,0	
Fehlend	-77	41	16,5		
Gesamt		249	100,0		

Reine Web-TV-Sender (Beispiel: 4-Seasons-TV)

		Häufigkeit	Prozent	Gültige Prozente	Kumulierte Prozente
Gültig	not quoted	196	78,7	94,2	94,2
	quoted	12	4,8	5,8	100,0
	Gesamt	208	83,5	100,0	
Fehlend	-77	41	16,5		
Gesamt		249	100,0		

Videoblogs

		Häufigkeit	Prozent	Gültige Prozente	Kumulierte Prozente
Gültig	not quoted	176	70,7	84,6	84,6
	quoted	32	12,9	15,4	100,0
	Gesamt	208	83,5	100,0	
Fehlend	-77	41	16,5		
Gesamt		249	100,0		

Videopodcasts

		Häufigkeit	Prozent	Gültige Prozente	Kumulierte Prozente
Gültig	not quoted	168	67,5	80,8	80,8
	quoted	40	16,1	19,2	100,0
	Gesamt	208	83,5	100,0	
Fehlend	-77	41	16,5		
Gesamt		249	100,0		

Web-TV-Portale (Beispiel: Zattoo)

		Häufigkeit	Prozent	Gültige Prozente	Kumulierte Prozente
Gültig	not quoted	139	55,8	66,8	66,8
	quoted	69	27,7	33,2	100,0
	Gesamt	208	83,5	100,0	
Fehlend	-77	41	16,5		
Gesamt		249	100,0		

Selbstgenannte Web-TV-Anbieter der Befragten

		Antworten		Prozent der Fälle
		N	Prozent	
Genannte Web-TV-Anbieter	Mediatheken	230	,4	1,1
	Videoportale	197	,4	1,0
	Onlinevideotheken	22	,0	,1
	Verlage	18	,0	,1
	Web-TV-Portale	27	,0	,1
	Sonstige (Sport, Musik, Games, Anime, Nachrichten/Tagesschau)	56	,1	,3
Gesamt		550	1,0	2,7

Statistiken zu Web-TV-Formaten

		Nachrichten (lokal, regional)	Nachrichten (inter-/national)	TV-Magazine	Web-TV-Magazine	TV-Serien
N	Gültig	208	208	208	208	208
	Fehlend	41	41	41	41	41
Mittelwert		2,05	2,63	2,02	1,75	3,48
Standardfehler des Mittelwertes		,075	,086	,070	,065	,095
Median		2,00	2,00	2,00	1,00	4,00
Standardabweichung		1,085	1,241	1,014	,934	1,376
Varianz		1,176	1,540	1,028	,872	1,893
Perzentile	25	1,00	2,00	1,00	1,00	2,00
	50	2,00	2,00	2,00	1,00	4,00
	75	3,00	3,00	3,00	2,00	5,00

Anhang

		TV-Serien	Web-Serien	Filme	Talk-Shows	Spiel-Shows	Sport
N	Gültig	208	208	208	208	208	208
	Fehlend	41	41	41	41	41	41
Mittelwert		3,48	1,99	3,03	1,29	1,28	2,07
Standardfehler des Mittelwertes		,095	,091	,086	,043	,049	,088
Median		4,00	1,00	3,00	1,00	1,00	2,00
Standardabweichung		1,376	1,317	1,243	,618	,708	1,276
Varianz		1,893	1,734	1,545	,382	,502	1,628
Perzentile	25	2,00	1,00	2,00	1,00	1,00	1,00
	50	4,00	1,00	3,00	1,00	1,00	2,00
	75	5,00	3,00	4,00	1,00	1,00	3,00

		TV-Reportagen, TV-Dokumentationen	Musikvideos	Unternehmensvideos	Erotik
N	Gültig	208	208	208	208
	Fehlend	41	41	41	41
Mittelwert		2,78	3,09	1,49	1,85
Standardfehler des Mittelwertes		,085	,086	,050	,080
Median		3,00	3,00	1,00	1,00
Standardabweichung		1,223	1,238	,722	1,160
Varianz		1,497	1,533	,522	1,345
Perzentile	25	2,00	2,00	1,00	1,00
	50	3,00	3,00	1,00	1,00
	75	4,00	4,00	2,00	2,00

Web-TV und herkömmliches Fernsehen

		Häufigkeit	Prozent	Gültige Prozente	Kumulierte Prozente
Gültig	nur über Web-TV	22	8,8	10,8	10,8
	überwiegend über Web-TV	55	22,1	27,0	37,7
	teils/teils	70	28,1	34,3	72,1
	überwiegend über herkömmliches Fernsehen	56	22,5	27,5	99,5
	nur über das herkömmliche Fernsehen	1	,4	,5	100,0
	Gesamt	204	81,9	100,0	
Fehlend	-77	45	18,1		
Gesamt		249	100,0		

Nutzergenerierter und professioneller Content

		Häufigkeit	Prozent	Gültige Prozente	Kumulierte Prozente
Gültig	nur professionelle Inhalte	16	6,4	7,7	7,7
	überwiegend professionelle Inhalte	110	44,2	52,9	60,6
	teils / teils	68	27,3	32,7	93,3
	überwiegend nutzergenerierte Inhalte	13	5,2	6,3	99,5
	nur nutzergenerierte Inhalte	1	,4	,5	100,0
	Gesamt	208	83,5	100,0	
Fehlend	-77	41	16,5		
Gesamt		249	100,0		

Ökonomische und rechtliche Kriterien

Items	Mittelwert	Standardabw.
Ich halte Werbung bei Web-TV-Angeboten für sinnvoll, wenn dadurch Kosten für den Nutzer vermieden werden.	4,03	1,004
Ich nutze Web-TV-Angebote nicht so gerne, wenn ich mich anmelden muss. (recodiert)	1,66	1,015
Kostenpflichtige Angebote finde ich generell hochwertiger als kostenlose.	2,23	1,098
Ich achte auf die Datenschutzrichtlinien eines Web-TV-Angebots, wenn ich mich registriere.	3,03	1,360
Für Web-TV-Inhalte bin ich bereit etwas zu zahlen.	2,22	1,144
Werbeunterbrechungen in Videos finde ich störend. (recodiert)	2,01	1,075
Wenn ich für Web-TV-Angebote zahlen muss, nutze ich sie nicht.	3,94	1,193
Wenn Web-TV-Anbieter Bilder aus rechtlichen Gründen nicht zeigen dürfen, dann stört mich das. (recodiert)	1,89	1,105
Bei Web-TV-Angeboten, die Spendenmöglichkeiten anbieten, zahle ich freiwillig einen Beitrag.	1,83	,939

N=207; die Beurteilung der ökonomischen und rechtlichen Kriterien auf einer Skala von 1 bis 5: 1 = trifft gar nicht zu, 5 = trifft voll und ganz zu

Tatsächliche Ausgaben

		Häufigkeit	Prozent	Gültige Prozente	Kumulierte Prozente
Gültig	Nichts	170	68,3	81,7	81,7
	weniger als 5 Euro	19	7,6	9,1	90,9
	5–10 Euro	12	4,8	5,8	96,6
	11–20 Euro	6	2,4	2,9	99,5
	mehr als 20	1	,4	,5	100,0
	Gesamt	208	83,5	100,0	
Fehlend	-77	41	16,5		
Gesamt		249	100,0		

Endgeräte

		Fernsehgerät mit Internetanschluss	Desktop-PC, Laptop	Tablet-PC	Smartphone
N	Gültig	94	205	87	166
	Fehlend	155	44	162	83
Mittelwert		2,01	4,68	2,74	2,17
Standardfehler des Mittelwertes		,131	,049	,160	,089
Median		1,00	5,00	3,00	2,00
Standardabweichung		1,274	,694	1,490	1,144
Varianz		1,624	,482	2,220	1,309
Perzentile	25	1,00	5,00	1,00	1,00
	50	1,00	5,00	3,00	2,00
	75	3,00	5,00	4,00	3,00

Fernsehgerät mit Internetanschluss

		Häufigkeit	Prozent	Gültige Prozente	Kumulierte Prozente
Gültig	nie	50	20,1	53,2	53,2
	selten	13	5,2	13,8	67,0
	ab und zu	16	6,4	17,0	84,0
	oft	10	4,0	10,6	94,7
	sehr oft	5	2,0	5,3	100,0
	Gesamt	94	37,8	100,0	
Fehlend	-77	41	16,5		
	habe ich nicht	114	45,8		
	Gesamt	155	62,2		
Gesamt		249	100,0		

Desktop-PC/Laptop

		Häufigkeit	Prozent	Gültige Prozente	Kumulierte Prozente
Gültig	selten	3	1,2	1,5	1,5
	ab und zu	18	7,2	8,8	10,2
	oft	20	8,0	9,8	20,0
	sehr oft	164	65,9	80,0	100,0
	Gesamt	205	82,3	100,0	
Fehlend	-77	41	16,5		
	habe ich nicht	3	1,2		
	Gesamt	44	17,7		
Gesamt		249	100,0		

Tablet-PC

		Häufigkeit	Prozent	Gültige Prozente	Kumulierte Prozente
Gültig	nie	27	10,8	31,0	31,0
	selten	15	6,0	17,2	48,3
	ab und zu	13	5,2	14,9	63,2
	oft	18	7,2	20,7	83,9
	sehr oft	14	5,6	16,1	100,0
	Gesamt	87	34,9	100,0	
Fehlend	-77	41	16,5		
	habe ich nicht	121	48,6		
	Gesamt	162	65,1		
Gesamt		249	100,0		

Smartphone

		Häufigkeit	Prozent	Gültige Prozente	Kumulierte Prozente
Gültig	nie	60	24,1	36,1	36,1
	selten	46	18,5	27,7	63,9
	ab und zu	38	15,3	22,9	86,7
	oft	15	6,0	9,0	95,8
	sehr oft	7	2,8	4,2	100,0
	Gesamt	166	66,7	100,0	
Fehlend	-77	41	16,5		
	habe ich nicht	42	16,9		
	Gesamt	83	33,3		
Gesamt		249	100,0		

Reliabilitätstests

Webaffinität – Item-Skala-Statistiken

	Skalenmittelwert, wenn Item weggelassen	Skalenvarianz, wenn Item weggelassen	Korrigierte Item-Skala-Korrelation	Cronbachs Alpha, wenn Item weggelassen
Ich freue mich, wenn ich etwas Neues über das Web oder Webanwendungen erfahre.	38,52	49,985	,551	,803
Es macht mir Spaß, Webanwendungen auszuprobieren.	38,68	49,806	,574	,801
Es fällt mir leicht, die Bedienung einer Webanwendung zu lernen.	38,02	52,806	,458	,810
Ich kenne mich im Bereich des World Wide Web aus.	38,07	51,680	,541	,805
Webanwendungen erleichtern mir den Alltag.	38,24	50,948	,550	,804
Über das Web verstärke ich den persönlichen Kontakt zu meinen Mitmenschen.	38,68	51,824	,384	,816
Im Web unterwegs zu sein, ist für mich nicht stressig.	38,05	53,719	,299	,822
Ich stehe dem Web und Webanwendungen aufgeschlossen gegenüber.	37,98	53,233	,432	,812
Ich surfe lieber im Web, anstatt etwas anderes zu tun.	39,37	51,637	,433	,812
Ohne das Web würde ich mich verloren fühlen.	39,59	49,808	,482	,808
Wenn ich nicht online bin, vermisse ich das Surfen im Web.	40,13	51,685	,483	,808
Im Web aktiv zu sein, gehört für mich zu den wichtigsten Dingen am Tag.	39,73	51,220	,467	,809
Ich könnte leicht einige Tage aufs Web verzichten. (recodiert)	39,23	50,597	,409	,815

Cronbachs Alpha 0,822 bei 13 Items; Gültige n=249

Gründe fürs Fernsehen – Item-Skala-Statistiken

	Skalenmittelwert, wenn Item weggelassen	Skalenvarianz, wenn Item weggelassen	Korrigierte Item-Skala-Korrelation	Cronbachs Alpha, wenn Item weggelassen
...dass ich vom Fernsehprogramm berieselt werde.	11,97	9,096	,387	,670
...dass ich vom Fernsehprogramm unterhalten werde.	10,42	10,069	,440	,650
...dass ich mir damit die Zeit vertreibe.	11,67	8,086	,537	,599
...dass ich mich nicht allein fühle.	12,52	9,841	,326	,691
...dass es mich entspannt.	11,19	8,486	,572	,587

Cronbachs Alpha 0,692 bei 5 Items; Gültige n=206

Gründe für Web-TV – Item-Skala-Statistiken

	Skalenmittelwert, wenn Item weggelassen	Skalenvarianz, wenn Item weggelassen	Korrigierte Item-Skala-Korrelation	Cronbachs Alpha, wenn Item weggelassen
...dass ich mir auf mich zugeschnittene Angebote ansehe.	36,65	40,876	,302	,739
...dass ich die Möglichkeit nutze, Inhalte zeitversetzt anzusehen.	35,73	43,154	,332	,735
...dass ich eine Ergänzung zum Fernsehen habe.	37,36	40,367	,290	,743
...dass mir beim Web-TV Inhalte zur Verfügung stehen, die ich beim herkömmlichen Fernsehprogramm nicht bekommen kann.	36,81	38,230	,433	,722
...dass ich mir mein Programm individuell zusammenstelle.	36,40	39,622	,467	,718
...dass ich die Videos meistens so steuere, wie ich das möchte.	36,54	40,742	,379	,729
...dass ich beim Abruf von Videos an keine Zeit gebunden bin.	35,89	42,447	,371	,731
...dass ich Videos meinen Freunden und Bekannten weiterempfehle.	37,93	40,019	,368	,731
...dass ich die Möglichkeit nutze, Videos zu bewerten.	38,89	43,061	,355	,733
...dass ich Videos kommentiere.	39,02	43,942	,338	,736
...dass ich mir Web-TV-Angebote vorrangig unterwegs ansehe.	38,68	43,483	,238	,743
...dass ich über Web-TV schneller an meine gewünschte Inhalte gelange.	36,93	37,773	,500	,713
...dass Web-TV-Angebote kontinuierlich aktualisiert werden.	36,79	38,658	,481	,716

Cronbachs Alpha 0,746 bei 13 Items; Gültige n=208

Technische Kriterien – Item-Skala-Statistiken

	Skalenmittelwert, wenn Item weggelassen	Skalenvarianz, wenn Item weggelassen	Korrigierte Item-Skala-Korrelation	Cronbachs Alpha, wenn Item weggelassen
Die Bildauflösung der Videos empfinde ich als unzureichend.	26,46	28,104	,194	,573
Meine Internet-Geschwindigkeit reicht aus, um Videos ruckelfrei anzusehen. (recodiert)	27,15	26,701	,310	,547
Wenn ich mir Videos anschaue, treten oft Verzögerungen beim Abspielen auf.	26,42	25,895	,409	,525
Ich stelle fest, dass Bild und Ton oftmals nicht parallel ablaufen.	27,08	27,722	,289	,555
Ich schaue mir die Videos in einem externen Player an, wenn es diese Funktion gibt.	26,76	25,504	,235	,569
Ich breche ein Video ab, wenn es meinem Empfinden nach zu lange lädt.	25,26	26,893	,300	,550
Videos, die ich mir ansehen will, starten meistens ohne Probleme. (recodiert)	26,78	27,154	,375	,539
Ich nutze, sofern es vorhanden ist, immer die eigenständige Softwareanwendung eines Web-TV-Angebots und nicht den Browser.	26,94	25,079	,222	,577
Bei Livestreams treten eher technische Probleme auf.	25,44	27,151	,198	,575
Bei zu häufig auftretenden Fehlern nutze ich die Web-TV-Angebote nicht mehr.	25,75	26,886	,222	,569

Cronbachs Alpha 0,584 bei 10 Items, Gültig n=20

Zufriedenheit – Item-Skala-Statistiken

	Skalenmittelwert, wenn Item weggelassen	Skalenvarianz, wenn Item weggelassen	Korrigierte Item-Skala-Korrelation	Cronbachs Alpha, wenn Item weggelassen
Bedienung	50,22	51,458	,421	,744
Aktualität	49,89	52,447	,311	,751
Inhaltliche Vielfalt	49,96	52,196	,301	,752
Bildqualität	50,57	50,855	,441	,742
Tonqualität	50,47	49,690	,482	,738
Navigation auf den Web-TV-Websites	50,79	49,044	,450	,738
Übersichtlichkeit	50,83	50,076	,437	,741
Ladezeiten	50,91	51,625	,338	,749
Zuverlässigkeit/Stabilität	50,76	51,843	,340	,749
Mobile Nutzungsmöglichkeit	50,34	48,620	,312	,755
Einsatz von Werbung	51,19	49,934	,267	,759
Videosteuerung	50,43	50,526	,437	,741
Einbettungsfunktion	50,01	48,082	,364	,748
Kommentarfunktion	50,12	48,280	,370	,747
Bewertungsfunktion	50,12	48,634	,363	,748

Cronbachs Alpha 0,760 bei 15 Items; Gültig n=208

Nutzungserleben – Item-Skala-Statistiken

	Skalenmittelwert, wenn Item weggelassen	Skalenvarianz, wenn Item weggelassen	Korrigierte Item-Skala-Korrelation	Cronbachs Alpha, wenn Item weggelassen
Mir macht es Spaß Web-TV-Angebote zu nutzen.	37,99	59,724	,314	,832
Ich entspanne mich dabei.	38,43	57,966	,331	,832
Ich sehe mir Web-TV-Angebote aufmerksam an.	38,48	58,782	,341	,831
Web-TV-Angebote geben mir Anregungen und Stoff zum Nachdenken.	38,88	54,483	,542	,818
Durch Web-TV bekomme ich neue Informationen.	38,52	55,294	,542	,819
Web-TV-Angebote sind mir eine wertvolle Hilfe, wenn ich mir eine eigene Meinung bilden will.	39,20	53,444	,559	,817
Ich erhalte viele Dinge, über die ich mich mit anderen unterhalte.	39,10	54,609	,514	,820
Web-TV-Angebote beruhigen mich, wenn ich Ärger habe.	40,00	55,783	,428	,826
Web-TV lenkt mich von Alltagssorgen ab.	39,51	55,092	,413	,828
Web-TV-Angebote zu nutzen, ist für mich Gewohnheit.	38,78	54,393	,454	,825
Ich erfahre durch Web-TV viel mehr über die Welt.	39,35	52,807	,634	,811
Ich nutze so meine Zeit sinnvoll.	39,75	54,758	,542	,818
Ich nehme am Leben anderer teil.	40,32	57,078	,425	,826
Es hilft mir, mich im Alltag zurechtzufinden.	40,46	56,849	,506	,822

Cronbachs Alpha 0,834 bei 14 Items; Gültig n=208

Usability – Item-Skala-Statistiken

	Skalenmittelwert, wenn Item weggelassen	Skalenvarianz, wenn Item weggelassen	Korrigierte Item-Skala-Korrelation	Cronbachs Alpha, wenn Item weggelassen
Das Design ist oftmals ansprechend gestaltet.	36,19	20,079	,222	,510
Die Navigation der meisten Web-TV-Angebote ist gut durchdacht.	36,28	19,296	,320	,488
Ich finde mich bei Web-TV-Angeboten schnell zurecht.	35,69	20,506	,201	,515
Die Bedienung der Web-TV-Angebote empfinde ich als schwierig. (recodiert)	35,45	19,920	,260	,502
Das Weiterleiten von Videos (z.B. durch die E-Mail-Funktion oder direkte Linkangabe) an Freunde und Bekannte ist einfach. (recodiert)	37,26	21,140	,110	,533
Ich finde es nutzlos Videos zu bewerten.	35,95	18,075	,277	,493
Es ist leicht, Videos auf Websites oder in sozialen Netzwerken einzubetten. (recodiert)	37,30	20,802	,111	,535
Das Zusammenstellen von Videos anhand einer Playlist, sofern diese Funktion vorhanden ist, ist mir zu aufwendig.	36,00	18,952	,198	,518
Vorschaubilder von Videos bieten mir eine schnelle Orientierung.	35,60	19,836	,207	,513
Ich finde meine Inhalte oftmals mühelos.	35,83	20,344	,202	,515
Die Veröffentlichung eigener Videos ist nicht einfach.	36,93	20,285	,182	,519
Mir ist es zu umständlich, Videos zu kommentieren.	36,28	17,682	,267	,498

Cronbachs Alpha 0,534 bei 12 Items; Gültig n = 208

Erscheinungsbild – Item-Skala-Statistiken

	Skalenmittelwert, wenn Item weggelassen	Skalenvarianz, wenn Item weggelassen	Korrigierte Item-Skala-Korrelation	Cronbachs Alpha, wenn Item weggelassen
Das Design ist oftmals ansprechend gestaltet.	3,93	,927	,163	,
Vorschaubilder von Videos bieten mir eine schnelle Orientierung.	3,33	,744	,163	.

Cronbachs Alpha 0,278 bei 2 Items; Gültig n = 208

Individualisierung – Item-Skala-Statistiken

	Skalenmittelwert, wenn Item weggelassen	Skalenvarianz, wenn Item weggelassen	Korrigierte Item-Skala-Korrelation	Cronbachs Alpha, wenn Item weggelassen
Ich finde es nutzlos Videos zu bewerten.	6,77	4,362	,426	,481
Das Zusammenstellen von Videos anhand einer Playlist, sofern diese Funktion vorhanden ist, ist mir zu aufwendig.	6,81	4,540	,401	,517
Mir ist es zu umständlich, Videos zu kommentieren.	7,10	4,062	,408	,509

Cronbachs Alpha 0,602 bei 3 Items; Gültig n = 208

Navigation/Übersichtlichkeit – Item-Skala-Statistiken

	Skalenmittelwert, wenn Item weggelassen	Skalenvarianz, wenn Item weggelassen	Korrigierte Item-Skala-Korrelation	Cronbachs Alpha, wenn Item weggelassen
Die Navigation der meisten Web-TV-Angebote ist gut durchdacht.	11,61	3,747	,610	,704
Ich finde mich bei Web-TV-Angeboten schnell zurecht.	11,01	3,855	,694	,663
Ich finde meine Inhalte oftmals mühelos.	11,15	4,527	,391	,813
Die Bedienung der Web-TV-Angebote empfinde ich als schwierig. (recodiert)	10,77	3,821	,642	,687

Cronbachs Alpha 0,775 bei 4 Items; Gültig n = 208

Verbreitung – Item-Skala-Statistiken

	Skalenmittelwert, wenn Item weggelassen	Skalenvarianz, wenn Item weggelassen	Korrigierte Item-Skala-Korrelation	Cronbachs Alpha, wenn Item weggelassen
Das Weiterleiten von Videos (z.B. durch die E-Mail-Funktion oder direkte Linkangabe) an Freunde und Bekannte ist einfach. (recodiert)	4,81	2,192	,365	,527
Es ist leicht, Videos auf Websites oder in sozialen Netzwerken einzubetten (recodiert)	4,86	1,660	,499	,308
Die Veröffentlichung eigener Videos ist nicht einfach.	4,49	2,019	,329	,582

Cronbachs Alpha 0,585 bei 4 Items; Gültig n = 208

Tabellen zur Faktorenanalyse

Rotierte Komponentenmatrix (Items zur Usability)

	Komponente			
	1	2	3	4
Die Bedienung der Web-TV-Angebote empfinde ich als schwierig. (recodiert)	,808			
Ich finde mich bei Web-TV-Angeboten schnell zurecht.	,808			
Die Navigation der meisten Web-TV-Angebote ist gut durchdacht.	,708		,456	
Ich finde meine Inhalte oftmals mühelos.	,661			
Ich finde es nutzlos Videos zu bewerten.		,777		
Das Zusammenstellen von Videos anhand einer Playlist, sofern diese Funktion vorhanden ist, ist mir zu aufwendig.		,709		
Mir ist es zu umständlich, Videos zu kommentieren.		,704		
Vorschaubilder von Videos bieten mir eine schnelle Orientierung.			,688	
Das Design ist oftmals ansprechend gestaltet.	,451		,588	
Das Weiterleiten von Videos (z.B. durch die E-Mail-Funktion oder direkte Linkangabe) an Freunde und Bekannte ist einfach. (recodiert)				,909
Die Veröffentlichung eigener Videos ist nicht einfach.		,331		,541

Rotierte Komponentenmatrix
(Items zu den rechtlichen und ökonomischen Faktoren)

	Komponente		
	1	2	3
Wenn ich für Web-TV-Angebote zahlen muss, nutze ich sie nicht.	,895		
Für Web-TV-Inhalte bin ich bereit etwas zu zahlen. (recodiert)	,787		
Ich nutze Web-TV-Angebote nicht so gerne, wenn ich mich anmelden muss.	,776		
Werbeunterbrechungen in Videos finde ich störend (recodiert)		,834	
Ich halte Werbung bei Web-TV-Angeboten für sinnvoll, wenn dadurch Kosten für den Nutzer vermieden werden.	,308	,688	
Ich achte auf die Datenschutzrichtlinien eines Web-TV-Angebots, wenn ich mich registriere.			,872
Wenn Web-TV-Anbieter Bilder aus rechtlichen Gründen nicht zeigen dürfen, dann stört mich das. (recodiert)		,452	,562

Tabellen zur Hypothesenauswertung

Kruskal-Wallis-Test – Hypothese 1

Ränge

	Web-TV-Nutzung – gesamt (klassiert)	N	Mittlerer Rang
Technische Qualität	Wenigseher – Web-TV	68	106,08
	Normalseher – Web-TV	69	110,13
	Vielseher – Web-TV	71	97,51
	Gesamt	208	

Statistik für Test

	Technische Qualität
Chi-Quadrat	1,613
df	2
Asymptotische Signifikanz	,447

Bivariate Korrelation – Hypothese 1

			Web-TV-Nutzung – gesamt (klassiert)	Technische Qualität
Spearman-Rho	Web-TV-Nutzung – gesamt (klassiert)	Korrelationskoeffizient	1,000	-,060
		Sig. (2-seitig)	.	,392
		N	208	208

Kruskal-Wallis-Test – Hypothese 2

Ränge

	Web-TV-Nutzung – gesamt (klassiert)	N	Mittlerer Rang
Tatsächliche Ausgaben	Wenigseher – Web-TV	68	96,18
	Normalseher – Web-TV	69	107,52
	Vielseher – Web-TV	71	109,54
	Gesamt	208	
Ich halte Werbung bei Web-TV-Angeboten für sinnvoll, wenn dadurch Kosten für den Nutzer vermieden werden.	Wenigseher – Web-TV	68	99,01
	Normalseher – Web-TV	68	110,72
	Vielseher – Web-TV	71	102,35
	Gesamt	207	
Für Web-TV-Inhalte bin ich bereit etwas zu zahlen.	Wenigseher – Web-TV	68	99,21
	Normalseher – Web-TV	68	99,12
	Vielseher – Web-TV	71	113,27
	Gesamt	207	

Anhang 309

Statistik für Test

	Tatsächliche Ausgaben	Ich halte Werbung bei Web-TV-Angeboten für sinnvoll, wenn dadurch Kosten für den Nutzer vermieden werden.	Für Web-TV-Inhalte bin ich bereit etwas zu zahlen.
Chi-Quadrat	4,351	1,593	2,802
df	2	2	2
Asymptotische Signifikanz	,114	,451	,246

Bivariate Korrelationen – Hypothese 2

			Web-TV-Nutzung – gesamt (klassiert)	Zahlungsbereitschaft
Spearman-Rho	Web-TV-Nutzung – gesamt (klassiert)	Korrelationskoeffizient	1,000	-,106
		Sig. (2-seitig)	.	,128
		N	208	207

Kruskal-Wallis-Test – Hypothese 3

Ränge

	Web-TV-Nutzung – gesamt (klassiert)	N	Mittlerer Rang
Individuelle Funktionen	Wenigseher – Web-TV	68	119,38
	Normalseher – Web-TV	69	108,93
	Vielseher – Web-TV	71	85,94
	Gesamt	208	
Navigation/ Übersichtlichkeit	Wenigseher – Web-TV	68	93,18
	Normalseher – -Web-TV	69	108,59
	Vielseher – Web-TV	71	111,37
	Gesamt	208	
Verbreitung	Wenigseher – Web-TV	68	108,14
	Normalseher – Web-TV	69	106,66
	Vielseher – Web-TV	71	98,92
	Gesamt	208	

Statistik für Test

	Individuelle Funktionen	Navigation/ Übersichtlichkeit	Verbreitung
Chi-Quadrat	11,419	3,718	,974
df	2	2	2
Asymptotische Signifikanz	,003	,156	,614

Bivariate Korrelationen – Hypothese 3

			Web-TV-Nutzung – gesamt (klassiert)	Individuelle Funktionen	Navigation/ Übersichtlichkeit	Verbreitung
Spearman-Rho	Web-TV-Nutzung – gesamt (klassiert)	Korrelationskoeffizient	1,000	-,230	,124	-,064
		Sig. (2-seitig)	.	,001	,074	,358
		N	208	208	208	208

Mann-Whitney-Test – Hypothesen 5–7

	Zufriedenheit	Gründe für Web-TV	Erlebnissituation	Technische Qualität
Mann-Whitney-U	4338,000	2940,500	3358,500	4494,500
Wilcoxon-W	14923,000	4956,500	5374,500	15079,500
Z	-,576	-4,084	-3,034	-,183
Asymptotische Signifikanz (2-seitig)	,565	,000	,002	,855

	Zahlungsbereitschaft	Individuelle Funktionen	Navigation/ Übersichtlichkeit	Verbreitung
Mann-Whitney-U	3690,500	3377,000	4137,500	4087,000
Wilcoxon-W	14275,500	13962,000	14722,500	14672,000
Z	-2,073	-3,002	-1,088	-1,221
Asymptotische Signifikanz (2-seitig)	,038	,003	,277	,222

Bivariate Korrelationen – Hypothesen 5–7

			Web-TV-Nutzung – gesamt (klassiert)	Zufriedenheit	Gründe für WebTV	Erlebnissituation	Technische Qualität
Spearman-Rho	Web-TV-Nutzung – gesamt (klassiert)	Korrelationskoeffizient	1,000	-,040	,284	,211	-,013
		Sig. (2-seitig)	.	,566	,000	,002	,855
		N	249	208	208	208	208

			Zahlungsbereitschaft	Individuelle Funktionen	Navigation/ Übersichtlichkeit	Verbreitung
Spearman-Rho	Web-TV-Nutzung – gesamt (klassiert)	Korrelationskoeffizient	-,144	-,209	-,076	-,085
		Sig. (2-seitig)	,038	,002	,278	,223
		N	207	208	208	208

Kruskal-Wallis-Test – Hypothese 11

	Technische Qualität	Zufriedenheit
Chi-Quadrat	,400	,126
df	1	1
Asymptotische Signifikanz	,527	,722

Bivariate Korrelationen – Hypothese 11

			Alter	Zufriedenheit	Technische Qualität
Spearman-Rho	Alter	Korrelationskoeffizient	1,000	-,025	,044
		Sig. (2-seitig)	.	,723	,528
		N	249	208	208

Kruskal-Wallis-Test – Hypothese 12

	Technische Qualität	Zufriedenheit	Gründe für WebTV	Erlebnissituation
Chi-Quadrat	7,363	1,330	3,255	1,153
df	2	2	2	2
Asymptotische Signifikanz	,025	,514	,196	,562

	Zahlungsbereitschaft	Individuelle Funktionen	Navigation/ Übersichtlichkeit	Verbreitung
Chi-Quadrat	1,880	1,209	,549	3,134
df	2	2	2	2
Asymptotische Signifikanz	,391	,546	,760	,209

Bivariate Korrelationen – Hypothese 12

			Internetgeschwindigkeit	Technische Qualität	Zufriedenheit	Erlebnissituation	Gründe für WebTV
Spearman-Rho	Internetgeschwindigkeit	Korrelationskoeffizient	1,000	-,214	,073	-,039	-,141
		Sig. (2-seitig)	.	,006	,356	,622	,074
		N	187	162	162	162	162

			Zahlungsbereitschaft	Individuelle Funktionen	Navigation/ Übersichtlichkeit	Verbreitung
Spearman-Rho	Internetgeschwindigkeit	Korrelationskoeffizient	-,108	-,071	-,047	,036
		Sig. (2-seitig)	,173	,369	,549	,654
		N	162	162	162	162

Kruskal-Wallis-Test – Hypothese 13

	Technische Qualität	Zufriedenheit	Gründe für WebTV	Erlebnissituation
Chi-Quadrat	3,632	2,791	2,004	10,817
df	2	2	2	2
Asymptotische Signifikanz	,163	,248	,367	,004

	Zahlungsbereitschaft	Individuelle Funktionen	Navigation/ Übersichtlichkeit	Verbreitung
Chi-Quadrat	10,850	,157	2,476	,169
df	2	2	2	2
Asymptotische Signifikanz	,004	,924	,290	,919

Bivariate Korrelationen – Hypothese 13

			Einkommen	Zufriedenheit	Technische Qualität	Erlebnissituation	Gründe für WebTV
Spearman-Rho	Einkommen	Korrelationskoeffizient	1,000	-,122	,137	-,234	-,079
		Sig. (2-seitig)	.	,098	,064	,001	,287
		N	221	185	185	185	185

			Zahlungsbereitschaft	Individuelle Funktionen	Navigation/ Übersichtlichkeit	Verbreitung
Spearman-Rho	Einkommen	Korrelationskoeffizient	-,227	-,022	-,102	,026
		Sig. (2-seitig)	,002	,763	,165	,722
		N	185	185	185	185

Mann-Whitney-Test – Hypothese 14

	Zufriedenheit	Technische Qualität	Individuelle Funktionen	Navigation/ Übersichtlichkeit
Mann-Whitney-U	4951,000	3605,000	4254,000	4872,500
Wilcoxon-W	11972,000	10626,000	11275,000	11893,500
Z	-,296	-3,534	-1,981	-,488
Asymptotische Signifikanz (2-seitig)	,767	,000	,048	,625

	Verbreitung	Zahlungsbereitschaft	Erlebnissituation	Gründe für WebTV
Mann-Whitney-U	4281,000	3795,500	4809,000	4805,000
Wilcoxon-W	11302,000	10816,500	8550,000	8546,000
Z	-1,930	-3,122	-,637	-,647
Asymptotische Signifikanz (2-seitig)	,054	,002	,524	,518

Korrelationen

			Geschlecht	Zufriedenheit	Technische Qualität	Erlebnissituation	Gründe für WebTV
Spearman-Rho	Geschlecht	Korrelationskoeffizient	1,000	,021	,248	-,045	-,045
		Sig. (2-seitig)	.	,768	,000	,525	,519
		N	244	204	204	204	204

			Zahlungsbereitschaft	Individuelle Funktionen	Navigation/ Übersichtlichkeit	Verbreitung
Spearman-Rho	Geschlecht	Korrelationskoeffizient	,219	,139	,034	,135
		Sig. (2-seitig)	,002	,047	,626	,053
		N	204	204	204	204

Regressionsanalyse

Gründe für Web-TV (UV) in Relation zur Webaffinität (AV) und zu den soziodemografischen Faktoren (AV)

Korrelationen

		Gründe für WebTV	Webaffinität	Alter	Bildung	Einkommen	Internetgeschwindigkeit
Korrelation nach Pearson	Gründe für WebTV	1,000	,235	-,177	-,178	-,122	-,105
	Webaffinität	,235	1,000	,081	-,051	,049	,039
	Alter	-,177	,081	1,000	-,177	,411	-,069
	Bildung	-,178	-,051	-,177	1,000	-,095	-,006
	Einkommen	-,122	,049	,411	-,095	1,000	,057
	Internetgeschwindigkeit	-,105	,039	-,069	-,006	,057	1,000
Sig. (Einseitig)	Gründe für WebTV	.	,002	,014	,014	,067	,099
	Webaffinität	,002	.	,160	,267	,274	,318
	Alter	,014	,160	.	,015	,000	,200
	Bildung	,014	,267	,015	.	,123	,471
	Einkommen	,067	,274	,000	,123	.	,245
	Internetgeschwindigkeit	,099	,318	,200	,471	,245	.
N		152					

Modellzusammenfassung

Modell	R	R-Quadrat	Korrigiertes R-Quadrat	Standardfehler des Schätzers	Durbin-Watson-Statistik
1	,395	,156	,127	,496	1,983

Koeffizienten

Modell		Nicht standardisierte Koeffizienten		Standardisierte Koeffizienten	T	Sig.	95,0% Konfidenzintervalle für B	
		Regressionskoeffizient B	Standardfehler	Beta			Untergrenze	Obergrenze
1	(Konstante)	4,413	,631		6,997	,000	3,167	5,660
	Webaffinität	,226	,069	,250	3,271	,001	,089	,362
	Alter	-,274	,106	-,220	-2,589	,011	-,483	-,065
	Bildung	-,494	,181	-,211	-2,725	,007	-,852	-,136
	Einkommen	-,035	,052	-,057	-,679	,498	-,139	,068
	Internetgeschwindigkeit	-,096	,058	-,128	-1,669	,097	-,210	,018

Technische Kriterien (UV) in Relation zur Webaffinität (AV) und zu den sozidemografischen Faktoren (AV)

Korrelationen

		Technische Kriterien	Webaffinität	Alter	Bildung	Einkommen	Internetgeschwindigkeit
Korrelation nach Pearson	Technische Kriterien	1,000	-,071	-,008	-,011	,117	-,245
	Webaffinität	-,071	1,000	,081	-,051	,049	,039
	Alter	-,008	,081	1,000	-,177	,411	-,069
	Bildung	-,011	-,051	-,177	1,000	-,095	-,006
	Einkommen	,117	,049	,411	-,095	1,000	,057
	Internetgeschwindigkeit	-,245	,039	-,069	-,006	,057	1,000
Sig. (Einseitig)	Technische Kriterien	.	,191	,459	,448	,076	,001
	Webaffinität	,191	.	,160	,267	,274	,318
	Alter	,459	,160	.	,015	,000	,200
	Bildung	,448	,267	,015	.	,123	,471
	Einkommen	,076	,274	,000	,123	.	,245
	Internetgeschwindigkeit	,001	,318	,200	,471	,245	.
N	152						

Modellzusammenfassung

Modell	R	R-Quadrat	Korrigiertes R-Quadrat	Standardfehler des Schätzers	Durbin-Watson-Statistik
1	,298	,089	,058	,548	1,972

Koeffizienten

Modell		Nicht standardisierte Koeffizienten		Standardisierte Koeffizienten	T	Sig.	95,0% Konfidenzintervalle für B	
		Regressionskoeffizient B	Standardfehler	Beta			Untergrenze	Obergrenze
1	(Konstante)	3,524	,696		5,062	,000	2,148	4,899
	Webaffinität	-,061	,076	-,063	-,794	,428	-,211	,090
	Alter	-,125	,117	-,094	-1,069	,287	-,356	,106
	Bildung	-,039	,200	-,016	-,197	,844	-,434	,356
	Einkommen	,114	,058	,172	1,972	,051	,000	,228
	Internetgeschwindigkeit	-,207	,064	-,259	-3,254	,001	-,332	-,081

Zufriedenheit (UV) in Relation zur Webaffinität (AV) und zu den soziodemografischen Faktoren (UV)

Korrelationen

		Zufriedenheit	Webaffinität	Alter	Bildung	Einkommen	Internetgeschwindigkeit
Korrelation nach Pearson	Zufriedenheit	1,000	-,089	,010	-,153	-,162	,019
	Webaffinität	-,089	1,000	,081	-,051	,049	,039
	Alter	,010	,081	1,000	-,177	,411	-,069
	Bildung	-,153	-,051	-,177	1,000	-,095	-,006
	Einkommen	-,162	,049	,411	-,095	1,000	,057
	Internetgeschwindigkeit	,019	,039	-,069	-,006	,057	1,000
Sig. (Einseitig)	Zufriedenheit	.	,138	,451	,030	,023	,409
	Webaffinität	,138	.	,160	,267	,274	,318
	Alter	,451	,160	.	,015	,000	,200
	Bildung	,030	,267	,015	.	,123	,471
	Einkommen	,023	,274	,000	,123	.	,245
	Internetgeschwindigkeit	,409	,318	,200	,471	,245	.
N		152					

Modellzusammenfassung

Modell	R	R-Quadrat	Korrigiertes R-Quadrat	Standardfehler des Schätzers	Durbin-Watson-Statistik
1	,262	,068	,036	,469	1,873

Koeffizienten

		Nicht standardisierte Koeffizienten		Standardisierte Koeffizienten			95,0% Konfidenzintervalle für B	
Modell		Regressionskoeffizient B	Standardfehler	Beta	T	Sig.	Untergrenze	Obergrenze
1	(Konstante)	4,918	,596		8,258	,000	3,741	6,095
	Webaffinität	-,077	,065	-,095	-1,182	,239	-,206	,052
	Alter	,086	,100	,076	,856	,393	-,112	,283
	Bildung	-,344	,171	-,163	-2,011	,046	-,682	-,006
	Einkommen	-,116	,049	-,207	-2,347	,020	-,213	-,018
	Internetgeschwindigkeit	,026	,054	,038	,478	,634	-,081	,133

Einflussnehmende Variablen auf die technischen Kriterien

Koeffizienten

Modell		Nicht standardisierte Koeffizienten		Standardisierte Koeffizienten	T	Sig.	95,0% Konfidenzintervalle für B		Kollinearitätsstatistik	
		Regressionskoeffizient B	Standardfehler	Beta			Untergrenze	Obergrenze	Toleranz	VIF
1	(Konstante)	2,458	,132		18,603	,000	2,197	2,719		
	Geschlecht	,342	,094	,284	3,632	,000	,156	,528	1,000	1,000
2	(Konstante)	2,180	,156		13,978	,000	1,872	2,489		
	Geschlecht	,365	,092	,303	3,972	,000	,183	,546	,994	1,006
	...dass ich mir Web-TV-Angebote vorrangig unterwegs ansehe.	,152	,048	,239	3,133	,002	,056	,247	,994	1,006
3	(Konstante)	2,525	,195		12,950	,000	2,140	2,911		
	Geschlecht	,350	,090	,290	3,889	,000	,172	,527	,990	1,010
	...dass ich mir Web-TV-Angebote vorrangig unterwegs ansehe.	,140	,048	,221	2,952	,004	,046	,234	,987	1,014
	Internetgeschwindigkeit	-,169	,060	-,212	-2,836	,005	-,287	-,051	,990	1,010
4	(Konstante)	2,777	,219		12,661	,000	2,343	3,210		
	Geschlecht	,343	,089	,285	3,870	,000	,168	,518	,989	1,011
	...dass ich mir Web-TV-Angebote vorrangig unterwegs ansehe.	,157	,047	,248	3,325	,001	,064	,251	,964	1,038
	Internetgeschwindigkeit	-,175	,059	-,219	-2,972	,003	-,291	-,059	,988	1,012
	...dass mir beim Web-TV Inhalte zur Verfügung stehen, die ich beim herkömmlichen Fernsehprogramm nicht bekommen kann.	-,076	,032	-,176	-2,374	,019	-,138	-,013	,972	1,028

Modellzusammenfassung

Modell	R	R-Quadrat	Korrigiertes R-Quadrat	Standardfehler des Schätzers	Änderungsstatistiken					Durbin-Watson-Statistik
					Änderung in R-Quadrat	Änderung in F	df1	df2	Sig. Änderung in F	
1	,284	,081	,075	,543	,081	13,194	1	150	,000	
2	,371	,138	,126	,528	,057	9,818	1	149	,002	
3	,427	,182	,166	,515	,044	8,041	1	148	,005	
4	,461	,212	,191	,508	,030	5,636	1	147	,019	1,948

Einflussnehmende Variablen auf die individuellen Funktionen

Koeffizienten

Modell		Nicht standardisierte Koeffizienten		Standardisierte Koeffizienten	T	Sig.	95,0% Konfidenzintervalle für B		Kollinearitätsstatistik	
		RegressionskoeffizientB	Standardfehler	Beta			Untergrenze	Obergrenze	Toleranz	VIF
1	(Konstante)	4,265	,153		27,908	,000	3,963	4,567		
	... dass ich Videos kommentiere.	-,638	,104	-,450	-6,165	,000	-,843	-,434	1,000	1,000
2	(Konstante)	5,335	,387		13,771	,000	4,570	6,101		
	... dass ich Videos kommentiere.	-,596	,102	-,419	-5,842	,000	-,797	-,394	,980	1,020
	Webaffinität	-,341	,114	-,215	-2,991	,003	-,566	-,116	,980	1,020
3	(Konstante)	5,612	,389		14,418	,000	4,843	6,381		
	... dass ich Videos kommentiere.	-,545	,101	-,384	-5,399	,000	-,744	-,345	,952	1,051
	Webaffinität	-,329	,111	-,207	-2,958	,004	-,549	-,109	,979	1,022
	Web-TV-Magazine	-,214	,072	-,208	-2,952	,004	-,357	-,071	,967	1,034
4	(Konstante)	4,547	,523		8,697	,000	3,514	5,581		
	... dass ich Videos kommentiere.	-,554	,098	-,390	-5,632	,000	-,749	-,360	,951	1,052
	Webaffinität	-,341	,109	-,215	-3,145	,002	-,556	-,127	,978	1,023
	Web-TV-Magazine	-,221	,071	-,215	-3,129	,002	-,360	-,081	,966	1,035
	Desktop-PC/Laptop	,242	,082	,200	2,959	,004	,081	,404	,995	1,005
5	(Konstante)	4,440	,518		8,573	,000	3,416	5,464		
	... dass ich Videos kommentiere.	-,526	,098	-,370	-5,372	,000	-,719	-,332	,935	1,070
	Webaffinität	-,331	,107	-,208	-3,088	,002	-,543	-,119	,976	1,025
	Web-TV-Magazine	-,218	,070	-,212	-3,126	,002	-,355	-,080	,966	1,036
	Desktop-PC/Laptop	,265	,081	,219	3,257	,001	,104	,426	,980	1,021
	Web-TV von Non-Profit-Organisationen	-,342	,152	-,153	-2,256	,026	-,642	-,042	,961	1,041

Modellzusammenfassung

Modell	R	R-Quadrat	Korrigiertes R-Quadrat	Standardfehler des Schätzers	Änderungsstatistiken					Durbin-Watson-Statistik
					Änderung in R-Quadrat	Änderung in F	df1	df2	Sig. Änderung in F	
1	,450	,202	,197	,836	,202	38,003	1	150	,000	
2	,497	,247	,237	,815	,045	8,948	1	149	,003	
3	,538	,289	,275	,795	,042	8,712	1	148	,004	
4	,574	,329	,311	,775	,040	8,759	1	147	,004	
5	,593	,352	,330	,764	,023	5,088	1	146	,026	1,957

Einflussnehmende Variablen auf das Nutzungserleben

Koeffizienten

Modell		Nicht standardisierte Koeffizienten		Standardisierte Koeffizienten	T	Sig.	95,0% Konfidenzintervalle für B		Kollinearitätsstatistik	
		RegressionskoeffizientB	Standardfehler	Beta			Untergrenze	Obergrenze	Toleranz	VIF
1	(Konstante)	2,407	,129		18,649	,000	2,152	2,662		
	... dass ich über Web-TV schneller an meine gewünschte Inhalte gelange.	,180	,035	,385	5,104	,000	,110	,249	1,000	1,000
2	(Konstante)	2,772	,157		17,679	,000	2,462	3,082		
	...dass ich über Web-TV schneller an meine gewünschte Inhalte gelange.	,183	,034	,392	5,426	,000	,116	,250	,999	1,001
	Einkommen	-,185	,049	-,274	-3,790	,000	-,281	-,089	,999	1,001
3	(Konstante)	2,526	,171		14,768	,000	2,188	2,864		
	...dass ich über Web-TV schneller an meine gewünschte Inhalte gelange.	,165	,033	,353	4,948	,000	,099	,230	,969	1,032
	Einkommen	-,184	,047	-,273	-3,887	,000	-,278	-,091	,999	1,001
	TV-Reportagen, TV-Dokumentationen	,109	,035	,225	3,155	,002	,041	,177	,969	1,032
4	(Konstante)	1,880	,260		7,233	,000	1,366	2,394		
	...dass ich über Web-TV schneller an meine gewünschte Inhalte gelange.	,146	,033	,313	4,460	,000	,081	,211	,939	1,065
	Einkommen	-,191	,046	-,283	-4,151	,000	-,282	-,100	,997	1,003
	TV-Reportagen, TV-Dokumentationen	,109	,033	,225	3,256	,001	,043	,175	,969	1,032
	Webaffinität	,219	,068	,223	3,230	,002	,085	,353	,966	1,035
5	(Konstante)	1,791	,258		6,948	,000	1,281	2,300		
	...dass ich über Web-TV schneller an meine gewünschte Inhalte gelange.	,135	,033	,288	4,137	,000	,070	,199	,920	1,087
	Einkommen	-,184	,045	-,273	-4,074	,000	-,274	-,095	,994	1,006
	TV-Reportagen, TV-Dokumentationen	,102	,033	,210	3,088	,002	,037	,167	,962	1,039
	Webaffinität	,200	,067	,204	2,975	,003	,067	,332	,953	1,049
	...dass ich Videos kommentiere.	,151	,060	,173	2,514	,013	,032	,270	,946	1,057
6	(Konstante)	1,694	,258		6,566	,000	1,184	2,204		
	...dass ich über Web-TV schneller an meine gewünschte Inhalte gelange.	,118	,033	,253	3,586	,000	,053	,183	,874	1,144
	Einkommen	-,177	,045	-,262	-3,944	,000	-,265	-,088	,988	1,012
	TV-Reportagen, TV-Dokumentationen	,105	,033	,217	3,223	,002	,041	,169	,960	1,041
	Webaffinität	,201	,066	,205	3,042	,003	,071	,332	,953	1,049
	...dass ich Videos kommentiere.	,140	,060	,160	2,353	,020	,022	,258	,939	1,064
	Web-Serien	,067	,030	,152	2,231	,027	,008	,126	,931	1,074

Modellzusammenfassung

Modell	R	R-Quadrat	Korrigiertes R-Quadrat	Standardfehler des Schätzers	Änderungsstatistiken					Durbin-Watson-Statistik
					Änderung in R-Quadrat	Änderung in F	df1	df2	Sig. Änderung in F	
1	,385	,148	,142	,533	,148	26,048	1	150	,000	
2	,472	,223	,212	,511	,075	14,362	1	149	,000	
3	,521	,272	,257	,496	,049	9,955	1	148	,002	
4	,566	,320	,302	,481	,048	10,431	1	147	,002	
5	,590	,348	,326	,473	,028	6,318	1	146	,013	
6	,608	,370	,344	,467	,022	4,977	1	145	,027	2,203

Einflussnehmende Variablen auf die Verbreitung

Koeffizienten

Modell	Nicht standardisierte Koeffizienten		Standardisierte Koeffizienten	T	Sig.	95,0% Konfidenzintervalle für B		Kollinearitätsstatistik	
	RegressionskoeffizientB	Standardfehler	Beta			Untergrenze	Obergrenze	Toleranz	VIF
1 (Konstante)	2,391	,055		43,622	,000	2,283	2,499		
Videopodcasts	-,348	,121	-,228	-2,868	,005	-,588	-,108	1,000	1,000
2 (Konstante)	2,608	,096		27,044	,000	2,417	2,799		
Videopodcasts	-,358	,119	-,234	-3,008	,003	-,593	-,123	,999	1,001
Erotik	-,109	,040	-,211	-2,707	,008	-,188	-,029	,999	1,001
3 (Konstante)	2,332	,168		13,877	,000	2,000	2,664		
Videopodcasts	-,417	,122	-,273	-3,435	,001	-,658	-,177	,939	1,065
Erotik	-,108	,040	-,210	-2,716	,007	-,187	-,029	,999	1,001
...dass ich mir auf mich zugeschnittene Angebote ansehe.	,079	,040	,159	1,994	,048	,001	,157	,939	1,065
4 (Konstante)	2,467	,177		13,937	,000	2,117	2,817		
Videopodcasts	-,423	,120	-,277	-3,527	,001	-,660	-,186	,938	1,066
Erotik	-,102	,039	-,198	-2,600	,010	-,180	-,025	,995	1,005
...dass ich mir auf mich zugeschnittene Angebote ansehe.	,092	,040	,185	2,326	,021	,014	,170	,918	1,089
Fernsehgerät mit Internetanschluss	-,048	,022	-,169	-2,189	,030	-,091	-,005	,973	1,028

Modellzusammenfassung

Modell	R	R-Quadrat	Korrigiertes R-Quadrat	Standardfehler des Schätzers	Änderungsstatistiken					Durbin-Watson-Statistik
					Änderung in R-Quadrat	Änderung in F	df1	df2	Sig. Änderung in F	
1	,228	,052	,046	,603	,052	8,228	1	150	,005	
2	,311	,096	,084	,591	,044	7,326	1	149	,008	
3	,347	,120	,102	,585	,024	3,976	1	148	,048	
4	,385	,148	,125	,577	,028	4,794	1	147	,030	2,075

Springer

springer.com

Höchste Qualität ohne Zuschuss
Springer unterstützt exzellente Wissenschaft

Publizieren Sie Ihre Forschungsergebnisse, u.a.
Dissertationen, ohne Druckkostenzuschuss.

- Qualitative Titelauswahl, renommierte Schriftenreihen, namhafte Herausgeber
- Individuelle Beratung und Betreuung
- Hohe Sichtbarkeit und Zitierfähigkeit durch die Verfügbarkeit als gedrucktes Buch sowie als eBook in SpringerLink

Dorothee Fetzer
Cheflektorin
Forschungspublikationen

tel +49 611 7878 346
mobil +49 151 40474026
dorothee.fetzer@springer.com

Ein Buch ist nachhaltig wirksam für Ihre Karriere.
Zeigen Sie, was Sie geleistet haben.

Unter springer.com/research sind wir jederzeit für Sie erreichbar.

The manufacturer's authorised representative in the EU is Springer Nature Customer Service Centre GmbH, Europaplatz 3, 69115 Heidelberg, Germany. If you have any concerns regarding our products, please contact ProductSafety@springernature.com

Printed and bound by CPI Group (UK) Ltd, Croydon, CR0 4YY

25/03/2026

02078214-0004